Excel （第2版）

函数与公式 速查手册

赛贝尔资讯 编著

U0389020

清华大学出版社

北京

内 容 简 介

《Excel 函数与公式速查手册（第 2 版）》通过 574 个行业真实案例，全面、详尽地介绍了 Excel 在各应用方向上的函数与公式速查技巧，适用于 Excel 2019/2016/2013/2010/2007/2003 等各个版本。

全书共分为 15 章，前 14 章介绍了逻辑函数、数学和三角函数、文本函数、信息函数、日期和时间函数、统计函数、财务函数、查找和引用函数、数据库函数、工程函数、加载项和自动化函数、多维数据集函数、兼容性函数以及 Web 函数，第 15 章介绍了名称的定义与使用。

本书所有案例及数据均甄选于行业实际应用场景，讲解详尽，实用易学。本书适合 Excel 中、高级用户学习使用，可作为行政管理、人力资源管理、市场营销、统计分析等行业从业人员的案头参考手册。

本书封面贴有清华大学出版社防伪标签，无标签者不得销售。

版权所有，侵权必究。举报：010-62782989，beiqinquan@tup.tsinghua.edu.cn。

图书在版编目（CIP）数据

Excel 函数与公式速查手册/赛贝尔资讯编著. —2 版. —北京：清华大学出版社，2019（2024.12重印）

ISBN 978-7-302-52338-3

I.①E⋯ II.①赛⋯ III.①表处理软件–手册 IV.①TP391.13-62

中国版本图书馆 CIP 数据核字（2019）第 029075 号

责任编辑：贾小红
封面设计：刘　超
版式设计：楠竹文化
责任校对：马军令
责任印制：曹婉颖

出版发行：清华大学出版社
　　　　网　　址：https://www.tup.com.cn, https://www.wqxuetang.com
　　　　地　　址：北京清华大学学研大厦 A 座　　邮　　编：100084
　　　　社 总 机：010-83470000　　　　　　　　邮　　购：010-62786544
　　　　投稿与读者服务：010-62776969, c-service@tup.tsinghua.edu.cn
　　　　质量反馈：010-62772015, zhiliang@tup.tsinghua.edu.cn
印 装 者：三河市东方印刷有限公司
经　　销：全国新华书店
开　　本：145mm×210mm　　印　　张：18.125　　字　　数：772 千字
版　　次：2015 年 10 月第 1 版　2019 年 10 月第 2 版　印　　次：2024 年 12 月第 10 次印刷
定　　价：69.80 元

产品编号：081933-01

前　言

Preface

随着信息化的发展，粗放式、手工式的数据管理和处理方式已经明显不能适应社会的需要，激烈的竞争要求企业在财务管理、市场分析、生产管理，甚至日常办公管理上都更加精细和高效。Excel 作为一个简单易学、功能强大的数据处理软件，广泛应用于各行业的日常办公中。但多数用户对 Excel 的应用，仅限于制作简单的表格或进行一些简易的计算。其实，Excel 是一个功能非常强大的软件，其函数功能齐全，对数据的统计、分析能力强，可大大提高工作效率，在财会、审计、营销、统计、金融、工程等领域有着不可替代的推进作用。

本书第一版于 2015 年出版，因其内容详尽、全程实例和通俗易懂，备受读者好评，累计销售 3.5 万册。无数读者在自身受益之后，根据个人的工作体会提出了许多更好的建议，因此，我们对原书进行了全面升级，优化了部分行业实例，补充了对 Excel 函数本身的使用介绍，同时重新录制了所有视频，以微课的形式呈现，希望读者能真正看懂、学会、用熟，工作事半功倍！

本书有什么特点

内容详尽：本书几乎涵盖 Excel 所有的应用功能，并逐一介绍各功能的应用技巧和实用实例，既可供读者朋友系统学习，也可作为案头手册随时查阅。

实例讲解：相信多数读者都对办公软件有一定了解，但这种了解通常仅限于一些基础操作，一旦需要制作一些稍具专业的应用，就可能无从下手了。为了帮助大家快速提升相应工作能力，本书采用多个实例、案例，希望读者朋友能"照猫画虎"，拿来就用。

微课视频：本书案例配备了 566 集微课视频，读者扫描案例旁的二维码，即可随时随地学习对应的 Excel 技巧知识。

全程图解：本书采用图解模式来逐一解析 Excel 功能及应用技巧，清晰、直观、生动，希望读者朋友能用最短的时间、最轻松的方式快速解决办公中的疑难问题。

实用易学：本书由行业专家编写，应用技巧和实例都甄选自实际的职场数据，力求给读者一个真实的应用环境，读者可以即学即用，又可获得真实的行业操作经验。

海量资源：随书资源包中包含 1086 节高效办公技巧微课视频、115 节职场实用案例高清视频、1124 套必备办公模板和 628 个实用办公技巧。读者可登录清华大学出版社网站（www.tup.com.cn），在对应图书页面下获取资源包的下载方式。也可扫描图书封底的"文泉云盘"二维码，获取其下载方式。

本书写给谁看

从事人力资源管理的 A 女士：日常工作中经常需要对各类人力资源数据进行整理、计算、汇总、查询、分析等，非常烦琐。熟练应用本书提供的 Excel 知识，不但可以快速完成数据分析工作，还可自动得出期望的结果，成功化解各类棘手问题。

从事公司行政管理工作的 B 先生：行政管理中经常要用到各类管理、分析表格，通过本书提供的大量行业实战案例，可轻松、快捷、无缝地切入实际工作，并让自己的数据处理能力和统计分析能力一步到位。

从事多年销售管理工作的 C 先生：从事销售管理工作多年，经常需要对各类销售数据进行统计和分析，对销售表格的掌握已经足够熟练，但众多的管理表格谁能记得？此书正好作为案头参考手册，随时翻阅备查。

从事财务管理工作的 D 主管：从事财务工作多年，各类财务表格早已烂熟于心，想在短时间内快速扩充一下表格制作和数据分析知识。通过本书，相信能用最少的时间最大程度地提升自己的 Excel 应用能力。

遇到疑难问题怎么办

读者在学习过程中遇到疑难问题，或对本书有好的建议，欢迎通过 QQ 群和微博和我们交流。关于本书学习技术交流、配套资源、勘误等问题，或者一些具有代表性的学习疑问，可扫描图书封底二维码获取相关信息。

本书的创作团队是什么人

本书由赛贝尔资讯组织编写，本书的创作团队是长期从事行政管理、HR 管理、营销管理、市场分析、财务管理和教育/培训的工作者，以及微软办公软件专家。本书所有写作素材都取材于企业工作中使用的真实数据报表，拿来就能用，能快速提升工作效率。

寄语读者

亲爱的读者朋友，感谢您在茫茫书海中找到了本书，希望它能帮助您提升工作效率，成为您成长路上的铺路石。

祝读书快乐！

编者
2019 年 6 月

目 录

Contents

目

录

目
录

XV

目录

目
录

第1章 逻辑函数

函数1：AND函数（检验一组数据是否都满足条件）

函数功能

AND函数用于当所有的条件均为"真"（TRUE）时，返回的运算结果为"真"（TRUE）；反之，返回的运算结果为"假"（FALSE），一般用来检验一组数据是否都满足条件。

函数语法

AND(logical1,logical2,logical3,…)

参数解释

logical1,logical2,logical3,…：表示测试条件值或表达式，最多可以有30个条件值或表达式。

用法剖析

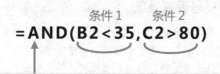

判断这两个条件是不是同时为真，如果是返回TRUE；只要有一个不为真，就返回FALSE。注意可以定义更多条件，各条件间用逗号间隔。

应用范例

实例1 检查每项技能是否都达标

在考核成绩表中，公司规定每一项成绩都必须大于60分时，其综合评定成绩才算达标。

❶ 选中E2单元格，在公式编辑栏中输入公式：
=AND(B2>60,C2>60,D2>60)

按Enter键即可判断出该员工每项技能考核是否全部大于60分，如果是则返回TRUE，否则返回FALSE。

❷ 将鼠标指针指向E2单元格的右下角，待光标变成十字形状后，按住鼠标左键向下拖动进行公式填充，即可根据返回的TRUE或FALSE的结果判断每位员工的考核是否达标，如图1-1所示。

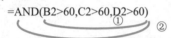

| E2 | ▼ | : | × | ✓ | fx | =AND(B2>60,C2>60,D2>60) |

▲	A	B	C	D	E	F
1	员工姓名	答卷考核	操作考核	面试考核	综合评定	
2	刘鹏	87	93	75	TRUE	
3	杨俊	65	76	56	FALSE	
4	王蓉	92	95	94	TRUE	
5	张扬	57	91	70	FALSE	
6	姜和成	85	78	88	TRUE	

图 1-1

📖公式解析

=AND(B2>60,C2>60,D2>60)
　　　　　①　　　　　②

① 判断 B2、C2、D2 单元格区域中的值是否都大于 60。

② 当步骤①中的各个条件同时满足时返回 TRUE，否则返回 FALSE。

实例 2 判断面试人员是否被录取

在对新员工进行面试时，每个面试官的考评成绩各不相同，根据公司规定，必须 3 个面试官都给出合格成绩时，才准予录取。

❶ 选中 E2 单元格，在公式编辑栏中输入公式：

=AND(B2="合格",C2="合格",D2="合格")

按 Enter 键即可根据面试官的评定判断第一位面试人员是否合格。

❷ 将鼠标指针指向 E2 单元格的右下角，待光标变成十字形状后，按住鼠标左键向下拖动进行公式填充，即可判断其他面试人员是否被录取，如图 1-2 所示。

| E2 | ▼ | : | × | ✓ | fx | =AND(B2="合格",C2="合格",D2="合格") |

▲	A	B	C	D	E	F	G
1	姓名	面试官1	面试官2	面试官3	是否被录取		
2	章杰	合格	合格	不合格	FALSE		
3	李敏	合格	不合格	合格	FALSE		
4	马晓明	合格	不合格	不合格	FALSE		
5	徐平	合格	合格	合格	TRUE		
6	陈果	合格	合格	合格	TRUE		

图 1-2

📖公式解析

=AND(B2="合格",C2="合格",D2="合格")
　　　　　　　　　①
　　　　　　　　　　　　　　　　②

① 判断 B2、C2、D2 单元格区域中的值是否都为"合格"。

② 当步骤①中的各个条件同时满足时返回 TRUE，否则返回 FALSE。

函数 2：OR 函数（检验一组数据是否有一个满足条件）

函数功能

OR 函数用于在其参数组中，任何一个参数逻辑值为 TRUE，即返回 TRUE；所有参数的逻辑值为 FALSE，即返回 FALSE。

函数语法

OR(logical1, [logical2], ...)

参数解释

logical1, logical2, ...：logical1 是必需的，后续逻辑值是可选的。这些是 1～255 个需要进行测试的条件，测试结果可以为 TRUE 或 FALSE。

用法剖析

条件 1　　　条件 2

=OR(B2>5,C2="优")

判断这两个条件是否有一个为真，只要有一个为真就返回 TRUE，即只有二者同时不为真时才返回 FALSE。注意参数中使用中文时要使用双引号。

应用范例

实例 3　判断是否为员工发放奖金

公司规定，如果员工业绩超过 30000 元或者工龄在 5 年以上，只要满足这两个条件中任意一个条件即可发放奖金。

❶ 选中 E2 单元格，在公式编辑栏中输入公式：
　=OR(C2>30000,D2>5)

按 Enter 键即可根据员工的工龄和业绩判断是否发放奖金。

❷ 将鼠标指针指向 E2 单元格的右下角，待光标变成十字形状后，按住鼠标左键向下拖动进行公式填充，即可判断其他员工是否发放奖金，如图 1-3 所示。

第
一
章
　
逻
辑
函
数

| E2 | ▼ | : | × | ✓ | fx | =OR(C2>30000,D2>5) |

▲	A	B	C	D	E
1	员工姓名	所属部门	业绩	工龄	是否发放奖金
2	刘兴	销售部	14400	3	FALSE
3	杨鹏俊	人力部	18000	9	TRUE
4	王蓉	人力部	25200	2	FALSE
5	张扬	销售部	32400	5	TRUE
6	姜和	工程部	32400	10	TRUE
7	苏冠群	工程部	36000	4	TRUE
8	卢云志	人力部	37200	11	TRUE
9	程丽	销售部	43200	5	TRUE
10	沈青河	销售部	14400	2	FALSE
11	邹智	人力部	16800	8	TRUE

图 1-3

 公式解析

OR(C2>30000,D2>5)
　　　　①　②

① 判断 C2 中的业绩值是否大于 30000，或者 D2 单元格中的工龄值是否大于 5。

② 如果①中的两个条件有一个满足，就返回 TRUE，否则返回 FALSE。

实例 4　OR 函数配合 AND 函数对考核成绩进行综合评定

应用范例

　　在对员工进行 2 项考核后，要求两项成绩都不小于 80 分才达标，或者综合成绩不小于 85 时也可达标。可以使用 OR 函数配合 AND 函数来实现。

❶ 选中 **E2** 单元格，在公式编辑栏中输入公式：

```
=OR(AND(B2>=80,C2>=80),D2>=85)
```

按 **Enter** 键即可根据员工 2 门考核成绩或综合成绩来得出判断结果，如果两者中有一项结果为 TRUE，那么最终结果为 TRUE；否则结果为 FALSE。

❷ 将鼠标指针指向 E2 单元格的右下角，待光标变成十字形状后，按住鼠标左键向下拖动进行公式填充，即可显示其他员工的综合评定结果，如图 1-4 所示。

| E2 | ▼ | : | × | ✓ | fx | =OR(AND(B2>=80,C2>=80),D2>=85) |

▲	A	B	C	D	E	F
1	员工姓名	答卷考核	面试考核	综合成绩	综合评定	
2	邹凯	87	75	85	TRUE	
3	张智云	65	56	76	FALSE	
4	刘薇微	78	88	89	TRUE	
5	阮微	68	77	81	FALSE	
6	姜凯	88	89	92	TRUE	

图 1-4

📖公式解析

=OR(AND(B2>=80,C2>=80),D2>=85)
　　　　　①　　　　　　②

① 用 AND 函数分别判断两个条件是否同时满足，两个条件为："**B2>=80**"和 "**C2>=80**"。如果同时满足返回 TRUE，否则返回 FALSE。

② 再使用 OR 函数判断①步的返回值与 "**D2>=85**" 这两个条件是否有任意一个满足，如果有则即返回 TRUE，当两个都不满足才返回 FALSE。

函数 3：NOT 函数（对所给参数求反）

函数功能

对参数值求反。当要确保一个值不等于某一特定值时，可以使用 NOT 函数。

函数语法

NOT(logical)

参数解释

logical：表示一个计算结果可以为 TRUE 或 FALSE 的值或表达式。

用法剖析

= NOT(B2 > 5)

求反，如果 "B2>5" 为真，最终结果就为假；如果 "B2>5" 为假，最终结果就为真。

实例 5　筛选出 25 岁以下的应聘人员

应用范例

如果需要从招聘名单中筛选出 "**25 岁以下**" 的应聘人员，可以利用 NOT 函数来进行判断。

❶ 选中 **E2** 单元格，在公式编辑栏中输入公式：

`=NOT(B2<25)`

按 **Enter** 键后，如果是 "**25 岁以下**" 的应聘人员，显示为 **FALSE**；反之，显示为 **TRUE**。

❷ 将鼠标指针指向 **E2** 单元格的右下角，待光标变成十字形状后，按住鼠标左键向下拖动进行公式填充，即可判断其他人员是否满足年龄要求，如图 **1-5** 所示。

| E2 | ▼ | ⋮ | × | ✓ | fx | =NOT（B2<25） |

	A	B	C	D	E
1	姓名	年龄	学历	求职意向	筛选
2	关冰冰	25	大专	财务总监	TRUE
3	刘威葳	26	硕士	财务总监	TRUE
4	邹凯	30	本科	财务总监	TRUE
5	杨慧	21	本科	财务总监	FALSE

图 1-5

📖公式解析

=NOT(B2<25)

当 B2 中的数值小于 25 时则返回 FALSE，否则返回 TRUE。

函数 4：IF 函数（根据条件判断真假）

函数功能

根据指定的条件判断其"真"（TRUE）、"假"（FALSE），从而返回其相对应的内容。IF 函数可以嵌套 7 层关系式，这样可以实现不仅是单个条件的判断。

函数语法

IF(logical_test,value_if_true,value_if_false)

参数解释

- IF 函数可以嵌套 7 层关系式，这样可以构造复杂的判断条件，从而进行综合评定。
- logical_test：表示逻辑判断表达式。
- value_if_true：表示当判断条件为逻辑"真"（TRUE）时，显示该处给定的内容。如果忽略，返回 TRUE。
- value_if_false：表示当判断条件为逻辑"假"（FALSE）时，显示该处给定的内容。如果忽略，返回 FALSE。

用法剖析

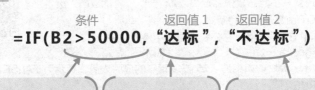

条件　　　　返回值1　　返回值2

=IF(B2 > 50000,"达标","不达标")

| 第 1 个参数是逻辑判断表达式，返回结果为TRUE或FALSE。 | 当第1个参数返回TRUE 时，公式最终返回这个值。 | 当第1个参数返回FALSE 时，公式最终返回这个值。注意文本要使用双引号。 |

应用范例

实例6 判断业绩是否达标并计算奖金

公司规定，销售业务成绩小于 50000 元时不发放奖金，当销售业务成绩大于或等于 50000 元时超出部分按 10%给予奖金。

❶ 选中 C2 单元格，在公式编辑栏中输入公式：

=IF(B2<50000,"",(B2-50000)*10%)

按 Enter 键即可根据 B2 单元格中的业绩计算出奖金。

❷ 将鼠标指针指向 B2 单元格的右下角，待光标变成十字形状后，按住鼠标左键向下拖动进行公式填充，即可计算出每位销售员的奖金，如图 1-6 所示。

	C2		▼	:	×	✓	fx	=IF(B2<50000,"",(B2-50000)*10%)

◢	A	B	C	D	E	F
1	销售员	业绩	奖金			
2	邹凯	88500	**3850**			
3	张智云	125000	**7500**			
4	刘薇微	59820	**982**			
5	赵轩	106890	**5689**			
6	施娜娜	58945	**894.5**			
7	刘琴	49856				
8	王杨洋	78777	**2877.7**			
9	刘成	39560				

图 1-6

📖**公式解析**

=IF(B2<50000,"",(B2-50000)*10%)
　　　　　　①　　　②

① 判断 "B2<50000" 这个条件是否为真。

② 如果①步为真，返回空值；如果不为真则返回 "(B2-50000)*10%" 这一部分的计算值。

实例7 按多重条件判断业绩区间并给予不同的奖金比例

公司规定，销售业绩小于 50000 元时给予 3%的奖金，销售业绩小于 80000 元时给予 5%的奖金，销售业绩在 80000 元以上时给予 8%的奖金。可以使用 IF 函数的嵌套方式来设置公式。

❶ 选中 C2 单元格，在公式编辑栏中输入公式：

=IF(B2<=50000,B2*0.03,IF(B2<=80000,B2*0.05,B2*0.08))

按 Enter 键即可根据 B2 单元格中的业绩计算出奖金。

❷ 将鼠标指针指向 B2 单元格的右下角，待光标变成十字形状后，按住鼠标左键向下拖动进行公式填充，即可计算出每位销售员的奖金，如图 1-7 所示。

| C2 | ▼ | ⋮ | × | ✓ | fx | =IF(B2<=50000,B2*0.03,IF(B2<=80000,B2*0.05,B2*0.08)) |

▲	A	B	C	D	E	F	G	H
1	姓名	业绩	奖金					
2	章晔	88500	7080					
3	姚磊	125000	10000					
4	闫绍红	59820	2991					
5	焦文雷	106890	8551.2					
6	魏义成	58945	2947.25					
7	李秀秀	49856	1495.68					
8	焦文全	78777	3938.85					
9	郑立媛	39560	1186.8					
10	马同燕	90600	7248					

图 1-7

📖公式解析

=IF(B2<=50000,B2*0.03,IF(B2<=80000,B2*0.05,B2*0.08))
                 ①   ②

① 判断"B2<=50000"这个条件是否为真，如果为真，返回"B2*0.03"的计算值，否则进入下一个 IF 判断。

② 如果①步为假，则判断"B2<=80000"这个条件是否为真，如果为真，则返回"B2*0.05"的计算值，否则返回"B2*0.08"的计算值。

实例 8　评定人员的面试成绩是否合格

在对应聘人员进行面试后，主管人员可以对员工的考核成绩进行评定，例如，如果各项成绩都不小于 60 分即可评定为合格，否则评定为不合格。

❶ 选中 E2 单元格，在公式编辑栏中输入公式：

=IF(AND(B2>=60,C2>=60,D2>=60),"合格","不合格")

按 **Enter** 键即可根据员工的各项成绩判断面试人员是否合格。

❷ 将鼠标指针指向 E2 单元格的右下角，待光标变成十字形状后，按住鼠标左键向下拖动进行公式填充，即可判断其他人员的面试成绩是否合格，如图 1-8 所示。

| E2 | ▼ | ⋮ | × | ✓ | fx | =IF(AND(B2>=60,C2>=60,D2>=60),"合格","不合格") |

▲	A	B	C	D	E	F	G	H	I
1	员工姓名	面试成绩	笔试成绩	综合素质	成绩考评				
2	邹凯	87	75	75	合格				
3	张智云	65	76	56	不合格				
4	刘薇微	60	88	60	合格				
5	赵轩	68	70	57	不合格				
6	施娜娜	50	65	57	不合格				

图 1-8

公式解析

=IF(AND(B2>=60,C2>=60,D2>=60),"合格","不合格")
①　　　　　　　　　　　　　②

①　分别判断 B2、C2、D2 单元格中的数值是否都大于或等于 60，如果是，返回 TRUE，如果不是，返回 FALSE。

②　如果①步返回的是 TRUE，则返回"合格"文字；如果①步返回的是 FALSE，则返回"不合格"文字。

实例9　评定员工的参试情况

在员工考核成绩统计表中，判断一组考评数据中是否有一个大于"80"，如果有则具备参与培训的资格，否则取消资格。

❶ 选中 E2 单元格，在公式编辑栏中输入公式：

=IF(OR(B2>80,C2>80,D2>80),"参与培训","取消资格")

按 Enter 键即可根据员工的考核成绩判断出其是否具备参与培训的资格。

❷ 将鼠标指针指向 E2 单元格的右下角，待光标变成十字形状后，按住鼠标左键向下拖动进行公式填充，即可得出其他员工参与培训的资格情况，如图 1-9 所示。

| E2 | ▼ | : | × | ✓ | fx | =IF(OR(B2>80,C2>80,D2>80),"参与培训","取消资格") |

▲	A	B	C	D	E	F	G	H
1	销售员	面试成绩	理论知识	上机	参试结果			
2	邹凯	80	42	85	参与培训			
3	张智云	55	70	70	取消资格			
4	刘薇微	68	62	90	参与培训			
5	赵轩	59	88	89	参与培训			
6	施娜娜	70	48	69	取消资格			

图 1-9

公式解析

=IF(OR(B2>80,C2>80,D2>80),"参与培训","取消资格")
①　　　　　　　　　　　　②

①　判断"B2>80""C2>80""D2>80"这 3 个条件中是否有一个条件满足，如果是返回 TRUE，如果不是返回 FALSE。

②　如果①步返回的是 TRUE，则返回"参与培训"文字，如果①步返回的是 FALSE，则返回"取消资格"文字。

实例10　根据工龄计算其奖金

公司规定工作时间在 1 年以下者给予 200 元年终奖，1～3 年者为 600 元，3～5 年者为 1000 元，5～10 年者为 1400 元。现在需要计算每位员工 12 月份工资加年终奖合计值。

❶ 选中 D2 单元格，在公式编辑栏中输入公式：

=C2+IF(B2<=1,200,IF(B2<=3,600,IF(B2<=5,1000,1400)))

按 Enter 键即可计算出第一位员工 12 月的工资。

❷ 将鼠标指针指向 D2 单元格的右下角，待光标变成十字形状后，按住鼠标左键向下拖动进行公式填充，即可快速计算出其他员工 12 月份的工资，如图 1-10 所示。

D2		:	× ✓ fx	=C2+IF(B2<=1,200,IF(B2<=3,600,IF(B2<=5,1000,1400)))			
▲	A	B	C	D	E	F	G	H
1	销售员	工龄	工资	奖金			
2	邹凯	2.5	2560	3160			
3	张智云	3	3350	3950			
4	刘薇微	2	1800	2400			
5	赵轩	1	1600	1800			
6	施娜娜	4	4560	5560			
7	刘琴	2.5	2800	3400			
8	王杨洋	3	1500	2100			
9	刘成	4.5	2200	3200			

图 1-10

📖 公式解析

=C2+IF(B2<=1,200,IF(B2<=3,600,IF(B2<=5,1000,1400)))
　　　　①　　　　　　②　　　　　　　　③

① 判断 B2 单元格中的工龄是否小于或等于 1，如果是返回 200。如果不是进入下一个 IF 判断。

② 判断 B2 单元格中的工龄是否小于或等于 3，如果是返回 600。如果不是进入下一个 IF 判断。

③ 判断 B2 单元格中的工龄是否小于或等于 5，如果是返回 1000。如果不是则返回 1400。

实例 11　根据消费卡类别和消费情况派发赠品

某商场元旦促销活动的规则如下：当卡种为金卡时，消费额小于 2888 元，赠送"电饭煲"；消费金额小于 3888 元时，赠送"电磁炉"，否则赠送"微波炉"。当卡种为银卡时，消费金额小于 2888 元时，赠送"夜间灯"；消费金额小于 3888 元时，赠送"雨伞"，否则赠送"摄像头"。未持卡且消费金额大于 2888 元时，赠送"浴巾"。

❶ 选中 D2 单元格，在公式编辑栏中输入公式：

```
=IF(AND(B2="",C2<2888),"",IF(B2="金卡",IF(C2<2888,"电饭
煲",IF(C2<3888,"电磁炉","微波炉")),IF(B2="银卡",IF(C2<2888,"夜间
灯",IF(C2<3888,"雨伞","摄像头")),"浴巾")))
```

按 Enter 键即可根据各用户的持卡类别以及消费额返回相应的赠品。

❷ 将鼠标指针指向 D2 单元格的右下角，待光标变成十字形状后，按住鼠标左键向下拖动进行公式填充，即可依次根据各用户的持卡类别以及消费额返回相应的赠品，如图 1-11 所示。

Excel 函数与公式速查手册（第 2 版）

| D2 | | × ✓ fx | =IF(AND(B2="",C2<2888),"",IF(B2="金卡",IF(C2<2888,"电饭煲",IF(C2<3888,"电磁炉","微波炉")),IF(B2="银卡",IF(C2<2888,"夜间灯",IF(C2<3888,"雨伞","摄像头")),"浴巾"))) |

	A	B	C	D	E	F	G	H	I
1	用户ID	持卡种类	消费额	派发赠品					
2	SL10800101	金卡	2987	电磁炉					
3	SL20800212	银卡	3965	摄像头					
4	张小姐		5687	浴巾					
5	SL20800469	银卡	2697	夜间灯					
6	SL10800567	金卡	2056	电饭煲					
7	苏先生		2078						
8	SL20800722	银卡	3037	雨伞					
9	马先生		2000						
10	SL10800711	金卡	6800	微波炉					
11	SL10800798	银卡	7000	摄像头					
12	SL10800765	金卡	2200	电饭煲					

图 1-11

📖公式解析

=IF(AND(B2="",C2<2888),"",IF(B2="金卡",IF(C2<2888,"电饭煲",IF(C2< 3888,"电磁炉","微波炉")),IF(B2="银卡",IF(C2<2888,"夜间灯",IF(C2<3888,"雨伞", "摄像头")),"浴巾")))

① 这是一个 IF 函数多层嵌套的例子，首先判断 B2 为空值（即未持卡）和 "C2<2888" 是否同时满足，如果是返回空值（即无赠品）；如果不是进入下一个 IF 判断。

② 这一部分是对 B2 中是金卡的判断。即如果消费额小于 2888 元，赠送 "电饭煲"；消费金额小于 3888 元时，赠送 "电磁炉"，否则赠送 "微波炉"。

③ 这一部分是对 B2 中是银卡的判断。即如果消费金额小于 2888 元时，赠送 "夜间灯"；消费金额小于 3888 元时，赠送 "雨伞"，否则赠送 "摄像头"。

④ 如果前面的条件都不满足，则返回 "浴巾"。

实例 12　有选择地汇总数据

在统计了各组的产量后，需要对 A 组、C 组人员的产量进行汇总，B、D 组排除。

选中 E2 单元格，在公式编辑栏中输入公式：

```
=SUM(IF(A2:A9={"A 组","C 组"}, C2:C9))
```

按 **Ctrl+Shift+Enter** 组合键即可计算出 A 组与 C 组的产量，如图 1-12 所示。

图 1-12

公式解析

=SUM(IF(A2:A9={"A 组","C 组"},C2:C9))

① 这是数组公式，在 A2:A9 单元格区域中依次判断是否是"A 组"或"C 组"，如果是这两个组则返回 TRUE，然后返回对应在 C2:C9 单元格区域上的产量值。

② 将步骤①中返回的数组进行求和。

实例 13 判断数据是否存在重复

 如图 1-13 所示，B 列为员工姓名，使用 IF 函数配合 COUNTIF 函数可以判断员工姓名是否重复。COUNTIF 函数用于统计指定区域中符合指定条件的单元格条目数，在第 6 章的 6.1 节中还会着重介绍。

❶ 选中 C2 单元格，在公式编辑栏中输入公式：

=IF(COUNTIF(B$2:B2,B2)>1,"重复","")

按 Enter 键即可判断 B2 中的员工姓名是否存在重复现象，如果出现次数超过 1 次，则标识为"重复"。

❷ 将鼠标指针指向 C2 单元格的右下角，待光标变成十字形状后，按住鼠标左键向下拖动进行公式填充，即可快速判断出其他员工姓名是否存在重复，如图 1-13 所示。

C2	▼ : × ✓ fx	=IF(COUNTIF(B$2:B2,B2)>1,"重复","")			
▲	A	B	C	D	E	F
1	工号	姓名	是否重复			
2	20130508	邹凯				
3	20130655	施娜娜				
4	20130508	刘薇微				
5	20130699	赵轩				
6	20132458	施娜娜	重复			
7	20130154	刘琴				
8	20135562	邹凯	重复			

图 1-13

公式解析

=IF(COUNTIF(B$2:B2,B2)>1,"重复","")
　　　　　①　　　　　　　②

① 判断 B2 单元格中的值在 B2:B2 单元格区域中出现的次数是否大于 1。注意，当公式复制到 C3 单元格时，则是判断 B2 单元格中的值在 B2:B3 单元格区域中出现的次数；当公式复制到 C4 单元格中时，则是判断 B2 单元格中的值在 B2:B4 单元格区域中出现的次数，以此类推。

② 当出现次数大于 1 时返回"重复"，否则返回空值。

🐾 提示

本例中涉及公式数据源的引用方式，因为要依次判断 B 列中的姓名是否重复，因此公式向下复制时，首个单元格"B$2"的地址不能改变，所以要使用绝对引用方式；而第二个"B2"地址要随着公式向下复制而依次变为 B3、B4、B5、……，所以使用相对引用。

实例 14 根据职工性别和职务判断退休年龄

某公司规定，男职工退休年龄为 60 岁，女职工退休年龄为 55 岁，如果是领导班子成员（总经理和副总经理），退休年龄则可以延迟 5 岁。本例将介绍如何根据职工性别和职务判断退休年龄。

❶ 选中 E2 单元格，在公式编辑栏中输入公式：

=IF(C2="男",60,55)+IF(OR(D2="总经理",D2="副总经理"),5,0)

按 Enter 键即可计算出第一位员工的退休年龄。

❷ 将鼠标指针指向 E2 单元格的右下角，待光标变成十字形状后，按住鼠标左键向下拖动进行公式填充，即可快速计算出其他员工的退休年龄，如图 1-14 所示。

E2			✕ ✓ fx	=IF(C2="男",60,55)+IF(OR(D2="总经理",D2="副总经理"),5,0)				
▲	A	B	C	D	E	F	G	H	I
1	工号	姓名	性别	职位	退休年龄				
2	20130502	邹凯	男	总经理	65				
3	20130652	张智云	女	副总经理	60				
4	20131115	刘薇微	女	人力资源	55				
5	20135895	赵轩	男	销售员	60				
6	20132582	施娜娜	女	总经理	60				
7	20130569	刘琴	女	文员	55				
8	20130599	王杨洋	男	总经理	65				
9	20131452	刘成	男	会计	60				

图 1-14

📖公式解析

=IF(C2="男",60,55)+IF(OR(D2="总经理",D2="副总经理"),5,0)
　　　①　　　　　　　　　　　　　　　　②④　③

① 如果 C2="男"，返回 60，否则返回 55。

② 判断 D2="总经理"和 D2="副总经理"两个条件是否有一个满足。

③ 如果步骤②中条件满足，返回 5，否则返回 0。

④ 将步骤①与步骤③得出的结果相加。

实例 15 计算个人所得税

用 IF 函数配合其他函数计算个人所得税。相关规则如下：

起征点为 5000 元。

税率及速算扣除数如表 1-1 所示。

表 1-1

应纳税所得额（元）	税率（%）	速算扣除数（元）
不超过 3000	3	0
3000～12000	10	210

应纳税所得额（元）	税率（%）	速算扣除数（元）
12000 ~ 25000	20	1410
25000 ~ 35000	25	2660
35000 ~ 55000	30	4410
55000 ~ 80000	35	7160
超过 80000	45	15160

❶ 选中 **D2** 单元格，在公式编辑栏中输入公式：

```
=IF(B2>5000,B2-C2,0)
```

按 **Enter** 键得出第一位员工的"应纳税所得额"。将鼠标指针指向 **D2** 单元格的右下角，待光标变成十字形状后，按住鼠标左键向下拖动进行公式填充，如图 **1-15** 所示。

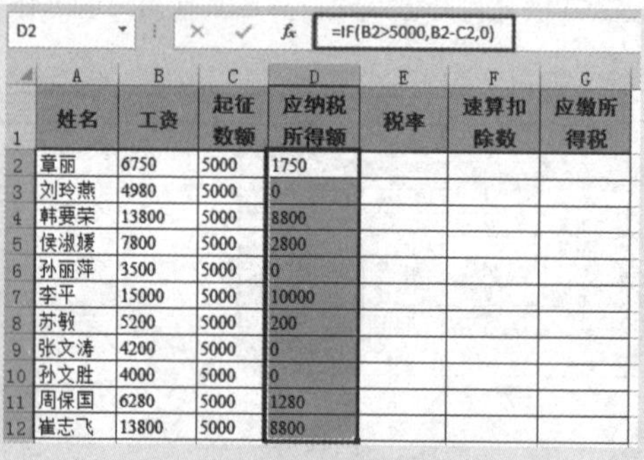

图 1-15

❷ 选中 **E2** 单元格，在公式编辑栏中输入公式：

```
=IF(D2<=3000,0.03,IF(D2<=12000,0.1,IF(D2<=25000,0.2,IF(D2
<= 35000,0.25,IF(D2<=55000,0.3,IF(D2<=80000,0.35,0.45))))))
```

按 **Enter** 键根据"应纳税所得额"得出第一位员工的纳税税率。将鼠标指针指向 **E2** 单元格的右下角，待光标变成十字形状后，按住鼠标左键向下拖动进行公式填充，如图 **1-16** 所示。

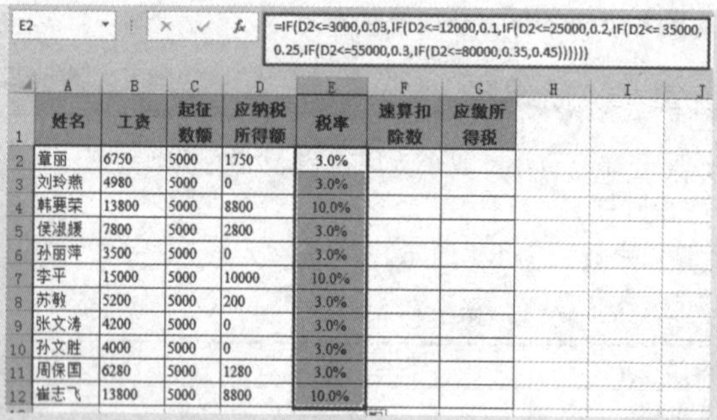

图 1-16

❸ 选中 **F2** 单元格，在公式编辑栏中输入公式：

```
=VLOOKUP(E2,{0.03,0;0.1,210;0.2,1410;0.25,2660;0.3,4410;
0.35,7160;0.45,15160},2,)
```

按 **Enter** 键根据"税率"得出第一位员工的"速算扣除数"。将鼠标指针指向 **F2** 单元格的右下角，待光标变成十字形状后，按住鼠标左键向下拖动进行公式填充，如图 **1-17** 所示。

F2		× ✓ fx	=VLOOKUP(E2,{0.03,0;0.1,210;0.2,1410;0.25,2660;0.3, 4410;0.35,7160;0.45,15160},2,)				
	A	B	C	D	E	F	G	H

	A	B	C	D	E	F	G	H
1	姓名	工资	起征数额	应纳税所得额	税率	速算扣除数	应缴所得税	
2	章丽	6750	5000	1750	3.0%	0		
3	刘玲燕	4980	5000	0	3.0%	0		
4	韩要荣	13800	5000	8800	10.0%	210		
5	侯淑媛	7800	5000	2800	3.0%	0		
6	孙丽萍	3500	5000	0	3.0%	0		
7	李平	15000	5000	10000	10.0%	210		
8	苏敏	5200	5000	200	3.0%	0		
9	张文涛	4200	5000	0	3.0%	0		
10	孙文胜	4000	5000	0	3.0%	0		
11	周保国	6280	5000	1280	3.0%	0		
12	崔志飞	13800	5000	8800	10.0%	210		

图 1-17

❹ 选中 **G2** 单元格，在公式编辑栏中输入公式：

```
=D2*E2-F2
```

按 **Enter** 键计算得出第一位员工的"应缴所得税"。将鼠标指针指向 **G2** 单元格的右下角，待光标变成十字形状后，按住鼠标左键向下拖动进行公式填充，如图 **1-18** 所示。

G2		× ✓ fx	=D2*E2-F2				

	A	B	C	D	E	F	G
1	姓名	工资	起征数额	应纳税所得额	税率	速算扣除数	应缴所得税
2	章丽	6750	5000	1750	3.0%	0	52.5
3	刘玲燕	4980	5000	0	3.0%	0	0
4	韩要荣	13800	5000	8800	10.0%	210	670
5	侯淑媛	7800	5000	2800	3.0%	0	84
6	孙丽萍	3500	5000	0	3.0%	0	0
7	李平	15000	5000	10000	10.0%	210	790
8	苏敏	5200	5000	200	3.0%	0	6
9	张文涛	4200	5000	0	3.0%	0	0
10	孙文胜	4000	5000	0	3.0%	0	0
11	周保国	6280	5000	1280	3.0%	0	38.4
12	崔志飞	13800	5000	8800	10.0%	210	670

图 1-18

📖 **公式解析**

公式1：

=IF(D2<=3000,0.03,IF(D2<=12000,0.1,IF(D2<=25000,0.2,IF(D2<=35000,0.25,

IF(D2<=55000,0.3,IF(D2<=80000,0.35,0.45))))))

① 是一个 IF 函数多层嵌套的公式。

② 值的限定依据表 1-1 中的表格。

公式 2：

=VLOOKUP(E2,{0.03,0;0.1,210;0.2,1410;0.25,2660;0.3,4410;0.35,7160;0.45, 15160},2,)

VLOOKUP 是查找函数，表示在{0.03,0;0.1,210;0.2,1410;0.25,2660;0.3,4410; 0.35,7160;0.45,15160}这个组的首列中找 E2 单元格的值，找到后返回对应在 {0.03,0;0.1,210;0.2,1410;0.25,2660;0.3,4410;0.35,7160;0.45,15160}这个组中第 2 列 的值。

函数 5：TRUE 函数

函数功能

TRUE 函数用于返回参数的逻辑值，也可以直接在单元格或公式中使用，一般配合其他函数使用。

函数语法

TRUE()

参数解释

该函数没有参数，并且可以在其他函数中作为参数使用。

应用范例

实例 16　检验两列数据是否相同

分别在"原始数据"和"录入的数据"列中输入相应的数据，当数据相同时自动返回 TRUE，否则返回 FALSE。

❶ 选中 **D2** 单元格，在公式编辑栏中输入公式：

=A2=B2

按 **Enter** 键即可返回相应的值。

❷ 将鼠标指针指向 **D2** 单元格的右下角，待光标变成十字形状后，按住鼠标左键向下拖动进行公式填充，即可判断出其他数据是否相同，如图 **1-19** 所示。

| D2 | ▼ | : | × | ✓ | *fx* | =A2=B2 |

▲	A	B	C	D
1	原始数据	录入的数据		数据是否相同
2	UZZ021	UZZ021		TRUE
3	BPO345	BPo145		FALSE
4	CZUA001	CZUa001		TRUE
5	gg0456	GG0456		TRUE
6	DDB005	DDB001		FALSE
7	EBC023	EBC023		TRUE
8	ACD012	Acd012		TRUE

图 1-19

函数 6：FALSE 函数

函数功能

FALSE 函数用于返回参数的逻辑值，也可以直接在单元格或公式中使用，一般配合其他函数来使用。

函数语法

FALSE()

参数解释

该函数没有参数，并且可以在其他函数中作为参数使用。

函数 7：IFNA 函数

函数功能

当该表达式解析为"#N/A"时，则返回指定值；否则返回该表达式的结果。

函数语法

IFNA(value,value_if_na)

参数解释

- value：表示用于检查错误值"#N/A"的参数。
- value_if_na：表示公式计算结果为错误值"#N/A"时要返回的值。

实例17 当VLOOKUP函数找不到匹配值时返回"请检查查找对象"

IFNA 检验 VLOOKUP 函数的结果。如图 1-20 所示，因为在查找区域中找不到"魏文成"，VLOOKUP 将返回错误值"#N/A"。IFNA 可以实现在单元格中返回"请检查查找对象"提示文字，而不是默认的"#N/A"错误值。

B13	▼	:	×	✓	fx	=VLOOKUP(A13,A1:C10,3,FALSE)

▲	A	B	C	D	E	F
1	姓名	业绩	奖金			
2	章晔	88500	7080			
3	姚磊	125000	10000			
4	闫绍红	59820	2991			
5	焦文雷	106890	8551.2			
6	魏义成	58945	2947.25			
7	李秀秀	49856	1495.68			
8	焦文全	78777	3938.85			
9	郑立媛	39560	1186.8			
10	马同燕	90600	7248			
11						
12	查找对象	奖金				
13	魏文成	#N/A				

图 1-20

❶ 选中 B13 单元格，在公式编辑栏中输入公式：

```
=IFNA(VLOOKUP(A13,A1:C10,3,FALSE),"请检查查找对象")
```

按 **Enter** 键即可返回字符串"请检查查找对象"，如图 **1-21** 所示。

图 1-21

❷ 当能找到查找对象时则会返回正确的查找值，如图 **1-22** 所示。

图 1-22

📖**公式解析**

=IFNA(VLOOKUP(A13,A1:C10,3,FALSE),"请检查查找对象")

① VLOOKUP 函数是一个查找函数，用于在 A1:C10 单元格区域的首列中查找 A13 中的对象，找到后返回对应在第 3 列上的奖金值。

② 如果 VLOOKUP 函数找不到匹配的对象则会返回"#N/A"错误值。因此在外层套用 IFNA 函数，可以实现当出现"#N/A"错误值，指定返回"请检查查找对象"文字（也可以指定返回其他文字）。

函数 8：IFERROR 函数

函数功能

当公式的计算结果错误时，返回指定的值，否则将返回公式的结果。使用

IFERROR 函数可以捕获和处理公式中的错误。

函数语法

IFERROR(value, value_if_error)

参数解释

- value：表示检查是否存在错误的参数。
- value_if_error：表示公式的计算结果错误时要返回的值。计算得到的错误类型有#N/A、#VALUE!、#REF!、#DIV/0!、#NUM!、#NAME?和#NULL!。

应用范例

实例 18 **当除数或被除数为空值（或 0 值）时返回"计算数据源有错误"文字**

当除数或被除数为空值（或 0 值）时，若要返回错误值相对应的计算结果，可以使用 IFERROR 函数来实现。

❶ 选中 C2 单元格，在公式编辑栏中输入公式：

=IFERROR(A2/B2,"计算数据源有错误")

按 **Enter** 键即可返回计算结果。

❷ 将鼠标指针指向 C2 单元格的右下角，向下复制公式，即可返回其他两个数据相除的结果，如图 1-23 所示。

| C2 | ▼ | : | × | ✓ | fx | =IFERROR(A2/B2,"计算数据源有错误") |

	A	B	C	D	E
1	数据1	数据2	计算结果		
2	55	5	11		
3	62		计算数据源有错误		
4	120	5	24		
5			计算数据源有错误		
6	42	6	7		

图 1-23

📖**公式解析**

=IFERROR(A2/B2,"计算数据源有错误")

当 A2/B2 无法计算时则会返回错误值，外层套上 IFERROR 函数，可以实现当出现错误值时，指定返回"计算数据源有错误"文字（也可以指定返回其他文字）。

第 2 章　数学和三角函数

2.1　求和函数实例应用

函数 1：SUM 函数（求和运算）

函数功能

SUM 函数将指定为参数的所有数字相加。

函数语法

SUM(number1,[number2],...)

参数解释

- number1：必需。为想要相加的第一个数值参数。
- number2,...：可选。为想要相加的 2~255 个数值参数。

用法剖析

每个参数都可以是区域、单元格引用、数组、常量、公式或另一个函数的计算结果。因此参数的写法也是灵活的，下面给出几种应用示例。

公式 1：=SUM（1,2,3）

当前有 3 个参数，当前公式的计算结果等同于 "=1+2+3"。

公式 2：=SUM(B2:B3,B9:B10,Sheet2!B2:B3)

共三个参数，因为单元格区域是不连续的，所以必须分别使用各自的单元格区域，中间用逗号间隔。公式计算结果等同于将这几个单元格区域中的所有值相加。

也可引用其他工作表中的单元格区域作为参数。引用方法详见下面范例。

公式 3：=SUM（4,SUM(B2:B10),A1）

参数还可以是公式的计算结果。

实例解析

实例 19 根据每月预算费用计算总预算费用

表格中统计了各类别费用在 1 月、2 月、3 月的预算金额，使用 SUM 函数可以一次性计算出总预算费用（各类别各月份的总计值）。

选中 B10 单元格，在公式编辑栏中输入公式：

```
=SUM(B2:D8)
```

按 **Enter** 键即可得出结果，如图 **2-1** 所示。

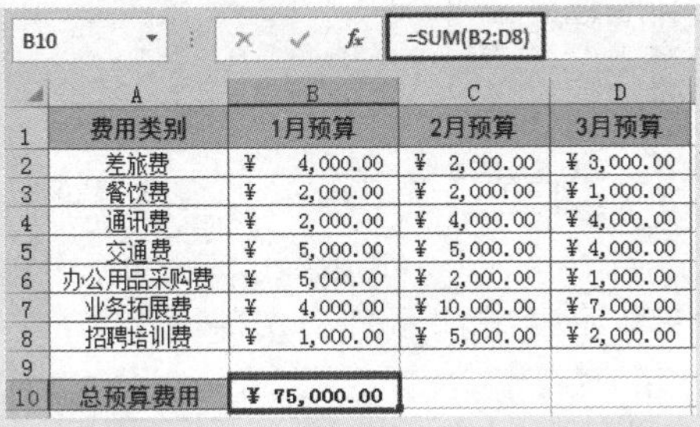

B10 =SUM(B2:D8)

	A	B	C	D
1	费用类别	1月预算	2月预算	3月预算
2	差旅费	¥ 4,000.00	¥ 2,000.00	¥ 3,000.00
3	餐饮费	¥ 2,000.00	¥ 2,000.00	¥ 1,000.00
4	通讯费	¥ 2,000.00	¥ 4,000.00	¥ 4,000.00
5	交通费	¥ 5,000.00	¥ 5,000.00	¥ 4,000.00
6	办公用品采购费	¥ 5,000.00	¥ 2,000.00	¥ 1,000.00
7	业务拓展费	¥ 4,000.00	¥ 10,000.00	¥ 7,000.00
8	招聘培训费	¥ 1,000.00	¥ 5,000.00	¥ 2,000.00
9				
10	总预算费用	¥ 75,000.00		

图 2-1

公式解析

=SUM(B2: D8)

将 B2:D8 单元格区域的所有数据进行求和计算。

实例 20 引用其他表格数据进行求和运算

当前工作簿中两个车间的产量数据是分两张工作表分别统计的，现在需要求出总产量。

❶ 选中 D2 单元格，在公式编辑栏中输入公式“**=SUM (B2:B9,)**”这一部分，注意“**B2:B9**”单元格区域后面有一个逗号，因为还需要设置下一个参数，如图 **2-2** 所示。

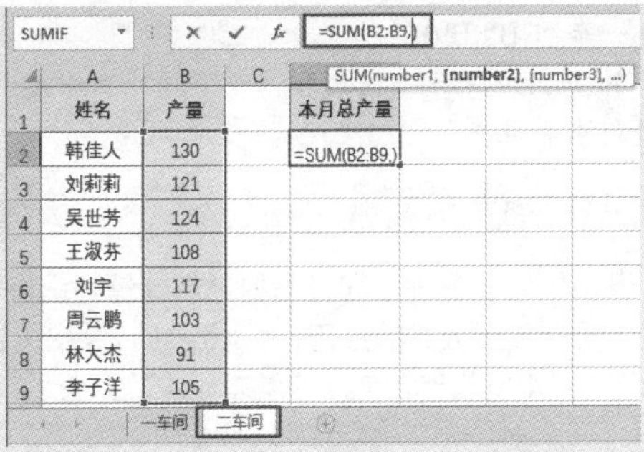

SUMIF =SUM(B2:B9,)

SUM(number1, [number2], [number3], ...)

	A	B	C	D
1	姓名	产量		本月总产量
2	韩佳人	130		=SUM(B2:B9,)
3	刘莉莉	121		
4	吴世芳	124		
5	王淑芬	108		
6	刘宇	117		
7	周云鹏	103		
8	林大杰	91		
9	李子洋	105		

一车间　二车间

图 2-2

❷ 鼠标指针指向“一车间”工作表标签，单击切换，选中其中的 B2:B9 单元格区域，这时公式显示为：

```
=SUM(B2:B9,一车间!B2:B9)
```

如图 2-3 所示。

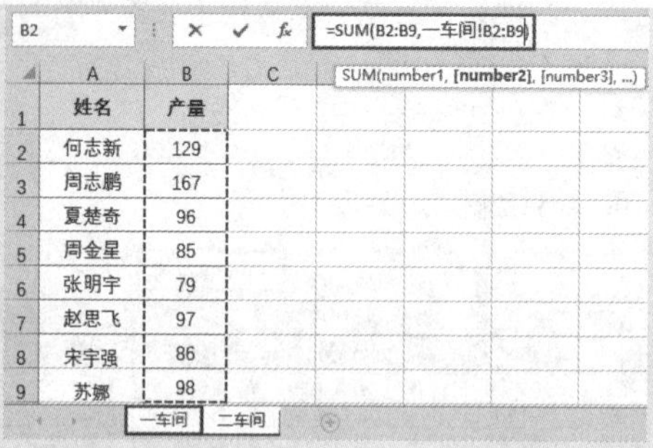

	A	B	C
1	姓名	产量	
2	何志新	129	
3	周志鹏	167	
4	夏楚奇	96	
5	周金星	85	
6	张明宇	79	
7	赵思飞	97	
8	宋宇强	86	
9	苏娜	98	

图 2-3

❸ 按 Enter 键即可进行求和运算，如图 2-4 所示。

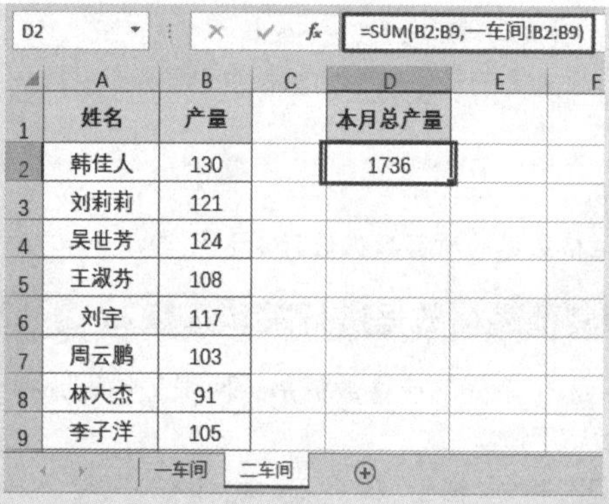

	A	B	C	D	E	F
1	姓名	产量		本月总产量		
2	韩佳人	130		1736		
3	刘莉莉	121				
4	吴世芳	124				
5	王淑芬	108				
6	刘宇	117				
7	周云鹏	103				
8	林大杰	91				
9	李子洋	105				

图 2-4

公式解析

=SUM(B2:B9,一车间!B2:B9)

将当前工作表的 B2:B9 单元格区域和“一车间”工作表中的 B2:B9 单元格区域的所有数据进行求和计算。

实例 21 统计总销售额

表格统计了各种不同产品的销售数量和销售单价，使用 SUM 函数再配合数组公式的应用，可以一步计算出总销售额。

选中 F1 单元格，在公式编辑栏中输入公式：

```
=SUM(B2:B5*C2:C5)
```

按 Ctrl+Shift+Enter 组合键（必须按此组合键，数组公式才能得到正确结果），即可通过销售数量和销售单价计算出总销售额，如图 2-5 所示。

	A	B	C	D	E	F
	F1	:	× ✓ fx	{=SUM(B2:B5*C2:C5)}		
1	产品名称	销售数量	销售单价		总销售额	26797
2	A3打印纸（箱）	55	120			
3	迷你文件柜	68	119			
4	鼠标	70	99			
5	A4打印纸（箱）	45	115			

图 2-5

📖 公式解析

=SUM(B2:B5*C2:C5)

这一个数组公式，其计算的原理是：将 B2:B5 单元格区域和 C2:C5 单元格区域中的值进行一一对应的相乘计算，即 B2*C2，B3*C3，……，乘得的各个结果组成一个数组，SUM 函数再对这个数组进行求和。

实例 22　求排名前三的产量总和

表格中统计了每个车间每位员工一季度每月的产值，需要找到 3 个月中前三名的产值并求和。这个公式的设计需要使用 LARGE 这个函数提取前三名的值，然后再在外层嵌套 SUM 函数进行求和运算。

选中 G2 单元格，在公式编辑栏中输入公式：

=SUM(LARGE(C2:E8,{1,2,3}))

按 **Ctrl+Shift+Enter** 组合键即可依据 C2:E8 单元格区域中的数值求出前三名的总产值，如图 2-6 所示。

	A	B	C	D	E	F	G
	G2	:	× ✓ fx	{=SUM(LARGE(C2:E8,{1,2,3}))}			
1	姓名	性别	1月	2月	3月		前三名总产值
2	何志新	男	129	138	97		434
3	周志鹏	男	167	97	106		
4	夏楚奇	男	96	113	129		
5	周金星	女	85	95	96		
6	张明宇	男	79	104	115		
7	赵思飞	男	97	117	123		
8	韩佳人	女	86	91	88		

图 2-6

👤 嵌套函数

LARGE 函数属于统计函数类型，用于返回某一数据集中的某个（可以指定）最大值。

📖 公式解析

=SUM(LARGE(C2:E8,{1,2,3}))
　　　　　　　　　①　　②

① LARGE 函数是返回某一数据集中的某个最大值。返回排名第几的那个值，需要用第二个参数指定，如 LARGE(C2:E8,1)，表示返回第 1 名的值；LARGE(C2:E8,3)，表示返回第 3 名的值。这里想一次性返回前 3 名的值，所以在公式中使用了{1,2,3}这样一个常量数组。因此这一步表示从 C2:E8 区域的数据中返回排名 1、2、3 位的数组，返回值组成的是一个数组。

② 对①步中的数组进行求和运算。

实例 23　计算迟到、早退合计人数

表格中对每日员工的出勤情况进行了记录，主要包括早退、迟到、事假和旷工。本例需要统计出 2 月份迟到和早退的人数合计值。

选中 F2 单元格，在公式编辑栏中输入公式：

=SUM((B2:B11={"迟到","早退"})*C2:C11)

按 **Ctrl+Shift+Enter** 组合键即可统计出"早退"与"迟到"员工人数的合计值，如图 2-7 所示。

F2	▼	:	× ✓ fx	{=SUM((B2:B11={"迟到","早退"})*C2:C11)}	
▲	A	B	C	D	E	F
1	出勤日期	出勤状况	人数			
2	2018/2/1	早退	2		早退和迟到人数合计	15
3	2018/2/3	迟到	3			
4	2018/2/4	早退	1			
5	2018/2/8	事假	1			
6	2018/2/9	事假	2			
7	2018/2/12	迟到	1			
8	2018/2/18	旷工	1			
9	2018/2/20	早退	3			
10	2018/2/21	早退	5			
11	2018/2/25	事假	2			

图 2-7

📖 公式解析

=SUM((B2:B11={"迟到","早退"})*C2:C11)
　　　　①　　　　　　　　　　　②

① 依次判断出 B2:B11 单元格区域中的各个值是否为"迟到"或者"早退"，如果是返回 TRUE，如果不是返回 FALSE。

② 依次将①步结果中为 TRUE 的对应在 C2:C11 单元格区域中的值取出并进行求和运算。

函数 2：SUMIF 函数（按照指定条件求和）

函数功能

SUMIF 函数可以对区域中符合指定条件的值求和。即先进行条件判断，然后只对满足条件的数据进行求和。

函数语法

SUMIF(range, criteria, [sum_range])

参数解释

- range：必需。用于条件计算的单元格区域。每个区域中的单元格都必须是数字、名称、数组或包含数字的引用。空值和文本值将被忽略。
- criteria：必需。用于确定对哪些单元格求和的条件，其形式可以为数字、表达式、单元格引用、文本或函数。
- sum_range：表示根据条件判断的结果要进行计算的单元格区域。如果sum_range 参数被省略，Excel 会对在 range 参数中指定的单元格区域中符合条件的单元格进行求和。

用法剖析

SUMIF 是非常常用和实用的一个函数，其基本用法如下所示。

> 指定在这个区域中进行条件判断，必须是单元格引用。

> 指定在这个区域中提取满足条件的数据进行求和。行、列数应与第 1 参数相同。

=SUMIF(A2:A10,"销售一部",C2:C10)

> 可以是数字、文本、单元格引用或公式等。如果是文本，必须使用双引号。

实例解析

实例 24 统计各部门的工资总额

如果要按照部门统计工资总额，可以使用 SUMIF 函数来实现。

❶ 选中 **C10** 单元格，在公式编辑栏中输入公式：

    =SUMIF(B2:B8,"销售部",C2:C8)

按 **Enter** 键即可统计出"销售部"的工资总额，如图 **2-8** 所示。

❷ 选中 **C11** 单元格，在公式编辑栏中输入公式：

    =SUMIF(B2:B8,"财务部",C2:C8)

按 **Enter** 键即可统计出"财务部"的工资总额，如图 **2-9** 所示。

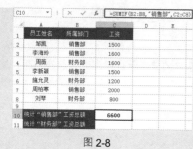

C10 =SUMIF(B2:B8,"销售部",C2:C8)

	A	B	C	D	E
1	员工姓名	所属部门	工资		
2	邹凯	销售部	1500		
3	李海玲	销售部	1600		
4	周薇	财务部	1600		
5	李新颖	销售部	1500		
6	施允灵	财务部	1200		
7	周柏寒	销售部	2000		
8	刘琴	财务部	800		
9					
10	统计"销售部"工资总额		6600		
11	统计"财务部"工资总额				

图 2-8

C11 =SUMIF(B2:B8,"财务部",C2:C8)

	A	B	C	D	E
1	员工姓名	所属部门	工资		
2	邹凯	销售部	1500		
3	李海玲	销售部	1600		
4	周薇	财务部	1600		
5	李新颖	销售部	1500		
6	施允灵	财务部	1200		
7	周柏寒	销售部	2000		
8	刘琴	财务部	800		
9					
10	统计"销售部"工资总额		6600		
11	统计"财务部"工资总额		3600		

图 2-9

公式解析

=SUMIF(B2:B8,"销售部",C2:C8)

依次判断 B2:B8 单元格区域中各个值是否是"销售部"，是"销售部"的把对应在 C2:C8 单元格区域中工资额取出，然后再将取出的值求和。

实例 25 按经办人计算销售金额

表格中按经办人统计了各产品的销售金额，现在要求统计出各经办人的总销售金额。

❶ 选中 G2 单元格，在公式编辑栏中输入公式：

```
=SUMIF($C$2:$C$11,F2,$D$2:$D$11)
```

按 **Enter** 键得出第一位经办人的销售金额，如图 2-10 所示。

G2 =SUMIF($C$2:$C$11,F2,$D$2:$D$11)

	A	B	C	D	E	F	G
1	序号	品名	经办人	销售金额		经办人	销售金额
2	1	老百年	杨佳丽	4950		杨佳丽	16437
3	2	三星迎驾	张瑞煊	2688		张瑞煊	
4	3	五粮春	杨佳丽	5616		唐小军	
5	4	新月亮	唐小军	3348			
6	5	新地球	杨佳丽	3781			
7	6	四开国缘	张瑞煊	2358			
8	7	新品兰十	唐小军	3122			
9	8	今世缘蓝地球	张瑞煊	3290			
10	9	珠江金小麦	杨佳丽	2090			
11	10	张裕赤霞珠	唐小军	2130			

图 2-10

❷ 选中 G2 单元格，拖动右下角的填充柄至 G4 单元格，即可批量得出其他经办人的销售金额，如图 2-11 所示。

	A	B	C	D	E	F	G
1	序号	品名	经办人	销售金额		经办人	销售金额
2	1	老百年	杨佳丽	4950		杨佳丽	16437
3	2	三星迎驾	张瑞煊	2688		张瑞煊	8336
4	3	五粮春	杨佳丽	5616		唐小军	8600
5	4	新月亮	唐小军	3348			
6	5	新地球	杨佳丽	3781			
7	6	四开国缘	张瑞煊	2358			
8	7	新品兰十	唐小军	3122			
9	8	今世缘蓝地球	张瑞煊	3290			
10	9	珠江金小麦	杨佳丽	2090			
11	10	张裕赤霞珠	唐小军	2130			

图 2-11

提示

F2:F4 单元格区域的数据需要被公式引用，因此必须事先建立好，并确保正确。另外，公式中对$C$2:$C$11 与$D$2:$D$11 单元格区域都使用了绝对引用，这是因为在建立首个公式后，为快速求解出其他销售员的销售金额，还需要向下复制公式，而在向下复制公式时只需要更改第二个参数，其他参数不需要任何改变。

📖 公式解析

=SUMIF($C$2:$C$11,F2,$D$2:$D$11)

依次判断$C$2:$C$11 单元格区域中的各个值是否等于 F2 单元格中的姓名，如果是，把对应在$D$2:$D$11 单元格区域上的取出，然后再将取出的值求和。

实例 26　分别统计前半个月与后半个月的销售额

表格中按日期统计了当月的销售记录，要求分别统计出前半个月与后半个月的销售总额。

❶ 选中 E2 单元格，在公式编辑栏中输入公式：

    =SUMIF(A2:A12,"<=18-10-15",C2:C12)

按 **Enter** 键得出前半个月的销售总金额，如图 2-12 所示。

E2		fx	=SUMIF(A2:A12,"<=18-10-15",C2:C12)

	A	B	C	D	E
1	日期	类别	金额		前半月销售金额
2	18/10/1	带腰带短款羽绒服	598		1939
3	18/10/3	低领烫金毛衣	255		
4	18/10/7	毛呢短裙	149		
5	18/10/8	泡泡袖风衣	192		
6	18/10/9	OL风长款毛呢外套	387		
7	18/10/14	薰衣草飘袖冬装裙	358		
8	18/10/16	毛呢短裙	322		
9	18/10/17	低领烫金毛衣	254		
10	18/10/24	修身低腰牛仔裤	234		
11	18/10/25	OL气质风衣	200		
12	18/10/29	带腰带短款羽绒服	299		

图 2-12

❷ 选中 F2 单元格，在公式编辑栏中输入公式：

    =SUMIF(A2:A12,">18-10-15",C2:C12)

按 **Enter** 键得出后半个月的销售总金额，如图 2-13 所示。

F2		fx	=SUMIF(A2:A12,">18-10-15",C2:C12)

	A	B	C	D	E	F
1	日期	类别	金额		前半月销售金额	后半月销售金额
2	18/10/1	带腰带短款羽绒服	598		1939	1309
3	18/10/3	低领烫金毛衣	255			
4	18/10/7	毛呢短裙	149			
5	18/10/8	泡泡袖风衣	192			
6	18/10/9	OL风长款毛呢外套	387			
7	18/10/14	薰衣草飘袖冬装裙	358			
8	18/10/16	毛呢短裙	322			
9	18/10/17	低领烫金毛衣	254			
10	18/10/24	修身低腰牛仔裤	234			
11	18/10/25	OL气质风衣	200			
12	18/10/29	带腰带短款羽绒服	299			

图 2-13

公式解析

=SUMIF(A2:A12,"<=18-10-15",C2:C12)

从 A2:A12 单元格区域中匹配条件为"<=18-10-15"的所有销售日期，并将满足条件的记录对应在 C2:C12 单元格区域上的值求和。

=SUMIF(A2:A12,">18-10-15",C2:C12)

从 A2:A12 单元格区域中匹配条件为">18-10-15"的所有销售日期，并将满足条件的记录对应在 C2:C12 单元格区域上的值求和。

实例 27　用通配符对某一类数据求和

表格统计了工厂各部门员工的基本工资，其中既包括行政人员，也包括"一车间"和"二车间"的工人，现在需要计算出车间工人的工资总和。

选中 **G2** 单元格，在公式编辑栏中输入公式：

=SUMIF(A2:A14,"?车间",E2:E14)

按 **Enter** 键即可依据 A2:A14 和 E2:E14 单元格区域的部门名称和基本工资金额计算出车间工人的工资和，如图 **2-14** 所示。

	A	B	C	D	E	F	G
G2				fx	=SUMIF(A2:A14,"?车间",E2:E14)		
1	所属部门	姓名	性别	职位	基本工资		车间工人工资和
2	一车间	何志新	男	高级技工	3800		25100
3	二车间	周志鹏	男	技术员	4500		
4	财务部	吴思兰	女	会计	3500		
5	一车间	周金星	女	初级技工	2600		
6	人事部	张明宇	男	人事专员	3200		
7	一车间	赵思飞	男	中级技工	3200		
8	财务部	赵新芳	女	出纳	3000		
9	一车间	刘莉莉	女	初级技工	2600		
10	二车间	吴世芳	女	中级技工	3200		
11	后勤部	杨传霞	女	主管	3500		
12	二车间	郑嘉新	男	初级技工	2600		
13	后勤部	顾心怡	女	文员	3000		
14	二车间	侯诗奇	男	初级技工	2600		

图 2-14

公式解析

=SUMIF(A2:A14,"?车间",E2:E14)

公式的关键点是对第 2 个参数的设置，其中使用了通配符"?"。"?"可以代替任意一个字符，如"一车间""二车间""A 车间"等都将是满足条件的，即所有以"车间"文字结尾的，但"?"通配符只能代表一个字符，如"制造车间"，因为前面有两个字，将无法满足这个条件。除了"?"是通配符以外，"*"也是通配符，它用于代替任意多个字符。

函数 3：SUMIFS 函数（对满足多重条件的单元格求和）

函数功能

对区域中满足多个条件的单元格求和。即要依次判断给定的多个条件，然后只对满足条件的数据进行求和。

函数语法

SUMIFS(sum_range, criteria_range1, criteria1, [criteria_range2, criteria2], ...)

参数解释

- sum_range：必需。对一个或多个单元格求和，包括数字或包含数字的名称、区域或单元格引用。
- criteria_range1：必需。在其中计算关联条件的第一个区域。
- criteria1：必需。条件的形式为数字、表达式、单元格引用或文本，可用来定义将对 criteria_range1 参数中的哪些单元格求和。例如，条件可以表示为 "32" ">32" "B4" "苹果"。
- criteria_range2, criteria2, …：可选。附加的区域及其关联条件。最多允许 127 个区域/条件对。

用法剖析

SUMIFS 是非常常用和实用的一个函数，其基本用法如下图示。

> 指定在这个区域中提取满足条件的数据进行求和。

> 指定用于第一个条件判断的区域和第一个条件。

> 指定用于第二个条件判断的区域和第二个条件。

=SUMIFS(E2:E14,B2:B14,"国购店",C2:C14,"贝莲娜")

> 条件可以是数字、文本、单元格引用或公式等。如果是文本，必须使用双引号。

实例解析

实例 28　统计总销售额时满足指定类别指定时间

表格中按日期统计了销售记录。要求建立公式计算某种在上半个月中各不同产品的总销售额。

❶ 选中 F2 单元格，在公式编辑栏中输入公式：

=SUMIFS(D$2:D$11,A$2:A$11,"<=18-10-15",B$2:B$11,"圆钢")

按 **Enter** 键得出"圆钢"上半个月销售金额，如图 **2-15** 所示。

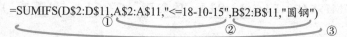

图 2-15

❷ 选中 **G2** 单元格，在公式编辑栏中输入公式：

=SUMIFS(D$2:D$11,A$2:A$11,">18-10-15",B$2:B$11,"圆钢")

按 **Enter** 键得出"圆钢"下半个月销售金额，如图 **2-16** 所示。

图 2-16

公式解析

=SUMIFS(D$2:D$11,A$2:A$11,"<=18-10-15",B$2:B$11,"圆钢")
　　　　①　　　　　　　②　　　　　　③

① 从 A$2:A$11 单元格区域中匹配条件为"<=18-10-15"的所有日期，即 10 月份上半个月的销售日期。

② 从 B$2:B$11 单元格区域中匹配条件为"圆钢"的产品名称。

③ 满足①②条件后，在 D$2:D$11 单元格区域中将同时满足这两个条件的对应的数值取出，并进行求和计算。

实例 29　多条件统计某一类数据总和

表格中按不同店面统计了商品的销售金额，要求计算出"万达店"中男装的总销售金额。

选中 **C15** 单元格，在公式编辑栏中输入公式：

```
=SUMIFS(C2:C13,A2:A13,"万达店",B2:B13,"*男")
```

按 **Enter** 键计算出“万达店”店中男装合计金额，如图 2-17 所示。

C15 =SUMIFS(C2:C13,A2:A13,"万达店",B2:B13,"*男")

	A	B	C	D	E	F
1	店面	品牌	金额			
2	鼓楼店	泡泡袖长袖T恤 女	1061			
3	万达店	男装新款T恤 男	1169			
4	万达店	新款纯棉男士短袖T恤 男	1080			
5	鼓楼店	修身简约V领T恤上衣 女	1299			
6	万达店	日韩版打底衫T恤 男	1388			
7	鼓楼店	大码修身V领字母长袖T恤 女	1180			
8	鼓楼店	韩版拼接假两件包臀打底裤	1180			
9	万达店	加厚抓绒韩版卫裤 男	1176			
10	万达店	韩版条纹圆领长袖T恤修身 女	1849			
11	鼓楼店	卡通创意个性T恤 男	1280			
12	鼓楼店	V领商务针织马夹 男	1560			
13	万达店	韩版抓收脚休闲长裤 女	1699			
14						
15	万达店男装金额合计		4813			

图 2-17

公式解析

=SUMIFS(C2:C13,A2:A13,"万达店",B2:B13,"*男")

① ② ③

① 从 A2:A13 单元格区域中匹配条件为“万达店”的所有记录。

② 从 B2:B13 单元格区域中匹配条件为“*男”的所有记录，即以“男”结尾的记录。

③ 满足①②条件后，在 C2:C13 单元格区域中将同时满足这两个条件的对应的数值取出，并进行求和计算。

实例 30 按不同性质统计应收款

如图 2-18 所示表格中，从第 9 行开始是数据区，E3:E8 单元格区域中需要通过计算得到结果（注意统计时要求去除负值）。

	A	B	C	D	E
1	序号	二级公司	性质	客户	期末余额
2					
3				内部应收累计	1081013.1
4				外部应收累计	456935.21
5				应收账款总计	1537948.31
6				11公司合计：	495012
7				22公司合计：	994949.11
8				33公司合计：	47987.2
9	1	11	内部	张瑞煊	495012
10	2	11	外部	徐学民	-22688.42
11	3	22	内部	唐小军	561600.9
12	4	22	外部	李飞	433348.21
13	5	33	内部	程再友	24400.2
14	6	33	内部	彭同庆	-5000
15	7	33	外部	杨佳丽	23587

图 2-18

❶ 选中 **E3** 单元格，在公式编辑栏中输入公式：

=SUMIFS(E9:E100,C9:C100,"内部",E9:E100,">0")

按 **Enter** 键得出"内部"应收累计，如图 **2-19** 所示。

E3	▾	:	×	✓	fx	=SUMIFS(E9:E100,C9:C100,"内部",E9:E100,">0")

▲	A	B	C	D	E	F
1	序号	二级公司	性质	客户	期末余额	
2						
3				内部应收累计	1081013.1	
4				外部应收累计		
5				应收账款总计		
6				11公司合计：	495012	
7				22公司合计：	994949.11	
8				33公司合计：	47987.2	
9	1	11	内部	张瑞煊	495012	
10	2	11	外部	徐学民	-22688.42	
11	3	22	内部	唐小军	561600.9	
12	4	22	外部	李飞	433348.21	
13	5	33	内部	程再友	24400.2	
14	6	33	内部	彭同庆	-5000	
15	7	33	外部	杨佳丽	23587	

图 2-19

❷ 选中 **E4** 单元格，在公式编辑栏中输入公式：

=SUMIFS(E9:E100,C9:C100,"外部",E9:E100,">0")

按 **Enter** 键得出"外部"应收累计，如图 **2-20** 所示。

E4	▾	:	×	✓	fx	=SUMIFS(E9:E100,C9:C100,"外部",E9:E100,">0")

▲	A	B	C	D	E	F
1	序号	二级公司	性质	客户	期末余额	
2						
3				内部应收累计	1081013.1	
4				外部应收累计	456935.21	
5				应收账款总计		
6				11公司合计：	495012	
7				22公司合计：	994949.11	
8				33公司合计：	47987.2	
9	1	11	内部	张瑞煊	495012	
10	2	11	外部	徐学民	-22688.42	
11	3	22	内部	唐小军	561600.9	
12	4	22	外部	李飞	433348.21	
13	5	33	内部	程再友	24400.2	
14	6	33	内部	彭同庆	-5000	
15	7	33	外部	杨佳丽	23587	

图 2-20

❸ 选中 **E6** 单元格，在公式编辑栏中输入公式：

=SUMIFS($E$9:$E$100,$B$9:$B$100,LEFT(D6,2),$E$9:$E$100,">0")

按 **Enter** 键得出"11"公司应收总计，如图 **2-21** 所示。

| E6 | ▼ | : | × ✓ | f_x | =SUMIFS($E$9:$E$100,$B$9:$B$100,LEFT(D6,2),$E$9:$E$100,">0") | | |

▲	A	B	C	D	E	F	G
1	序号	二级公司	性质	客户	期末余额		
2							
3				内部应收累计	1081013.1		
4				外部应收累计	456935.21		
5				应收账款总计	1537948.31		
6				11公司合计:	495012		
7				22公司合计:			
8				33公司合计:			
9	1	11	内部	张瑞煊	495012		
10	2	11	外部	徐学民	-22688.42		
11	3	22	内部	唐小军	561600.9		
12	4	22	外部	李飞	433348.21		
13	5	33	内部	程再友	24400.2		
14	6	33	内部	彭同庆	-5000		
15	7	33	外部	杨伟曲	23587		

图 2-21

❹ 选中 E6 单元格，拖动右下角的填充柄到 E8 单元格中，得出其他几个公司的合计金额。

🔲 嵌套函数

LEFT 函数属于文本函数类型，用于从给定字符串的最左侧开始提取指定数目的字符。

📢 提示

E6 单元格的公式，有些单元格区域运用了绝对引用方式，这是为了便于公式的复制。另外该单元格的公式中包含"LEFT(D6,2)"（返回结果为 11）这个部分，这也是为了公式复制才做这样的处理。当公式复制到 E7 单元格时，这一部分变为"LEFT(D7,2)"（返回结果为 22）。如果不复制公式，可以像上面的公式一样，直接在公式中将条件设置为"11"即可。

📖 公式解析

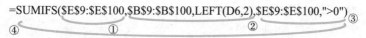

=SUMIFS($E$9:$E$100,$B$9:$B$100,LEFT(D6,2),$E$9:$E$100,">0")

④ 用于求和的单元格区域。

② 第一个条件判断的区域和第一个条件。此步中"LEFT(D6,2)"表示从 D6 单元格提取前两个字符。因此该条件为在 B9:B100 单元格区域寻找与提取结果相同数据的记录。

③ 第二个条件判断的区域和第二个条件。

④ 同时满足②和③两个条件时，将对应在①单元格区域上的数值取出并进行求和计算。

函数 4：SUMPRODUCT 函数（将数组间对应的元素相乘，并返回乘积之和）

函数功能

SUMPRODUCT 函数是指在给定的几组数组中，将数组间对应的元素相乘，并返回乘积之和。

函数语法

SUMPRODUCT(array1, [array2], [array3], ...)

参数解释

- array1：必需。其相应元素需要进行相乘并求和的第一个数组参数。
- array2, array3, ...：可选。为 2~255 个数组参数，其相应元素需要进行相乘并求和。

用法剖析

SUMPRODUCT 函数是一个数学函数，SUMPRODUCT 最基本的用法是对数组间对应的元素相乘，并返回乘积之和。

= SUMPRODUCT (A2:A4,B2:B4,C2:C4)

执行的运算是："A2*B2*C2+A3*B3*C3+A4*B4*C4"，即将各个数组中的数据一一对应相乘再相加。

实际上 SUMPRODUCT 函数最重要的功能是它的按条件的计数与按条件求和功能。即它可以代替 SUMIF 和 SUMIFS 函数进行按条件求和，也可以代替 COUNTIF 和 COUNTIFS 函数进计数运算。当需要判断一个条件或双条件时，用 SUMPRODUCT 进行计数或求和。

按条件计数的语法形式如下：

=SUMPRODUCT（（ 条件 1 表达式 ）*（ 条件 2 表达式 ）*（ 条件 3 表达式 ）*…… ）

按条件求和的语法形式如下：

=SUMPRODUCT（（ 条件 1 表达式 ）*（ 条件 2 表达式 ）*（ 条件 3 表达式 ）*……*（ 求和的区域 ））

依据这个语法，例如图 2-19 中的公式也可以使用 SUMPRODUCT 写为：
=SUMPRODUCT((C9:C100="内部")* (E9:E100>0)*(E9:E100))。

提示

通过上面的分析可以看到在这种情况下使用 SUMPRODUCT 与使用 SUMIFS 可以达到相同的统计目的，只要把各个判断条件与最终的求和区域使用 "*" 符号相连接即可。但 SUMPRODUCT 却有着 SUMIFS 无可替代的作用，首先在 Excel 2010 之前的老版本中是没有 SUMIFS 这个函数的，因此要想实现双条件判断，则必须使用 SUMPRODUCT 函数。其次，SUMIFS 函数求和时只能对单元格区域进行求和或计数，即对应的参数只能设置为单元格区域，不能设置为公式的返回结果，但是 SUMPRODUCT 函数没有这个限制，也就是说它对条件的判断更加灵活。在下面的范例中可以体现这一点。

实例解析

实例 31　统计总销售金额

当统计了各类产品的销售数量和销售单价后，可以使用 SUMPRODUCT 函数来计算产品的总销售额。

选中 **F1** 单元格，在公式编辑栏中输入公式：

=SUMPRODUCT(B2:B5,C2:C5)

按 **Enter** 键即可计算出产品总销售额，如图 **2-22** 所示。

F1	▼	：	×	✓	*fx*	=SUMPRODUCT(B2:B5,C2:C5)

	A	B	C	D	E	F
1	产品名称	销售数量	销售单价		总销售额	26797
2	A3打印纸（箱）	55	120			
3	迷你文件柜	68	119			
4	鼠标	70	99			
5	A4打印纸（箱）	45	115			

图 2-22

公式解析

=SUMPRODUCT(B2:B5,C2:C5)

分别将 B2:B5 与 C2:C5 单元格区域中的值进行一一对应乘法运算，并返回其乘积之和。

实例 32　计算商品打折后的总金额

表格中给出的是多种商品的单价、数量以及折扣信息，可以利用公式计算出打折后的总金额。

选中 **C11** 单元格，在公式编辑栏中输入公式：

=SUMPRODUCT(B2:B9,C2:C9,D2:D9)

按 **Enter** 键即可计算出所有商品折扣后的总金额，如图 **2-23** 所示。

C11		:	×	✓	fx	=SUMPRODUCT(B2:B9,C2:C9,D2:D9)

	A	B	C	D	E	F
1	商品编码	单价	数量	折扣		
2	001	9.9	20	5.3		
3	002	8.9	12	8.9		
4	003	4.5	20	5.6		
5	004	12.8	11	7.7		
6	005	10.9	19	9.2		
7	006	11.5	8	8.5		
8	007	8.8	12	8.5		
9	008	5.6	14	5.5		
10						
11	所有商品折扣后总金额		7337.4			
12						

图 2-23

📖 **公式解析**

=SUMPRODUCT(B2:B9,C2:C9,D2:D9)

依次将 B2:B9、C2:C9、D2:D9 单元格区域中的值一一对应相乘，将相乘的结果求和。

实例 33 **计算指定店面指定类别产品的销售金额合计值**

 表格中分店面、品牌统计了产品的销量，通过设计公式可以计算出指定店面、指定品牌产品的总销售量。例如，计算出店面"**1**"中"**爱普生**"品牌的销量合计值。

选中 **C13** 单元格，在公式编辑栏中输入公式：

=SUMPRODUCT((A2:A11=1)*(B2:B11="爱普生")*(C2:C11))

按 **Enter** 键即可统计出店面"**1**"中"**爱普生**"品牌的销量合计值，如图 **2-24** 所示。

C13		:	×	✓	fx	=SUMPRODUCT((A2:A11=1)*(B2:B11="爱普生")*(C2:C11))		

	A	B	C	D	E	F	G	H
1	店面	品牌	销量					
2	2	惠普	9					
3	1	爱普生	8					
4	2	爱普生	2					
5	2	惠普	5					
6	2	三星	8					
7	1	三星	4					
8	3	三星	7					
9	1	爱普生	8					
10	2	惠普	5					
11	2	惠普	2					
12								
13	1店面爱普生销量合计值		16					

图 2-24

📖 **公式解析**

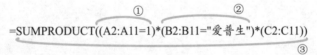

$$\underset{③}{\underbrace{=SUMPRODUCT(\overset{①}{\overbrace{(A2:A11=1)}}*\overset{②}{\overbrace{(B2:B11="爱普生")}}*(C2:C11))}}$$

① 依次判断 A2:A11 单元格区域的值是否等于"1"，如果是，则返回 TRUE，否则返回 FALSE，返回的是一个数组。

② 依次判断 B2:B11 单元格区域的值是否为"爱普生"，如果是，则返回 TRUE，否则返回 FALSE，返回的是一个数组。

③ 当步骤①与②同时为 TRUE 时，返回 1，否则返回 0，返回的也是一个数组。然后将数组中为 1 的行对应 C2:C11 单元格区域上的值取出，最后使用 SUMPRODUCT 函数对返回的值求和。

实例 34　统计销售部女员工人数

当前表格中显示了员工姓名、所属部门及性别，现在需要统计出销售部女员工的人数。

选中 E2 单元格，在公式编辑栏中输入公式：

`=SUMPRODUCT((B2:B14="销售部")*(C2:C14="女"))`

按 **Enter** 键即可统计销售部女员工的人数，如图 2-25 所示。

E2				=SUMPRODUCT((B2:B14="销售部")*(C2:C14="女"))	
	A	B	C	D	E	F
1	姓名	部门	性别		销售部女员工人数	
2	邓毅成	销售部	男		2	
3	许德贤	企划部	男			
4	陈洁瑜	销售部	女			
5	林伟华	企划部	女			
6	黄觉晓	研发部	男			
7	韩薇	企划部	女			
8	胡家兴	研发部	男			
9	刘慧贤	企划部	女			
10	邓敏婕	研发部	女			
11	钟琛	销售部	男			
12	李萍	销售部	女			
13	陆穗平	研发部	女			
14	黄晓俊	销售部	男			

图 2-25

📖公式解析

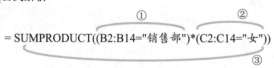

① 依次判断 B2:B14 单元格区域中的值是否为"销售部"，如果是，则返回 TRUE，否则返回 FALSE，返回的是一个数组。

② 依次判断 C2:C14 单元格区域中的值是否为"女"，如果是，则返回 TRUE，否则返回 FALSE，返回的是一个数组。

③ 将①②两个数组相乘，当同时为 TRUE 时，返回 1，否则返回 0。然后使用 SUMPRODUCT 函数对数组进行求和，即 1 出现的个数。

Excel 函数与公式速查手册（第 2 版）

表格中了统计了企业人员的所属部门与职务，现在要求统计出指定部门指定职务的员工人数

❶ 选中 **F4** 单元格，在公式编辑栏中输入公式：

=SUMPRODUCT(($B$2:$B$9=E4)*($C$2:$C$9="职员"))

按 **Enter** 键即可统计出所属部门为"财务部"且职务为"职员"的人数，如图 2-26 所示。

F4	▾	:	× ✓	f_x	=SUMPRODUCT(($B$2:$B$9=E4)*($C$2:$C$9="职员"))		
▲	A	B	C	D	E	F	G	H
1	姓名	所属部门	职务					
2	杨维玲	财务部	总监					
3	王翔	销售部	职员		部门	职员人数		
4	杨若愚	企划部	经理		财务部	1		
5	李靓	企划部	职员		销售部			
6	徐志恒	销售部	职员		企划部			
7	吴申德	财务部	职员					
8	李靓	企划部	职员					
9	丁豪	销售部	职员					

图 2-26

❷ 选中 **F4** 单元格，向下复制公式到 **F6** 单元格，可以快速统计出其他指定部门、指定职务的员工人数，如图 2-27 所示。

F4	▾	:	× ✓	f_x	=SUMPRODUCT(($B$2:$B$9=E4)*($C$2:$C$9="职员"))		
▲	A	B	C	D	E	F	G	H
1	姓名	所属部门	职务					
2	杨维玲	财务部	总监					
3	王翔	销售部	职员		部门	职员人数		
4	杨若愚	企划部	经理		财务部	1		
5	李靓	企划部	职员		销售部	3		
6	徐志恒	销售部	职员		企划部	2		
7	吴申德	财务部	职员					
8	李靓	企划部	职员					
9	丁豪	销售部	职员					

图 2-27

📖**公式解析**

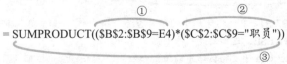

= SUMPRODUCT(($B$2:$B$9=E4)*($C$2:$C$9="职员"))

① 依次判断$B$2:$B$9 单元格区域中的值是否"=E4"，即是否为财务部。如果是，则返回 TRUE，否则返回 FALSE，返回的是一个数组。

② 依次判断$C$2:$C$9 单元格区域中的值是否为"职员"，如果是则返回 TRUE，否则返回 FALSE，返回的是一个数组。

③ 将①②两个数组相乘，当同时为 TRUE 时，返回 1，否则返回 0。然后使用 SUMPRODUCT 函数对数组进行求和，即 1 出现的个数。

实例 36　统计指定部门获取奖金的人数

表格统计了各个部门员工的奖金发放记录，要求可以统计出指定部门获取奖金的人数。由于表格中没有奖金的用空值显示，因此统计于排除 C 列中的空值要作为一个条件。

❶ 选中 F5 单元格，在公式编辑栏中输入公式：

```
=SUMPRODUCT(($B$2:$B$11=E5)*(C2:C11<>""))
```

按 **Enter** 键即可统计出所属部门为"业务部"获取奖金的人数，如图 2-28 所示。

	A	B	C	D	E	F	G
	员工姓名	所属部门	奖金				
2	邹凯	财务部	800				
3	蒋文丽	销售部					
4	李志琴	企划部	500				
5	刘凯	企划部	900		财务部	1	
6	邹智	销售部			销售部		
7	李林	销售部	1600		企划部		
8	秦鑫	企划部					
9	金娜娜	销售部	1700				
10	刘杰	销售部	2200				
11	林成诚	企划部					

图 2-28

❷ 将鼠标指针指向 F5 单元格的右下角，待光标变成十字形状后，按住鼠标左键向下拖动进行公式填充，即可快速统计出其他指定部门获取奖金的人数，如图 2-29 所示。

	A	B	C	D	E	F	G
	员工姓名	所属部门	奖金				
2	邹凯	财务部	800				
3	蒋文丽	销售部					
4	李志琴	企划部	500				
5	刘凯	企划部	900		财务部	1	
6	邹智	销售部			销售部	3	
7	李林	销售部	1600		企划部	2	
8	秦鑫	企划部					
9	金娜娜	销售部	1700				
10	刘杰	销售部	2200				
11	林成诚	企划部					

图 2-29

公式解析

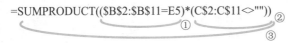

=SUMPRODUCT(($B$2:$B$11=E5)*(C2:C11<>""))

① 依次判断 B2:B11 单元格区域的值是否等于 E5 单元格的值，如果是，则返回 TRUE，否则返回 FALSE，返回的是一个数组。

② 依次判断 C2:C11 单元格区域的值是否不为空，如果是，则返回 TRUE，否则返回 FALSE，返回的是一个数组。

③ 当步骤①与②同时为 TRUE 时，返回 1，否则返回 0，返回的也是一个数组。然后使用 SUMPRODUCT 函数对数组进行求和，即 1 出现的个数。

实例 37　统计非工作日销售金额

表格中按日期（并且显示了日期对应的星期数）统计了销售金额。要求只统计出周六和周日的总销售金额。

选中 E2 单元格，在公式编辑栏中输入公式：

=SUMPRODUCT((MOD(A2:A12,7)<2)*C2:C12)

按 Enter 键得出统计结果，如图 2-30 所示。

E2	▼	:	×	✓	f_x	=SUMPRODUCT((MOD(A2:A12,7)<2)*C2:C12)

▲	A	B	C	D	E	F	G
1	日期	星期	金额		周六、日总销售金额		
2	18/10/4	星期四	6192		20871		
3	18/10/5	星期五	5387				
4	18/10/6	星期六	8358				
5	18/10/7	星期日	3122				
6	18/10/8	星期一	2054				
7	18/10/9	星期二	2234				
8	18/10/10	星期三	1100				
9	18/10/11	星期四	800				
10	18/10/12	星期五	6190				
11	18/10/13	星期六	7236				
12	18/10/14	星期日	2155				

图 2-30

嵌套函数

MOD 函数属于数学函数类型，用于求两个数值相除后的余数，其结果的正负号与除数相同。

公式解析

=SUMPRODUCT((MOD(A2:A12,7)<2)*C2:C12)
　　　　　　　　①　　　　　②

① 判断 A2:A12 单元格区域中各单元格的日期序列号与 7 相除后的余数是否小于 2（因为星期六日期序列号与 7 相除的余数为 0，星期日日期序列号与 7 相除的余数为 1）。

② 如果①步结果为 TRUE，将对应在 C2:C12 单元格区域中的值取出，并进行求和运算。

实例 38　统计大于 12 个月的账款

表格按时间统计了借款金额，要求分别统计出 12 个月内的账款与超过 12 个月的账款。

❶ 选中 E2 单元格，在公式编辑栏中输入公式：

=SUMPRODUCT((DATEDIF(A2:A9,TODAY(),"M")
<=12)*B2:B9)

按 Enter 键得出 12 个月内的账款，如图 2-31 所示。

E2		▾	:	×	✓	fx	=SUMPRODUCT((DATEDIF(A2:A9,TODAY(),"M")<=12)*B2:B9)	
⊿	A	B	C	D	E	F	G
1	借款时间	金额		时长	数量		
2	2017/10/1	20000		12个月内的账款	47628		
3	2017/10/15	5000		12个月以上的账款			
4	2018/6/30	6500					
5	2017/11/10	10000					
6	2018/6/25	5670					
7	2018/10/5	5358					
8	2018/10/26	8100					
9	2018/2/10	12000					

图 2-31

❷ 选中 E3 单元格，在公式编辑栏中输入公式：

=SUMPRODUCT((DATEDIF(A2:A9,TODAY(),"M")>12)*B2:B9)

按 Enter 键得出 12 个月以上的账款，如图 2-32 所示。

E3		▾	:	×	✓	fx	=SUMPRODUCT((DATEDIF(A2:A9,TODAY(),"M")>12)*B2:B9)	
⊿	A	B	C	D	E	F	G
1	借款时间	金额		时长	数量		
2	2017/10/1	20000		12个月内的账款	47628		
3	2017/10/15	5000		12个月以上的账款	25000		
4	2018/6/30	6500					
5	2017/11/10	10000					
6	2018/6/25	5670					
7	2018/10/5	5358					
8	2018/10/26	8100					
9	2018/2/10	12000					

图 2-32

嵌套函数

● DATEDIF 函数属于日期函数类型，用于计算两个日期之间的年数、月数和天数（用不同的参数指定）。在第 5 章的日期函数章节将会重点介绍。

● TODAY 函数属于日期函数类型，用于返回当前日期。

公式解析

= SUMPRODUCT((DATEDIF(A2:A9,TODAY(),"M")<=12)*B2:B9)

　　　　　　　　　　　①　　　　　　　　　　　　②

① 依次计算 A2:A9 单元格区域中各个日期与当前日期相差的月数（用 DATEDIF 函数进行的计算），并判断是否小于或等于 12，如果是，返回 TRUE，

否则返回 FALSE，返回的是一个数组。

② 如果①步结果为 TRUE，将对应在 B2:B9 单元格区域中的值取出，并进行求和运算。

实例 39　统计某一时间段出现的次数

表格显示了某仪器测试的用时，并且规定了达标时间区域。要求统计出 8 次测试中达标的次数。此处约定时间在 **1:02:00** 至 **1:03:00** 间为达标。

选中 **D2** 单元格，在公式编辑栏中输入公式：

```
=SUMPRODUCT((B3:B10>TIMEVALUE("1:02:00"))*(B3:B10<
TIMEVALUE("1:03:00")))
```

按 **Enter** 键得出测试时间在给定的时间区域中的次数，如图 2-33 所示。

D2		fx	=SUMPRODUCT((B3:B10>TIMEVALUE("1:02:00"))* (B3:B10<TIMEVALUE("1:03:00")))		
	A	B	C	D	E	F
1	达标时间	1:02:00至1:03:00		达标次数		
2	序号	用时		4		
3	1次测试	1:02:55				
4	2次测试	1:03:20				
5	3次测试	1:01:10				
6	4次测试	1:01:00				
7	5次测试	1:02:50				
8	6次测试	1:02:59				
9	7次测试	1:03:02				
10	8次测试	1:02:45				

图 2-33

嵌套函数

TIMEVALUE 函数属于日期函数类型，用于返回由文本字符串所代表的小数值。本实例公式中的 TIMEVALUE("1:02:00")就是将"1:02:00"这个时间值转换成小数，因为时间的比较是将时间值转换成小数值再进行比较的。

公式解析

=SUMPRODUCT((B3:B10>TIMEVALUE("1:02:00"))*(B3:B10<TIMEVALUE("1:03:00")))
　　　　　　　　　　　　①　　　　　　　　　　　　　②
　　　　　　　　　　　　　　　　　　　　　　　　　　　③

① 依次判断 B3:B10 单元格区域中各个时间是否大于"1:02:00"，如果是，返回 TRUE，不是，则返回 FALSE。TIMEVALUE 函数用于将时间转换为可计算的时间值。

② 依次判断 B3:B10 单元格区域中各个时间是否小于"1:03:00"，如果是，返回 TRUE，不是，则返回 FALSE。

③ 将①②两个数组相乘，当同时为 TRUE 时，返回 1，否则返回 0。然后使用 SUMPRODUCT 函数对数组进行求和，即 1 出现的个数。

实例 40　统计学生档案中指定日期区间指定性别的人数

表格中统计了学生的出生日期。要求快速统计出某一指定日期区间（如本例要求的日期区域为 **2006-9-1** 到 **2007-8-31**）中女生的人数。

选中 **F1** 单元格，在公式编辑栏中输入公式：

=SUMPRODUCT(($C$2:$C$14>=DATE(2006,9,1))*($C$2:$C$14<=
DATE(2007,8,31))*($B$2:$B$14="女"))

按 **Enter** 键得出统计结果，如图 **2-34** 所示。

F1			fx	=SUMPRODUCT(($C$2:$C$14>=DATE(2006,9,1))*($C$2:$C$14<=DATE(2007,8,31))*($B$2:$B$14="女"))		
	A	B	C	D	E	F	G
1	姓名	性别	出生日期		2006-9-1到2007-8-31之间的女生人数	3	
2	杨伊玲	女	2006/6/10				
3	王翔可	女	2008/10/2				
4	杨若愚	男	2007/5/3				
5	李为含	女	2006/12/15				
6	徐志恒	男	2007/9/1				
7	吴申德	男	2007/9/10				
8	李靓	女	2007/8/28				
9	丁豪	男	2007/2/15				
10	孙文婷	女	2007/4/18				
11	周治翔	男	2007/2/1				
12	刘洋	男	2007/3/5				
13	秦澈	女	2007/12/26				
14	黄成成	男	2007/12/15				

图 2-34

嵌套函数

DATE 函数属于日期函数类型，用于返回指定日期的序列号。

公式解析

=SUMPRODUCT(($C$2:$C$14>=DATE(2006,9,1))*($C$2:$C$14<=DATE(2007,8,31)) *
　　　　　　　　　　　　①　　　　　　　　　　　　　　　　　　②
($B$2:$B$14="女"))
　　　　③
　　　　　　　　　　　　　　　　　　　　　　　　　　　　　④

① 依次判断 C2:C14 单元格区域中的各个日期是否大于或等于"2006-9-1"。如果是，返回值 TRUE，不是，则返回值为 FALSE，返回的是一个数组。DATE 函数用于将日期转换为可计算的日期序列号。

② 依次判断 C2:C14 单元格区域中的各个日期是否小于或等于"2007-8-31"。如果是，返回值 TRUE，不是，则返回值为 FALSE，返回的是一个数组。

③ 依次判断 B2:B14 单元格区域中的各个值是否为"女"。如果是，返回值 TRUE，不是，则返回值为 FALSE，返回的是一个数组。

④ 将①②③三个数组相乘，当同时为 TRUE 时，返回 1，否则返回 0。然后使用 SUMPRODUCT 函数对数组进行求和，即 1 出现的个数。

实例 41　分单位统计各账龄下的应收账款

表格中统计了各单位各项借款的时间及金额，要求对分单位统计各账龄下的应收账款。

❶ 选中 F2 单元格，在公式编辑栏中输入公式：

=SUMPRODUCT((A$2:A$15=E2)*((DATEDIF(B$2:B$15, TODAY(),"M")<=12)*(C$2:C$15)))

按 Enter 键得出 "声立科技" 小于 12 个月的账款合计金额，如图 2-35 所示。

	A	B	C	D	E	F	G	H	I
F2		ƒx	=SUMPRODUCT((A$2:A$15=E2)*((DATEDIF(B$2:B$15,TODAY(),"M")<=12)* (C$2:C$15)))						
1	公司名称	开票日期	应收金额		公司	小于12个月	12~24个月	24个月以上	
2	声立科技	17/5/4	￥ 22,000.00		声立科技	63000			
3	大力文化	16/10/5	￥ 12,000.00		大力文化				
4	云端科技	18/6/8	￥ 29,000.00		云端科技				
5	声立科技	17/6/10	￥ 28,700.00						
6	声立科技	18/6/10	￥ 15,000.00						
7	云端科技	18/6/22	￥ 22,000.00						
8	声立科技	18/6/28	￥ 18,000.00						
9	云端科技	18/7/2	￥ 22,000.00						
10	云端科技	17/10/4	￥ 23,000.00						
11	大力文化	18/7/26	￥ 24,000.00						
12	声立科技	18/7/28	￥ 30,000.00						
13	大力文化	18/8/1	￥ 8,000.00						
14	大力文化	18/2/3	￥ 8,500.00						
15	大力文化	18/8/14	￥ 8,500.00						

图 2-35

❷ 选中 G2 单元格，在公式编辑栏中输入公式：

=SUMPRODUCT((A$2:A$15=E2)*((DATEDIF(B$2:B$15,TODAY(), "M")>12)*(DATEDIF(B$2:B$15,TODAY(),"M")<=24))*(C$2:C$15))

按 Enter 键得出 "声立科技" 12~24 个月的账款合计金额，如图 2-36 所示。

	A	B	C	D	E	F	G	H	I
G2		ƒx	=SUMPRODUCT((A$2:A$15=E2)*((DATEDIF(B$2:B$15,TODAY(),"M")>12)* (DATEDIF(B$2:B$15,TODAY(),"M")<=24))*(C$2:C$15))						
1	公司名称	开票日期	应收金额		公司	小于12个月	12~24个月	24个月以上	
2	声立科技	17/5/4	￥ 22,000.00		声立科技	63000	50700		
3	大力文化	16/10/5	￥ 12,000.00		大力文化				
4	云端科技	18/6/8	￥ 29,000.00		云端科技				
5	声立科技	17/6/10	￥ 28,700.00						
6	声立科技	18/6/10	￥ 15,000.00						
7	云端科技	18/6/22	￥ 22,000.00						
8	声立科技	18/6/28	￥ 18,000.00						
9	云端科技	18/7/2	￥ 22,000.00						
10	云端科技	17/10/4	￥ 23,000.00						
11	大力文化	18/7/26	￥ 24,000.00						
12	声立科技	18/7/28	￥ 30,000.00						
13	大力文化	18/8/1	￥ 8,000.00						
14	大力文化	18/2/3	￥ 8,500.00						
15	大力文化	18/8/14	￥ 8,500.00						

图 2-36

❸ 选中 H2 单元格，在公式编辑栏中输入公式：

=SUMPRODUCT((A$2:A$15=E2)*((DATEDIF(B$2:B$15,TODAY(), "M")>24)*(C$2:C$15)))

按 Enter 键得出 "声立科技" 大于 24 个月的账款合计金额，如图 2-37 所示。

H2			f_x	=SUMPRODUCT((A\$2:A\$15=E2)*((DATEDIF(B\$2:B\$15,TODAY(),"M")>24)*(C\$2:C\$15)))				

	A	B	C	D	E	F	G	H	I
1	公司名称	开票日期	应收金额		公司	小于12个月	12~24个月	24个月以上	
2	声立科技	17/5/4	¥ 22,000.00		声立科技	63000	50700	0	
3	大力文化	16/10/5	¥ 12,000.00		大力文化				
4	云端科技	18/6/8	¥ 29,000.00		云端科技				
5	声立科技	17/6/10	¥ 28,700.00						
6	声立科技	18/6/10	¥ 15,000.00						
7	云端科技	18/6/22	¥ 22,000.00						
8	声立科技	18/6/28	¥ 18,000.00						
9	云端科技	18/7/2	¥ 22,000.00						
10	云端科技	17/10/4	¥ 23,000.00						
11	大力文化	18/7/26	¥ 24,000.00						
12	声立科技	18/7/28	¥ 30,000.00						
13	大力文化	18/8/1	¥ 8,000.00						
14	大力文化	18/2/3	¥ 8,500.00						
15	大力文化	18/8/14	¥ 8,500.00						

图 2-37

❹ 选中 **F2:H2** 单元格区域，向下拖动右下角的填充柄即可快速得出其他各单位的不同账龄的应收账款合计金额，如图 **2-38** 所示。

	A	B	C	D	E	F	G	H	I
1	公司名称	开票日期	应收金额		公司	小于12个月	12~24个月	24个月以上	
2	声立科技	17/5/4	¥ 22,000.00		声立科技	63000	50700	0	
3	大力文化	16/10/5	¥ 12,000.00		大力文化	49000	0	12000	
4	云端科技	18/6/8	¥ 29,000.00		云端科技	73000	23000	0	
5	声立科技	17/6/10	¥ 28,700.00						
6	声立科技	18/6/10	¥ 15,000.00						
7	云端科技	18/6/22	¥ 22,000.00						
8	声立科技	18/6/28	¥ 18,000.00						
9	云端科技	18/7/2	¥ 22,000.00						
10	云端科技	17/10/4	¥ 23,000.00						
11	大力文化	18/7/26	¥ 24,000.00						
12	声立科技	18/7/28	¥ 30,000.00						
13	大力文化	18/8/1	¥ 8,000.00						
14	大力文化	18/2/3	¥ 8,500.00						
15	大力文化	18/8/14	¥ 8,500.00						

图 2-38

嵌套函数

DATEDIF 函数属于日期函数类型，用于计算两个日期之间的年数、月数和天数（用不同的参数指定）。

公式解析

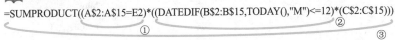
=SUMPRODUCT((A\$2:A\$15=E2)*((DATEDIF(B\$2:B\$15,TODAY(),"M")<=12)*(C\$2:C\$15)))
① ② ③

① 依次判断 A2:A15 单元格区域中的各个值是否等于 E2 中的公司名称。如果是，返回值 TRUE，不是，则返回值为 FALSE，返回的是一个数组。

② 提取 B2:B15 单元格区域的日期值，分别计算它们与当前日期相差的月数，并依次判断月数是否 "<=12"。如果是，返回值 TRUE，不是，则返回值为 FALSE，返回的是一个数组。

③ 将同时满足①步条件与②步条件的对应在 C2:C15 单元格区域中值取出并进行求和运算。

🔊 提示

E2:E4 单元格区域的数据需要被公式引用，因此必须事先建立好，并确保正确。为了便于对公式的复制，公式中对单元格的引用采用了不同的方式。复制公式不需要改变的区域采用绝对引用方式，复制公式时需要改变的区域采用相对引用方式，例如公式中用于判断公司名称的单元格就使用的相对引用方式。

函数 5：SUBTOTAL 函数（返回分类汇总的值）

函数功能

SUBTOTAL 函数用于返回列表或数据库中的分类汇总。

函数语法

SUBTOTAL(function_num,ref1,[ref2],...)

参数解释

- function_num：必需。1～11（包含隐藏值）或 101～111（忽略隐藏值）之间的数字，用于指定使用何种函数在列表中进行分类汇总计算。具体数字对应的函数如表 2-1 所示。
- ref1：必需。表示要对其进行分类汇总计算的第一个命名区域或引用。
- ref2,...：可选。表示要对其进行分类汇总计算的第 2 个至第 254 个命名区域或引用。

表 2-1

Function_num（包含隐藏值）	Function_num（忽略隐藏值）	函　数
1	101	AVERAGE
2	102	COUNT
3	103	COUNTA
4	104	MAX
5	105	MIN
6	106	PRODUCT
7	107	STDEV
8	108	STDEVP
9	109	SUM
10	110	VAR
11	111	VARP

实例解析

实例 42 统计销售员的平均销售额

通常，使用 Excel 桌面应用程序中"数据"选项卡上"大纲"组中的"分类汇总"命令更便于创建带有分类汇总的列表。一旦创建了分类汇总列表，就可以通过编辑 SUBTOTAL 函数对该列表进行修改。

选中 **D14** 单元格，在公式编辑栏中输入公式：

    =SUBTOTAL(1,E2:E10)

按 **Enter** 键即对分类汇总的数据重新进行平均值计算，如图 **2-39** 所示。

| D14 | ▼ | ⋮ | × | ✓ | fx | =SUBTOTAL(1,E2:E10) |

1 2 3	▲	A	B	C	D	E
	1	销售日期	销售员	销售量	销售单价	总销售额
	2	2013/3/1	邹凯	55	120	6600
	3	2013/3/2	邹凯	60	110	6600
	4	2013/3/3	邹凯	49	98	4802
	5		邹凯 汇总			18002
	6	2013/3/4	关冰冰	80	59	4720
	7	2013/3/5	关冰冰	55	128	7040
	8	2013/3/6	关冰冰	29	89	2581
	9		关冰冰 汇总			14341
	10	2013/3/7	刘琴	19	49	931
	11		刘琴 汇总			931
	12		总计			33274
	13					
	14	计算所有销售员的平均销售额			4753.43	

图 2-39

📖 **公式解析**

=SUBTOTAL(1,E2:E10)

对 E2:E10 单元格区域中的数值范围重新进行平均值计算。

🐝 **提示**

SUBTOTAL 函数用第一个参数来指定进行哪种方式的汇总。在公式编辑栏中，将光标定位于第一个参数处，并将第一个参数删除，此时会打开参数设置提示框，然后根据提示进行设置。

2.2　数学函数实例应用

函数 6：ABS 函数（求绝对值）

函数功能

ABS 函数可返回数字的绝对值，绝对值没有符号。

函数语法

ABS(number)

参数解释

number：必需。表示需要计算其绝对值的实数。

实例解析

实例 43 求绝对值

在实际操作中，经常会要求对数据的绝对值进行求解，这里可以使用 ABS 函数来实现。

❶ 选中 **D2** 单元格，在公式编辑栏中输入公式：

=ABS(C2-B2)

按 **Enter** 键即可得出 B2 和 C2 单元格两地温差的绝对值。

❷ 将鼠标指针指向 **D2** 单元格的右下角，待光标变成十字形状后，按住鼠标左键向下拖动进行公式填充，即可快速得出其他日期中两地的温差绝对值，如图 2-40 所示。

D2	▼	：	× ✓ fx	=ABS(C2-B2)
▲	A	B	C	D
1	日期	上海	深圳	两地温差
2	2013/5/10	18	28	10
3	2013/5/11	31	22	9
4	2013/5/12	29	30	1
5	2013/5/13	30	29	1

图 2-40

实例 44 对员工上月与本月销售额进行比较

表格中统计了两个月的销售额，现在要将二月与一月的销售业绩进行比较，要求不显示负值，只在值前显示 "提高" 或 "下降" 文字。使用 ABS 函数配合 IF 函数可以设计公式。

❶ 选中 **D2** 单元格，在公式编辑栏中输入公式：

=IF(C2>B2,"提高","下降")&ABS(C2-B2)&"元"

按 **Enter** 键即可分析出 "邹凯" 一月销售额与二月销售额相比是提高了还是下降了，并且计算出具体金额。

❷ 将鼠标指针指向 **D2** 单元格的右下角，待光标变成十字形状后，按住鼠标左键向下拖动进行公式填充，即可快速得到其他员工的销售额比较数据，如图 **2-41** 所示。

D2	▼	：	× ✓ fx	=IF(C2>B2,"提高","下降")&ABS(C2-B2)&"元"		
▲	A	B	C	D	E	F
1	姓名	一月销售额	二月销售额	销售额比较		
2	邹凯	5590	6000	提高410元		
3	周志成	4855	7800	提高2945元		
4	施云林	2980	9800	提高6820元		
5	孟宇菲	3984	5980	提高1996元		
6	周伟	7845	4890	下降2955元		
7	王海滨	5980	5500	下降480元		
8	胡佳欣	4590	4890	提高300元		

图 2-41

📖 **公式解析**

=IF(C2>B2,"提高","下降")&ABS(C2-B2)&"元"

① 使用 ABS 函数返回 C2-B2 得出的销售额的绝对值。

② 当 C2 中的值大于 B2 中的值时，返回"提高"，否则返回"下降"。将返回的值与步骤①的结果合并显示，并在其后添加"元"（使用"&"符号连接）。

函数 7：MOD 函数（求两个数值相除后的余数）

函数功能

MOD 函数用于返回两数相除的余数。结果的正负号与除数相同。

函数语法

MOD(number, divisor)

参数解释

- number：必需。表示被除数。
- divisor：必需。表示除数。

=MOD（❶被除数,❷除数）

单纯地求余数一般并无多大意义。很多时候 MOD 函数的返回值将作为其他函数的参数使用，可以辅助对满足条件数据的判断，下面会用实例讲解。

被除数与除数要以是常量、引用或公式返回值。

实例解析

实例 45 汇总出奇偶行的数据

表格对每日的进出库数量进行了统计，其中的"出库"在偶数行，"入库"在奇数行，要求汇总出"入库"数量的合计值与"出库"数量的合计值。

❶ 选中 E2 单元格，在编辑栏中输入公式：

```
=SUMPRODUCT(MOD(ROW(2:13),2)*C2:C13)
```

按 **Enter** 键即可根据 B 列的类别信息和 C 列的数值汇总入库量，如图 2-42 所示。

E2	▼	:	×	✓	f_x	=SUMPRODUCT(MOD(ROW(2:13),2)*C2:C13)	

▲	A	B	C	D	E	F
1	日期	类别	数量		汇总入库量	汇总出库量
2	2018/4/1	出库	79		644	
3	2018/4/1	入库	91			
4	2018/4/2	出库	136			
5	2018/4/2	入库	125			
6	2018/4/3	出库	96			
7	2018/4/3	入库	110			
8	2018/4/4	出库	95			
9	2018/4/4	入库	86			
10	2018/4/5	出库	99			
11	2018/4/5	入库	120			
12	2018/4/6	出库	105			
13	2018/4/6	入库	112			

图 2-42

❷ 选中 **F2** 单元格，在编辑栏中输入公式：

=SUMPRODUCT(MOD(ROW(2:13)+1,2)*C2:C13)

按 **Enter** 键即可根据 B 列的类别信息和 C 列的数值汇总出库量，如图 2-43 所示。

F2	▼	:	×	✓	f_x	=SUMPRODUCT(MOD(ROW(2:13)+1,2)*C2:C13)	

▲	A	B	C	D	E	F	G
1	日期	类别	数量		汇总入库量	汇总出库量	
2	2018/4/1	出库	79		644	610	
3	2018/4/1	入库	91				
4	2018/4/2	出库	136				
5	2018/4/2	入库	125				
6	2018/4/3	出库	96				
7	2018/4/3	入库	110				
8	2018/4/4	出库	95				
9	2018/4/4	入库	86				
10	2018/4/5	出库	99				
11	2018/4/5	入库	120				
12	2018/4/6	出库	105				
13	2018/4/6	入库	112				

图 2-43

📖 公式解析

$$=SUMPRODUCT(\underset{②}{MOD(\overset{①}{ROW(2:13)},2)}*C2:C13)_{③}$$

① 用 ROW 函数返回 2~13 行的行号，返回的是 {2;3;4;5;6;7;8;9;10;11;12;13} 这样一个数组。

② 求①步中数组与 2 相除的余数，能整除的返回 0，不能整除的返回 1，（偶数行返回 0，奇数行返回 1），返回的是一个数组。

③ 将②步中数组中是 1 值的对应在 C2:C13 单元格中的值取出，并进行行求和运算。因为入库在奇数行，所以求出的是入库总和。

=SUMPRODUCT(MOD(ROW(2:13)+1,2)*C2:C13)

与上一个公式不同的只在画线部分。求出库总和时，需要提取的是偶数行的数据，偶数行的行号本身是可以被 2 整除的，因此进行加 1 处理就变成了不能被 2 整除，让其结果返回余数为 1，返回余数为 1 时，会将 C2:C13 单元格区域中对应的值取值，因此得到的是出库合计值。

函数 8：SUMSQ 函数

函数功能

SUMSQ 函数用于返回参数的平方和。

函数语法

SUMSQ(number1, [number2], ...)

参数解释

number1, number2, ...：number1 是必需的，后续数值是可选的。这是用于计算平方和的一组参数，参数的个数范围为 1～255 个。也可以用单一数组或对某个数组的引用来代替用逗号分隔的参数。

实例解析

实例 46　**计算所有参数的平方和**

计算指定数值的平方和，可以使用 **SUMSQ** 函数来实现。

❶ 选中 **D2** 单元格，在公式编辑栏中输入公式：

=SUMSQ(A2,B2)

按 **Enter** 键即可计算出数值"**1**"和"**2**"的平方和，如图 **2-44** 所示。

D2	▼	:	×	✓	fx	=SUMSQ(A2,B2)

◢	A	B	C	D	E
1	数值1	数值2	数值3	平方和	
2	1	2		5	

图 2-44

❷ 选中 **D3** 单元格，在公式编辑栏中输入公式：

=SUMSQ(A3,B3,C3)

按 **Enter** 键即可计算出指定数值的平方和，如图 **2-45** 所示。

D3	▼	:	×	✓	fx	=SUMSQ(A3,B3,C3)

◢	A	B	C	D	E
1	数值1	数值2	数值3	平方和	
2	1	2		5	
3	-1	-2	5	30	

图 2-45

函数 9： SUMXMY2 函数

函数功能

SUMXMY2 函数用于返回两个数组中对应数值之差的平方和。

函数语法

SUMXMY2(array_x, array_y)

参数解释

- array_x： 必需。表示第一个数组或数值区域。
- array_y： 必需。表示第二个数组或数值区域。

实例解析

实例 47　求两数组中对应数值之差的平方和

计算两个数组对应数值之差的平方和，可以使用 SUMXMY2 函数来实现。

选中 **D2** 单元格，在公式编辑栏中输入公式：

```
=SUMXMY2(A2:A5,B2:B5)
```

按 **Enter** 键即可计算出两个数组对应数值之差的平方和，如图 **2-46** 所示。

D2		▼	:	×	✓	f_x	=SUMXMY2(A2:A5,B2:B5)	
◢	A	B	C		D			E
1	数组1	数组2			对应数值差的平方和			
2	1	3			50			
3	2	5						
4	5	4						
5	8	2						

图 2-46

函数 10： SUMX2MY2 函数

函数功能

SUMX2MY2 函数用于返回两个数组中对应数值的平方和之差。

函数语法

SUMX2MY2(array_x, array_y)

参数解释

- array_x： 必需。表示第一个数组或数值区域。
- array_y： 必需。表示第二个数组或数值区域。

实例解析

实例 48　求两个数组中对应数值的平方和之差

计算两个数组对应数值的平方和之差，可以使用 SUMX2MY2 函数来实现。

选中 D2 单元格，在公式编辑栏中输入公式：

`=SUMX2MY2(A2:A5,B2:B5)`

按 **Enter** 键即可计算出两个数组对应数值的平方和之差，如图 2-47 所示。

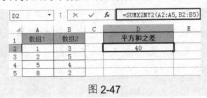

图 2-47

函数 11：SUMX2PY2 函数

函数功能

SUMX2PY2 函数用于返回两个数组中对应数值的平方和之和，平方和之和在统计计算中经常使用。

函数语法

SUMX2PY2(array_x, array_y)

参数解释

- array_x：必需。表示第一个数组或数值区域。
- array_y：必需。表示第二个数组或数值区域。

实例解析

实例 49　求两个数组中对应数值的平方和的总和

计算两个数组对应数值的平方和之和，可以使用 SUMX2PY2 函数来实现。

选中 D2 单元格，在公式编辑栏中输入公式：

`=SUMX2PY2(A2:A5,B2:B5)`

按 **Enter** 键即可计算出两数组对应数值的平方和之和为 "148"，如图 2-48 所示。

图 2-48

函数 12：PRODUCT 函数

函数功能

PRODUCT 函数可计算用作参数的所有数字的乘积，然后返回该乘积。

函数语法

PRODUCT(number1, [number2], ...)

参数解释

- number1：必需。表示要相乘的第一个数字或区域（区域：工作表上的两个或多个单元格，区域中的单元格可以相邻或不相邻）。
- number2, ...：可选。表示要相乘的其他数字或单元格区域，最多可以使用用 255 个参数。

实例解析

实例 50　求指定的多个数值的乘积值

根据长方形的长、宽和高，计算出长方体的体积，可以使用 PRODUCT 函数来实现。

❶ 选中 D2 单元格，在公式编辑栏中输入公式：

```
=PRODUCT(A2,B2,C2)
```

按 **Enter** 键即可计算出长为 **5** 米、宽为 **10** 米和高为 **8** 米的长方体体积为 **400** 立方米。

❷ 将鼠标指针指向 D2 单元格的右下角，待光标变成十字形后，按住鼠标左键向下拖动进行公式填充，即可计算出另一组已知长宽高的长方体体积，如图 2-49 所示。

	A	B	C	D	E
	长（m）	宽（m）	高（m）	体积（m³）	
1					
2	5	10	8	400	
3	2.5	5.5	1.8	24.75	

D2　=PRODUCT(A2,B2,C2)

图 2-49

函数 13：MULTINOMIAL 函数

函数功能

MULTINOMIAL 函数用于返回参数和的阶乘与各参数阶乘乘积的比值。

函数语法

MULTINOMIAL(number1, [number2], ...)

参数解释

number1, number2, ...：number1 是必需的，后续数值是可选的。这些是用于进行 MULTINOMIAL 函数运算的 1~255 个数值。

实例解析

实例 51　**求参数和的阶乘与各参数阶乘乘积的比值**

若要求出指定数值的比值，可以使用 **MULTINOMIAL** 函数来实现。

❶ 选中 **D2** 单元格，在公式编辑栏中输入公式：

```
=MULTINOMIAL(A2,B2)
```

按 **Enter** 键即可求出数值 "**1**" 和 "**5**" 的和的阶乘与 "**1**" 和 "**5**" 阶乘乘积的比值，如图 **2-50** 所示。

D2		▼	⋮	×	✓	*fx*	=MULTINOMIAL(A2,B2)	

▲	A	B	C	D	E
1	数值1	数值2	数值3	比值	
2	1	5		6	

图 2-50

❷ 选中 **D3** 单元格，在公式编辑栏中输入公式：

```
=MULTINOMIAL(A3,B3,C3)
```

按 **Enter** 键即可求出数值 "**5**" "**1**" 和 "**3**" 的和的阶乘与 "**5**" "**1**" "**3**" 阶乘乘积的比值，如图 **2-51** 所示。

D3		▼	⋮	×	✓	*fx*	=MULTINOMIAL(A3,B3,C3)	

▲	A	B	C	D	E
1	数值1	数值2	数值3	比值	
2	1	5		6	
3	5	1	3	504	

图 2-51

函数 14：MDETERM 函数

函数功能

MDETERM 函数用于返回一个数组的矩阵行列式的值。

函数语法

MDETERM(array)

参数解释

array：必需。表示行数和列数相等的数值数组。array 可以是单元格区域，例如 A1:C3；或是一个数组常量，如{1,2,3,4,5,6,7,8,9}；或是区域或数组常量的名称。

实例解析

实例 52　求矩阵行列式的值

　　若要计算指定矩阵行列式的值，可以使用 **MDETERM** 函数来实现。

　　选中 **C7** 单元格，在公式编辑栏中输入公式：

　　　　=MDETERM(A2:D5)

　按 **Enter** 键即可计算出矩阵行列式的值为 **"219"**，如图 2-52 所示。

C7	▼	:	×	✓	f_x	=MDETERM(A2:D5)

▲	A	B	C	D	E	F
1		矩阵				
2	3	5	5	6		
3	4	7	3	3		
4	4	8	3	9		
5	7	9	7	9		
6						
7	行列式的值		219			

图 2-52

函数 15：MINVERSE 函数

函数功能

　　MINVERSE 函数用于返回数组中存储的矩阵的逆矩阵。

函数语法

　　MINVERSE(array)

参数解释

　　array：必需。表示行数和列数相等的数值数组。

实例解析

实例 53　求矩阵的逆矩阵

　　若要计算矩阵的逆矩阵，可以使用 **MINVERSE** 函数来实现。

　　选中 **E2:G4** 单元格区域，在公式编辑栏中输入公式：

　　　　=MINVERSE(A2:C4)

　　按 **Ctrl+Shift+Enter** 组合键即可计算出矩阵对应的逆矩阵，如图 2-53 所示。

E2	▼	:	×	✓	f_x	{=MINVERSE(A2:C4)}

▲	A	B	C	D	E	F	G
1		矩阵				逆矩阵	
2	3	4	5		0.45	-0.3	0.05
3	2	7	8		-0.56667	0.266667	0.233333
4	5	6	3		0.383333	-0.03333	-0.21667

图 2-53

函数 16：MMULT 函数

函数功能

MMULT 函数用于返回两个数组的矩阵乘积。

函数语法

MMULT(array1, array2)

参数解释

array1, array2：必需。表示要进行矩阵乘法运算的两个数组。array1 的列数必须与 array2 的行数相同，而且两数组中都只能包含数值。array1 和 array2 可以是单元格区域、数组常数或引用。

实例解析

实例 54　求矩阵的乘积

若要计算两个矩阵的乘积，可以使用 **MMULT** 函数来实现。

选中 **H2:J4** 单元格区域，在公式编辑栏中输入公式：

```
=MMULT(A2:B4,D2:F3)
```

按 **Ctrl+Shift+Enter** 组合键即可计算出两个矩阵的乘积，如图 2-54 所示。

H2	▼	:	×	✓	f_x	{=MMULT(A2:B4,D2:F3)}

▲	A	B	C	D	E	F	G	H	I	J
1	数组矩阵1			数组矩阵2				乘积		
2	3	4		1	3	2		23	17	22
3	2	7		5	2	4		37	20	32
4	5	6						35	27	34

图 2-54

函数 17：GCD 函数

函数功能

GCD 函数用于返回两个或多个整数的最大公约数，最大公约数是能同时除 number1 和 number2 而没有余数的最大整数。

函数语法

GCD(number1, [number2], ...)

参数解释

number1, number2, ...：number1 是必需的，后续数值是可选的。数值的个数可以为 1~255 个，如果其中任意一个数值为非整数，则截尾取整。

实例解析

实例 55　求两个或多个整数的最大公约数

若要计算两个或多个整数的最大公约数，可以使用 GCD 函数来实现。

选中 **B2** 单元格，在公式编辑栏中输入公式：

```
=GCD(A2:A5)
```

按 **Enter** 键即可计算出 A 列中所有数据的最大公约数，如图 **2-55** 所示。

	B2	▼	：	×	✓	fx	=GCD(A2:A5)	
		A		B			C	
1		数据		最大公约数				
2		33		11				
3		88						
4		55						
5		66						

图 2-55

函数 18：LCM 函数

函数功能

LCM 函数用于求两个或多个整数的最小公倍数。最小公倍数是所有整数参数 number1、number2 等的最小正整数倍数。用 LCM 函数可以将分母不同的分数相加。

函数语法

LCM(number1, [number2], ...)

参数解释

number1, number2, ...：number1 是必需的，后续数值是可选的。这些是要计算最小公倍数的 1～255 个数值。如果值不是整数，则截尾取整。

实例解析

实例 56　求两个或多个整数的最小公倍数

若要计算两个或多个整数的最小公倍数，可以使用 **LCM** 函数来实现。

❶ 选中 **D2** 单元格，在公式编辑栏中输入公式：

```
=LCM(A2,B2)
```

按 **Enter** 键即可计算出整数 33 和 1 的最小公倍数，如图 **2-56** 所示。

	D2	▼	：	×	✓	fx	=LCM(A2,B2)
	A		B		C		D
1	数据1		数据2		数据3		最小公倍数
2	33		1				33

图 2-56

❷ 选中 **D3** 单元格，在公式编辑栏中输入公式：

    =LCM(A3,B3,C3)

按 **Enter** 键即可计算出整数 **5**、**7** 和 **6** 的最小公倍数，如图 **2-57** 所示。

	A	B	C	D
	数据1	数据2	数据3	最小公倍数
1				
2	33	1		33
3	5	7	6	210

图 2-57

函数 19：QUOTIENT 函数 （返回商的整数部分）

函数功能

QUOTIENT 函数是指返回商的整数部分，该函数可用于舍掉商的小数部分。

函数语法

QUOTIENT(numerator, denominator)

参数解释

● numerator：必需。表示被除数。

● denominator：必需。表示除数。

实例解析

实例 57　按总人数及每组人数求解可分组数

本例要求将 **599** 人分为 **5** 组或者 **17** 组，并计算出分组后的
每组人数。由于无论分为 **5** 组还是 **17** 组都会产生小数位，这时
可以使用 QUOTIENT 函数来直接提取整数部分的数值，即得到
每组人数。

❶ 选中 **C2** 单元格，在公式编辑栏中输入公式：

    =QUOTIENT(A2,B2)

按 **Enter** 键即可计算出将 **599** 人分为 **5** 组后的每组人数为 **119** 人。

❷ 将鼠标指针指向 **C2** 单元格的右下角，待光标变成十字形状后，按住鼠
标左键向下拖动进行公式填充，即可计算出将其分为 **17** 组后的每组人数为 **35**
人，如图 **2-58** 所示。

	A	B	C	D
1	总人数	分组	每组的人数	
2	599	5	119	
3	599	17	35	

图 2-58

函数 20: RAND 函数（返回大于或等于 0 小于 1 的随机数）

函数功能

RAND 函数用于返回大于或等于 0 及小于 1 的均匀分布随机实数，每次计算工作表时都将返回一个新的随机实数。

函数语法

RAND()

参数解释

RAND 函数语法没有参数。

实例解析

实例 58   随机获取选手编号

在进行某项比赛时，为各位选手分配编号时自动生成随机编号，要求编号是 1~100 的整数。

选中 C2 单元格，在公式编辑栏中输入公式：

```
=ROUND(RAND()*99+1,0)
```

按 **Enter** 键即可随机自动生成 1~100 的整数（每次按 **F9** 键编号都随机生成），如图 2-59 所示。

	A	B	C	D	E	F
	姓名	随机编号				
2	章丽	40				
3	刘玲燕	73				
4	韩要荣	45				
5	侯淑媛	28				
6	孙丽萍	79				
7	李平	70				
8	苏敏	70				
9	张文涛	73				
10	......					
11	......					

（B2 单元格 =ROUND(RAND()*99+1,0)）

图 2-59

嵌套函数

ROUND 函数属于数学函数类型，用于返回按指定位数进行四舍五入的数值。

实例 59   自动生成彩票 7 位开奖号码

利用 RAND 函数自动随机生成 7 位开奖号码。

① 选中 C2 单元格，在公式编辑栏中输入公式：

```
=INT(RAND()*10)
```

按 **Enter** 键即可随机自动生成 1~9 的整数。

❷ 将鼠标指针指向 **C2** 单元格的右下角，向右拖动填充柄到 **I2** 单元格中，即可随机自动生成后面的 6 位开奖号码，如图 **2-60** 所示。

| C2 | ▼ | ⋮ | × | ✓ | fx | =INT(RAND()*10) |

	A	B	C	D	E	F	G	H	I	J
1	起始数	结束数	7位开奖号码							
2	0	9	0	7	2	8	1	3	0	
3										

图 2-60

❸ 当表格重新计算或按 **F9** 键时，开奖号码会自动随机生成。

嵌套函数

INT 函数属于数学函数类型，用于指定数值向下取整为最接近的整数。

函数 21：RANDBETWEEN 函数(返回指定数值之间的随机数)

函数功能

RANDBETWEEN 函数用于返回位于指定的两个数之间的一个随机整数。每次计算工作表时都将返回一个新的随机整数。

函数语法

RANDBETWEEN(bottom, top)

参数解释

● bottom：必需。表示函数 RANDBETWEEN 将返回的最小整数。

● top：必需。表示函数 RANDBETWEEN 将返回的最大整数。

实例解析

实例 60　自动随机生成三位数编码

在开展某项活动时，选手的编号需要随机生成，并且要求编号都是三位数。

❶ 选中 **B2** 单元格，在公式编辑栏中输入公式：
    =RANDBETWEEN(100,1000)
按 **Enter** 键得出第一个三位数编号。

❷ 选中 **B2** 单元格，拖动右下角的填充柄向下复制公式，即可批量得出随机编码，如图 **2-61** 所示。

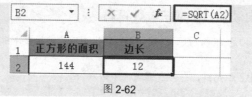

图 2-61

函数 22：SQRT 函数

函数功能

SQRT 函数用于返回正的平方根。

函数语法

SQRT(number)

参数解释

number：必需。表示要计算平方根的数。

实例解析

实例 61　获取数据的算术平方根

若要计算任意数值的算术平方根，可以使用 **SQRT** 函数来实现。选中 **B2** 单元格，在公式编辑栏中输入公式：

```
=SQRT(A2)
```

按 **Enter** 键即可根据面积计算出正方形的边长，如图 **2-62** 所示。

| B2 | ▼ | : | × | ✓ | fx | =SQRT(A2) |

	A	B	C
1	正方形的面积	边长	
2	144	12	

图 2-62

函数 23：SQRTPI 函数

函数功能

SQRTPI 函数用于返回指定正数值与 π 的乘积的平方根值。

函数语法

SQRTPI(number)

参数解释

number：表示用来与 π 相乘的正实数。

实例解析

实例 62 计算指定正数值与 π 的乘积的平方根值

若要计算出指定正数值与 π 的乘积的算术平方根，可以使用
SQRTPI 函数来实现。

❶ 选中 **B2** 单元格，在公式编辑栏中输入公式：

=SQRTPI(A2)

按 **Enter** 键即可计算出 4 与 π 的乘积的平方根值。

❷ 将鼠标指针指向 **B2** 单元格的右下角，待光标变成十字形状后，按住鼠标
左键向下拖动进行公式填充，即可快速计算出其他正数值与 π 的乘积的平方根
值，如图 **2-63** 所示。

B2	▼	:	×	✓	fx	=SQRTPI(A2)

▲	A	B	C
1	正数值	与π的乘积的平方根值	
2	4	3.544907702	
3	144	21.26944621	

图 2-63

函数 24：RADIANS 函数

函数功能

RADIANS 函数用于将角度转换为弧度。

函数语法

RADIANS(angle)

参数解释

angle：必需。表示需要转换成弧度的角度。

实例解析

实例 63 将指定角度转换为弧度

若要将指定角度转换为弧度，可以使用 RADIANS 函数来实现。

❶ 选中 **B2** 单元格，在公式编辑栏中输入公式：

=RADIANS(A2)

按 **Enter** 键即返回 30 度角对应的弧度值。

❷ 将鼠标指针指向 **B2** 单元格的右下角，待光标变成十字形状后，按住鼠标
左键向下拖动进行公式填充，即可返回其他角度的弧度值，如图 **2-64** 所示。

| B2 | ▼ | : | × | ✓ | fx | =RADIANS(A2) |

▲	A	B	C	D
1	角度	弧度		
2	30	0.523598776		
3	45	0.785398163		
4	60	1.047197551		
5	90	1.570796327		
6	120	2.094395102		
7	180	3.141592654		

图 2-64

函数 25：SIGN 函数

函数功能

确定数字、计算结果或列中值的符号。该函数在数字为正数时返回 1，在数字为零时返回 0（零），在数字为负数时返回 -1。

函数语法

SIGN(<number>)

参数解释

<number>：任意实数、包含数字的列或计算结果为数字的表达式。

实例解析

实例 64　返回指定数值对应的符号

使用 SIGN 函数可以返回指定数值对应的符号。

❶ 选中 B2 单元格，在公式编辑栏中输入公式：

=SIGN(A2)

按 Enter 键即可返回第一个数值对应的符号。

❷ 将鼠标指针指向 B2 单元格的右下角，待光标变成十字形状后，按住鼠标左键向下拖动进行公式填充，即可返回其他数值对应的符号，如图 2-65 所示。

| B2 | ▼ | : | × | ✓ | fx | =SIGN(A2) |

▲	A	B	C
1	数值	返回对应的符号	
2	-5	-1	
3	0	0	
4	5	1	

图 2-65

函数 26：ROMAN 函数

函数功能

ROMAN 函数用于将阿拉伯数字转换为文本式罗马数字。

函数语法

ROMAN(number, [form])

参数解释

- number：必需。表示需要转换的阿拉伯数字。
- form：可选。表示一个数字，指定所需的罗马数字类型。罗马数字的样式范围可以从经典到简化，随着 form 值的增加趋于简单。具体数值对应类型如表 2-2 所示。

表 2-2

FORM	类 型	FORM	类 型
0 或省略	经典	4	简化
1	更简化	TRUE	经典
2	比 1 简化	FALSE	简化
3	比 2 简化		

实例解析

实例 65 将任意阿拉伯数字转换为罗马数字

若要将任意阿拉伯数字转换为罗马数字，可以使用 ROMAN 函数来实现。

❶ 选中 **C2** 单元格，在公式编辑栏中输入公式：

    =ROMAN(A2,0)

按 **Enter** 键即可将阿拉伯数字 **599** 转换为指定形式的罗马数字，如图 2-66 所示。

❷ 依次在 **C3**、**C4** 单元格中输入公式：

    =ROMAN(A3,1)
    =ROMAN(A4,2)

然后按 **Enter** 键即可将数字转换为指定形式的罗马数字，如图 2-67 所示。

C2	▼ : × ✓ fx	=ROMAN(A2,0)

	A	B	C
1	阿拉伯数字	转换条件	对应的罗马数字
2	599	0	DXCIX
3	599	1	
4	599	2	

图 2-66

C4	▼ : × ✓ fx	=ROMAN(A4,2)

	A	B	C
1	阿拉伯数字	转换条件	对应的罗马数字
2	599	0	DXCIX
3	599	1	DVCIV
4	599	2	DIC

图 2-67

2.3 数据舍入函数实例应用

函数 27：INT 函数（不考虑四舍五入对数字直接取整）

函数功能

INT 函数是将数字向下舍入到最接近的整数。

函数语法

INT(number)

参数解释

number：必需。表示需要进行向下舍入取整的实数。

实例解析

实例 66 **对平均销售量取整**

若要计算销售员 3 个月的产品平均销售量，可以使用 INT 函数来实现。

选中 **B10** 单元格，在公式编辑栏中输入公式：

```
=INT(SUM(E2:E8)/7)
```

按 **Enter** 键即可计算出产品平均销售量，如图 **2-68** 所示。

| B10 | ▼ | : | × | ✓ | fx | =INT(SUM(E2:E8)/7) |
	A	B	C	D	E	
1	销售员	1月销量	2月销量	3月销量	汇总	
2	邹凯	588	466	987	2041	
3	李飞飞	694	580	597	1871	
4	宋丽	580	490	465	1535	
5	刘海云	590	998	566	2154	
6	秦志琴	489	580	879	1948	
7	刘琴	902	164	265	1331	
8	姜和韵	289	257	198	744	
9						
10	平均销量	1660				

图 2-68

公式解析

① 对 E2:E8 单元格区域中的值进行求和运算，然后将所得结果除以 7。

② 对步骤①得到的结果向下舍入到最接近的整数值。

函数 28：ROUND 函数（对数据进行四舍五入）

函数功能

ROUND 函数可将某个数字四舍五入为指定的位数。

函数语法

ROUND(number, num_digits)

参数解释

● number：必需。表示要四舍五入的数字。

● num_digits：必需。表示位数，按此位数对 number 参数进行四舍五入。

用法剖析

=ROUND（A2，2）

四舍五入后保留的小数位数
- 大于 0，则将数字四舍五入到指定的小数位。
- 等于 0，则将数字四舍五入到最接近的整数。
- 小于 0，则在小数点左侧进行四舍五入。

实例解析

实例 67 对数据进行四舍五入

若要对任意数值位数进行四舍五入，可以使用 ROUND 函数来实现。

❶ 选中 C2 单元格，在公式编辑栏中输入公式：

=ROUND(A2,B2)

按 **Enter** 键即可对数值"**10.249**"按 0 位小数进行四舍五入，得到结果"**10**"。

❷ 将鼠标指针指向 C2 单元格的右下角，待光标变成十字形状后，按住鼠标左键向下拖动进行公式填充，即可按舍入条件返回数值的其他舍取值，如图 2-69 所示。

	A	B	C	D
C2		fx	=ROUND(A2,B2)	
1	数值	按X位小数四舍五入	结果	
2	10.249	0	10	
3	10.249	2	10.25	
4	10.249	-1	10	
5	-10.249	1	-10.2	

图 2-69

函数 29：ROUNDUP 函数（向上舍入）

函数功能

ROUNDUP 函数是远离零值，向上（绝对值增大的方向）舍入数字。

函数语法

ROUNDUP(number, num_digits)

参数解释

● number：必需。表示需要向上舍入的任意实数。

● num_digits：必需。表示四舍五入后的数字的位数。

用法剖析

=ROUNDUP (A2,2)

表示要舍入到的位数
- 大于 0，将数字向上舍入到指定的小数位。
- 等于 0，将数字向上舍入到最接近的整数。
- 小于 0，在小数点左侧向上进行舍入。

基本应用示例如图 2-70 所示。

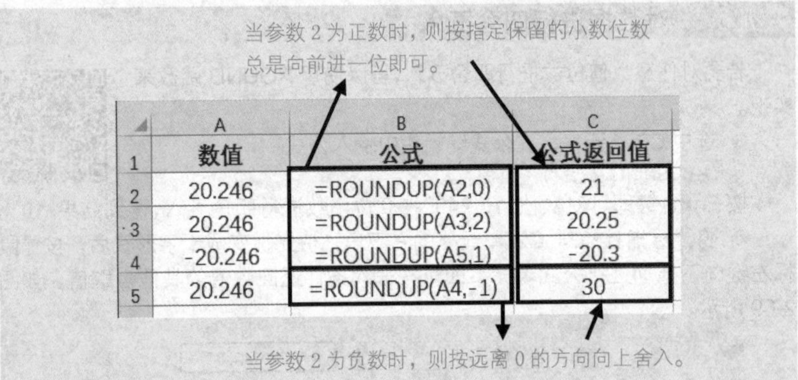

当参数 2 为正数时，则按指定保留的小数位数
总是向前进一位即可。

	A	B	C
1	**数值**	**公式**	**公式返回值**
2	20.246	=ROUNDUP(A2,0)	21
3	20.246	=ROUNDUP(A3,2)	20.25
4	-20.246	=ROUNDUP(A5,1)	-20.3
5	20.246	=ROUNDUP(A4,-1)	30

当参数 2 为负数时，则按远离 0 的方向向上舍入。

图 2-70

实例解析

实例 68　计算材料长度（材料只能多不能少）

表格中统计了花圃半径，需要计算所需材料的长度，在计算周长时出现多位小数位，由于所需材料只能多不能少，所以可以使用 ROUNDUP 函数向上舍入。

❶ 选中 D2 单元格，在公式编辑栏中输入公式：

`=ROUNDUP(C2,1)`

按 Enter 键即可根据 C2 单元格中的值计算所需材料的长度。

❷ 将鼠标指针指向 D2 单元格的右下角，待光标变成十字形状后，按住鼠标左键向下拖动进行公式填充，即可一次得到批量结果，如图 2-71 所示。

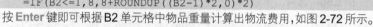

	A	B	C	D
1	花圃编号	半径（米）	周长（米）	所需材料长度（米）
2	01	10	31.415926	31.5
3	02	15	47.123889	47.2
4	03	18	56.5486668	56.6
5	04	20	62.831852	62.9
6	05	17	53.4070742	53.5

图 2-71

实例 69 计算物品的快递费用

本例中要求根据物品的重量来计算运费金额。要求如下：

● 首重 1 公斤（注意是公斤）为 8 元。

● 续重每斤（注意是每斤）为 2 元。

❶ 选中 C2 单元格，在公式编辑栏中输入公式：

`=IF(B2<=1,8,8+ROUNDUP((B2-1)*2,0)*2)`

按 **Enter** 键即可根据 B2 单元格中物品重量计算出物流费用，如图 2-72 所示。

C2		fx	=IF(B2<=1,8,8+ROUNDUP((B2-1)*2,0)*2)		
	A	B	C	D	E
1	序号	物品重量(公斤)	金额		
2	1	1.51	12		
3	2	2			
4	3	0.8			

图 2-72

❷ 选中 C2 单元格，拖动右下角的填充柄向下复制公式，即可根据 B 列中的物品重量批量计算物流费用，如图 2-73 所示。

C2		fx	=IF(B2<=1,8,8+ROUNDUP((B2-1)*2,0)*2)		
	A	B	C	D	E	F
1	序号	物品重量(公斤)	金额			
2	1	1.51	12			
3	2	2	12			
4	3	0.8	8			
5	4	3.6	20			
6	5	2.22	14			
7	6	5.52	28			

图 2-73

📖公式解析

① 判断 B2 单元格的值是否大于式等于 1，如果是，返回 8；否则进行 "ROUNDUP((B2-1)*2,0)*2" 运算。

② B2 中重量减去首重重量，乘以 2 表示将公斤转换为斤，将这个结果向上取整（即果计算值为 1.12，向上取整结果为 2；计算值为 2.57，向上取整结果为等于 3；……）

③ 将②步结果乘以 2，2 表示一个单位的物流费用金额。

实例70　计算上网费用

本例中要求根据各台机器的上机时间与下机时间来计算应付费用。其计费方式如下：

- 超过半小时按 1 小时计算。
- 不超过半小时按半小时计算。
- 计费标准为每小时 8 元。

❶ 选中 D2 单元格，在公式编辑栏中输入公式：

=ROUNDUP((HOUR(C2-B2)*60+MINUTE(C2-B2))/30,0)*4

按 Enter 键得出 1 号机的应付金额，如图 2-74 所示。

| D2 | ▼ | : | × | ✓ | fx | =ROUNDUP((HOUR(C2-B2)*60+MINUTE(C2-B2))/30,0)*4 |

▲	A	B	C	D	E	F	G	H
1	机号	上机时间	下机时间	应付金额				
2	1号	8:00:00	10:15:00	20				
3	2号	8:22:00	9:15:00					
4	1号	9:00:00	14:00:00					
5	3号	10:00:00	11:22:00					
6	4号	10:27:00	14:46:00					
7	3号	10:50:00	14:00:00					
8	5号	11:12:00	12:56:00					
9	6号	11:10:00	17:55:00					
10	8号	15:32:00	21:35:00					

图 2-74

❷ 选中 D2 单元格，拖动右下角的填充柄向下复制公式，即可批量得出其他机器的应付金额，如图 2-75 所示。

| D2 | ▼ | : | × | ✓ | fx | =ROUNDUP((HOUR(C2-B2)*60+MINUTE(C2-B2))/30,0)*4 |

▲	A	B	C	D	E	F	G	H
1	机号	上机时间	下机时间	应付金额				
2	1号	8:00:00	10:15:00	20				
3	2号	8:22:00	9:15:00	8				
4	1号	9:00:00	14:00:00	40				
5	3号	10:00:00	11:22:00	12				
6	4号	10:27:00	14:46:00	36				
7	3号	10:50:00	14:00:00	28				
8	5号	11:12:00	12:56:00	16				
9	6号	11:10:00	17:55:00	56				
10	8号	15:32:00	21:35:00	52				

图 2-75

嵌套函数

- HOUR 函数属于时间函数类型，用于返回时间值的小时数。
- MINUTE 函数属于时间函数类，用于返回时间值的分钟数。

公式解析

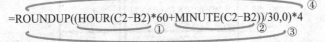
=ROUNDUP((HOUR(C2–B2)*60+MINUTE(C2–B2))/30,0)*4

① 判断 C2 单元格与 B2 单元格中两个时间相差的小时数，乘以 60 是将时间转换为分钟。

② 判断 C2 单元格与 B2 单元格中两个时间相差的分钟数。

③ ①步与②步和为上网的总分钟数，将总分钟数除以 30 表示将计算单位转换为 30 分钟（每小时 8 元，每半小时 4 元），然后向上舍入（因为超过 30 分钟按 1 小时计算，不足 30 分钟按 30 分钟计算）。

④ 由于计费单位已经被转换为 30 分钟，所以③步结果乘以 4 就是总费用而不是乘以 8 了。

函数 30：ROUNDDOWN 函数（向下舍入）

函数功能

ROUNDDOWN 函数是靠近零值，向下（绝对值减小的方向）舍入数字。

函数语法

ROUNDDOWN(number, num_digits)

参数解释

- number：必需。表示需要向下舍入的任意实数。
- num_digits：必需。表示四舍五入后的数字的位数。

用法剖析

= ROUNDDOWN (A2,2)

表示要舍入到的位数
- 大于 0，将数字向下舍入到指定的小数位。
- 等于 0，将数字向下舍入到最接近的整数。
- 小于 0，在小数点左侧向下进行舍入。

基本应用示例如图 2-76 所示。

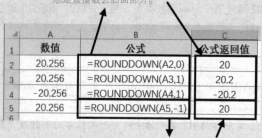

当参数 2 为正数时，则按指定保留的小数位数
总是直接截去后面部分。

	A	B	C
1	数值	公式	公式返回值
2	20.256	=ROUNDDOWN(A2,0)	20
3	20.256	=ROUNDDOWN(A3,1)	20.2
4	-20.256	=ROUNDDOWN(A4,1)	-20.2
5	20.256	=ROUNDDOWN(A5,-1)	20
6			

当参数 2 为负数时，向下舍入到小数点左边的相应位数。

图 2-76

实例解析

实例 71 购物金额舍尾取整

表格中在计算购物订单的金额时给出 0.88 折扣，计算折扣后出现小数，现在希望折后应收金额能去小数金额。

❶ 选中 D2 单元格，在公式编辑栏中输入公式：

```
=ROUNDDOWN(C2,0)
```

按 Enter 键即可根据 C2 单元格中的数值计算出折后应收金额。

❷ 将鼠标指针指向 D2 单元格的右下角，待光标变成十字形状后，按住鼠标左键向下拖动进行公式填充，即可一次得到批量结果，如图 2-77 所示。

D2	▼	:	×	✓	fx	=ROUNDDOWN(C2,0)

	A	B	C	D
1	单号	金额	折扣金额	折后应收金额
2	2017041201	523	460.24	460
3	2017041202	831	731.28	731
4	2017041203	1364	1200.32	1200
5	2017041204	8518	7495.84	7495
6	2017041205	1201	1056.88	1056
7	2017041206	898	790.24	790
8	2017041207	1127	991.76	991
9	2017041208	369	324.72	324
10	2017041209	1841	1620.08	1620

图 2-77

实例 72 根据给定时间界定整点范围

表格中统计了准确的点击时间，要求根据点击时间界定整点范围，即得到 B 列的结果。

❶ 选中 B2 单元格，在公式编辑栏中输入公式：

```
=TEXT(ROUNDDOWN(A2/(1/24),0)/24,"hh:mm")&
```

```
"-"&TEXT(ROUNDUP(A2/(1/24),0)/24,"hh:mm")
```
按 **Enter** 键即可根据 **A2** 单元格中的时间界定其整点范围。

❷ 选中 **B2** 单元格，拖动右下角的填充柄向下复制公式，即可根据 A 列中的时间批量完成整点时间的界定，如图 2-78 所示。

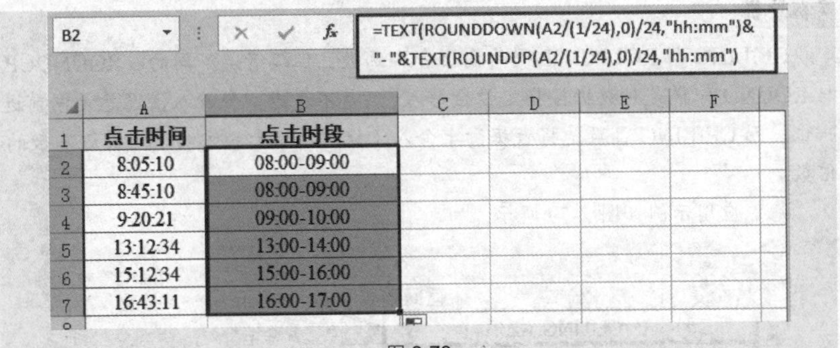

B2	▼	:	×	✓	fx	=TEXT(ROUNDDOWN(A2/(1/24),0)/24,"hh:mm")& "-"&TEXT(ROUNDUP(A2/(1/24),0)/24,"hh:mm")

▲	A	B	C	D	E	F
1	点击时间	点击时段				
2	8:05:10	08:00-09:00				
3	8:45:10	08:00-09:00				
4	9:20:21	09:00-10:00				
5	13:12:34	13:00-14:00				
6	15:12:34	15:00-16:00				
7	16:43:11	16:00-17:00				

图 2-78

嵌套函数

● **ROUNDUP** 函数用于以远离 0 的方向向上舍入数字，即以绝对值增大的方向舍入。

● **TEXT** 函数属于文本函数类型，用于将数值转换为按指定数字格式表示的文本。

公式解析

=TEXT(ROUNDDOWN(A2/(1/24),0)/24,"hh:mm")&"-"&TEXT(ROUNDUP(A2/(1/24),0)/24,"hh:mm")

① 1 天用 1 表示，用小时表示就是 1/24，向上取整得出结果为整数 8。

② 步骤①的结果除以 24 表将 8 这个数字转换为其对应的时间（结果为时间对应的小数值）。

③ 使用 TEXT 函数将步骤②的结果转换为 hh:mm 的时间形式。

函数 31：CEILING 函数（向上舍入到最接近指定数字的某个值的倍数值）

函数功能

将参数值向上舍入（沿绝对值增大的方向）为最接近指定数值的倍数。

函数语法

CEILING(number, significance)

参数解释

- number：必需。表示要舍入的值。
- significance：必需。表示要舍入到的倍数。

实例解析

CEILING 与 ROUNDUP 同为向上舍入函数，但二者是不同的。ROUNDUP 与 ROUND 一样是对数据按指定位数舍入，只是不考虑四舍五入情况总是向前进一位。而 CEILING 函数是将数据向上舍入（绝对值增大的方向）为最近基数的倍数。

基本应用示例如图 2-79 所示。

	A	B	C	
1	**数值**	**公式**	**返回结果**	返回最接近 5 的 2 的倍数。最接近 5 的整数有 "4" 和 "6"，由于
2	5	=CEILING(A2,2)	6	是向上舍入，所以目标值是 6。
3	5	=CEILING(A3,3)	6	
4	5.4	=CEILING(A4,1)	6	最接近 5 的（向上）3 的
5	5.4	=CEILING(A5,2)	6	倍数。
6	5.4	=CEILING(A6,0.2)	5.4	
7	-6.8	=CEILING(A7,2)	-6	最接近 5.4 的（向上）
8	-2.5	=CEILING(A8,1)	-2	0.2 的倍数。

图 2-79

提示

1. 当 ROUNDUP 的第二个参数指定为 0（表示向上舍入为整数），与 CEILING 的第二个参数指定为 1 时，它们二者的返回值一样。

2. 根据所使用的 Excel 版本不同，与 CEILING 函数用法相同的还有 CEILING. PRECISE 和 CEILING.MATH。这三个函数都可以达到相同的计算结果。

实例解析

实例 73　计算停车费

要求根据停车分钟数来计算停车费用，停车 1 小时 4 元，不足 1 小时按 1 小时计算。

❶ 选中 **C2** 单元格，在公式编辑栏中输入公式：

```
=CEILING(B2/60,1)*4
```

按 **Enter** 键即可根据 B2 单元格中的停车分种数计算出停车费。

❷ 将鼠标指针指向 **C2** 单元格的右下角，待光标变成十字形状后，按住鼠标左键向下拖动进行公式填充，即可快速计算出其他车辆的停车费，如图 2-80 所示。

C2 =CEILING(B2/60,1)*4

	A	B	C
1	车牌号	停车分钟数	费用(元)
2	20170329082	40	4
3	20170329114	174	12
4	20170329023	540	36
5	20170329143	600	40
6	20170329155	273	20
7	20170329160	32	4

图 2-80

公式解析

=CEILING(B2/60,1)*4

"**B2/60**"表示将分钟数转换为小时数，计算结果 2.33333，使用 CEILING 函数返回的是最接近 2.3333 的 1 的倍数，最接近 2.3333 的 1 的倍数是 2 和 3，因为是向上舍入，所以返回结果是 3。这个结果乘以 4 则表示计算出的停车费。

提示

要完成本例的求解要求，也可以使用公式"**=ROUNDUP(B2/60,0)*4**"。

函数 32：FLOOR 函数（向下舍入到最接近指定数字的某个值的倍数值）

函数功能

FLOOR 函数可将数值向下舍入（向零的方向）到最接近指定数值的倍数。

函数语法

FLOOR(number, significance)

参数解释

- number：必需。表示要舍入的数值。
- significance：必需。表示要舍入到的倍数。

实例解析

FLOOR 与 ROUNDDOUWN 同为向下舍入函数，但二者是不同的。ROUNDDOUWN 是对数据按指定位数舍入，不考虑四舍五入情况总是不向前进位，而只是直接将剩余的小数位截去。而 FLOOR 函数是将数据向下舍入（绝对值增大的方向）为最近基数的倍数。

基本应用示例如图 2-81 所示。

	A	B	C
1	数值	公式	返回结果
2	5	=FLOOR(A2,2)	4
3	5	=FLOOR(A3,3)	3
4	5.4	=FLOOR(A4,1)	5
5	5.4	=FLOOR(A5,2)	4
6	5.4	=FLOOR(A6,0.2)	5.4
7	-6.8	=FLOOR(A7,2)	-8
8	-2.5	=FLOOR(A8,1)	-3

返回最接近 5 的 2 的倍数。最接近 5 的整数有 "4" 和 "6"，由于是向下舍入，所以目标值是 4。

最接近 5 的（向下）3 的倍数。

最接近 5.4 的（向下） 0.2 的倍数。

图 2-81

提示

1.当 ROUNDDOWN 的第二个参数指定为 0（表示向下舍入为整数），与 FLOOR 的第二个参数指定为 1 时，它们二者的返回值一样。

2.根据所使用的 Excel 版本不同，与 FLOOR 函数用法相同的还有 FLOOR.PRECISE 和 FLOOR.MATH。这三个函数都可以达到相同的计算结果。

实例解析

实例 74　计件工资中的奖金计算

表格中统计了各工人的生产件数，要求根据生产的件数计算资金。具体规则如下：

● 生产件数小于 2000 件无奖金。

● 生产件数大于或等于 2000 件奖金为 500 元，并且每增加 100 件，奖金增加 50 元。

即通过公式批量计算得出 C 列的数据。

❶ 选中 C2 单元格，在公式编辑栏中输入公式：

=IF(B2<2000,0,FLOOR((B2-2000)/100,1)*50+500)

按 Enter 键得出第一位工人的应计奖金。

❷ 选中 C2 单元格，拖动右下角的填充柄向下复制公式，即可批量得出其他工人的应计奖金，如图 2-82 所示。

C2			f_x	=IF(B2<2000,0,FLOOR((B2-2000)/100,1)*50+500)		

	A	B	C	D	E	F
1	工号	生产件数	奖金			
2	880000241780	2599	750			
3	880000255442	1200	0			
4	880000244867	2322	650			
5	880000244832	3400	1200			
6	880000241921	2050	500			
7	880002060778	1689	0			
8	880000177463	2800	900			
9	880000248710	3500	1250			

图 2-82

公式解析

=IF(B2<2000,0,FLOOR((B2-2000)/100,1)*50+500)

① 如果 B2 小于 2000，返回 0，否则进行"FLOOR((B2-2000)/100,1)*50+500"运算。

② B2 中件数减去 2000 再除以 100，然后再向下舍入，可计算出除了 2000 件所获取的 500 元奖金外，还可以获取几个 50 元的奖金。

③ 将②步结果乘以 50 表示 2000 件除外后可获取的奖金，加上 500 元即得到总奖金。

函数 33：MROUND 函数（按指定倍数舍入）

函数功能

MROUND 函数用于返回参数按指定倍数舍入后的数值。

函数语法

MROUND(number, multiple)

参数解释

- number：必需。表示要舍入的值。
- multiple：必需。表示要将数值 number 舍入到的倍数。

基本应用示例如图 2-83 所示。

> 示例：表示返回最接近 10 的 3 的倍数，3 的 3 倍是"9"，3 的 4 倍是"12"，因此最接近 10 的是"9"。

	A	B	C
1	数值	公式	公式返回值
2	10	=MROUND(A2,3)	9
3	13.25	=MROUND(A3,3)	12
4	15	=MROUND(A4,2)	16
5	-3.5	=MROUND(A5,-2)	-4

图 2-83

实例解析

实例 75 计算商品运送车次

本例将根据运送商品总数量与每车可装箱数量来计算运送车次。具体规定如下：

- 每 52 箱商品装一辆车。

- 如果最后剩余商品数量大于半数（即 26 箱），可以再装一车运送一次，否则剩余商品不使用车辆运送。
❶ 选中 B4 单元格，在公式编辑栏中输入公式：
    =MROUND(B1,B2)/B2
按 **Enter** 键得出运送车次数量（运送 19 车还剩 12 箱，不足半数所以不再安排车辆运送），如图 2-84 所示。

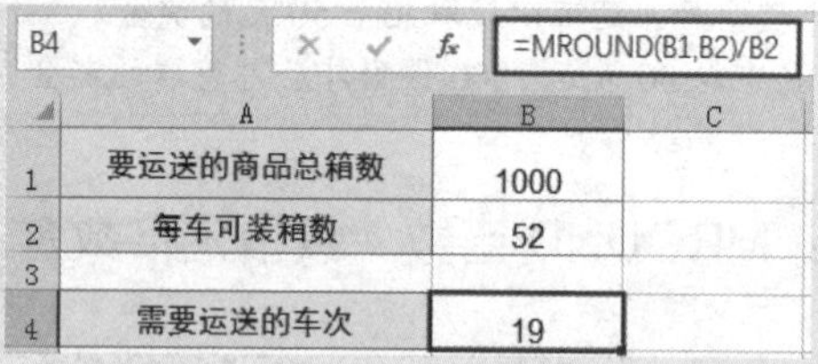

B4	▼	：	×	✓	fx	=MROUND(B1,B2)/B2

▲	A	B	C
1	要运送的商品总箱数	1000	
2	每车可装箱数	52	
3			
4	需要运送的车次	19	

图 2-84

❷ 假如商品总箱数为 1020，运送 19 车还剩 32 箱，超过 26 箱，所以需要再运送一次，即总运送车次为 20 次，如图 2-85 所示。

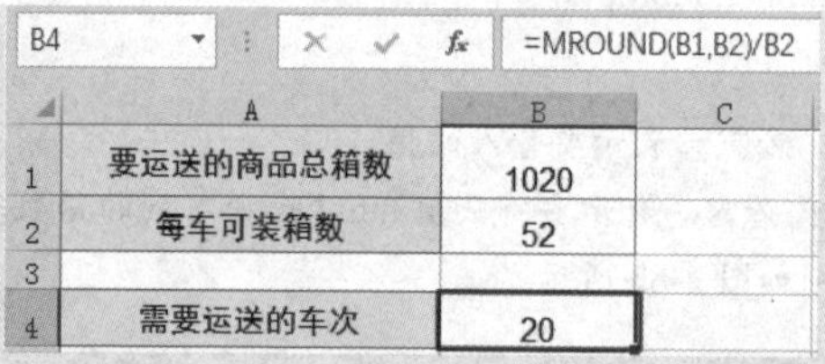

B4	▼	：	×	✓	fx	=MROUND(B1,B2)/B2

▲	A	B	C
1	要运送的商品总箱数	1020	
2	每车可装箱数	52	
3			
4	需要运送的车次	20	

图 2-85

📖 **公式解析**

= MROUND(B1,B2)/B2

通过 MROUND(B1,B2) 返回要运送商品的总箱数和每车可装箱数的最近倍数，即每车可装箱数为 52 箱与要运送 1000 箱最接近的倍数为 988 箱。将结果再除以 B2 计算出最合理的运送车次，即 19 车次。

📢 **提示**

公式中 MROUND(B1,B2) 这一部分的原理就是返回 52 的倍数，并且这个倍数的值最接近 B1 单元格中的值。"最接近"这 3 个字非常重要，它决定了不过半数少装一车，过半数就多装一车。

函数 34：EVEN 函数

函数功能

EVEN 函数用于返回沿绝对值增大方向取整后最接近的偶数。

函数语法

EVEN(number)

参数解释

number：必需。表示要舍入的值。

实例解析

实例76　将数字向上舍入到最接近的偶数

当用户在处理一些成对出现的对象时,需要获取与数值最接近的偶数, 此时可以使用 EVEN 函数来实现。

❶ 选中 **B2** 单元格,在公式编辑栏中输入公式:

=EVEN(A2)

按 **Enter** 键即可根据 A2 单元格的数值返回与它最接近的偶数。

❷ 将鼠标指针指向 **B2** 单元格的右下角,待光标变成十字形状后,按住鼠标左键向下拖动进行公式填充,即可返回与其他数值最接近的偶数,如图 **2-86** 所示。

B2	▼	:	×	✓	f_x	=EVEN(A2)
	A		B		C	
1	数值		最接近的偶数			
2	-2		-2			
3	1		2			
4	0		0			
5	4.5		6			

图 2-86

函数 35：ODD 函数

函数功能

ODD 函数用于返回对指定数值进行向上舍入后的奇数。

函数语法

ODD(number)

参数解释

number：必需。表示要舍入的值。

实例解析

实例77　将数字向上舍入到最接近的奇数

返回指定数值最接近的奇数,可以使用 ODD 函数来实现。

❶ 选中 **B2** 单元格,在公式编辑栏中输入公式:

=ODD(A2)

按 **Enter** 键即可返回数值 "-2.65" 最接近的奇数为 "-3"。

❷ 将鼠标指针指向 **B2** 单元格的右下角,待光标变成十字形后,按住鼠标左键向下拖动进行公式填充,即可返回其他数值最接近的奇数,如图 **2-87** 所示。

| B2 | ▼ | : | × | ✓ | fx | =ODD(A2) |

▲	A	B	C
1	数值	最接近的奇数	
2	-2.65	-3	
3	1.54	3	
4	0	1	
5	4.5	5	

图 2-87

函数 36：TRUNC 函数（不考虑四舍五入对数字截断）

函数功能

TRUNC 函数用于将数字的小数部分截去，返回整数。

函数语法

TRUNC(number, [num_digits])

参数解释

- number：必需。表示需要截尾取整的数字。
- num_digits：可选。表示用于指定取整精度的数字。num_digits 的默认
  值为 0（零）。

实例解析

实例 78　汇总金额只保留一位小数

在某产品 5 月份的销售统计报表中，显示了每日的销售利润，
要求统计出 5 月上旬的总销售利润额，并将结果保留一位小数。

选中 **D2** 单元格，在公式编辑栏中输入公式：

```
=SUM(TRUNC(B2:B11,1))
```

按 **Ctrl+Shift+Enter** 组合键即可以 1 位小数形式返回 5 月上旬的利润总额，
如图 2-88 所示。

| D2 | ▼ | : | × | ✓ | fx | {=SUM(TRUNC(B2:B11,1))} |

▲	A	B	C	D
1	销售日期	销售利润		5月上旬利润额
2	2018/5/1	588.28		6925.5
3	2018/5/2	469.67		
4	2018/5/3	501.6		
5	2018/5/4	966.7		
6	2018/5/5	485		
7	2018/5/6	754.9		
8	2018/5/7	889.6		
9	2018/5/8	469.77		
10	2018/5/9	840.2		
11	2018/5/10	960		

图 2-88

📖公式解析

=SUM(TRUNC(B2:B11,1))

使用 TRUNC 函数对 B2:B11 单元格区域中的数值进行取整，并将结果保留一位小数。对完善后得出的数值进行求和运算。

🐝提示

函数 TRUNC 和函数 INT 类似，它们都返回整数，并且在对正数进行取整时，两个函数返回结果完全相同；而对于负数取整，函数 TRUNC 直接去除数字的小数部分，而函数 INT 则是去掉小数位后加-1。如 TRUNC(-7.875) 返回-7，而 INT(-7.875)返回-8。

2.4 三角函数实例应用

函数 37：ACOS 函数

函数功能

ACOS 函数用于返回数字的反余弦值。反余弦值是角度，它的余弦值为数字。返回的角度值以弧度表示，范围是 $0 \sim \pi$。

函数语法

ACOS(number)

参数解释

number：必需。表示所需的角度余弦值，必须介于-1 到 1 之间。

实例解析

实例 79　计算数字的反余弦值

使用 ACOS 函数可以计算出数值的反余弦值，本例中可以配合前面实例介绍的 ROUND 函数将结果保留两位小数位数。

❶ 选中 B2 单元格，在公式编辑栏中输入公式：

=ROUND(ACOS(A2),2)

按 Enter 键即可计算出第一个数值对应的反余弦值。

❷ 将鼠标指针指向 B2 单元格的右下角，待光标变成十字形状后，按住鼠标左键向下拖动进行公式填充，即可计算出其他数值对应的反余弦值，如图 2-89 所示。

图 2-89

81

📖**公式解析**

=ROUND(ACOS(A2),2)

先返回 A2 单元格数值的反余弦值，然后使用 ROUND 函数对返回的结果四舍五入并保留两位小数。

函数 38：COS 函数

函数功能

COS 函数用于返回给定角度的余弦值。

函数语法

COS(number)

参数解释

number：必需。表示要求的余弦的角度，以弧度表示。如果角度是以角度表示的，则可将其乘以 PI()/180 或使用 RADIANS 函数将其转换成弧度。

实例解析

实例 80   计算指定角度对应的余弦值

若要计算指定角度的余弦值，可以使用 **COS** 函数来实现。如果单位是度，可以乘以 PI()/180 或使用 RADIANS 函数将其转换成弧度，然后再进行余弦值计算。

❶ 选中 **B2** 单元格，在公式编辑栏中输入公式：

`=COS(RADIANS(A2))`

按 **Enter** 键即可计算出角度为 **30** 度角的余弦值。

❷ 将鼠标指针指向 **B2** 单元格的右下角，待光标变成十字形状后，按住鼠标左键向下拖动进行公式填充，即可计算出其他角度的余弦值，如图 2-90 所示。

| B2 | ▼ | : | × | ✓ | fx | =COS(RADIANS(A2)) |

◢	A	B	C	D
1	角度	余弦值		
2	30	0.866025404		
3	45	0.707106781		
4	60	0.5		
5	120	-0.5		

图 2-90

函数 39：COSH 函数

函数功能

COSH 函数用于返回数字的双曲余弦值。

函数语法

COSH(number)

参数解释

number：必需。表示要求的双曲余弦的任意实数。

实例解析

实例 81　计算数值的双曲余弦值

若要计算指定实数的双曲余弦值，可以使用 COSH 函数来实现。

❶ 选中 **B2** 单元格，在公式编辑栏中输入公式：

```
=COSH(A2)
```

按 **Enter** 键即可计算出实数 "**–2**" 对应的双曲余弦值。

❷ 将鼠标指针指向 **B2** 单元格的右下角，待光标变成十字形状后，按住鼠标左键向下拖动进行公式填充，即可计算出其他实数对应的双曲余弦值，如图 2-91 所示。

B2	▼	:	×	✓	fx	=COSH(A2)

▲	A	B	C
1	数值	双曲余弦值	
2	–2	3.762195691	
3	0	1	
4	0.5	1.127625965	
5	2	3.762195691	

图 2-91

函数 40：ACOSH 函数

函数功能

ACOSH 函数用于返回参数的反双曲余弦值。参数必须大于或等于 1，反双曲余弦值的双曲余弦即为原参数，因此 ACOSH(COSH(number)) 等于 number。

函数语法

ACOSH(number)

参数解释

number：必需。表示大于或等于 1 的任意实数。

实例解析

实例 82　求任意大于或等于 1 的实数的反双曲余弦值

若要计算任意大于或等于 1 的实数的反双曲余弦值，可以使用 ACOSH 函数来实现。

❶ 选中 **B2** 单元格，在公式编辑栏中输入公式：

```
=ACOSH(A2)
```

按 **Enter** 键即可计算出实数 "**1**" 对应的反双曲余弦值。

❷ 将鼠标指针指向 B2 单元格的右下角，待光标变成十字形状后，按住鼠标左键向下拖动进行公式填充，即可计算出其他大于 1 的任意实数所对应的反双曲余弦值，如图 2-92 所示。

| B2 | : | × | ✓ | f_x | =ACOSH(A2) |

	A	B	C
1	任意大于或等于1的实数	反双曲余弦值	
2	1	0	
3	1.5	0.96242365	
4	1.55	1.005865195	
5	10	2.993222846	

图 2-92

函数 41：ASIN 函数

函数功能

ASIN 函数用于返回参数的反正弦值。反正弦值为一个角度，该角度的正弦值即等于此函数的参数值。返回的角度值将以弧度表示，范围为$-\pi/2 \sim \pi/2$。

函数语法

ASIN(number)

参数解释

number：必需。表示所需角度的正弦值，范围为$-1 \sim 1$。

实例解析

实例 83 求正弦值的反正弦值

若要计算正弦值的反正弦值，可以使用 ASIN 函数来实现。

❶ 选中 B2 单元格，在公式编辑栏中输入公式：

=ASIN(A2)

按 Enter 键即可计算出正弦值 "0.5" 对应的反正弦值。

❷ 将鼠标指针指向 B2 单元格的右下角，待光标变成十字形状后，按住鼠标左键向下拖动进行公式填充，即可计算出其他正弦值对应的反正弦值，如图 2-93 所示。

| B2 | ▼ | : | × | ✓ | f_x | =ASIN(A2) |

	A	B	C
1	正弦值	反正弦值	
2	0.5	0.523598776	
3	1	1.570796327	
4	0.7071068	0.785398163	

图 2-93

函数 42：SINH 函数

函数功能

SINH 函数用于返回某一数字的双曲正弦值。

函数语法

SINH(number)

参数解释

number：必需。表示任意实数。

实例解析

实例 84 **计算任意实数的双曲正弦值**

若要计算任意实数的双曲正弦值，可以使用 SINH 函数来实现。

❶ 选中 B2 单元格，在公式编辑栏中输入公式：

    =SINH(A2)

按 Enter 键即可计算出实数"-2"的双曲正弦值。

❷ 将鼠标指针指向 B2 单元格的右下角，待光标变成十字形状后，按住鼠标左键向下拖动进行公式填充，即可计算出其他实数的双曲正弦值，如图 2-94 所示。

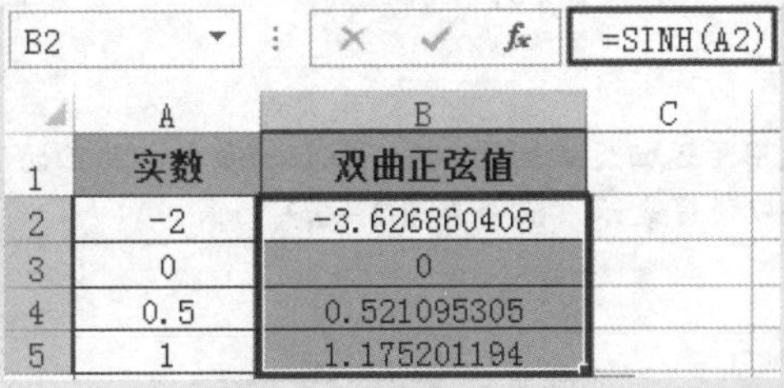

	A	B	C
		f_x	=SINH(A2)
1	实数	双曲正弦值	
2	-2	-3.626860408	
3	0	0	
4	0.5	0.521095305	
5	1	1.175201194	

图 2-94

函数 43：ASINH 函数

函数功能

ASINH 函数用于返回参数的反双曲正弦值。反双曲正弦值的双曲正弦即等于此函数的参数值，因此 ASINH(SINH(number))等于 number 参数值。

函数语法

ASINH(number)

参数解释

number：必需。表示任意实数。

实例解析

实例 85　计算任意实数的反双曲正弦值

若要计算任意实数的反双曲正弦值，可以使用 ASINH 函数来实现。

❶ 选中 B2 单元格，在公式编辑栏中输入公式：

```
=ASINH(A2)
```

按 Enter 键即可计算出实数"-2"的反双曲正弦值。

❷ 将鼠标指针指向 B2 单元格的右下角，待光标变成十字形状后，按住鼠标左键向下拖动进行公式填充，即可计算出其他实数的反双曲正弦值，如图 2-95 所示。

B2		:	×	✓	f_x	=ASINH(A2)	

▲	A	B	C
1	实数	反双曲正弦值	
2	-2	-1.443635475	
3	0.5	0.481211825	
4	1	0.881373587	

图 2-95

函数 44：ATAN 函数

函数功能

ATAN 函数用于返回反正切值。反正切值为角度，其正切值即等于参数值。返回的角度值将以弧度表示，范围为 $-\pi/2 \sim \pi/2$。

函数语法

ATAN(number)

参数解释

number：必需。表示所求角度的正切值。

实例解析

实例 86　求指定数值的反正切值

如果需要求出范围在 -1～1 内指定数值的反正切值，可以使用 ATAN 函数来实现。

❶ 选中 B2 单元格，在公式编辑栏中输入公式：

```
=ATAN(A2)
```

按 Enter 键即可计算出实数"-1"对应的反正切值。

❷ 将鼠标指针指向 B2 单元格的右下角，待光标变成十字形状后，按住鼠标左键向下拖动进行公式填充，即可计算出其他实数对应的反正切值，如图 2-96 所示。

	A	B	C
1	数值	反正切值	
2	-1	-0.785398163	
3	0.5	0.463647609	
4	1	0.785398163	

B2 =ATAN(A2)

图 2-96

函数 45：ATAN2 函数

函数功能

ATAN2 函数用于返回给定的 x 及 y 坐标值的反正切值。反正切的角度值等于 x 轴与通过原点和给定坐标点(x_num, y_num)的直线之间的夹角。结果以弧度表示是介于-π 到 π 之间（不包括-π）。

函数语法

ATAN2(x_num, y_num)

参数解释

- x_num：必需。表示点的 x 坐标。
- y_num：必需。表示点的 y 坐标。

实例解析

实例 87 计算指定 x 坐标和 y 坐标在（-π，π] 任意实数的反正切值

如果需要计算指定 x 坐标及 y 坐标在（-π，π] 任意实数的反正切值，可以使用 ATAN2 函数来实现。

❶ 选中 C2 单元格，在公式编辑栏中输入公式：

```
=ATAN2(A2,B2)
```

按 **Enter** 键即可计算出 x 坐标为-2、y 坐标为-1 的反正切值。

❷ 将鼠标指针指向 C2 单元格的右下角，待光标变成十字形状后，按住鼠标左键向下拖动进行公式填充，即可计算出其他 x、y 坐标对应的反正切值，如图 2-97 所示。

	A	B	C
1	x坐标	y坐标	反正切值
2	-2	-1	-2.677945045
3	-1	1	2.35619449
4	1	0.5	0.463647609

C2 =ATAN2(A2,B2)

图 2-97

函数 46：ATANH 函数

函数功能

ATANH 函数用于返回参数的反双曲正切值，参数必须介于-1 到 1 之间（除去-1 和 1）。反双曲正切值的双曲正切即为该函数的参数值，因此 ATANH(TANH(number)) 等于 number。

函数语法

ATANH(number)

参数解释

number：必需。表示-1 ~ 1 的任意实数。

实例解析

实例 88 **计算出-1~1 任意实数的反双曲正切值**

若需要求出指定在-1~1 之间任意实数的反双曲正切值，可以使用 ATANH 函数来实现。

❶ 选中 **B2** 单元格，在公式编辑栏中输入公式：

```
=ATANH(A2)
```

按 **Enter** 键即可计算出实数 "**-0.2**" 的反双曲正切值。

❷ 将鼠标指针指向 **B2** 单元格的右下角，待光标变成十字形状后，按住鼠标左键向下拖动进行公式填充，即可计算出其他实数的反双曲正切值，如图 2-98 所示。

B2	▼ : × ✓ fx	=ATANH(A2)	
▲	A	B	C
1	实数（-1~1）	反双曲正切值	
2	-0.2	-0.202732554	
3	0	0	
4	0.5	0.549306144	

图 2-98

函数 47：DEGREES 函数

函数功能

DEGREES 函数用于将弧度转换为角度。

函数语法

DEGREES(angle)

参数解释：

angle：以弧度表示的角度。

实例解析

实例 89 将指定弧度转换为角度

如果需要将指定弧度转换为角度，可以使用 DEGREES 函数来设置公式。

❶ 选中 **B2** 单元格，在公式编辑栏中输入公式：

`=DEGREES(A2)`

按 **Enter** 键即可计算出第一条指定弧度的角度。

❷ 将鼠标指针指向 **B2** 单元格的右下角，待光标变成十字形状后，按住鼠标左键向下拖动进行公式填充，即可计算出其他弧度所对应的角度值，如图 2-99 所示。

B2	▼ : × ✓ fx	=DEGREES(A2)	
	A	B	C
1	弧度	角度	
2	0.523598776	30	
3	0.785398163	45	
4	1.047197551	60	
5	2.094395102	120	

图 2-99

函数 48：PI 函数

函数功能

PI 函数用于返回数字 3.14159265358979，即数学常量 π，精确到小数点后 14 位。

函数语法

PI()

参数解释

此函数没有参数。

实例解析

实例 90 将指定角度转换为弧度

若将指定角度转换为弧度值，可以使用 PI 函数来实现。

❶ 选中 **B2** 单元格，在公式编辑栏中输入公式：

`=A2*PI()/180`

按 **Enter** 键即可计算出指定角度的弧度值。

❷ 将鼠标指针指向 **B2** 单元格的右下角，待光标变成十字形状后，按住鼠标左键向下拖动进行公式填充，即可计算出其他角度所对应的弧度值，如图 2-100 所示。

B2	▼	:	×	✓	fx	=A2*PI()/180	

▲	A	B	C	D
1	角度	弧度		
2	30	0.523598776		
3	45	0.785398163		
4	60	1.047197551		
5	120	2.094395102		

图 2-100

函数 49：SIN 函数

函数功能

SIN 函数用于返回给定角度的正弦值。

函数语法

SIN(number)

参数解释

number：必需。需要求正弦的角度，以弧度表示。如果参数的单位是角度，则可以乘以 PI()/180 或使用 RADIANS 函数将其转换为弧度。

实例解析

实例 91　求指定角度对应的正弦值

若要计算指定角度对应的正弦值，可以使用 SIN 函数来实现。如果单位是度，本例中首先将其乘以 PI()/180 或使用 RADIANS 函数将其转换为弧度，然后再进行正弦值计算。

❶ 选中 B2 单元格，在公式编辑栏中输入公式：

```
=A2*PI()/180
```

按 Enter 键即可将 30 度角转换为对应的弧度值。

❷ 将鼠标指针指向 B2 单元格的右下角，待光标变成十字形状后，按住鼠标左键向下拖动进行公式填充，即可返回其他角度对应的弧度值，如图 2-101 所示。

B2	▼	:	×	✓	fx	=A2*PI()/180	

▲	A	B	C	D
1	角度	弧度		
2	30	0.523598776		
3	45	0.785398163		
4	60	1.047197551		
5	120	2.094395102		

图 2-101

❸ 选中 C2 单元格，在公式编辑栏中输入公式：

```
=SIN(B2)
```

按 Enter 键即可计算出指定角度的正弦值。

❹ 将鼠标指针指向 C2 单元格的右下角，待光标变成十字形状后，按住鼠

标左键向下拖动进行公式填充，即可返回 A 列中其他角度对应的正弦值，如图 2-102 所示。

	A	B	C
			=SIN(B2)
1	角度	弧度	正弦值
2	30	0.523598776	0.5
3	45	0.785398163	0.707106781
4	60	1.047197551	0.866025404
5	120	2.094395102	0.866025404

图 2-102

函数 50：TAN 函数

函数功能

TAN 函数用于返回给定角度的正切值。

函数语法

TAN(number)

参数解释

number：必需。表示要求的正切的角度，以弧度表示。如果参数的单位是角度，则可以乘以 PI()/180 或使用 RADIANS 函数将其转换为弧度。

实例解析

实例 92　求指定角度对应的正切值

如果需要求解指定角度的正切值，可以使用 TAN 函数来实现。如果单位是度，则可以乘以 PI()/180 或使用 RADIANS 函数将其转换为弧度。

❶ 选中 B2 单元格，在公式编辑栏中输入公式：

=TAN(RADIANS(A2))

按 Enter 键即可计算出角度为 30 度的正切值。

❷ 将鼠标指针指向 B2 单元格的右下角，待光标变成十字形状后，按住鼠标左键向下拖动进行公式填充，即可计算出其他角度所对应的正切值，如图 2-103 所示。

	A	B	C	D
		=TAN(RADIANS(A2))		
1	角度	正切值		
2	30	0.577350269		
3	45	1		
4	60	1.732050808		
5	120	-1.732050808		

图 2-103

● 第 2 章　数学和三角函数

91

函数 51：TANH 函数

函数功能

TANH 函数用于返回某一数字的双曲正切值。

函数语法

TANH(number)

参数解释

number：必需。表示任意实数。

实例解析

实例 93 求任意实数的双曲正切值

若要求解任意实数的双曲正切值，可以使用 TANH 函数来实现。

❶ 选中 **B2** 单元格，在公式编辑栏中输入公式：

    =TANH(A2)

按 **Enter** 键即可计算出实数 "**-1**" 的双曲正切值。

❷ 将鼠标指针指向 B2 单元格的右下角，待光标变成十字形状后，按住鼠标左键向下拖动进行公式填充，即可计算出 A 列中其他实数对应的双曲正切值，如图 **2-104** 所示。

B2	▾	：	×	✓	f_x	=TANH(A2)

▲	A	B	C
1	任意实数	双曲正切值	
2	-1	-0.761594156	
3	0	0	
4	1	0.761594156	
5	5	0.999909204	

图 2-104

2.5 对数、幂和阶乘函数实例应用

函数 52：EXP 函数

函数功能

EXP 函数用于返回 e 的 n 次幂。常数 e 等于 2.71828182845904，是自然对数的底数。

函数语法

EXP(number)

参数解释

number：必需。表示应用于底数 e 的指数。

实例解析

实例 94　求任意指数的幂

若要求解 e 的任意指数的幂，可以使用 **EXP** 函数来实现。

❶ 选中 **B2** 单元格，在公式编辑栏中输入公式：

`=EXP(A2)`

按 **Enter** 键即可求出 e 的指数 "**-1**" 的幂。

❷ 将鼠标指针指向 **B2** 单元格的右下角，待光标变成十字形状后，按住鼠标左键向下拖动进行公式填充，即可计算出 e 的其他指数的幂，如图 2-105 所示。

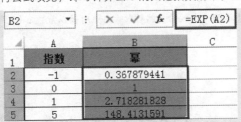

图 2-105

函数 53：POWER 函数

函数功能

POWER 函数用于返回给定数字的乘幂。

函数语法

POWER(number, power)

参数解释

● number：必需。表示底数，可以为任意实数。

● power：必需。表示指数，底数按该指数次幂乘方。

实例解析

实例 95　求出任意数值的 3 次或多次幂

若要求任意数值的 3 次或多次幂，可以使用 **POWER** 函数来实现。

❶ 选中 **C2** 单元格，在公式编辑栏中输入公式：

`=POWER(A2,B2)`

按 **Enter** 键即可计算出底数为 0.5、指数为 2 的幂。

❷ 将鼠标指针指向 **C2** 单元格的右下角，待光标变成十字形状后，按住鼠标左键向下拖动进行公式填充，即可返回另外一组数值的幂，如图 2-106 所示。

	A	B	C	D
1	底数	指数	幂	
2	0.5	2	0.25	
3	2	6	64	
4	10	8	100000000	

C2 · fx =POWER(A2,B2)

图 2-106

函数 54：LN 函数

函数功能

LN 函数用于返回一个数的自然对数。自然对数以常数 e（2.71828182845904）为底。

函数语法

LN(number)

参数解释

number：必需。表示想要计算其自然对数的正实数。

实例解析

实例 96　求任意正数的自然对数值

如果需要求解任意正数的自然对数值，可以使用 LN 函数来实现。

❶ 选中 **B2** 单元格，在公式编辑栏中输入公式：

=LN(A2)

按 **Enter** 键即可求出"1"的对数值。

❷ 将鼠标指针指向 **B2** 单元格的右下角，待光标变成十字形状后，按住鼠标左键向下拖动进行公式填充，即可快速求出其他数值的对数值，如图 **2-107** 所示。

	A	B	C
1	正数	对数值	
2	1	0	
3	5	1.609437912	
4	10	2.302585093	

B2 · fx =LN(A2)

图 2-107

函数 55：LOG 函数

函数功能

LOG 函数是按所指定的底数，返回这个数的对数。

函数语法

LOG(number, [base])

参数解释

- number：必需。表示想要计算其对数的正实数。
- base：可选。表示对数的底数。如果省略底数，默认其值为 10。

实例解析

实例 97　求指定真数和底数的对数值

如果需要求解表格中的任意真数和底数的对数值，可以使用 LOG 函数来实现。

❶ 选中 C2 单元格，在公式编辑栏中输入公式：

    =LOG(A2,B2)

按 **Enter** 键即可求出以 2 为底数、真数为 "**2**" 的对数值。

❷ 将鼠标指针指向 C2 单元格的右下角，待光标变成十字形状后，按住鼠标左键向下拖动进行公式填充，即可求出其他指定真数和底数的对数值，如图 2-108 所示。

	A	B	C
		C2 ▼ : × ✓ fx =LOG(A2,B2)	
1	真数	底数	对数值
2	2	2	1
3	5	3	1.464973521
4	10	6	1.285097209

图 2-108

函数 56：LOG10 函数

函数功能

LOG10 函数用于返回以 10 为底的对数。

函数语法

LOG10(number)

参数解释

number：必需。表示要计算其常用对数的正实数，即真数。

实例解析

实例 98　求任意真数的以 10 为底数的对数值

若求任意真数以 10 为底数的对数值，可以使用 LOG10 函数来实现。

❶ 选中 B2 单元格，在公式编辑栏中输入公式：

    =LOG10(A2)

按 **Enter** 键即可求出以 10 为底数、真数为 "**2**" 的对数值。

❷ 将鼠标指针指向 B2 单元格的右下角，待光标变成十字形状后，按住鼠标左键向下拖动进行公式填充，即可求出以 10 为底的其他真数的对数值，如图 2-109 所示。

B2		⋮	✕	✓	f_x	=LOG10(A2)

	A	B	C
1	真数	对数值	
2	2	0.301029996	
3	5	0.698970004	
4	10	1	

图 2-109

函数 57：SERIESSUM 函数

函数功能

许多函数可由幂级数展开式近似地得到。

函数语法

SERIESSUM(x, n, m, coefficients)

参数解释

- x：必需。表示幂级数的输入值。
- n：必需。表示 x 的首项乘幂。
- m：必需。表示级数中每一项的乘幂 n 的步长增加值。
- coefficients：必需。表示一系列与 x 各级乘幂相乘的系数。coefficients 值的数目决定了幂级数的项数。例如，如果 coefficients 中有 3 个值，则幂级数将有 3 项。

实例解析

实例 99 指定数值、首项乘幂、增加值和系数，求幂级数之和

如果指定了数值、首项乘幂、增加值和系数，求幂级数之和，可以使用 SERIESSUM 函数来实现。

❶ 选中 E2 单元格，在公式编辑栏中输入公式：

```
=SERIESSUM(A2,B2,C2,B2:D2)
```

按 **Enter** 键即可求出指定数值、首项乘幂、增加值和系数的幂级数之和。

❷ 将鼠标指针指向 E2 单元格的右下角，待光标变成十字形状后，按住鼠标左键向下拖动进行公式填充，即可求出其他指定数值、首项乘幂、增加值和系数的幂级数之和，如图 2-110 所示。

| E2 | | : | × | ✓ | fx | =SERIESSUM(A2,B2,C2,B2:D2) |

▲	A	B	C	D	E	F
1	数值	首项乘幂	增加值	系数	幂级数之和	
2	1	1	0.5	3	4.5	
3	5	2	3	4	1571925	
4	10	2	1	4	41200	

图 2-110

函数 58：FACT 函数

函数功能

FACT 函数用于返回数字的阶乘，一个数的阶乘等于 $1 \times 2 \times 3 \times \cdots \times$ 该数。

函数语法

FACT(number)

参数解释

number：必需。表示要计算其阶乘的非负数。如果 number 不是整数，则截尾取整。

实例解析

实例 100   求任意数值的阶乘

若求某数值的阶乘，可以使用 **FACT** 函数来实现。

❶ 选中 **B2** 单元格，在公式编辑栏中输入公式：

`=FACT(A2)`

按 **Enter** 键即可求出指定数值的阶乘。

❷ 将鼠标指针指向 **B2** 单元格的右下角，待光标变成十字形状后，按住鼠标左键向下拖动进行公式填充，即可返回另外两组数值的阶乘，如图 **2-111** 所示。

| B2 | | : | × | ✓ | fx | =FACT(A2) |

▲	A	B	C
1	数值	阶乘	
2	1	1	
3	5	120	
4	8	40320	

图 2-111

函数 59：FACTDOUBLE 函数

函数功能

FACTDOUBLE 函数用于返回数字的双倍阶乘，如果参数 number 为偶数，则：$n!!=n(n-2)(n-4)\cdots(4)(2)$，如果参数 number 为奇数，则：$n!!=n(n-2)(n-4)\cdots(3)(1)$。

● **函数语法**

FACTDOUBLE(number)

● **参数解释**

number：必需。表示要计算其双倍阶乘的数值。如果 number 不是整数，则截尾取整。

● **实例解析**

实例 101 求任意数值的双倍阶乘

❶ 选中 **B2** 单元格，在公式编辑栏中输入公式：

=FACTDOUBLE(A2)

按 **Enter** 键即可求出第一个数值的双倍阶乘。

❷ 将鼠标指针指向 **B2** 单元格的右下角，待光标变成十字形状后，按住鼠标左键向下拖动进行公式填充，即可求出其他指定数值的双倍阶乘，如图 **2-112** 所示。

B2	▼	⋮	✕ ✓ fx	=FACTDOUBLE(A2)

◢	A	B	C	D
1	数值	双倍阶乘		
2	3	3		
3	1.5	1		
4	10	3840		

图 2-112

提示

如果参数 number 为非数值型，FACTDOUBLE 函数返回错误值"#VALUE!"；如果参数 number 为负值，FACTDOUBLE 函数返回错误值"#NUM!"。

第3章 文本函数

3.1 文本查找、提取的实例

函数1：MID 函数（从任意位置提取指定数目的字符）

函数功能

MID 函数用于返回文本字符串中从指定位置开始的特定数目的字符，该数目由参数指定。

函数语法

MID(text, start_num, num_chars)

参数解释

- text：必需。表示包含要提取字符的文本字符串。
- start_num：必需。表示文本中要提取的第一个字符的位置。文本中第一个字符的 start_num 为 1，以此类推。
- num_chars：必需。表示指定希望 MID 从文本中返回字符的个数。

用法剖析

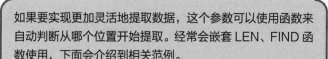

＝MID(❶在哪里提取，❷指定提取位置，❸提取的字符数量)

> 如果要实现更加灵活地提取数据，这个参数可以使用函数来自动判断从哪个位置开始提取。经常会嵌套 LEN、FIND 函数使用，下面会介绍到相关范例。

实例解析

实例 102　从规格数据中提取部分数据

表格的规格数据包含产品的厚度信息（见图 3-1），现在需要要将厚度数据批量地提取出来。

	A	B
1	规格	价格
2	LPE-W12-2.2cm	55
3	LPE-W12-2.4cm	62
4	LPE-W12-2.6cm	69
5	LPE-W12-2.8cm	76
6	LPE-W12-3.0cm	83
7	LPE-W12-3.2cm	90
8	LPE-W12-3.4cm	97
9	LPE-W12-3.6cm	104
10	LPE-W12-3.8cm	111

图 3-1

❶ 在原 B 列前插入一个新列用于显示提取的 "厚度" 数据，选中 B2 单元格，在公式编辑栏中输入公式：

`=MID(A2,9,3)`

按 **Enter** 键得出结果。

❷ 选中 B2 单元格，拖动右下角的填充柄向下复制公式，即可从 A 列数据中批量得出产品的厚度数据，如图 **3-2** 所示。

B2	▼	:	×	✓	fx	=MID(A2,9,3)

	A	B	C	D
1	规格	厚度（cm）	价格	
2	LPE-W12-2.2cm	2.2	55	
3	LPE-W12-2.4cm	2.4	62	
4	LPE-W12-2.6cm	2.6	69	
5	LPE-W12-2.8cm	2.8	76	
6	LPE-W12-3.0cm	3.0	83	
7	LPE-W12-3.2cm	3.2	90	
8	LPE-W12-3.4cm	3.4	97	
9	LPE-W12-3.6cm	3.6	104	
10	LPE-W12-3.8cm	3.8	111	

图 3-2

📖 **公式解析**

=MID(A2,9,3)

A2 为目标单元格，即从 A2 单元格中的字符串提取，从第 9 位开始提取，并提取 3 位字符。

实例 103　根据身份证号码快速计算年龄

表格中显示了员工的身份证号码，要求根据身份证号码快速计算出员工的年龄。要完成这项计算，需要先从身份证号码中提取出生年份，然后计算当前年份与出生年份的差值即为年龄。

❶ 选中 **C2** 单元格，在公式编辑栏中输入公式：

`=YEAR(TODAY())-MID(B2,7,4)`

按 **Enter** 键计算出第一位员工的年龄。

❷ 选中 **C2** 单元格，拖动右下角的填充柄向下复制公式，即可根据 **B** 列中

的身份证号码快速计算各自的年龄，如图 3-3 所示。

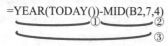

	A	B	C	D
1	姓名	身份证号码	年龄	
2	张佳佳	340123199007210123	28	
3	韩心怡	341173198709135644	31	
4	王淑芬	341131199790927092	21	
5	徐明明	325120198706307114	31	
6	周志清	342621198801107242	30	
7	吴恩思	317141199000250171	28	
8	夏铭博	328120199201140253	26	
9	陈新明	341231199061230453	28	

图 3-3

公式解析

=YEAR(TODAY())-MID(B2,7,4)

① 先使用 TODAY 函数返回当前日期，再使用 YEAR 函数返回当前日期中的年份值。

② 从 B2 单元格的第 7 位开始共提取 4 个字符，即提取的是出生年份。

③ 用当前的年份减去出生年份即为年龄。

实例 104　从身份证号码中提取性别

身份证号码中包含有持证人的性别信息，即第 **17** 位如果是奇数，性别为"男"，如果是偶数，性别为"女"。可以使用 MID 函数实现提取然后再配合 MOD 函与 IF 函数实现判断。

❶ 选中 **C2** 单元格，在公式编辑栏中输入公式：

```
=IF(MOD(MID(B2,17,1),2)=1,"男","女")
```

按 **Enter** 键即可从身份证号码中获取第一位员工的性别信息。

❷ 将鼠标指针指向 **C2** 单元格的右下角，待光标变成十字形状后，按住鼠标左键向下拖动进行公式填充，即可从员工身份证号码中获取所有员工的性别信息，如图 **3-4** 所示。

	A	B	C	D
1	姓名	身份证号码	性别	
2	邹凯	342501198809052431	男	
3	李智云	342501198506140282	女	
4	刘琴	342501198007221481	女	
5	施娜娜	342501198905135222	女	
6	金城	342501197902225711	男	
7	苏运城	342501198309127537	男	

图 3-4

嵌套函数

MOD 函数属于数学函数类型，用于求两个数值相除后的余数。

公式解析

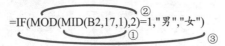

=IF(MOD(MID(B2,17,1),2)=1,"男","女")

① 提取 B2 单元格字符串的第 17 位。

② 计算步骤①中提取的值与 2 相除的余数。

③ 如果②步结果等于"1"（表示不能整除），则返回性别"男"，否则返回性别"女"。

实例 105　提取产品的货号

表格中提供了产品的完整编码，完整编码中间部分为产品的货号（见图 3-5 B 列所示），现在要将货号单独提取出来。

	A	B	C	D
1	序号	完整编码	品牌	
2	001	明妮-MY435-M	明妮	
3	002	明妮-MY231-M	明妮	
4	003	欧曼亚-PQ681-L	欧曼亚	
5	004	欧曼亚-PQ681-XL	欧曼亚	
6	005	欧曼亚-PQ681-L	欧曼亚	
7	006	堡轩士-MY884-XL	堡轩士	
8	007	堡轩士-MY431-M	堡轩士	
9	008	静影-MY435-XL	静影	

图 3-5

❶ 选中 D2 单元格，在公式编辑栏中输入公式：

=MID(B2,FIND("-",B2)+1,5)

按 **Enter** 键得出提取结果。

❷ 选中 D2 单元格，拖动右下角的填充柄向下复制公式，即可批量提取货号，如图 3-6 所示。

| D2 | | ▼ | : | × | ✓ | *fx* | =MID(B2,FIND("-",B2)+1,5) |

	A	B	C	D	E
1	序号	完整编码	品牌	货号	
2	001	明妮-MY435-M	明妮	MY435	
3	002	明妮-MY231-M	明妮	MY231	
4	003	欧曼亚-PQ681-L	欧曼亚	PQ681	
5	004	欧曼亚-PQ681-XL	欧曼亚	PQ681	
6	005	欧曼亚-PQ681-L	欧曼亚	PQ681	
7	006	堡轩士-MY884-XL	堡轩士	MY884	
8	007	堡轩士-MY431-M	堡轩士	MY431	
9	008	静影-MY435-XL	静影	MY435	

图 3-6

嵌套函数

FIND 函数属于文本函数类型。它用于在第二个文本串中定位第一个文本串，并返回第一个文本串的起始位置的值。这个函数在本小节中即将做出介绍。

公式解析

=MID(B2,FIND("-",B2)+1,5)
①
②

① 在 B2 单元格中找"-"符号所在位置。

② 在 B2 单元格中提取字符，提取的起始位置为①步返回值加 1，提取的总位数为 5。

提示

与 MID 用法类似的还有 MIDB。MIDB 函数根据指定的字节数，返回文本字符串中从指定位置开始的特定数目的字符。因此 MID 是按字符数计算的，而 MIDB 是按字节数计算的。一个字符等于两个字节。

函数 2：LEFT 函数（按指定字符数从最左侧提取字符串）

函数功能

LEFT 函数用于从文本左侧开始提取指定个数的字符。

函数语法

LEFT(text, [num_chars])

参数解释

● text：必需。表示包含要提取的字符的文本字符串。

● num_chars：可选。指定要由 LEFT 提取的字符的数量。

用法剖析

=LEFT(❶在哪里提取，❷提取的字符数量)

如果要提取的字符串在左侧，并且要提取的字符宽度一致，可以直接使用 LEFT 函数提取。如果提取的宽度不一样，则需要配合其他函数来返回第二个参数（下面会有实例介绍）。

实例 106　提取分部名称

如果要提取的字符串在左侧，并且要提取的字符宽度一致，可以直接使用 LEFT 函数提取。

❶ 选中 D2 单元格，在公式编辑栏中输入公式（见图 3-7）：
```
=LEFT(B2,5)
```
按 **Enter** 键即可提取 B2 单元格中字符串的前 5 个字符。

❷ 选中 D2 单元格，拖动右下角的填充柄向下复制公式，可以实现批量提取，如图 3-7 所示。

	A	B	C	D
1	姓名	部门	销售额(万元)	分部名称
2	王华均	凌华分公司1部	5.62	凌华分公司
3	李成杰	凌华分公司1部	8.91	凌华分公司
4	夏正霖	凌华分公司2部	5.61	凌华分公司
5	孙悦	枣庄分公司1部	4.68	枣庄分公司
6	徐梓瑞	枣庄分公司2部	4.25	枣庄分公司
7	许宸浩	枣庄分公司2部	5.97	枣庄分公司
8	王硕彦	花冲分公司1部	8.82	花冲分公司
9	姜美	花冲分公司2部	3.64	花冲分公司

（D2 单元格公式：=LEFT(B2,5)）

图 3-7

实例 107　从商品全称中提取产地信息

表格的 B 列中显示了特产的名称（见图 3-8），要求从特产名称中提取该特产的产地信息。

	A	B	C
1	编号	特产名称	
2	001	河北承德 山楂	
3	002	安徽省寿县 八公山豆腐	
4	003	江苏常熟 山前豆腐干	
5	004	徐洲丰县 红富士苹果	
6	005	山东 大枣	
7	006	福建 荔枝	
8	007	北京 鸭梨	
9	008	江西省南丰 蜜橘	
10	009	山东省烟台 苹果	
11	010	浙江黄岩 密桔	

图 3-8

❶ 选中 C2 单元格，在公式编辑栏中输入公式：
```
=LEFT(B2,(FIND(" ",B2)-1))
```
按 **Enter** 键得出提取结果。

❷ 选中 C2 单元格，拖动右下角的填充柄向下复制公式，即可批量得出其他各特产的产地信息，如图 3-9 所示。

| | C2 | | ▼ | | × | ✓ | fx | =LEFT(B2,(FIND(" ",B2)-1)) | |

▲	A	B	C	D
1	编号	特产名称	产地	
2	001	河北承德 山楂	河北承德	
3	002	安徽省寿县 八公山豆腐	安徽省寿县	
4	003	江苏常熟 山前豆腐干	江苏常熟	
5	004	徐洲丰县 红富士苹果	徐洲丰县	
6	005	山东 大枣	山东	
7	006	福建 荔枝	福建	
8	007	北京 鸭梨	北京	
9	008	江西省南丰 蜜橘	江西省南丰	
10	009	山东省烟台 苹果	山东省烟台	
11	010	浙江黄岩 密桔	浙江黄岩	

图 3-9

嵌套函数

FIND 函数属于文本函数类型。它用于在第二个文本串中定位第一个文本串，并返回第一个文本串的起始位置的值。这个函数即将在下面内容中介绍。

公式解析

=LEFT(B2,(FIND(" ",B2)-1))
① ②

① 在 B2 单元格中寻找空格，并返回其位置。

② 从 B2 单元格的最左侧开始提取，提取数量为①步返回值减去 1，即提取空格前的字符串。

实例 108　根据商品的名称进行一次性调价

表格中统计了公司各种产品的价格，需要将打印机的价格都上调 200 元，其他产品统一上调 100 元。

❶ 选中 D2 单元格，在公式编辑栏中输入公式（见图 3-10）：

=IF(LEFT(A2,3)="打印机",C2+200,C2+100)

按 **Enter** 键即可判断 A1 单元格中的产品名称是否是打印机，然后按指定规则进行调价，如图 3-10 所示。

| | D2 | | ▼ | | × | ✓ | fx | =IF(LEFT(A2,3)="打印机",C2+200,C2+100) | |

▲	A	B	C	D	E	F
1	产品名称	颜色	原价	调价		
2	打印机TM0241	黑色	998	1198		
3	传真机HHL0475	白色	1080			
4	扫描仪HHT02453	白色	900			
5	打印机HHT02476	黑色	500			
6	打印机HT02491	黑色	2590			
7	传真机YDM0342	白色	500			
8	扫描仪WM0014	黑色	400			

图 3-10

❷ 选中 D2 单元格，拖动右下角的填充柄向下复制公式，可以实现批量判断并进行调价，如图 3-11 所示。

	A	B	C	D
1	产品名称	颜色	原价	调价
2	打印机TM0241	黑色	998	1198
3	传真机HHL0475	白色	1080	1180
4	扫描仪HHT02453	白色	900	1000
5	打印机HHT02476	黑色	500	700
6	打印机HT02491	黑色	2590	2790
7	传真机YDM0342	白色	500	600
8	扫描仪WM0014	黑色	400	500

图 3-11

📖 公式解析

=IF(LEFT(A2,3)="打印机",C2+200,C2+100)

① 从 A2 单元格的左侧提取，共提取 3 个字符。

② 如果①步返回结果是 TRUE，返回"C2+200";否则返回"C2+100"。

实例 109　统计出各个地区分公司的参会人数

A 列为所属地区和公司名称，并使用了 "-" 符号将地区和分公司相连接，B 列为参加会议的人数统计。利用 LEFT 函数可以统计出各个地区分公司参加会议的总人数。

❶ 选中 E2 单元格，在公式编辑栏中输入公式：

=SUM((LEFT($A$2:$A$8,2)=D2)*$B$2:$B$8)

按 **Ctrl+Shift+Enter** 组合键即可统计出"安徽"地区的参会人数，如图 3-12 所示。

E2	▼	:	×	✓	fx	{=SUM((LEFT($A$2:$A$8,2)=D2)*$B$2:$B$8)}

	A	B	C	D	E	F
1	地区-分公司	参会人数		地址	总人数	
2	安徽-云凯置业	10		安徽	45	
3	北京-千惠广业	5		上海		
4	安徽-朗文置业	13		北京		
5	上海-骏捷广业	3				
6	北京-富源置业	9				
7	北京-景泰广业	11				
8	安徽-群发广业	22				

图 3-12

❷ 选中 E2 单元格，拖动右下角的填充柄至 E4 单元格，可以统计出"上海"和"北京"的参会人数。例如选中 E3 单元格，其公式为：

```
=SUM((LEFT($A$2:$A$8,2)=D3)*$B$2:$B$8)
```

如图 3-13 所示。

E3	▼ : × ✓ fx	{=SUM((LEFT($A$2:$A$8,2)=D3)*$B$2:$B$8)}			
▲	A	B	C	D	E	F
1	地区-分公司	参会人数		地址	总人数	
2	安徽-云凯置业	10		安徽	45	
3	北京-千惠广业	5		上海	3	
4	安徽-朗文置业	13		北京	25	
5	上海-骏捷广业	3				
6	北京-富源置业	9				
7	北京-景泰广业	11				
8	安徽-群发广业	22				

图 3-13

📖 **公式解析**

=SUM((LEFT($A$2:$A$8,2)=D2)*$B$2:$B$8)
　　　　　　①　　　　　　　　　②

① 使用 LEFT 函数依次提取 A2:A8 单元格区域的前两个字符，并判断它们是否为 D2 中指定的"安徽"（当公式向下复制时则依次判断是否等于"上海"和"北京"），如果是则返回 TRUE，否则返回 FALSE。返回的是一个数组。

② 将步骤①数组中 TRUE 值对应在 B2:B8 单元格区域中的数值取出，然后对取出的值进行求和运算。

🐄 **提示**

与 LEFT 用法类似的还有 LEFTB。LEFTB 函数是从文本左侧开始提取指定个数的字节。因此 LEFT 是按字符数计算的，而 LEFTB 是按字节数计算的。

函数 3：RIGHT 函数（按指定字符数从最右侧提取字符串）

函数功能

RIGHT 函数根据所指定的字符数返回文本字符串中最后一个或多个字符。

函数语法

RIGHT(text,[num_chars])

参数解释

- text：必需。表示包含要提取字符的文本字符串。
- num_chars：可选。指定了要由 RIGHT 提取的字符的数量。

实例 110 提取商品的产地

如果要提取字符串在右侧，并且要提取的字符宽度一致，可以直接使用 RIGHT 函数提取。例如在下面的表格要从商品全称中提取产地。

❶ 选中 D2 单元格，在公式编辑栏中输入公式（见图 3-14）：
=RIGHT(B2,4)

按 Enter 键即可提取 B2 单元格中字符串的最后 4 个字符，即产地信息。

❷ 选中 D2 单元格，拖动右下角的填充柄向下复制公式，可以实现批量提取，如图 3-14 所示。

	A	B	C	D
1	商品编码	商品全称	库存数量	产地
2	TM0241	紫檀（印度）	23	（印度）
3	HHL0475	黄花梨（海南）	45	（海南）
4	HHT02453	黑黄檀（东非）	24	（东非）
5	HHT02476	黑黄檀（巴西）	27	（巴西）
6	HT02491	黄檀（非洲）	41	（非洲）

D2 · fx =RIGHT(B2,4)

图 3-14

实例 111 从字符串中提取金额数据

如果要提取的字符串虽然是从最右侧开始，但长度不一，则无法直接使用 RIGHT 函数提取，此时需要配合其他的函数来确定提取的长度。如图 3-15 所示表格中，由于"燃油附加费"填写方式不规则，导致无法计算总费用，此时可以使用 RIGHT 函数实现对燃油附加费金额的提取，然后再进行计算。

	A	B	C	D
1	城市	配送费	燃油附加费	总费用
2	北京	500	燃油附加费45.5	#VALUE!
3	上海	420	燃油附加费29.8	#VALUE!
4	青岛	400	燃油附加费30	#VALUE!
5	南京	380	燃油附加费32	#VALUE!
6	杭州	380	燃油附加费42.5	#VALUE!
7	福州	440	燃油附加费32	#VALUE!
8	芜湖	350	燃油附加费38.8	#VALUE!

D2 · fx =B2+C2

图 3-15

❶ 选中 D2 单元格，在公式编辑栏中输入公式（见图 3-16）：
=B2+RIGHT(C2,LEN(C2)-5)

按 **Enter** 键即可提取 C2 单元格中金额数据，并实现总费用的计算。

❷ 选中 D2 单元格，拖动右下角的填充柄向下复制公式，可以实现批量提取，如图 3-16 所示。

| D2 | ▼ | ⋮ | × | ✓ | *fx* | =B2+RIGHT(C2,LEN(C2)-5) |

▲	A	B	C	D
1	城市	配送费	燃油附加费	总费用
2	北京	500	燃油附加费45.5	545.5
3	上海	420	燃油附加费29.8	449.8
4	青岛	400	燃油附加费30	430
5	南京	380	燃油附加费32	412
6	杭州	380	燃油附加费42.5	422.5
7	福州	440	燃油附加费32	472
8	芜湖	350	燃油附加费38.8	388.8

图 3-16

📖 公式解析

=B2+RIGHT(C2,LEN(C2)-5)

① 使用 LEN 函数求取 C2 单元格中字符串的总长度，减 5 处理是因为"燃油附加费"共 5 个字符，减去后的值为去除"燃油附加费"文字后剩下的字符数。

② 从 C2 单元格中字符串的最右侧开始提取，提取的字符数是①步返回结果。

🐝 提示

与 RIGHT 用法类似的还有 RIGHTB。RIGHTB 函数是从文本右侧开始提取指定个数的字节。因此 RIGHT 是按字符数计算的，而 RIGHTB 是按字节数计算的。

函数4：SEARCH 函数（查找字符串的起始位置）

函数功能

SEARCH 函数可在第二个文本字符串中查找第一个文本字符串，并返回第一个文本字符串的起始位置的编号，该编号从第二个文本字符串的第一个字符算起。

函数语法

SEARCH(find_text,within_text,[start_num])

参数解释

● find_text：必需。表示要查找的文本。

● within_text：必需。表示要在其中搜索 find_text 参数的值的文本。

● start_num：可选。表示 within_text 参数中开始搜索的字符编号。

用法剖析

= SEARCH ("VO", A1)

在 A1 单元格中查找"VO"，并返回其在 A1 单元格中的起始位置。如果在文本中找不到结果，返回#VALUE! 错误值。

提示

SEARCH 和 FIND 函数的区别主要有两点：

1. FIND 函数区分大小写，而 SEARCH 函数不区分。

2. SEARCH 函数支持通配符，而 FIND 函数不支持。例如公式"=SEARCH("VO?",A2)"，返回的是以由"VO"开头的三个字符组成的字符串第一次出现的位置。

实例解析

实例 112　从货品名称中提取品牌名称

在本例 A 列中显示的是完整的货品名称，货品名称中包含有品牌信息，但每个品牌的字数不完全一样并且以空格与后面的文字间隔（见图 3-17），如果想要从货品名称中提取品牌信息，可以配合使用 SEARCH、LIFT 两个函数来设置公式。

▲	A	B	C
1	货品名称	数量	
2	途雅 汽车香水 车载座式香水	20	
3	卡莱饰 空气净化光触媒180ml1	22	
4	尼罗河 四季通用汽车坐垫	12	
5	康年宝 汽车香水夹	41	
6	五福金牛 全包围双层皮革丝圈	12	
7	北极绒 U型枕护颈枕	14	
8	五福金牛 迈畅全包围脚垫	21	
9	牧宝(MUBO) 冬季纯羊毛汽车坐垫	12	
10	洛克(ROCK) 车载手机支架	42	
11	牧宝(MUBO) 冬季纯羊毛汽车坐垫	20	

图 3-17

❶ 选中 C2 单元格，在公式编辑栏中输入公式：

`=LEFT(A2,SEARCH(" ",A2)-1)`

按 **Enter** 键即可提取 A2 单元格中货品名称中的品牌名称。

❷ 将鼠标指针指向 **C2** 单元格的右下角，待光标变成十字形状后，按住鼠标左键向下拖动进行公式填充，即可快速从其他货品名称中提取品牌名称，如

图 3-18 所示。

C2	:	× ✓ fx	=LEFT(A2,SEARCH(" ",A2)-1)	

	A	B	C	D
1	货品名称	数量	品牌名称	
2	途雅 汽车香水 车载座式香水	20	途雅	
3	卡莱饰 空气净化光触媒180ml	22	卡莱饰	
4	尼罗河 四季通用汽车坐垫	12	尼罗河	
5	康丰宝 汽车香水夹	41	康丰宝	
6	五福金牛 全包围双层皮革丝圈	12	五福金牛	
7	北极绒 U型枕护颈枕	14	北极绒	
8	五福金牛 迈畅全包围脚垫	21	五福金牛	
9	牧宝(MUBO) 冬季纯羊毛汽车坐垫	12	牧宝(MUBO)	
10	洛克(ROCK) 车载手机支架	42	洛克(ROCK)	
11	牧宝(MUBO) 冬季纯羊毛汽车坐垫	20	牧宝(MUBO)	

图 3-18

📖公式解析

① 在 A2 单元格中查找空格的位置，并返回位置值。

② 从 A2 单元格的最左侧开始提取，但取位数为①步返回值减 1，即提取空格前的字符。

📣提示

与 SEARCH 用法类似的还有 SEARCHB。SEARCHB 函数查找时是按字节进行计算的。

3.2 文本新旧替换的实例

函数 5：REPLACE 函数（替换文本字符串中的部分文本）

函数功能

REPLACE 函数使用其他文本字符串并根据所指定的字符数替换某文本字符串中的部分文本。无论默认语言设置如何，函数 REPLACE 始终将每个字符（不管是单字节还是双字节）按 1 计数。

函数语法

REPLACE(old_text, start_num, num_chars, new_text)

参数解释

● old_text：必需。表示要替换其部分字符的文本。

- start_num：必需。表示要用 new_text 替换的 old_text 中字符的位置。
- num_chars：必需。表示希望 REPLACE 使用 new_text 替换 old_text 中字符的个数。
- new_text：必需。表示将用于替换 old_text 中字符的文本。

用法剖析

=REPLACE（❶要替换的字符串，❷开始位置，❸替换个数，❹新文本）

> 在字符串中指定从哪个位置开始替换，并指定替换几个字符。

实例解析

实例 113　屏蔽中奖手机号码的后几位数

　　使用 REPLACE 函数可以实现屏蔽重要号码的后几位数，将其设置以"*"显示，以达到保护客户隐私的目的。
　　❶ 选中 C2 单元格，在公式编辑栏中输入公式：
```
=REPLACE(B2,8,4,"****")
```
按 **Enter** 键即可得到第一位客户的屏蔽号码。

　　❷ 将鼠标指针指向 C2 单元格的右下角，向下复制公式，即可快速得到其他客户屏蔽后的电话号码，如图 3-19 所示。

C2		▼	⋮	×	✓	f_x	=REPLACE(B2,8,4,"****")	
▲	A		B			C		D
1	姓名		手机号码			屏蔽号码		
2	邹凯		13958978542			1395897****		
3	李周海		13025647899			1302564****		
4	李琴		15955175423			1595517****		
5	施蕴涵		13159697463			1315969****		

图 3-19

公式解析

=REPLACE(B2,8,4,"****")

从 B2 单元格中的第 8 位开始，将剩下的后四位替换为"****"。

实例 114　快速更改产品名称的格式

　　下面表格的"品名规格"列的写法格式中使用了下画线，现在想批量替换为"*"号。
　　❶ 选中 C2 单元格，在公式编辑栏中输入公式：
```
=REPLACE(A2,5,1,"*")
```

按 **Enter** 键即可得到需要的显示格式，如图 **3-20** 所示。

❷ 将鼠标指针指向 **C2** 单元格的右下角，向下复制公式，即可实现格式的批量转换。

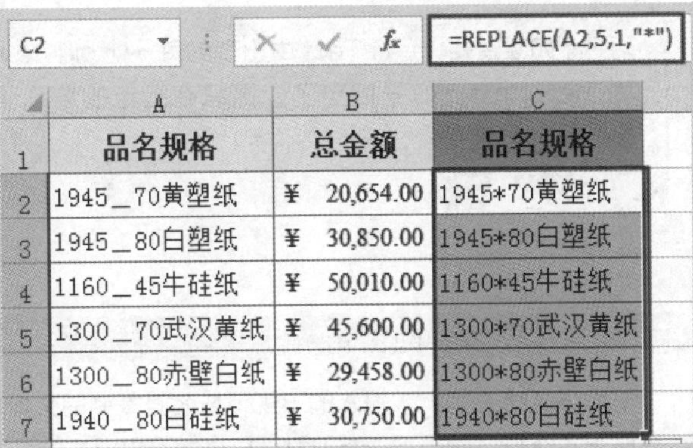

C2	▼ : × ✓ *fx*	=REPLACE(A2,5,1,"*")	
	A	B	C
1	品名规格	总金额	品名规格
2	1945_70黄塑纸	¥ 20,654.00	1945*70黄塑纸
3	1945_80白塑纸	¥ 30,850.00	1945*80白塑纸
4	1160_45牛硅纸	¥ 50,010.00	1160*45牛硅纸
5	1300_70武汉黄纸	¥ 45,600.00	1300*70武汉黄纸
6	1300_80赤壁白纸	¥ 29,458.00	1300*80赤壁白纸
7	1940_80白硅纸	¥ 30,750.00	1940*80白硅纸

图 3-20

📖 公式解析

=REPLACE (A2,5,1,"*")

使用 REPLACE 函数从第 5 位开始替换，共替换 1 个字节，替换为 "*" 符号。

📢 提示

与 REPLACE 用法类似的还有 REPLACEB。REPLACEB 函数查找时是按字节进行计算的。

函数 6：SUBSTITUTE 函数（用新文本替换旧文本）

函数功能

SUBSTITUTE 函数用于在文本字符串中用新文本替代旧文本。

函数语法

SUBSTITUTE(text,old_text,new_text,instance_num)

参数解释

● text：必需。表示需要替换其中字符的文本，或对含有文本的单元格的引用。

● old_text：必需。表示需要替换的旧文本。

● new_text：必需。用于替换 old_text 的新文本。

● instance_num：可选。用来指定要以 new_text 替换第几次出现的 old_text。如果指定了 instance_num，则只有满足要求的 old_text 被替换；否则会将 text 中出现的每一处 old_text 都更改为 new_text。

用法剖析

=SUBSTITUTE（❶要替换的文本，❷旧文本，❸新文本，❹第 N 个旧文本）

可选。如果省略，会将 Text 中出现的每一处 old_text 都更改为 new_text。如果指定了，则只有指定的第几次出现的 old_text 才被替换，其他的不换。

实例解析

实例 115　去除文本中多余的空格

如果表格中的文本输入的不规范或者是复制的文本，有时候会存在很多空格。使用 SUBSTITUTE 函数可以一次性删除其中的空格，得到结构紧凑的文本内容显示。

❶ 选中 **B2** 单元格，在公式编辑栏中输入公式：

```
=SUBSTITUTE(A2," ","")
```

按 **Enter** 键即可返回无空格文本显示。

❷ 将鼠标指针指向 B2 单元格的右下角，待光标变成十字形状后，按住鼠标左键向下拖动进行公式填充，即可完成所有空格的删除，并得到正确格式显示的文本，如图 3-21 所示。

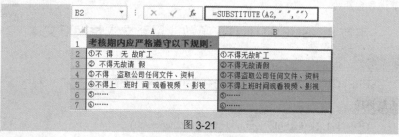

图 3-21

 提示

注意第一个参数双引号中有一个空格，第二个参数双引号中无内容。

实例 116　格式化公司名称

在 A 列中显示的是复合公司名称，包括公司地区、名称和代表人员。这里可以使用 SUBSTITUTE 函数实现将第二个"**-**"连接符更改为"**:**"，并删除第一个连接符。

❶ 选中 **B2** 单元格，在公式编辑栏中输入公式：

```
=SUBSTITUTE(REPLACE(A2,3,1,""),"-",":")
```

按 **Enter** 键即可替换 A2 单元格中的第二个连接符为 "**:**"。

❷ 将鼠标指针指向 B2 单元格的右下角，待光标变成十字形状后，按住鼠标左键向下拖动进行公式填充，即可完成所有连接符的替换和删除，如图 **3-22** 所示。

B2	▼	⋮	×	✓	fx	=SUBSTITUTE(REPLACE(A2,3,1,""),"-",":")		

▲	A	B	C	D
1	地区-公司-代表	公司名称		
2	安徽-云凯置业-曲云	安徽云凯置业:曲云		
3	北京-千惠广业-乔娜	北京千惠广业:乔娜		
4	安徽-朗文置业-胡明云	安徽朗文置业:胡明云		
5	上海-骏捷广业-李钦娜	上海骏捷广业:李钦娜		
6	北京-富源置业-杨倩	北京富源置业:杨倩		
7	北京-景泰广业-谢凯志	北京景泰广业:谢凯志		
8	安徽-群发广业-刘媛	安徽群发广业:刘媛		

图 3-22

📖**公式解析**

=SUBSTITUTE(REPLACE(A2,3,1,""),"-",":")
     ①   ②

① 使用 REPLACE 函数将 A2 单元格中的第一个 "-" 符号替换为空。
② 使用 SUBSTITUTE 函数将剩下的 "-" 符号替换为 ":"。

实例 117   **计算各项课程的实际参加人数**

如图 **3-23** 所示的表格中在统计各个舞种报名的学员时写成了 C 列中的数据。要求将实际人数统计出来。

▲	A	B	C
1	舞种	预订人数	报名学员
2	少儿中国舞	8	柯娜,廖菲,朱小丽,张伊琳,钟扬,胡杰,胡琦,高丽雯
3	少儿芭蕾舞	6	张兰,方嘉欣,徐紫沁,曾蕉蓓,张兰
4	少儿爵士舞	5	周伊伊,周芷娴,龚梦莹,侯娜
5	少儿踢踏舞	4	崔丽纯,毛杰,黄中洋,刘瑞

图 3-23

❶ 选中 D2 单元格，在公式编辑栏中输入公式：

  =LEN(C2)-LEN(SUBSTITUTE(C2,",",""))+1

按 **Enter** 键即可统计出 B2 单元格中最终报名人员的数量。

❷ 将鼠标指针指向 D2 单元格的右下角，待光标变成十字形状后，按住鼠标左键向下拖动进行公式填充，即可得到所有课程的实际人数，如图 **3-24** 所示。

	A	B	C	D
	D2	▼	: × ✓ fx	=LEN(C2)-LEN(SUBSTITUTE(C2,",",""))+1
1	舞种	预订人数	报名学员	实际人数
2	少儿中国舞	8	柯娜,廖菲,朱小丽,张伊琳,钟扬,胡杰,胡琦,高丽雯	8
3	少儿芭蕾舞	6	张兰,方嘉欣,徐紫沁,曾蕙蓓,张兰	5
4	少儿爵士舞	5	周伊伊,周芷姗,龚梦莹,侯娜	4
5	少儿踢踏舞	4	崔丽纯,毛杰,黄中洋,刘瑞	4

图 3-24

嵌套函数

LEN 函数属于文本函数类型，用于统计出给定文本字符串的字符数。

公式解析

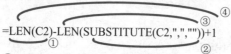

=LEN(C2)-LEN(SUBSTITUTE(C2,",",""))+1

① 统计 C2 单元格中字符串的长度。

② 将 C2 单元格中的逗号替换为空。

③ 统计取消了逗号后 C2 单元格中字符串的长度。

④ ①步结果与③步结果相减为逗号数量，逗号数量加 1 为姓名的数量。

提示

本例中巧妙运用了统计逗号数量的方法来变相统计人数，人数为逗号数量加 1。

实例 118　查找特定文本且将第一次出现的删除，其他保留

如图 3-25 所示，想将 B 列中的数据替换为 D 列中的形式，如果使用公式 "=SUBSTITUTE(B2,C2,)"，则替换后的结果如图 3-26 所示，达不到目的。

	A	B	C	D
1	名称	类别	编号	类别
2	武汉黄纸	04-CM111114-04	04	CM111114-04
3	武汉黄纸	19-CM111114-19	19	CM111114-19
4	赤壁白纸	42-CM111107-42	42	CM111107-42
5	赤壁白纸	44-CM111107-44	44	CM111107-44
6	黄塑纸	05-CA111116-05	05	CA111116-05
7	白塑纸	06-CA111116-06	06	CA111116-06
8	牛硅纸	07-SB111123-07	07	SB111123-07
9	白硅纸	03-CBA1112-03	03	CBA1112-03
10	黄硅纸	01-SB111120-01	01	SB111120-01

图 3-25

	A	B	C	D
1	名称	类别	编号	类别
2	武汉黄纸	04-CM111114-04	04	-CM111114-
3	武汉黄纸	19-CM111114-19	19	-CM111114-
4	赤壁白纸	42-CM111107-42	42	-CM111107-
5	赤壁白纸	44-CM111107-44	44	-CM111107-
6	黄塑纸	05-CA111116-05	05	-CA111116-
7	白塑纸	06-CA111116-06	06	-CA111116-
8	牛硅纸	07-SB111123-07	07	-SB111123-
9	白硅纸	03-CBA1112-03	03	-CBA1112-
10	黄硅纸	01-SB111120-01	01	-SB111120-

图 3-26

此时可以按如下方法来设置公式。

❶ 选中 D2 单元格，在公式编辑栏中输入公式：

　　=SUBSTITUTE(B2,C2&"-",,1)

按 Enter 键可以看到 B2 单元格中的数据只有第一个 "04" 被替换了，第二

个"**04**"被保留，如图 **3-27** 所示。

	A	B	C	D	E
1	名称	类别	编号	类别	
2	武汉黄纸	04-CM111114-04	04	CM111114-04	
3	武汉黄纸	19-CM111114-19	19		
4	赤壁白纸	42-CM111107-42	42		
5	赤壁白纸	44-CM111107-44	44		

图 3-27

❷ 选中 D2 单元格，拖动右下角的填充柄向下复制公式，即可实现批量替换。

公式解析

=SUBSTITUTE(B2,C2&"-",,1)

① 将 C2 中的字符与 "-" 相连接。

② 使用空白字符（两个逗号间无任何字符表示空白）替换①步的返回值，最后一个参数用来指定以新文本替换第几次出现的旧文本，即本例要求的只替换第一次出现的目标文本。

3.3　文本格式转换的实例

函数 7：ASC 函数（将全角字符转换为半角字符）

函数功能

ASC 函数将全角（双字节）字符转换成半角（单字节）字符。

函数语法

ASC(text)

参数解释

text：表示为文本或包含文本的单元格引用。如果文本中不包含任何全角字符，则文本不会更改。

实例解析

实例 119　修正全半角字符不统一导致数据无法统计问题

在如图 3-28 所示表格中，可以看到"中国舞"报名人数有两条记录，但使用 SUMIF 函数统计时只统计出总数为 **2**。

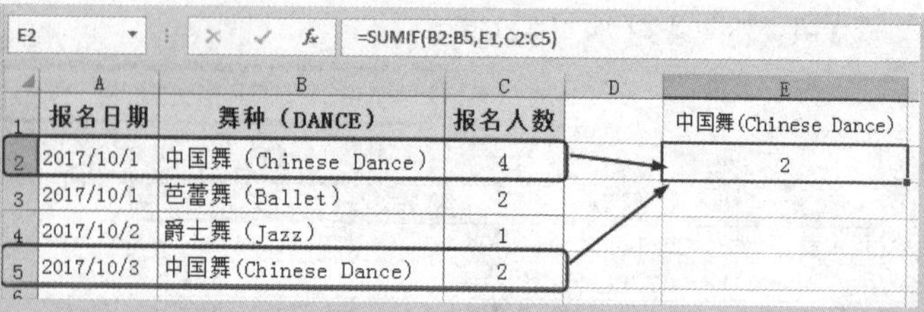

图 3-28

出现这种情况是因为 SUMIF 函数以"中国舞**(Chinese Dance)**"为查找对象，这其中的英文与字符是半角状态的，而 B 列中的英文与字符有半角的也有全角的，这就造成了当格式不匹配时就找不到了，所不被作为统计对象。这种时候就可以使用 ASC 函数先一次性将数据源中的字符格式统一起来，然后再进行数据统计。

❶ 选中 D2 单元格，在公式编辑栏中输入公式：

```
=ASC(B2)
```

按 **Enter** 键，然后向下复制 D2 单元格的公式进行批量转换，如图 3-29 所示。

图 3-29

❷ 选中 D 列中转换后的数据，按 **Ctrl+C** 组合键复制，然后再选中 B2 单元格，在"开始"选项卡的"剪贴板"组中单击"粘贴"下接按钮，在下拉列表中单击"值"按钮，实现数据的覆盖粘贴，如图 3-30 所示。

图 3-30

❸ 完成数据格式的重新修正后，可以看到 E2 单元格中可以得到正确的计算结果了，如图 3-31 所示。

	A	B	C	D	E
	报名日期	舞种（DANCE）	报名人数		中国舞(Chinese Dance)
1					
2	2017/10/1	中国舞(Chinese Dance)	4		6
3	2017/10/1	芭蕾舞(Ballet)	2		
4	2017/10/2	爵士舞(Jazz)	1		
5	2017/10/3	中国舞(Chinese Dance)	2		

E2 单元格 fx =SUMIF(B2:B5,E1,C2:C5)

图 3-31

函数 8：WIDECHAR 函数（将半角字符转换为全角字符）

函数功能

WIDECHAR 函数用于将字符串中的半角（单字节）字符转换为全角（双字节）字符。函数的名称及其转换的字符取决于读者的语言设置。对于日文，该函数将字符串中的半角（单字节）英文字母或片假名更改为全角（双字节）字符。

函数语法

WIDECHAR(text)

参数解释

text：必需。表示文本或对包含要更改文本的单元格的引用。如果文本中不包含任何半角英文字母或片假名，则文本不会更改。

实例 120　将半角字符转换为全角字符

此函数与 ASC 函数是相反函数，它用于将半角字符转换为全角字符。如果当前数据中的英文字母或字符全半角格式不一，为了方便查找与后期的数据分析，也可以事先一次性更改为全角格式，如图 3-32 所示。具体应用环境可同 ASC 函数。

	A	B	C	D
	报名日期	舞种（DANCE）	报名人数	
1				
2	2017/10/1	中国舞（Chinese Dance）	4	中国舞（Ｃｈｉｎｅｓｅ　Ｄａｎｃｅ）
3	2017/10/1	芭蕾舞(Ballet)	2	芭蕾舞（Ｂａｌｌｅｔ）
4	2017/10/2	爵士舞(Jazz)	1	爵士舞（Ｊａｚｚ）
5	2017/10/3	中国舞(Chinese Dance)	2	中国舞（Ｃｈｉｎｅｓｅ　Ｄａｎｃｅ）

D2 单元格 fx =WIDECHAR(B2)

图 3-32

函数 9：LOWER 函数（将文本转换为小写形式）

函数功能

LOWER 函数将一个文本字符串中的所有大写字母转换为小写字母。

函数语法

LOWER(text)

参数解释

text：必需。表示要转换为小写字母的文本。函数 LOWER 不改变文本中的非字母的字符。

实例解析

实例 121　将文本转换为小写形式

❶ 选中 **B1** 单元格，在公式编辑栏中输入公式：
```
=LOWER(A1)
```
按 **Enter** 键即可将对应的文本字符串转换为小写形式。

❷ 将鼠标指针指向 **B1** 单元格的右下角并向下进行公式复制，即可将其他文本字符串中的文本转换为小写形式，如图 3-33 所示。

	A	B	C
	舞种（DANCE）	舞种（dance）	报名人数
1			
2	中国舞（Chinese Dance）	中国舞（chinese dance）	12
3	芭蕾舞（Ballet）	芭蕾舞（ballet）	10
4	爵士舞（Jazz）	爵士舞（jazz）	10
5	踢踏舞（Tap dance）	踢踏舞（tap dance）	8

B1　｜　×　✓　fx　=LOWER(A1)

图 3-33

函数 10：UPPER 函数（将文本转换为大写形式）

函数功能

UPPER 函数用于将文本转换成大写形式。

函数语法

UPPER(text)

参数解释

text：必需。需要转换成大写形式的文本。text 可以为引用或文本字符串。

实例解析

实例 122　将文本转换为大写形式

使用 UPPER 函数可以将任意文本转换为大写形式。

❶ 选中 **B2** 单元格，在公式编辑栏中输入公式：
```
=UPPER(A2)
```
按 **Enter** 键即可将第一条文本字符串转换为大写形式。

❷ 将鼠标指针指向 B2 单元格的右下角，待光标变成十字形状后，按住鼠标左键向下拖动进行公式填充，即可将其他文本字符串中的文本转换为大写形式，如图 3-34 所示。

B2		⋮	×	✓	f_x	=UPPER(A2)

▲	A	B	C
1	星期	转换为大写	
2	Sunday	SUNDAY	
3	Monday	MONDAY	
4	Friday	FRIDAY	

图 3-34

函数 11：PROPER 函数（将文本字符串的首字母转换成大写）

函数功能

PROPER 函数将文本字符串的首字母及任何非字母字符之后的首字母转换成大写，并将其余的字母转换成小写。

函数语法

PROPER(text)

参数解释

text：必需。表示用引号括起来的文本、返回文本值的公式或是对包含文本（要进行部分大写转换）的单元格的引用。

实例解析

实例 123　将每个单词的首字母转换为大写形式

单个设置字母的大小写比较麻烦，使用 PROPER 函数可以实现在 Excel 中一次性将每个单词的首字母转换为大写。

❶ 选中 B2 单元格，在公式编辑栏中输入公式：

=PROPER(A2)

按 Enter 键即可将第一组文本字符串的所有首字母转换为大写形式。

❷ 将鼠标指针指向 B2 单元格的右下角，待光标变成十字形状后，按住鼠标左键向下拖动进行公式填充，即可将其他文本字符串中的首字母转换为大写形式，如图 3-35 所示。

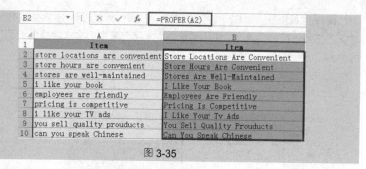

图 3-35

函数 12：DOLLAR 函数（四舍五入数值，并添加千分位符号和$符号）

函数功能

DOLLAR 函数依照货币格式，将小数四舍五入到指定的位数并转换成美元货币格式文本。使用的格式为 "($#,##0.00_);($#,##0.00)"。

函数语法

DOLLAR(number,decimals)

参数解释

- number：表示数字、包含数字的单元格引用或是计算结果为数字的公式。
- decimals：表示十进制数的小数位数。如果 decimals 为负数，则 number 在小数点左侧进行舍入。如果省略 decimals，则默认其值为 2。

实例解析

实例 124　**将销售金额转换为美元货币格式**

❶ 选中 C2 单元格，在公式编辑栏中输入公式：

=DOLLAR(B2)

按 **Enter** 键即可将销售额为"**4598**"的数字格式转换为$（美元）货币格式。

❷ 将鼠标指针指向 **C2** 单元格的右下角，待光标变成十字形状后，按住鼠标左键向下拖动进行公式填充，即可将其他数字格式的销售额转换为$（美元）货币格式，如图 3-36 所示。

	A	B	C
1	姓名	销售额	转换为$（美元）货币格式
2	邹凯	4598	$4,598.00
3	张智云	5598	$5,598.00
4	刘琴	4799	$4,799.00
5	施南南	12550	$12,550.00

图 3-36

函数 13: RMB 函数(四舍五入数值,并添加千分位符号和¥符号)

函数功能

RMB 函数依照货币格式将小数四舍五入到指定的位数并转换成文本。使用的格式为"(¥#,##0.00_);(¥#,##0.00)"。

函数语法

RMB(number, [decimals])

参数解释

- number: 必需。表示数字、对包含数字的单元格的引用或是计算结果为数字的公式。
- decimals: 可选。表示小数点右边的位数。如果 decimals 为负数,则 number 从小数点往左按相应位数四舍五入。如果省略 decimals,则默认其值为2。

实例 125 将销售额一次性转换为人民币格式

要求将 B 列中的销售金额都转换为 C 列中的带人民币符号的格式。

选中 C2 单元格,在公式编辑栏中输入公式:

=RMB(B2,2)

按 Enter 键得出转换后的结果,拖动 C2 单元格右下角的填充柄向下复制公式可批量转换,如图 3-37 所示。

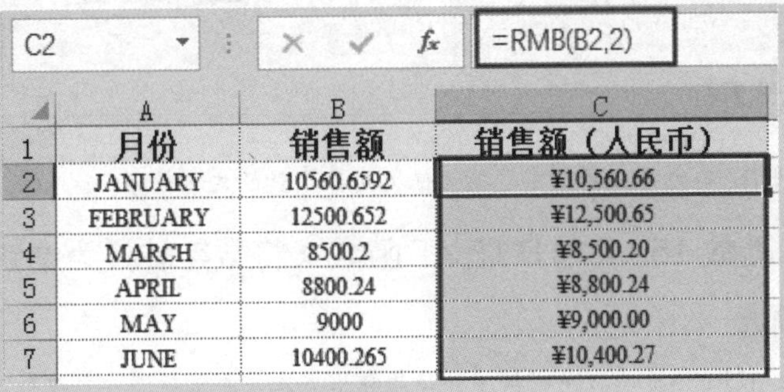

| C2 | | ▼ | : | × | ✓ | fx | =RMB(B2,2) |

	A	B	C
1	月份	销售额	销售额(人民币)
2	JANUARY	10560.6592	¥10,560.66
3	FEBRUARY	12500.652	¥12,500.65
4	MARCH	8500.2	¥8,500.20
5	APRIL	8800.24	¥8,800.24
6	MAY	9000	¥9,000.00
7	JUNE	10400.265	¥10,400.27

图 3-37

函数 14: FIXED 函数(将数字显示千分位符样式并转为文本)

函数功能

FIXED 函数将数字按指定的小数位数进行取整,利用句号和逗号,以小数格式对该数进行格式设置,并以文本形式返回结果。

函数语法

FIXED(number,decimals,no_commas)

参数解释

- number：表示要进行舍入并转换为文本的数字。
- decimals：表示十进制数的小数位数。
- no_commas：表示一个逻辑值，如果为 TRUE，则会禁止 FIXED 在返回的文本中包含逗号。

实例解析

实例 126　解决因四舍五入而造成的显示误差问题

财务人员在进行数据计算时，小金额的误差也是不允许的，为了避免因数据的四舍五入而造成金额误差，可以使用 FIXED 函数来避免小误差的出现，可以更好地提高工作效率。

选中 **D2** 单元格，在公式编辑栏中输入公式：

`=FIXED(B2,2)+FIXED(C2,2)`

按 **Enter** 键即可得到与显示相一致的计算结果，如图 3-38 所示。

D2	▼	:	× ✓ fx	=FIXED(B2,2)+FIXED(C2,2)
▲	A	B	C	D	E
1	序号	收入1	收入2	收入	
2	1	1068.48	1598.46	2666.94	
3	2	1347.66	1317.87	2665.53	
4	3	2341.58	1028.63	3370.21	

图 3-38

📖 公式解析

= FIXED(B2,2)

将 B2 单元格中的数字转换为保留两位小数的文本数字。

函数 15：BAHTTEXT 函数（将数字转换为泰铢）

函数功能

BAHTTEXT 函数是将数字转换为泰语文本并添加后缀"泰铢"。

函数语法

BAHTTEXT(number)

参数解释

number：表示要转换成文本的数字、对包含数字的单元格的引用或结果为数字的公式。

实例 127　将销售金额转换为 ฿（铢）货币格式文本

使用 **BAHTTEXT** 函数可以将表格中的数字转换为 ฿（铢）货币格式文本。

❶ 选中 **B2** 单元格，在公式编辑栏中输入公式：

```
=BAHTTEXT(A2)
```

按 **Enter** 键即可将销售额为"**3245**"的数字格式转换为 ฿（铢）货币格式。

❷ 将鼠标指针指向 **B2** 单元格的右下角，待光标变成十字形状后，按住鼠标左键向下拖动进行公式填充，即可将其他数字格式的销售额转换为 ฿（铢）货币格式，如图 **3-39** 所示。

B2	▼	：	×	✓	fx	=BAHTTEXT(A2)

	A	B
1	销售额	转换为 ฿（铢）货币格式
2	3245	สามพันสองร้อยสี่สิบห้าบาทถ้วน
3	2780	สองพันเจ็ดร้อยแปดสิบบาทถ้วน
4	4579	สี่พันห้าร้อยเจ็ดสิบเก้าบาทถ้วน
5	7700	เจ็ดพันเจ็ดร้อยบาทถ้วน

图 3-39

函数 16：TEXT 函数（设置数字格式并将其转换为文本）

函数功能

TEXT 函数将数值转换为按指定数字格式表示的文本。

函数语法

TEXT(value,format_text)

参数解释

- value：表示数值、计算结果为数字值的公式或对包含数字值的单元格的引用。
- format_text：作为用引号括起的文本字符串的数字格式。通过单击"设置单元格格式"对话框中的"数字"选项卡的"类别"框中的"数字""日期""时间""货币"或"自定义"并查看显示的格式，可以查看不同的数字格式。format_text 不能包含星号（*）。

实例解析

实例 128　返回值班日期对应在的星期数

表格是一份值班统计表，要求返回值班日期对应在的星期数。

❶ 选中 **C2** 单元格，在公式编辑栏中输入公式：

```
=TEXT(B2,"AAAA")
```

按 **Enter** 键得出结果。

❷ 选中 C2 单元格，拖动该单元格右下角的填充柄向下填充，可以得到其他值班人员的值班日期对应的星期数，如图 **3-40** 所示。

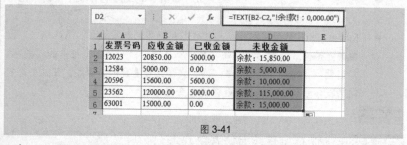

C2			× ✓	f_x	=TEXT(B2,"AAAA")	
	A	B		C		D
1	值班人员	值班时间		星期数		
2	蓝琳达	2016/5/1		星期日		
3	吴丹晨	2016/5/2		星期一		
4	柯娜	2016/5/3		星期二		
5	刘瑞	2016/5/10		星期二		
6	唐雨轩	2016/5/11		星期三		
7	苏曼	2016/5/12		星期四		
8	郑燕媚	2016/5/18		星期三		
9	邹瑞轩	2016/5/19		星期四		
10	刘力菲	2016/5/20		星期五		

图 3-40

📖**公式解析**

=TEXT(B2,"AAAA")

将 B2 单元格中的日期转换中文表示的星期。

实例 129　让计算得到金额显示为"余款：15,850.00"形式

在计算未收金额时，想让计算得到金额显示为"余款：**15,850.00**"形式。

❶ 选中 **D2** 单元格，在公式编辑栏中输入公式：

=TEXT(B2-C2,"!余!款!：0,000.00")

按 **Enter** 键得出结果。

❷ 选中 **D2** 单元格，拖动右下角的填充柄向下复制公式，即可按指定格式得到多项计算结果，如图 **3-41** 所示。

D2			× ✓	f_x	=TEXT(B2-C2,"!余!款!：0,000.00")	
	A	B	C	D		E
1	发票号码	应收金额	已收金额	未收金额		
2	12023	20850.00	5000.00	余款：15,850.00		
3	12584	5000.00	0.00	余款：5,000.00		
4	20596	15600.00	5600.00	余款：10,000.00		
5	23562	120000.00	5000.00	余款：115,000.00		
6	63001	15000.00	0.00	余款：15,000.00		
7						

图 3-41

📖**公式解析**

=TEXT(B2-C2,"!余!款!：0,000.00")

先求 B2 与 C2 单元格的差值，然后将差值转换为带千分位符并包含两位小数且前面带上中文字为"余款："的这种形式。

实例 130　按上下班时间计算加班时长并显示为 "*小时*分" 形式

如图 3-42 所示为一份加班人员的工作表，想统计加班人员的加班时长，如果直接将加班结束时间减去开始时间，得到的结果，如图 3-42 所示。现在想结果显示为 "*小时*分" 的形式，则可以使用 TEXT 函数来设置公式，具体操作步骤如下。

D2	▼ : × ✓ fx	=C2-B2		
▲	A	B	C	D	E
1	加班人员	开始时间	结束时间	加班时长	
2	刘雨晨	18:00	20:50	2:50	
3	李杰	18:30	21:10	2:40	
4	崔丽纯	19:30	20:00	0:30	
5	刘玲燕	19:40	20:30	0:50	
6	黄群群	20:00	20:30	0:30	
7	宋韵	20:20	21:30	1:10	
8	李海云	21:00	22:00	1:00	
9	章萱敏	21:00	23:00	2:00	
10	肖菲菲	22:00	0:00	2:00	

图 3-42

❶ 选中 D2 单元格，在公式编辑栏中输入公式：

=TEXT(C2-B2,"h 小时 m 分")

按 Enter 键得出结果。

❷ 选中 D2 单元格，拖动该单元格右下角的填充柄向下填充，可以得到批量结果，如图 3-43 所示。

D2	▼ : × ✓ fx	=TEXT(C2-B2,"h小时m分")		
▲	A	B	C	D	E
1	加班人员	开始时间	结束时间	加班时长	
2	刘雨晨	18:00	20:50	2小时50分	
3	李杰	18:30	21:10	2小时40分	
4	崔丽纯	19:30	20:40	1小时10分	
5	刘玲燕	19:40	20:50	1小时10分	
6	黄群群	20:00	21:30	1小时30分	
7	宋韵	20:20	21:30	1小时10分	
8	李海云	21:00	22:00	1小时0分	
9	章萱敏	21:00	23:00	2小时0分	
10	肖菲菲	22:00	0:00	2小时0分	

图 3-43

📖 **公式解析**

=TEXT(C2-B2,"h 小时 m 分")

先求 C2 与 B2 单元格中两个时间的差值，并将差值转换成 "2 小时 50 分" 的这种表示形式。

实例 131　解决日期计算返回日期序列号问题

如图 3-44 所示为一份产品清单，可以通过生产日期及保质期使用 EDATE 函数来计算到期日期，如果不使用 TEXT 函数，直接计算到期日期，返回的是时间序列号，如图 3-44 所示。如果想得到正确显示的日期，可以使用 TEXT 函数来进行转换，具体操作步骤如下。

	A	B	C	D	E
D2		×　✓　fx	=EDATE(B2,C2)		
1	序号	生产日期	保质期	到期日期	
2	1	2015/12/1	5	42491	
3	2	2015/12/22	6	42543	
4	3	2016/1/15	6	42566	
5	4	2016/2/1	8	42644	
6	5	2016/3/10	8	42684	
7	6	2016/3/21	6	42634	
8	7	2016/4/25	10	42791	
9	8	2016/5/10	10	42804	
10	9	2016/6/14	12	42900	
11	10	2016/6/27	12	42913	

图 3-44

❶ 选中 D2 单元格，在公式编辑栏中输入公式：

　　=TEXT(EDATE(B2,C2),"yyyy-mm-dd")

按 Enter 键得出结果。

❷ 选中 D2 单元格，拖动该单元格右下角的填充柄向下填充，可以得到批量结果，如图 3-45 所示。

	A	B	C	D	E	F
D2		×　✓　fx	=TEXT(EDATE(B2,C2),"yyyy-mm-dd")			
1	序号	生产日期	保质期	到期日期		
2	1	2015/12/1	5	2016-05-01		
3	2	2015/12/22	6	2016-06-22		
4	3	2016/1/15	6	2016-07-15		
5	4	2016/2/1	8	2016-10-01		
6	5	2016/3/10	8	2016-11-10		
7	6	2016/3/21	6	2016-09-21		
8	7	2016/4/25	10	2017-02-25		
9	8	2016/5/10	10	2017-03-10		
10	9	2016/6/14	12	2017-06-14		
11	10	2016/6/27	12	2017-06-27		

图 3-45

嵌套函数

EDATE 函数用于返回表示某个日期的序列号，该日期与指定日期（start-date）相隔（之前或之后）指示的月份数。

公式解析

=TEXT(EDATE(B2,C2),"yyyy-mm-dd")

①　　　　②

① 以 B2 单元格日期为开始日期，返回的日期是加上 C2 中给定月份数后的日期。

② 将①步返回的日期转换为"2016-05-01"的这种日期格式。

实例 132 让数据统一显示固定的位数

利用 TEXT 函数可以实现将长短不一数据显示为固定的位数，例如下图中在进行编码整理时希望将编码都显示为 6 位数(原编码长短不一)，不足 6 位的前面用 0 补齐，即把 A 列中的编码转换成 B 列中的形式，如图 3-46 所示，具体操作步骤如下。

	A	B	C
1	原编码	整理后编码	
2	101	000101	
3	5	000005	
4	1004	001004	
5	40	000040	
6	110	000110	
7	115	000115	
8	58	000058	
9	8	000008	
10	10	000010	

图 3-46

❶ 选中 B2 单元格，在公式编辑栏中输入公式：

=TEXT(A2,"000000")

按 Enter 键即可将 A2 单元格中的编码转换为 6 位数。

❷ 选中 B2 单元格，拖动该单元格右下角的填充柄向下填充，可以得到批量转换结果，如图 3-47 所示。

B2	▼	:	×	✓	fx	=TEXT(A2,"000000")

	A	B	C	D
1	原编码	整理后编码		
2	101	000101		
3	5	000005		
4	1004	001004		
5	40	000040		
6	110	000110		
7	115	000115		
8	58	000058		
9	8	000008		
10	10	000010		

图 3-47

📖 公式解析

=TEXT(A2,"000000")

A2 为要设置格式的对象。"000000"为数字设置格式的格式代码。

实例 133　让合并的日期显示正确格式

如图 3-48 所示，A 列中显示的是工单日期，如果直接合并，日期将被显示为序列号（从 D 列中可以看到）。

	A	B	C	D
				fx =A2&B2&C2
1	工单日期	地区	城市	合并
2	2018/11/5	河北	石家庄	43409河北石家庄
3	2018/11/5	山东	东营	43409山东东营
4	2018/11/7	河北	石家庄	43411河北石家庄
5	2018/11/7	山东	烟台	43411山东烟台
6	2018/11/10	河北	邢台	43414河北邢台
7	2018/11/15	山东	东营	43419山东东营
8	2018/11/17	山东	青岛	43421山东青岛
9	2018/11/17	山东	青岛	43421山东青岛
10	2018/11/24	河北	邢台	43428河北邢台
11	2018/11/25	吉林	长春	43429吉林长春

图 3-48

此时需要按如下实例来完成单元格数据的合并。

❶ 选中 D2 单元格，在公式编辑栏中输入公式：

`=TEXT(A2,"yyyy-m-d")&B2&C2`

按 **Enter** 键得出合并后的结果。

❷ 选中 D2 单元格，拖动该单元格右下角的填充柄向下填充，可以得到其他合并结果，如图 3-49 所示。

	A	B	C	D	E
D2				fx =TEXT(A2,"yyyy-m-d")&B2&C2	
1	工单日期	地区	城市	合并	
2	2018/11/5	河北	石家庄	2018-11-5河北石家庄	
3	2018/11/5	山东	东营	2018-11-5山东东营	
4	2018/11/7	河北	石家庄	2018-11-7河北石家庄	
5	2018/11/7	山东	烟台	2018-11-7山东烟台	
6	2018/11/10	河北	邢台	2018-11-10河北邢台	
7	2018/11/15	山东	东营	2018-11-15山东东营	
8	2018/11/17	山东	青岛	2018-11-17山东青岛	
9	2018/11/17	山东	青岛	2018-11-17山东青岛	
10	2018/11/24	河北	邢台	2018-11-24河北邢台	
11	2018/11/25	吉林	长春	2018-11-25吉林长春	

图 3-49

📖公式解析

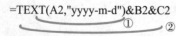

=TEXT(A2,"yyyy-m-d")&B2&C2

①将 A2 单元格中的数据转换为 "2018-11-5" 形式。
②将①步结果与 B2、C2 单元格的数据相连接。

函数 17：VALUE 函数（将文本数字转换成数值）

函数功能

VALUE 函数用于将代表数字的文本字符串转换成数字。

函数语法

VALUE(text)

参数解释

text：必需。表示带引号的文本，或对包含要转换文本的单元格的引用。

实例解析

实例 134　解决文本型数字无法计算的问题

在表格中计算总金额时，由于单元格的格式被设置成文本格式，从而导致总金额无法计算，如图 3-50 所示。

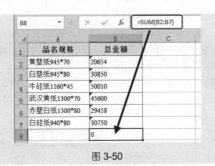

图 3-50

❶ 选中 C2 单元格，在公式编辑栏中输入公式：

```
=VALUE(B2)
```

按 **Enter** 键，然后向下复制 C2 单元格的公式即可实现将 B 列中的文本数字转换为数值数据，如图 3-51 所示。

❷ 转换后可以看到，再在 C8 单元格中使用公式进行求和运算时即可得到正确结果了，如图 3-52 所示。

C2	× ✓ fx	=VALUE(B2)	
	A	B	C
1	品名规格	总金额	
2	黄塑纸945*70	20654	20654
3	白塑纸945*80	30850	30850
4	牛硅纸1160*45	50010	50010
5	武汉黄纸1300*70	45600	45600
6	赤壁白纸1300*80	29458	29458
7	白硅纸940*80	30750	30750
8		0	

图 3-51

C8	× ✓ fx	=SUM(C2:C7)	
	A	B	C
1	品名规格	总金额	
2	黄塑纸945*70	20654	20654
3	白塑纸945*80	30850	30850
4	牛硅纸1160*45	50010	50010
5	武汉黄纸1300*70	45600	45600
6	赤壁白纸1300*80	29458	29458
7	白硅纸940*80	30750	30750
8		0	207322

图 3-52

函数 18：CHAR 函数

函数功能

CHAR 函数用于返回对应于数字代码的字符。函数 CHAR 可将其他类型的计算机文件中的代码转换为字符。

函数语法

CHAR(number)

参数解释

number：必需。表示 1～255 用于指定所需字符的数字。字符是该计算机所用字符集中的字符。

实例解析

实例 135　返回数字对应的字符代码

若要返回任意数字对应的字符代码，可以使用 CHAR 函数来实现。

❶ 选中 **B2** 单元格，在公式编辑栏中输入公式：

=CHAR(A2)

按 **Enter** 键即可返回数字"**100**"对应的字符代码。

❷ 将鼠标指针指向 **B2** 单元格的右下角，待光标变成十字形状后，按住鼠标左键向下拖动进行公式填充，即可得到其他数字对应的字符代码，如图 3-53 所示。

B2	▼	:	×	✓	fx	=CHAR(A2)

	A	B	C	D	E	F
1	数字	字符代码	数字	字符代码	数字	字符代码
2	100	d	58	:		
3	5		75	K		
4	50	2	89	Y		
5	60	<	98	b		

图 3-53

函数 19：CODE 函数

函数功能

CODE 函数用于返回文本字符串中第一个字符的数字代码。返回的代码对应于计算机当前使用的字符集。

函数语法

CODE(text)

参数解释

text：必需。表示需要得到其第一个字符代码的文本。

实例解析

实例 136 返回字符代码对应的数字

使用 CODE 函数可以返回任意字符代码（数字代码范围为 1 ~ 255）所对应的数字。

❶ 选中 B2 单元格，在公式编辑栏中输入公式：

    =CODE(A2)

按 Enter 键即可返回字符代码 "[" 对应的数字。

❷ 将鼠标指针指向 B2 单元格的右下角，待光标变成十字形状后，按住鼠标左键向下拖动进行公式填充，即可得到其他字符代码对应的数字，如图 3-54 所示。

| B2 | ▼ | : | × | ✓ | fx | =CODE(A2) |

	A	B	C	D	E	F
1	字符代码	数字	字符代码	数字	字符代码	数字
2	[	91	$	36		
3	]	93	#	35		
4	}	125	(	40		
5	{	123	)	41		

图 3-54

函数 20：UNICHAR 函数

函数功能

UNICHAR 函数用于返回给定数值引用的 Unicode 字符。返回的 Unicode 字符可以是一个字符串，如以 UTF-8 或 UTF-16 编码的字符串。

函数语法

UNICHAR(number)

参数解释

number：必需。表示代表字符的 Unicode 数字。当 Unicode 数字为部分代理项且数据类型无效时，UNICHAR 返回错误值 "#N/A"；当数字的数值超出允许范围或数字为零（0）时，则函数 UNICHAR 返回错误值 "#VALUE!"。

实例解析

实例 137 返回数字对应的字符

❶ 选中 B2 单元格，在公式编辑栏中输入公式：

    =UNICHAR(A2)

按 Enter 键即可返回数字 "58" 对应的字符。

❷ 将鼠标指针指向 B2 单元格的右下角，待光标变成十字形状后，按住鼠标左键向下拖动进行公式填充，即可得到其他数字对应的字符，如图 3-55 所示。

| B2 | ▼ | : | × | ✓ | fx | =UNICHAR(A2) |

	A	B	C	D
1	数值	对应的字符		
2	58	:		
3	100	d		

图 3-55

3.4 其他文本函数的实例

函数 21：CONCATENATE 函数（合并两个或多个文本字符串）

函数功能

CONCATENATE 函数可将最多 255 个文本字符串连接成一个文本字符串。连接项可以是文本、数字、单元格引用或这些项的组合。

函数语法

CONCATENATE(text1, [text2], ...)

参数解释

- text1：必需。表示要连接的第一个文本项。
- text2, ...：可选。表示其他文本项，最多为 255 项。项与项之间必须用逗号隔开。

=CONCATENATE("销售","-",B1)

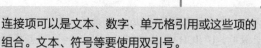

连接项可以是文本、数字、单元格引用或这些项的组合。文本、符号等要使用双引号。

实例解析

实例 138　在销售部员工的部门名称前统一加上"销售"二字

表格的 B 列单元格区域中显示的是销售员所在分部，现在需要一次性在所有分部名称前加上"销售"二字，此时可以使用 CONCATENATE 函数来建立　公式。

❶ 选中 **C2** 单元格，在公式编辑栏中输入公式：

=CONCATENATE("销售",B2,)

按 **Enter** 键即可得出第一位员工所在部门的全称。

❷ 将鼠标指针指向 C2 单元格的右下角，待光标变成十字形状后，按住鼠标左键向下拖动进行公式填充，即可得出其他员工的具体所在部门的全称，如图 3-56 所示。

	A	B	C	D
1	姓名	分部	部门	
2	李丽	1部	销售1部	
3	周军洋	2部	销售2部	
4	苏田	1部	销售1部	
5	刘飞虎	3部	销售3部	
6	陈义	6部	销售6部	
7	李祥	11部	销售11部	

C2 ▼ : × ✓ *fx* =CONCATENATE("销售",B2,)

图 3-56

实例 139 自动生成完整的 E-mail 地址

通过员工的账号信息可以自动生成完整的 E-mail 地址。

❶ 选中 C2 单元格，在公式编辑栏中输入公式：

=CONCATENATE(B2,"@yitianshiren.com.cn")

按 Enter 键即可为其 E-mail 地址添加 "**@yitianshiren. com.cn**" 固定字符。

❷ 将鼠标指针指向 C2 单元格的右下角，待光标变成十字形状后，按住鼠标左键向下拖动进行公式填充，即可为所有账号后添加固定字符形成完整的 E-mail 地址，如图 3-57 所示。

C2 ▼ : × ✓ *fx* =CONCATENATE(B2,"@yitianshiren.com.cn")

	A	B	C	D
1	姓名	账号	E-mail	
2	李丽	lili	lili@yitianshiren.com.cn	
3	周军洋	zhoujunyang	zhoujunyang@yitianshiren.com.cn	
4	苏田	sutian	sutian@yitianshiren.com.cn	
5	刘飞虎	liufeihu	liufeihu@yitianshiren.com.cn	
6	陈义	chenyi	chenyi@yitianshiren.com.cn	
7	李祥	lixiang	lixiang@yitianshiren.com.cn	

图 3-57

📖 公式解析

=CONCATENATE(B2,"@yitianshiren.com.cn")

将 B2 中的文本与 "**@yitianshiren.com.cn**" 进行合并，显示出完整的电子邮件地址。

实例 140 合并面试人员的总分数与录取情况

利用 CONCATENATE 函数的合并功能并结合 SUM 函数，可以将面试人员的成绩合计数和是否被录取进行合并查看，这里规定面试成绩和笔试成绩在 120 分及 120 分以上的人员即可给予录取。

❶ 选中 D2 单元格，在公式编辑栏中输入公式：

```
=CONCATENATE(SUM(B2:C2),"/",IF(SUM(B2:C2)>=120,"录取",
"未录取"))
```

按 **Enter** 键即可得出第一位面试人员总成绩与录取结果的合并项。

❷ 将鼠标指针指向 **D2** 单元格的右下角，待光标变成十字形状后，按住鼠标左键向下拖动进行公式填充，即可将其他面试人员的合计分数与录取情况进行合并，如图 **3-58** 所示。

| D2 | | | × | ✓ | fx | =CONCATENATE(SUM(B2:C2),"/",IF(SUM(B2:C2)>=120,
"录取","未录取")) | |

▲	A	B	C	D	E	F	G
1	姓名	面试成绩	笔试成绩	是否录取			
2	李丽	60	60	120/录取			
3	周军洋	50	60	110/未录取			
4	苏田	69	78	147/录取			
5	刘飞虎	55	66	121/录取			
6	陈义	32	60	92/未录取			
7	李祥	80	50	130/录取			

图 3-58

📖**公式解析**

=CONCATENATE(SUM(B2:C2),"/",IF(SUM(B2:C2)>=120,"录取","未录取"))
       ①   ②   ③

① 对 B2:C2 单元格区域中的各项成绩进行求和运算。

② 判断步骤①的总分，如果"总分>="120""则返回"录取"，否则返回"未录取"。

③ 将步骤①返回值与步骤②返回值在 D2 单元格中以"/"连接符相连接。

函数 22：LEN 函数（返回文本字符串的字符数量）

函数功能

LEN 函数用于返回文本字符串中的字符数。

函数语法

LEN(text)

参数解释

text：必需。表示要查找其长度的文本。空格将作为字符进行计数。

实例解析

实例 141   判断输入的身份证号码位数是否正确

  身份证号码都是 **18** 位的，因此可以利用 LEN 函数检验表格中的身份证号码位数是否符合要求，如果位数正确则返回空格，否则返回"错误"文字

```
=IF(LEN(B2)=18,"","错误")
```

按 **Enter** 键即可检验出第一位人员的身份证号码位数是否正确。

❷ 将鼠标指针指向 **C2** 单元格的右下角，待光标变成十字形状后，按住鼠标左键向下拖动进行公式填充，即可检验出其他人员的身份证号码的位数是否正确，如图 3-59 所示。

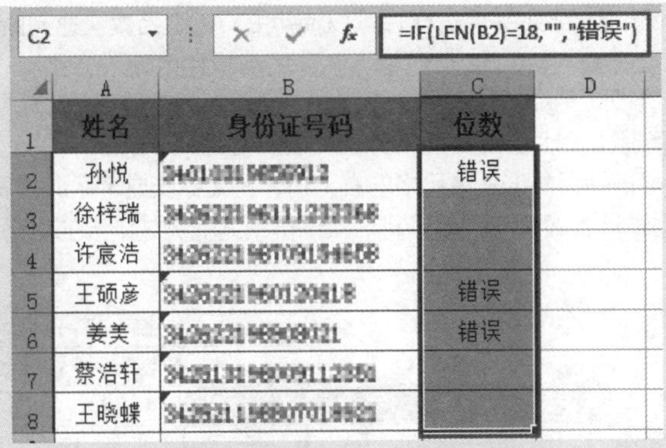

图 3-59

📖 **公式解析**

=IF(LEN(B2)=18,"","错误")

使用 LEN 函数判断 B2 单元格中的字符串长度是否为 18 位。如果是返回空，否则返回"错误"文字。

🐝 **提示**

与 LEN 用法类似的还有 LENB。LENB 函数是返回文本字符串中用于代表字符的字节数。因此 LEN 是按字符数计算的，而 LENB 是按字节数计算的。

函数 23：EXACT 函数（比较两个文本字符串是否完全相同）

函数功能

EXACT 函数用于比较两个字符串：如果它们完全相同，则返回 TRUE；否则返回 FALSE。函数 EXACT 区分大小写，但忽略格式上的差异。

函数语法

EXACT(text1, text2)

参数解释

● text1：必需。表示第一个文本字符串。

● text2：必需。表示第二个文本字符串。

实例解析

实例 142　比较两次测试数据是否完全一致

　　表格中统计了两次抗压测试的结果数据，想快速判断两次抗压测试的结果是否一样，可以使用 EXACT 函数快速判断。

❶ 选中 D2 单元格，在公式编辑栏中输入公式：

```
=IF(EXACT(B2,C2),"相同","不同")
```

按 Enter 键即可比较出 B2、C2 单元格的值是否一致。

❷ 将鼠标指针指向 D2 单元格的右下角，待光标变成十字形状后，按住鼠标左键向下拖动进行公式填充，即可将一次性得到其他测试结果的对比，如图 3-60 所示。

| D2 | ▼ | : | × | ✓ | fx | =IF(EXACT(B2,C2),"相同","不同") |

▲	A	B	C	D	E	F
1	抗压测试	一次测试	二次测试	测试结果		
2	1	125	125	相同		
3	2	128	125	不同		
4	3	120	120	相同		
5	4	119	119	相同		
6	5	120	120	相同		
7	6	128	125	不同		
8	7	120	120	相同		
9	8	119	119	相同		
10	9	122	122	相同		
11	10	120	120	相同		

图 3-60

📖公式解析

```
=IF(EXACT(B2,C2),"相同","不同")
       ①            ②
```

① 判断 B2 与 C2 单元格值是否相同，如果是，返回 TRUE，如果不是，返回 FALSE。

② 如果①步返回值为 TRUE，最终结果返回"相同"文字，否则返回"不同"文字。

函数 24：REPT 函数（按照给定的次数重复文本）

函数功能

REPT 函数按照给定的次数重复显示文本。

函数语法

REPT(text, number_times)

参数解释

● text：表示需要重复显示的文本。

● number_times：表示用于指定文本重复次数的整数。

实例解析

实例 143　一次性输入多个相同符号

身份证号码有固定的 18 位号码，手工插入方框符号比较浪费时间，使用 REPT 函数就可以实现一次性输入指定数量的方框，以便身份证号码的填入。

选中 **B3** 单元格，在公式编辑栏中输入公式：

```
=REPT("□",18)
```

按 **Enter** 键即可一次性填充 18 个空白方框，如图 3-61 所示。

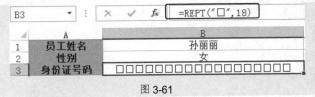

图 3-61

实例 144　根据销售额用"★"评定等级

在销售统计表中，要求根据销售额用"★"评定等级，具体要求如下：

● 如果销售额小于 5 万元，等级为三颗星。
● 如果销售额在 5~10 万元，等级为五颗星。
● 如果销售额大于 10 万元，等级为八颗星。

❶ 在空白单元格中输入"★"（本例中在 **C1** 单元格中输入）。

❷ 选中 **C3** 单元格，在公式编辑栏中输入公式：

```
=IF(B3<5,REPT($C$1,3),IF(B3<10,REPT($C$1,5),REPT($C$1,8)))
```

按 **Enter** 键得出结果，如图 3-62 所示。

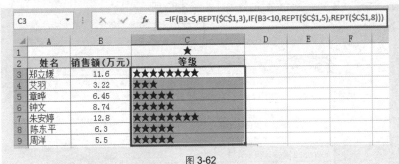

图 3-62

❸ 选中 **C3** 单元格，拖动右下角的填充柄向下复制公式，即可批量用★进行等级评定。

📖 公式解析

=IF(B3<5,REPT($C$1,3),IF(B3<10,REPT($C$1,5),REPT($C$1,8)))

① 如果 B3 的值小于 5，重复 C1 中的星号 3 次。

② 如果 B3 的值小于 10，重复 C1 中的星号 5 次，大于 10 时重复 C1 中的星号 8 次。

函数 25：TRIM 函数

函数功能

TRIM 函数用来删除字符串前后的空格，但是会在字符串中间保留一个空格作为连接用途。

函数语法

TRIM(text)

参数解释

text：必需。表示需要删除其中空格的文本。

实例解析

实例 145   删除文本中多余的空格

在下面的表格中，B 列的产品名称前后及克重前有多个空格，使用 TRIM 函数可一次性删除前后空格且在克重的前面保留一个空格作为间隔。

❶ 选中 C2 单元格，在公式编辑栏中输入公式：

`=TRIM(B2)`

按 **Enter** 键得出结果。

❷ 选中 C2 单元格，拖动右下角的填充柄向下复制公式，可以看到 C 列中返回的是对 B 列数据优化后的效果，如图 3-63 所示。

| C2 | ▼ | : | × | ✓ | fx | =TRIM(B2) |

▲	A	B	C
1	产品编码	产品名称	删除空格
2	VOa001	VOV绿茶面膜 200g	VOV绿茶面膜 200g
3	VOa002	VOV樱花面膜 200g	VOV樱花面膜 200g
4	B011213	碧欧泉矿泉爽肤水 100ml	碧欧泉矿泉爽肤水 100ml
5	B011214	碧欧泉美白防晒霜 30g	碧欧泉美白防晒霜 30g
6	B011215	碧欧泉美白面膜 3p	碧欧泉美白面膜 3p
7	HO201312	水之印美白乳液 100g	水之印美白乳液 100g
8	HO201313	水之印美白隔离霜 20g	水之印美白隔离霜 20g
9	HO201314	水之印绝配无瑕粉底 15g	水之印绝配无瑕粉底 15g

图 3-63

函数 26：CLEAN 函数（删除文本中不能打印的字符）

函数功能

CLEAN 函数用于删除文本中不能打印的字符。对于从其他应用程序中输入的文本，可以使用 CLEAN 函数删除其中含有的当前操作系统无法打印的字符。

函数语法

CLEAN(text)

参数解释

text：必需。表示要从中删除非打印字符的任何工作表信息。

实例解析

实例 146　删除产品名称中的换行符

如果数据中存在换行符也会不便于后期对数据的分析，可以使用 CLEAN 函数一次性删除文本中的换行符。

❶ 选中 **C2** 单元格，在公式编辑栏中输入公式：

```
=CLEAN(B2)
```

按 **Enter** 键得出结果。

❷ 选中 **C2** 单元格，拖动右下角的填充柄向下复制公式，可以看到 C 列中返回的删除 B 列数据中换行符后的结果，如图 **3-64** 所示。

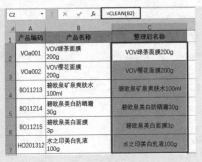

图 3-64

函数 27：T 函数

函数功能

T 函数用于将数值或字符串转换为文本。

函数语法

T(text)

参数解释

text：必需。表示需要进行测试的数值或字符串。

实例解析

实例 147　判断给定的值是否是文本

如图 3-65 所示，在 B2 单元格中输入公式 "=T(A2)"，按 Enter 键后，再向下复制 B2 单元格的公式，可以看到返回值情况（有返回值的表示是文本，没有返回值的表示为非文本。）。

B2		× ✓ fx	=T(A2)	
	A	B	C	D
1	数据	返回结果		
2	函数	函数		
3	20			
4	2017/12/1			
5	235	235		
6	50-20	50-20		
7	TRUE			
8	%	%		

图 3-65

第4章 信息函数

4.1 返回信息及各类型的值

函数 1：CELL 函数（返回有关单元格格式、位置或内容的信息）

函数功能

CELL 函数用于返回有关单元格的格式、位置或内容的信息。

函数语法

CELL(info_type, [reference])

参数解释

● info_type：表示一个文本值，指定要返回的单元格信息的类型。

● reference：可选。表示需要其相关信息的单元格。

如表 4-1 所示为 CELL 函数的 **info_type** 参数与返回值。

表 4-1

参 数	返 回
address	引用中第一个单元格的引用，文本类型
col	引用中单元格的列标
color	如果单元格中的负值以不同颜色显示，则为值 1；否则，返回 0
contents	引用中左上角单元格的值，不是公式
filename	包含引用的文件名（包括全部路径）、文本类型。如果包含目标引用的工作表尚未保存，则返回空文本（""）
format	与单元格中不同的数字格式相对应的文本值。表 4-2 列出不同格式的文本值。如果单元格中负值以不同颜色显示，则在返回的文本值的结尾处加"-"；如果单元格中为正值或所有单元格均加括号，则在文本值的结尾处返回"()"
parentheses	如果单元格中为正值或所有单元格均加括号，则为值 1；否则返回 0
prefix	与单元格中不同的"标志前缀"相对应的文本值。如果单元格文本左对齐，则返回单引号（'）；如果单元格文本右对齐，则返回双引号（"）；如果单元格文本居中，则返回插入字符（^）；如果单元格文本两端对齐，则返回反斜线（\）；如果是其他情况，则返回空文本（""）
protect	如果单元格没有锁定，则为 0；如果单元格锁定，则返回 1
row	引用中单元格的行号
type	与单元格中的数据类型相对应的文本值。如果单元格为空，则返回"b"。如果单元格包含文本常量，则返回"l"；如果单元格包含其他内容，则返回"v"
width	取整后的单元格的列宽。列宽以默认字号的一个字符的宽度为单位

表 4-2 中描述 info_type 为"**format**"以及引用为用内置数字格式设置的单元格时，函数 CELL 返回的文本值。

表 4-2

如果 Microsoft Excel 的格式为	CELL 返回值
常规	**"G"**
0	**"F0"**
#,##0	**",0"**
0.00	**"F2"**
#,##0.00	**",2"**
$#,##0_);($#,##0)	**"C0"**
$#,##0_);[Red]($#,##0)	**"C0-"**
$#,##0.00_);($#,##0.00)	**"C2"**
$#,##0.00_);[Red]($#,##0.00)	**"C2-"**
0%	**"P0"**
0.00%	**"P2"**
0.00E+00	**"S2"**
#	?/?
yy-m-d	或
d-mmm-yy	或
d-mmm	或
mmm-yy	**"D3"**
dd-mm	**"D5"**
h:mm	AM/PM
h:mm:ss	AM/PM
h:mm	**"D9"**
h:mm:ss	**"D8"**

实例解析

实例 148　获取当前工作簿的完整路径

返回指定工作簿的路径，可以利用 CELL 函数来实现。

选中 **B1** 单元格，在公式编辑栏中输入公式：

```
=CELL("filename")
```

按 **Enter** 键即可返回工作簿的完整路径，如图 4-1 所示。

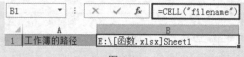

图 4-1

实例 149 判断设置的列宽是否符合标准

选中 **B1** 单元格，在公式编辑栏中输入公式：

```
=IF(CELL("width",A1)=15,"标准列宽","非标准列宽")
```

按 **Enter** 键判断 A1 单元格的列宽是否是 15，如果是，返回 "标准列宽"，如果不是，返回 "非标准列宽"，如图 4-2 所示。

B1	▼	:	×	✓	fx	=IF(CELL("width",A1)=15,"标准列宽","非标准列宽")	
▲	A	B	C	D	E	F	G
1		非标准列宽					
2							
3							

图 4-2

实例 150 判断测试结果是否达标

如果数据带有单位，则无法在公式中进行数据计算、大小判断 等。例如下面的表格中库存数量都带有 "盒" 单位，要想使用 IF 函 数进行条件判断则无法进行，此时则可以使用 CELL 函数进行转换。

❶ 选中 **C2** 单元格，在公式编辑栏中输入公式：

```
=IF(CELL("contents",B2)<= "20","补货","")
```

按 **Enter** 键，则提取 B2 单元格数据并进行数量判断，最终返回是否补货。

❷ 然后将 **C2** 单元格的公式向下复制，可批量返回结果，如图 4-3 所示。

C2	▼	:	×	✓	fx	=IF(CELL("contents",B2)<= "20","补货","")	
▲	A	B	C	D	E	F
1	产品名称	库存	补充提示			
2	观音饼（桂花）	17盒	补货			
3	观音饼（绿豆沙）	19盒	补货			
4	观音饼（花生）	22盒				
5	莲花礼盒（黑芝麻）	11盒	补货			
6	莲花礼盒（桂花）	13盒	补货			
7	榛子椰蓉	18盒	补货			
8	杏仁薄饼	69盒				
9	观音酥（椰丝）	16盒	补货			
10	观音酥（肉松）	37盒				

图 4-3

📖 公式解析

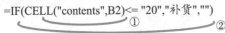

=IF(CELL("contents",B2)<= "20","补货","")
        ①   ②

① 提取 B2 单元格数据中的数值。

② 如果①步结果小于或等于 20，返回补货。

函数 2：TYPE 函数（返回单元格内的数值类型）

函数功能

TYPE 函数用于返回数值的类型。

函数语法

TYPE(value)

参数解释

value：必需。可以为任意 Microsoft Excel 数值，如数字、文本以及逻辑值等，如表 4-3 所示。

表 4-3

如果 value 为	函数 TYPE 返回
数字	1
文本	2
逻辑值	4
误差值	16
数组	64

实例解析

实例 151　测试数据是否是数值型

表格中统计了各台机器的生产产量，但是在计算总产量时发现总计结果不对，因此可以用如下方法来判断数据是否是数值型数字。

选中 **C2** 单元格，在公式编辑栏中输入公式：

```
=TYPE(B2)
```

按 **Enter** 键，然后向下复制公式，返回结果是 **2** 的表示单元格中是文本而非数字，如图 **4-4** 所示。

C2	▼	⋮	×	✓	fx	=TYPE(B2)

	A	B	C	D
1	车间A	产量	数据类型	
2	1#	456	2	
3	2#	558	2	
4	3#	606	2	
5	4#	550	2	
6	5#	626	2	
7	6#	309	1	
8	7#	452	1	
9	8#	409	1	
10	9#	300	2	

图 4-4

函数 3：N 函数（将参数转换为数值并返回）

函数功能

N 函数用于返回转换为数值后的值。

函数语法

N(value)

参数解释

value：必需。表示要检验的值。参数 value 可以是空值（空单元格）、错误值、逻辑值、文本、数字、引用值，或者引用要检验的以上任意值的名称。

实例解析

实例 152　将数据转换为数值

在图 4-5 的表格中，当销售量没有时，显示"无"文字，选中 C2 单元格，在公式编辑栏中输入公式：

=N(B2)

按 **Enter** 键后，然后向下复制公式可以实现将文字转换为数字"**0**"，如图 4-5 所示。

	A	B	C	D
1	姓名	销售量	转换后数据	
2	王明阳	36	36	
3	黄照先	无	0	
4	夏红蕊	12	12	
5	贾云馨	20	20	
6	陈世发	无	0	
7	马雪蕊	23	23	
8	李沐天	54	54	

图 4-5

通过转换后，可以看到当对 B 列数据求平均值时，中文不计算在内；当对 C 列数据求平均值时，因为中文被转换成了数字 0，因此计算平均值时也计算在内，如图 4-6 所示。

	A	B	C	D
1	姓名	销售量	转换后数据	
2	王明阳	36	36	
3	黄照先	无	0	
4	夏红蕊	12	12	
5	贾云馨	20	20	
6	陈世发	无	0	
7	马雪蕊	23	23	
8	李沐天	54	54	
9	平均销售量	29	21	
10				

图 4-6

用签单日期的序列号与当前行号生成订单的编号

在销售记录表中记录了订单的生成日期，要求根据订单生成日期的序列号与当前行号生成订单的编号。

❶ 选中 A2 单元格，在公式编辑栏中输入公式：

```
=N(B2)&"-"&ROW(A1)
```

按 **Enter** 键即可将 B 列中的签单日期转换为序列号再加上行号成为本订单的订单编号。

❷ 选中 A2 单元格，拖动右下角的填充柄向下复制公式，即可根据签单日期批量生成订单编号，如图 **4-7** 所示。

| A2 | ▼ | : | × | ✓ | fx | =N(B2)&"-"&ROW(A1) |

▲	A	B	C	D	E
1	订单编号	订单生成日期	数量	总金额	
2	42917-1	2017/7/1	116	39000	
3	42928-2	2017/7/12	55	7800	
4	42935-3	2017/7/19	1090	11220	
5	42952-4	2017/8/5	200	51000	
6	42963-5	2017/8/16	120	40000	
7	42966-6	2017/8/19	45	4800	
8	42976-7	2017/8/29	130	49100	

图 4-7

📖**公式解析**

$$=\underset{①}{\underline{N(B2)}}\underset{③}{\underbrace{\&"-"\&}}\underset{②}{\underline{ROW(A1)}}$$

① 将 B2 单元格中的日期转换为序列号。

② 返回 A1 单元格的行号。公式向下复制时会依次返回 2、3、4、…。

③ 使用连接符将①步②步返回结果相连接。

函数 4：NA 函数（返回错误值#N/A）

函数功能

NA 函数用于返回错误值 "#N/A"。错误值 "#N/A" 表示 "无法得到有效值"。

函数语法

NA()

参数解释

NA 函数没有参数。

用法剖析

只要使用公式 "=NA( )" 就返回#N/A 错误值，如图 4-8 所示。

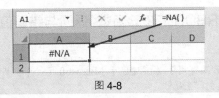

图 4-8

函数 5: INFO 函数 (返回当前操作环境的信息)

函数功能

INFO 函数用于返回有关当前操作环境的信息。

函数语法

INFO(type_text)

参数解释

type_text: 表示用于指定要返回的信息类型的文本。

如表 4-4 所示为 INFO 函数的 **type_text** 参数与返回值。

表 4-4

type_text 参数	INFO 函数返回值
directory	当前目录或文件夹的路径
numfile	打开的工作簿中活动工作表的数目
origin	以当前滚动位置为基准,返回窗口中可见的左上角单元格的绝对单元格引用,如带前缀 "$A:" 的文本,此值与 Lotus 1-2-3 3.x 版兼容
osversion	当前操作系统的版本号,文本值
recalc	当前的重新计算模式,返回 "自动" 或 "手动"
release	Microsoft Excel 的版本号,文本值
system	返回操作系统名称,mac 表示 Macintosh 操作系统,pcdos 表示 Windows 操作系统

实例解析

实例 154 返回工作簿默认保存路径

选中 A1 单元格,在公式编辑栏中输入公式:

```
= INFO("directory")
```

按 **Enter** 键,返回的是工作簿的默认保存路径,如图 4-9 所示。

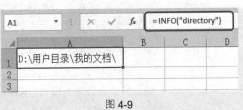

图 4-9

函数 6：ERROR.TYPE 函数（返回与错误值对应的数字）

函数功能

ERROR.TYPE 函数用于返回对应于 Microsoft Excel 中某一错误值的数字，如果没有错误则返回 "#N/A"。

函数语法

ERROR.TYPE(error_val)

参数解释

error_val：表示需要查找其标号的一个错误值。

如表 4-5 所示为 ERROR.TYPE 函数的 error_val 参数与返回值。

表 4-5

error_val 参数	ERROR.TYPE 函数返回值
#NULL!	1
#DIV/0!	2
#VALUE!	3
#REF!	4
#NAME?	5
#NUM!	6
#N/A	7
#GETTING_DATA	8
其他值	#N/A

实例解析

实例 155　根据错误代码显示错误原因

当计算结果返回错误值时，可以使用 ERROR.TYPE 函数返回各个错误值所对应的数字。

❶ 选中 C2 单元格，在公式编辑栏中输入公式：

```
=ERROR.TYPE(A2/B2)
```

按 **Enter** 键即可返回 "**#DIV/0!**" 错误值对应的数字 "**2**"，如图 4-10 所示。

	A	B	C	D
1	数据		返回错误值对应的数字	返回结果说明
2	12	0	2	返回错误值#DIV/0!
3	abcd			返回错误值#VALUE!
4	190			返回错误值#NUM!
5	16	12		没有错误值

C2 　 ✕ ✓ *fx* =ERROR.TYPE(A2/B2)

图 4-10

❷ 选中 C3、C4 和 C5 单元格，分别在公式编辑栏中输入公式：

```
=ERROR.TYPE(INT(A3))
```

```
=ERROR.TYPE(FACT(A4))
=ERROR.TYPE(A5=B5)
```

按 **Enter** 键即可返回"**#VALUE!**"和"**#NUM!**"错误值，以及没有错误值情况下对应的数字，如图 4-11 所示。

C5		: × ✓ *fx*	=ERROR.TYPE(A5=B5)	
	A	B	C	D
1	数据		返回错误值对应的数字	返回结果说明
2	12	0	2	返回错误值#DIV/0!
3	abcd		3	返回错误值#VALUE!
4	190		6	返回错误值#NUM!
5	16	1	#N/A	没有错误值

图 4-11

📖公式解析

=ERROR.TYPE(A2/B2)

将 A2 单元格的数值除以 B2 单元格中的数值，得到的数字"**2**"表示返回错误值"**#DIV/0!**"。

4.2　使用 IS 函数进行各种判断

函数 7：ISBLANK 函数（检测单元格是否为空）

函数功能

ISBLANK 函数用于判断指定值是否为空值。

函数语法

ISBLANK(value)

参数解释

value：表示要检验的值。参数 value 可以是空值（空单元格）、错误值、逻辑值、文本、数字、引用值，或者引用要检验的以上任意值的名称。

实例解析

实例 156　标注出缺考学生

表格中统计了学生的考试成绩，其中有缺考情况出现（无成绩为缺考）。使用 **ISBLANK** 函数配合 **IF** 函数可以将缺考信息标识出来。

❶ 选中 **C2** 单元格，在公式编辑栏中输入公式：

```
=IF(ISBLANK(B2),"缺考","")
```

按 **Enter** 键即可根据判断结果是否显示出"缺考"文字。

❷ 选中 **C2** 单元格，拖动右下角的填充柄向下复制公式，可以批量进行"缺考"标注，如图 4-12 所示。

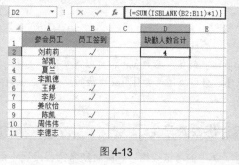

图 4-12

📖公式解析

=IF(ISBLANK(B2),"缺考","")
　　　　①　　　　　②

① 判断 B2 单元格是否是空值，如果是，返回 TRUE，不是，返回 FALSE。

② 如果①步结果为 TRUE，返回"缺考"，否则返回空。

实例解析

实例 157　**统计员工缺勤人数**

利用 SUM 函数和 ISBLANK 函数，可以根据已知的员工签到标记统计出缺勤总人数。

选中 D2 单元格，在公式编辑栏中输入公式：

=SUM(ISBLANK(B2:B11)*1)

按 **Ctrl+Shift+Enter** 组合键即可返回缺勤人数合计值，如图 **4-13** 所示。

	A	B	C	D	E
1	参会员工	员工签到		缺勤人数合计	
2	刘莉莉	√		4	
3	邹凯				
4	夏兰	√			
5	李凯德				
6	王婷	√			
7	李彤	√			
8	姜欣怡				
9	陈凯	√			
10	周伟伟				
11	李德志	√			

图 4-13

📖公式解析

=SUM(ISBLANK(B2:B11)*1)
　　　①　　　　　　　②

① 判断 B2:B11 单元格区域中是否为空值，如果是，返回 TRUE，不是，返回 FALSE，返回的是一个数组。

② 将①步的数组依次乘以 1，TRUE 乘以 1 等于 1，FALSE 乘以 1 等于 0，然后再使用 SUM 函数对数组求和。

函数 8: ISNUMBER 函数（检测给定值是否是数字）

函数功能

ISNUMBER 函数用于判断指定数据是否为数字。

函数语法

ISNUMBER(value)

参数解释

value：表示要检验的值。参数 value 可以是空值（空单元格）、错误值、逻辑值、文本、数字、引用值，或者引用要检验的以上任意值的名称。

实例解析

实例 158　当出现无法计算时检测数据是否是数值数据

在如图 4-14 所示中，可以看到当使用 SUM 函数计算总销售数量时，计算结果是错误的。这时可以用 ISNUMBER 函数来检测数字是否是数值数据，通过返回结果可以有针对性地修整数据。

B7		▼ : × ✓ fx	=SUM(B2:B6)	
▲	A	B	C	D
1	销售员	销售数量		
2	刘浩宇	117		
3	曹扬	9 2		
4	陈子涵	101		
5	刘启瑞	132		
6	吴晨	9 0		
7		350		

图 4-14

选中 **C2** 单元格，在公式编辑栏中输入公式：

=ISNUMBER(B2)

按 **Enter** 键，然后向下复制 **C2** 单元格的公式，当结果为 **FALSE** 时则表示为非数值数据，如图 **4-15** 所示。

C2		▼ : × ✓ fx	=ISNUMBER(B2)	
▲	A	B	C	I
1	销售员	销售数量	检测是否是数值数据	
2	刘浩宇	117	TRUE	
3	曹扬	9 2	FALSE	
4	陈子涵	101	TRUE	
5	刘启瑞	132	TRUE	
6	吴晨	9 0	FALSE	

图 4-15

提示

通过检查数据发现 B3 与 B6 单元格中数据中间都出现了空格，所以导致在进行数据计算时无法计算在内。

实例 159　统计实考人数

本例表格中统计了学生成绩，并对缺考情况进行了标记。使用 ISNUMBER 函数配合 SUM 函数可以快速统计出实考人数的合计值。

选中 D2 单元格，在公式编辑栏中输入公式：

=SUM(ISNUMBER(B2:B12)*1)

按 **Ctrl+Shift+Enter** 组合键即可统计出实考人数，如图 **4-16** 所示。

D2			✕ ✓ fx	{=SUM(ISNUMBER(B2:B12)*1)}		
	A	B	C	D	E	F
1	姓名	总成绩		实考人数		
2	刘莉莉	588		9		
3	邹凯	498				
4	夏兰	564				
5	李凯德	缺考				
6	王婷	578				
7	李彤	558				
8	美欣怡	552				
9	陈凯	581				
10	周伟伟	缺考				
11	李德志	757				
12	李凯云	569				

图 4-16

公式解析

=SUM(ISNUMBER(B2:B12)*1)
　　　　　　①　　②

① 判断 B2:B12 单元格区域中是否为数字，如果是，返回 TRUE，不是，返回 FALSE，返回的是一个数组。

② 将①步的数组依次乘以 1，TRUE 乘以 1 等于 1，FALSE 乘以 1 等于 0，然后再使用 SUM 函数对数组求和。

函数 9：ISTEXT 函数（检测给定值是否是文本）

函数功能

ISTEXT 函数用于判断指定数据是否为文本。

函数语法

ISTEXT(value)

参数解释

value：表示要检验的值。参数 value 可以是空值（空单元格）、错误值、逻辑值、文本、数字、引用值，或者引用要检验的以上任意值的名称。该参数是必需的。

实例解析

实例 160　统计缺考人数

　　本例表格统计了学生的总成绩,并对缺考的学生进行了缺考标记,要求统计出缺考人数的合计值。

　　选中 **D2** 单元格,在公式编辑栏中输入公式:

=SUM(ISTEXT(B2:B12)*1)

　　按 **Ctrl+Shift+Enter** 组合键即可统计出缺考人数,如图 **4-17** 所示。

图 4-17

公式解析

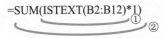

=SUM(ISTEXT(B2:B12)*1)

　　① 判断 B2:B12 单元格区域中是否为文本,如果是,返回 TRUE,不是,返回 FALSE,返回的是一个数组。

　　② 将①步的数组依次乘以 1,TRUE 乘以 1 等于 1,FALSE 乘以 1 等于 0,然后再使用 SUM 函数对数组求和。

函数 10:ISNONTEXT 函数(检测给定值是否不是文本)

函数功能

　　ISNONTEXT 函数用于判断指定数据是否为非文本。

函数语法

　　ISNONTEXT(value)

参数解释

　　value:表示要检验的值。参数 value 可以是空值(空单元格)、错误值、逻辑值、文本、数字、引用值,或者引用要检验的以上任意值的名称。

实例 161　统计实考人数

　　沿用 ISTEXT 函数的例子，如果要统计实考人数，只要使用 ISNONTEXT 函数即可。

❶ 选中 **D2** 单元格，在公式编辑栏中输入公式：

```
=SUM(ISNONTEXT(B2:B12)*1)
```

按 **Ctrl+Shift+Enter** 组合键，则可以统计出实考人数，如图 4-18 所示。

D2		× ✓ fx	{=SUM(ISNONTEXT(B2:B12)*1)}			
▲	A	B	C	D	E	F
1	姓名	总成绩		实考人数		
2	刘莉莉	615		7		
3	邹凯	缺考				
4	夏兰	564				
5	李凯德	缺考				
6	王婷	578				
7	李彤	558				
8	姜欣怡	552				
9	刘欣欣	581				
10	邹芷云	缺考				
11	软怀民	757				
12	刘凯德	缺考				

图 4-18

函数 11：ISEVEN 函数（判断数字是否是偶数）

函数功能

ISEVEN 函数用于判断指定值是否为偶数。

函数语法

ISEVEN(number)

参数解释

number：指定的数值，如果 number 为偶数，返回 TRUE，否则返回 FALSE。

实例解析

实例 162　根据工号返回性别信息

　　某公司为有效判定员工性别，规定员工编号上最后一位数如果为偶数表示性别为"女"，反之为"男"，根据这一规定，可以使用 ISEVEN 函数来判断最后一位数的奇偶性，从而确定员工的性别。

❶ 在 **C2** 单元格的公式编辑栏中输入公式：

```
=IF(ISEVEN(RIGHT(B2,1)),"女","男")
```

按 **Enter** 键即可按工号的最后一位数来判断性别。

❷ 将光标移到 **C2** 单元格的右下角，待光标变成十字形状后，按住鼠标左

键向下拖动进行公式填充，即可返回其他人员的性别，如图 4-19 所示。

C2	▼	:	×	✓	fx	=IF(ISEVEN(RIGHT(B2,1)),"女","男")

▲	A	B	C	D	E
1	姓名	工号	性别		
2	刘浩宇	ML-16003	男		
3	曹心雨	ML-16004	女		
4	陈子阳	AB-15001	男		
5	刘启瑞	YL-11009	男		
6	吴成	AB-09005	男		
7	谭子怡	ML-13006	女		
8	苏瑞宣	YL-15007	男		
9	刘雨菲	ML-13010	女		
10	何力	YL-11011	男		
11	周志毅	ML-13007	男		

图 4-19

📖公式解析

=IF(ISEVEN(RIGHT(B2,1)),"女","男")

① 从右侧开始提取 B2 单元格中的一个字符。

② 判断步骤①的结果是否是偶数。

③ 如果步骤②的结果为 TRUE，返回"女"，否则返回"男"。

函数 12：ISODD 函数（判断数字是否是奇数）

函数功能

ISODD 函数用于判断指定值是否为奇数。

函数语法

ISODD(number)

参数解释

number：表示待检验的数值。如果 number 不是整数，则截尾取整。如果参数 number 不是数值型，函数 ISODD 返回错误值"#VALUE!"。

实例解析

实例 163　根据身份证号码判断其性别

身份证号码中的第 17 位数字可以表示持证人的性别信息，当 17 位数是奇数表示性别为"男"，是偶数表示性别为"女"。根据这一特性，可以使用 ISODD 函数来判断最后一位数字的奇偶性，从而确定持证人的性别。

❶ 选中 C2 单元格，在公式编辑栏中输入公式：

```
=IF(ISODD(MID(B2,17,1)),"男","女")
```

按 **Enter** 键即可根据 B2 单元格中的身份证号码判断出性别。

❷ 选中 C2 单元格，拖动右下角的填充柄向下复制公式，即可批量返回性别，如图 4-20 所示。

C2 | =IF(ISODD(MID(B2,17,1)),"男","女")

	A	B	C	D	E
1	姓名	身份证号	性别		
2	张晓	340042198707046197	男		
3	金璐忠	342701197502178573	男		
4	刘飞洁	342701198702148521	女		
5	王淑娟	342701198504018542	女		
6	赵晓	342701198202138579	男		
7	吴强	342701198302138572	男		
8	左皓成	342701198402138518	男		
9	吕志梁	340222198909063232	男		

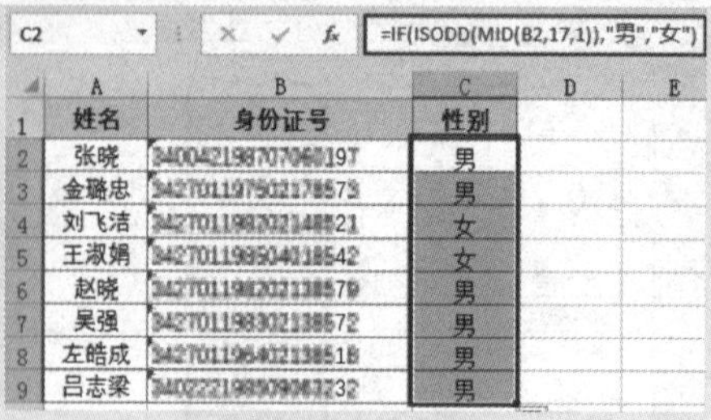

图 4-20

嵌套函数

MID 函数用于返回文本字符串中从指定位置开始的特定数目的字符。

公式解析

=IF(ISODD(MID(B2,17,1)),"男","女")

①　②

① 使用 MID 函数提取 B2 单元格中数据，从第 17 位开始提取，共提取 1 位。

② 使用 ISODD 函数判断①步结果是否是奇数，如果是，返回“男”，否则返回“女”。

实例 164　分奇偶月计算总销售数量

在全年销量统计表中，要求分别统计出奇偶月的总销售量。

❶ 选中 C2 单元格，在编辑栏中输入公式：

```
=SUM(ISODD(ROW(B2:B13))*B2:B13)
```

按 **Ctrl+Shift+Enter** 组合键，可计算出偶数月的总销量，如图 4-21 所示。

C2 | {=SUM(ISODD(ROW(B2:B13))*B2:B13)}

	A	B	C	D	E	F
1	月份	销售量	偶数月销量	奇数月销量		
2	1月	100	788			
3	2月	80				
4	3月	310				
5	4月	120				
6	5月	180				
7	6月	65				
8	7月	380				
9	8月	165				
10	9月	189				
11	10月	260				
12	11月	122				
13	12月	98				

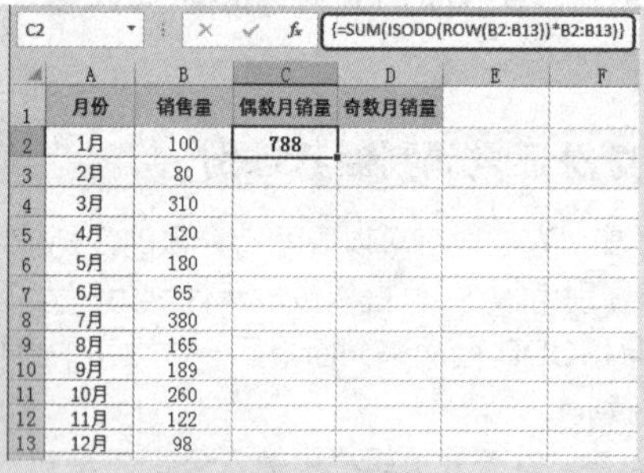

图 4-21

❷ 选中 D2 单元格，在公式编辑栏中输入公式：

```
=SUM(ISODD(ROW(B2:B13)-1)*B2:B13)
```

按 **Ctrl+Shift+Enter** 组合键，即可计算出奇数月的总销量，如图 **4-22** 所示。

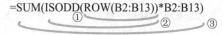

图 4-22

📖 **公式解析**

```
=SUM(ISODD(ROW(B2:B13)))*B2:B13)
```
      ①   ②   ③

① 依次返回 B2:B13 的行号，返回一个数组。

② 判断①数组中各数值是否是奇数（是奇数的对应的是偶数月的销量），如果是，返回 TRUE，不是，返回 FALSE。返回是一个数组。

③ ②步数组中为 TRUE 值的对应在 B2:B13 中取值，然后再使用 SUM 函数进行求和。即得到偶数月的总销售量。

函数 13：ISLOGICAL 函数（检测给定值是否为逻辑值）

函数功能

ISLOGICAL 函数用于判断指定的数据是否为逻辑值。

函数语法

ISLOGICAL(value)

参数解释

value：表示要检验的值。参数 value 可以是空值（空单元格）、错误值、逻辑值、文本、数字、引用值，或者引用要检验的以上任意值的名称。

实例解析

实例 165 检验数据是否为逻辑值

❶ 在 **B2** 单元格的公式编辑栏中输入公式：
```
=ISLOGICAL(A2)
```

按 **Enter** 键即可检验出 A2 单元格的数据是否为逻辑值，如果是，则返回 TRUE，否则返回 FALSE。

❷ 将光标移到 **B2** 单元格的右下角，待光标变成十字形状后，按住鼠标左键向下拖动进行公式填充，即可判断出其他数值是否为逻辑值，如图 4-23 所示。

| B2 | | ▼ | : | × | ✓ | fx | =ISLOGICAL(A2) |

▲	A	B	C
1	数据	返回结果	
2	99	FALSE	
3	合肥	FALSE	
4	2016/6/25	FALSE	
5	FALSE	TRUE	
6	ABC	FALSE	
7	TRUE	TRUE	
8	abc	FALSE	

图 4-23

函数 14：ISERROR 函数（检测给定值是否为任意错误值）

函数功能

ISERROR 函数用于判断指定数据是否为任意错误值。

函数语法

ISERROR(value)

参数解释

value：表示要检验的值。参数 value 可以是空值（空单元格）、错误值、逻辑值、文本、数字、引用值，或者引用要检验的以上任意值的名称。

实例解析

实例 166　忽略错误值进行求和运算

表格显示了各个销售员的销售量记录，其中有错误值显示，可以使用 ISERROR 函数进行销售量统计。

在 E2 单元格的公式编辑栏中输入公式：

```
=SUM(IF(ISERROR(C2:C10),0,C2:C10))
```

按 **Ctrl+Shift+Enter** 组合键即可统计出所有销售员的销售量总计值，如图 4-24 所示。

| E2 | | ▼ | : | × | ✓ | fx | {=SUM(IF(ISERROR(C2:C10),0,C2:C10))} |

▲	A	B	C	D	E	F
1	日期	销售员	销售量		销售总计	
2	2018/5/1	刘莉莉	28		107	
3	2018/5/2	邹凯	#N/A			
4	2018/5/3	夏兰	12			
5	2018/5/4	李凯德	#N/A			
6	2018/5/5	王婷	10			
7	2018/5/6	李彤	#N/A			
8	2018/5/7	姜欣怡	42			
9	2018/5/8	刘欣欣	11			
10	2018/5/9	邹芷云	4			

图 4-24

📖 公式解析

=SUM(IF(ISERROR(C2:C10),0,C2:C10))
         ①   ②

① 判断 C2:C10 单元格区域中的值是否为错误值，如果是，则记为 0 值。
② 将 C2:C10 单元格区域中的非错误值进行求和运算。

函数 15：ISNA 函数（检测给定值是否为#N/A 错误值）

函数功能

ISNA 函数用于判断指定数据是否为错误值"#N/A"。

函数语法

ISNA(value)

参数解释

value：表示要检验的值。参数 value 可以是空值（空单元格）、错误值、逻辑值、文本、数字、引用值，或者引用要检验的以上任意值的名称。

实例解析

实例 167 避免 VLOOKUP 函数查询时返回 "#N/A" 错误值

在使用 LOOKUP 或 VLOOKUP 函数进行查询时，当查询对象错误时通常都会返回#N/A，如图 4-25 所示。为了避免这种错误值出现，可以配合 IF 与 ISNA 函数实现当出现查询对象错误时返回"无此编号"提示文字。

G2		✕ ✓ fx	=VLOOKUP($F2,$A:$D,COLUMN(B1),FALSE)					
▲	A	B	C	D	E	F	G	H	I
1	员工编号	姓名	理论知识	操作成绩		员工编号	姓名	理论知识	操作成绩
2	Ktws-003	王明阳	76	79		Ktws-010	#N/A	#N/A	#N/A
3	Ktws-005	黄照先	89	90					
4	Ktws-011	夏红蕊	89	82					
5	Ktws-013	贾云馨	84	83					
6	Ktws-015	陈世发	90	81					
7	Ktws-017	马雪蕊	82	81					
8	Ktws-018	李沐天	82	86					
9	Ktws-019	朱明健	75	87					
10	Ktws-021	龙明江	81	90					

图 4-25

选中 G2 单元格，在公式编辑栏中输入公式：

= IF(ISNA(VLOOKUP($F2,$A:$D,COLUMN(B1),FALSE)),"无此编号",VLOOKUP($F2,$A:$D,COLUMN(B1),FALSE))

按 Enter 键后向右复制公式，可以看到当 F2 单元格中的编号有误时，则返回所设置的提示文字，如图 4-26 所示。

（右侧边栏） ● 第 4 章 信息函数

G2				× ✓ fx	= IF(ISNA(VLOOKUP($F2,$A:$D,COLUMN(B1),FALSE)),"无此编号", VLOOKUP($F2,$A:$D,COLUMN(B1),FALSE))

▲	A	B	C	D	E	F	G	H	I
1	员工编号	姓名	理论知识	操作成绩		员工编号	姓名	理论知识	操作成绩
2	Ktws-003	王明阳	76	79		Ktws-010	无此编号	无此编号	无此编号
3	Ktws-005	黄照先	89	90					
4	Ktws-011	夏红蓝	89	82					
5	Ktws-013	贾云馨	84	83					
6	Ktws-015	陈世发	90	81					
7	Ktws-017	马雪蕊	82	81					
8	Ktws-018	李沐天	82	86					
9	Ktws-019	朱明健	75	87					
10	Ktws-021	龙明江	81	90					

图 4-26

函数 16：ISERR 函数（检测给定值是否为#N/A 以外的错误值）

函数功能

ISERR 函数用于判断指定数据是否为错误值 "#N/A" 之外的任何错误值。

函数语法

ISERR(value)

参数解释

value：表示要检验的值。参数 value 可以是空值（空单元格）、错误值、逻辑值、文本、数字、引用值，或者引用要检验的以上任意值的名称。

实例解析

实例 168 检验数据是否为 "#N/A" 之外的任何错误值

检验的结果是，如果是错误值不为 "#N/A"，返回 TRUE；其他任何值或者错误值 "#N/A" 都将返回 FALSE。

如图 4-27 所示，A 列为数据，B 列为使用了 ISERR 函数建立公式后返回的结果。

B2			× ✓ fx	=ISERR(A2)

▲	A	B	C	D	E
1	错误值	返回结果			
2	66	FALSE			
3	吴晨	FALSE			
4	#N/A	FALSE			
5	#NAME?	TRUE			
6	#REF!	TRUE			
7	#VALUE!	TRUE			

图 4-27

函数 17：ISREF 函数（检测给定值是否为引用）

函数功能

ISREF 函数用于判断指定数据是否为引用。

函数语法

ISREF(value)

参数解释

value：表示要检验的值。

用法剖析

在如图 4-28 所示的表格中，C 列是返回值，D 列是对应的公式。可以看到当给定值是引用时返回 TRUE，当给定值是文本或计算结果时返回 FALSE。

	A	B	C	D
1	数据A	数据B	是否为引用	公式
2	人力		TRUE	=ISREF(A2)
3	emotion		TRUE	=ISREF(A3)
4	0.0001	0.0009	FALSE	=ISREF(A4*B4)
5	1	9	FALSE	=ISREF(A5*B5)
6		资源	否	=IF((ISREF(资源)),"是","否")
7		""	否	=IF((ISREF("")),"是","否")

图 4-28

函数 18：ISFORMULA 函数（检测单元格内容是否为公式）

函数功能

ISFORMULA 函数用于检查是否存在包含公式的单元格引用，然后返回 TRUE 或 FALSE。

函数语法

ISFORMULA(引用)

参数解释

引用：必需。表示对要测试单元格的引用。引用可以是单元格引用或引用单元格的公式或名称。

实例 169　检验单元格内容是否为公式计算结果

选中 E2 单元格，在公式编辑栏中输入公式：

```
=ISFORMULA(D2)
```

按 Enter 键后，然后向下复制公式即可对 D 列中的各个单元格值进行检测，返回 TRUE 的表示是公式计算结果，返回 FALSE 的表示不是公式计算结果，如图 4-29 所示。

	A	B	C	D	E	F
				fx	=ISFORMULA(D2)	
1	编号	单价	销售量	总销售额	检测结果	
2	001	45	80	3600	TRUE	
3	002	38.8	无	无	FALSE	
4	003	47.5	75	3562.5	TRUE	
5	004	35.8	81	2899.8	TRUE	
6	005	32.7	无	无	FALSE	
7	006	44	75	3300	TRUE	
8	007	38	77	2926	TRUE	

图 4-29

函数 19：SHEET 函数（返回工作表编号）

函数功能

SHEET 函数用于返回引用工作表的工作表编号。

函数语法

SHEET(value)

参数解释

value：可选。value 为所需工作表编号的工作表或引用的名称。如果 value 被省略，则 SHEET 返回含有该函数的工作表编号。

实例 170　返回工作表编号

在公式编辑栏中输入公式：

=SHEET()

按 **Enter** 键返回值为 2，表示该工作表是当前工作簿中的第 2 张工作表，如图 4-30 所示。

	A	B	C	D	E	F
				fx	=SHEET()	
1	订单编号	订单生成日期	数量	总金额		
2	42917-1	2017/7/1	116	39000		2
3	42928-2	2017/7/12	55	7800		
4	42935-3	2017/7/19	1090	11220		
5	42952-4	2017/8/5	200	51000		
6	42963-5	2017/8/16	120	40000		
7	42966-6	2017/8/19	45	4800		
8	42976-7	2017/8/29	130	49100		
9						

平均销量　订单　Sheet3　⊕

图 4-30

函数 20：SHEETS 函数

函数功能

SHEETS 函数用于返回引用中的工作表数。

函数语法

SHEETS(reference)

参数解释

reference：可选。reference 指一项引用，此函数要获得引用中所包含的工作表数。如果 reference 被省略，SHEETS 返回工作簿中含有该函数的工作表数。

实例解析

实例 171　返回当前工作簿中工作表数量

选中 **A2** 单元格，在公式编辑栏中输入公式：

```
=SHEETS()
```

按 **Enter** 键即可统计出当前工作簿中工作表的数量，如图 4-31 所示。

A2	▼ : × ✓ fx	=SHEETS()			
▲	A	B	C	D	E
1	工作表数量				
2	5				
	Sheet1	Sheet2	Sheet3	Sheet4	Sheet5

图 4-31

第 5 章　日期和时间函数

5.1　返回日期和时间

函数 1：NOW 函数（返回当前日期与时间）

函数功能

NOW 函数表示返回当前日期和时间的序列号。

函数语法

NOW()

参数解释

NOW 函数没有参数。

🔊 提示

NOW 函数的返回值与当前电脑设置的日期和时间一致。所以只有当前电脑设置的日期和时间设置正确，NOW 函数才返回正确的日期和时间。

实例解析

实例 172　计算活动剩余时间

NOW 函数可以返回当前的日期与时间值，因此利用此函数可以用于对活动精确的倒计时统计。

❶ 选中 **B2** 单元格，在公式编辑栏中输入公式：
```
=TEXT(B1-NOW(),"h:mm:ss")
```

按 **Enter** 键即可计算出 B1 单元格时间与当前时间的差值，并使用 TEXT 函数将时间转换为正确的格式，如图 5-1 所示。

B2	▼	⋮	×	✓	f_x	=TEXT(B1-NOW(),"h:mm:ss")

▲	A	B	C	D	E
1	活动结束时间	2017/10/24 0:00			
2	活动倒计时	5:56:02			
3					

图 5-1

❷ 由于当前时间是即时更新的，因此通过按键盘上的"**F9**"键即可实现倒计时的重新更新，如图 5-2 所示。

图 5-2

📖 公式解析

=TEXT(B1-NOW(),"h:mm:ss")

①　②

① 求 B1 中时间与 NOW 函数返回的当前时间的差值，返回的结果是时间差值对应的小数值。

② 外层套用 TEXT 函数，将时间小数值转换为更便于我们查看的正规时间显示格式。关于 TEXT 函数的学习可参见第 3 章。

函数 2：TODAY 函数（返回当前的日期）

函数功能

TODAY 函数用于返回当前日期的序列号。

函数语法

TODAY()

参数解释

TODAY 函数没有参数。

实例解析

实例 173　计算展品陈列天数

某展馆约定某个展架上展品的上架天数不能超过 30 天，根据上架日期，可以快速求出已陈列天数，从而方便对展品陈列情况的管理。

❶ 选中 C2 单元格，在公式编辑栏中输入公式：

```
=TEXT(TODAY()-B2,"0")
```

按 **Enter** 键即可计算出 B2 单元格上架日期至今日已陈列的天数。

❷ 将鼠标指针指向 C2 单元格的右下角，光标变成十字形状后，向下复制公式，即可批量求取各展品的已陈列天数，如图 5-3 所示。

C2	▼	:	×	✓	*fx*	=TEXT(TODAY()-B2,"0")

▲	A	B	C	D
1	展品	上架时间	陈列时间	
2	A	2018/10/20	36	
3	B	2018/10/20	36	
4	C	2018/11/1	24	
5	D	2018/11/1	24	
6	E	2018/11/10	15	
7	F	2018/11/12	13	
8	G	2018/11/15	10	

图 5-3

📖 **公式解析**

=TEXT(TODAY()-B2,"0")
　　　　①　　　②

① 求取 "TODAY()-B2" 的差值，默认会显示为日期值。

② 外层嵌套 TEXT 函数，将计算结果直接转换为数值。

实例 174　判断借出图书是否到期

表格统计了图书的借出日期和还书日期，本例规定：借阅时间超过 60 天时，即显示 "到期"，否则显示 "未到期"。

❶ 选中 C2 单元格，在公式编辑栏中输入公式：

=IF(TODAY()-B2>60,"到期","未到期")

按 **Enter** 键即可判断出借阅的图书是否到期。

❷ 将鼠标指针指向 C2 单元格的右下角，光标变成十字形状后，向下复制公式，即可快速判断出其他图书是否到期，如图 5-4 所示。

C2	▼	:	×	✓	*fx*	=IF(TODAY()-B2>60,"到期","未到期")

▲	A	B	C	D	E
1	图书	借出日期	是否到期		
2	财务管理	2018/9/24	到期		
3	工程管理	2018/9/3	到期		
4	HR必备	2018/10/10	未到期		
5	会计基础	2018/9/7	到期		
6	计算机基础	2018/11/18	未到期		
7	读者	2018/11/19	未到期		
8	瑞丽时尚	2018/7/3	到期		
9	汽车之间	2018/9/16	到期		

图 5-4

📖 **公式解析**

=IF(TODAY()-B2>60,"到期","未到期")
　　　　　①　　　　　　②

① 求取"TODAY()-B2"的差值，并判断是否大于 60。

② 如果①步为真，返回"到期"，否则返回"未到期"。

函数 3：DATE 函数（构建标准日期）

函数功能

DATE 函数用于返回表示特定日期的序列号。

函数语法

DATE(year,month,day)

参数解释

- year：表示 year 参数的值可以包含一到四位数字。
- month：表示一个正整数或负整数，表示一年中从 1 月至 12 月的各个月。
- day：表示一个正整数或负整数，表示一月中从 1 日到 31 日的各天。

用法剖析

=DATE (❶年份,❷月份,❸日期)

> 用 4 位数指定年份，用两位数表示月份，用两位数表示日期，一般用于将文本型的日期转换为能用于数据计算的标准日期。例如如果日期写成这种形式"20181120"，它将无法进行计算。

实例解析

实例 175　将不规范的日期转换为标准的日期形式

由于数据来源不同或输入不规范，经常会出现将日期录入为如图 5-5 所示的 B 列中的样式。为了数据方便后期对数据的分析，可以一次性转换为标准日期。

❶ 选中 D2 单元格，在公式编辑栏中输入公式：

```
=DATE(MID(B2,1,4),MID(B2,5,2),MID(B2,7,2))
```

按 **Enter** 键即可将 B2 单元格中的数值转换为日期形式。

❷ 将鼠标指针指向 D2 单元格的右下角，光标变成十字形状后，按住鼠标左键向下拖动进行公式填充，即可将其他不规范的日期转换为标准日期形式，如图 5-5 所示。

D2			fx	=DATE(MID(B2,1,4),MID(B2,5,2),MID(B2,7,2))		
▲	A	B	C	D	E	F
1	值班人员	加班日期	加班时长	标准日期		
2	刘长城	20181003	2.5	2018/10/3		
3	李岩	20181003	1.5	2018/10/3		
4	高雨馨	20181005	1	2018/10/5		
5	卢明宇	20181005	2	2018/10/5		
6	郑淑娟	20181008	1.5	2018/10/8		
7	左卫	20181011	3	2018/10/11		
8	庄美尔	20181011	2.5	2018/10/11		
9	周彤	20181012	2.5	2018/10/12		
10	杨飞云	20181012	2	2018/10/12		
11	夏晓辉	20181013	2	2018/10/13		

图 5-5

嵌套函数

MID 函数用于从给定的文本字符串中提取字符，提取的起始位置与结束位置都用参数来指定。

公式解析

=DATE(MID(B2,1,4),MID(B2,5,2),MID(B2,7,2))
②
①

① 使用 MID 函数在 A2 单元格从第 1 个字符开始提取，共提取 4 个字符数作为年份。以此类推，从第 5 个字符开始提取，共提取 2 个字符数作为月份；从第 7 个字符开始提取，共提取 2 个字符数作为日。

② 使用 DATE 函数可以将步骤①结果中的值转换为日期。

实例 176　计算临时工的实际工作天数

表格中统计了一段时间内临时工的工作起始日期，工作统一结束日期为"2018-12-20"，要求计算出每位临时工的实际工作天数。

❶ 选中 C2 单元格，在公式编辑栏中输入公式：

```
=DATE(2018,12,20)-B2
```

按 Enter 键即可计算出 B2 单元格中的日期距离"2018-12-20"这个日期的间隔天数（但默认返回的是日期值）。

❷ 将鼠标指针指向 C2 单元格的右下角，光标变成十字形状后，按住鼠标左键向下拖动进行公式填充，如图 5-6 所示。

C2			fx	=DATE(2018,12,20)-B2	
▲	A	B	C	D	E
1	姓名	开始日期	工作天数		
2	刘长城	2018/10/4	1900/3/17		
3	李岩	2018/10/3	1900/3/18		
4	高雨馨	2018/10/10	1900/3/11		
5	卢明宇	2018/10/7	1900/3/14		
6	郑淑娟	2018/11/18	1900/2/1		
7	左卫	2018/11/19	1900/1/31		
8	庄美尔	2018/11/3	1900/2/16		
9	周彤	2018/11/16	1900/2/3		

图 5-6

❸ 选中 C2:C9 单元格区域，在"开始"选项卡"数字"组中设置数字格式为"常规"格式即可正确显示工作天数，如图 5-7 所示。

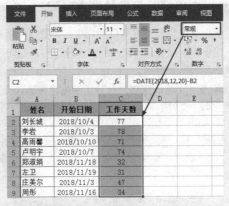

图 5-7

📖公式解析

=DATE(2018,12,20)-B2

① ②

① 将"2018-12-20"这个日期转换为可以计算的日期。

② 用①步日期减去 B2 单元格中的日期。

函数 4：TIME 函数（构建标准时间）

函数功能

TIME 函数表示返回某一特定时间的小数值。

函数语法

TIME(hour, minute, second)

参数解释

● hour：表示 0～32767 的数值，代表小时。

● minute：表示 0～32767 的数值，代表分钟。

● second：表示 0～32767 的数值，代表秒。

用法剖析

= TIME (❶时，❷分，❸秒)

一般用于构建一个标准时间，让这个时间可以用于数据计算。

实例 177　计算指定促销时间后的结束时间

例如某网店预备在某日的几个时段进行促销活动，开始时间不同，但促销时间都只有两小时 30 分，利用时间函数可以求出每个促销商品的结束时间。

❶ 选中 **C2** 单元格，在公式编辑栏中输入公式：

```
=B2+TIME(2,30,0)
```

按 **Enter** 键计算出的是第一件商品的促销结束时间。

❷ 将鼠标指针指向 C2 单元格的右下角，光标变成十字形状后，按住鼠标左键向下拖动进行公式填充，即可依次返回各促销商品的结束时间，如图 5-8 所示。

	A	B	C	D
1	商品名称	促销时间	结束时间	
2	清风抽纸	8:10:00	10:40:00	
3	行车记录仪	8:15:00	10:45:00	
4	控油洗面奶	10:30:00	13:00:00	
5	金龙鱼油	14:00:00	16:30:00	

图 5-8

函数 5：YEAR 函数（返回某日对应的年份）

函数功能

YEAR 函数用于返回某日期对应的年份，返回值为 1900～9999 之间的整数。

函数语法

YEAR(serial_number)

参数解释

serial_number：表示为一个日期值，其中包含要查找年份的日期。应使用 DATE 函数输入日期，或者将日期作为其他公式或函数的结果输入。

实例解析

实例 178　计算出员工年龄

表格的 C 列中显示了各员工的出生日期。要求从出生日期快速得出各员工的年龄。

❶ 选中 **D2** 单元格，在公式编辑栏中输入公式：

```
=YEAR(TODAY())-YEAR(C2)
```

按 **Enter** 键得出结果（是一个日期值）。选中 D2 单元格，拖动右下角的填充柄向下复制公式，即可批量得出一列日期值，如图 5-9 所示。

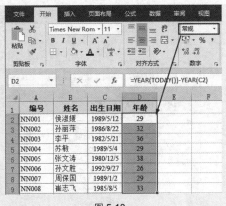

图 5-9

❷ 选中 "年龄" 列函数返回的日期值，在 "开始" 选项卡 "数字" 组的下拉
列表中选择 "常规" 格式，即可得出正确的年龄值，如图 5-10 所示。

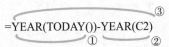

图 5-10

📖公式解析

$$=\text{YEAR}(\text{TODAY}())-\text{YEAR}(C2)$$
①   ②
③

① 返回当前日期，然后使用 YEAR 函数根据当前日期返回年份值。

② 根据 C2 单元格的出生日期返回出生年份值。

③ 计算②步与③步的差值，即为年龄值。

实例 179   计算出员工工龄

表格的 C 列中显示了各员工入公司的日期。要求根据入公司
的日期计算员工的工龄。

❶ 选中 D2 单元格，在公式编辑栏中输入公式：

```
=YEAR(TODAY())-YEAR(C2)
```

按 Enter 键得出结果（是一个日期值）。选中 D2 单元格，拖动右下角的填充
柄向下复制公式，即可批量得出一列日期值，如图 5-11 所示。

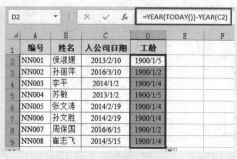

图 5-11

❷ 选中"年龄"列函数返回的日期值，在"开始"选项卡"数字"组的下拉列表中选择"常规"格式，即可得出正确的工龄值，如图 5-12 所示。

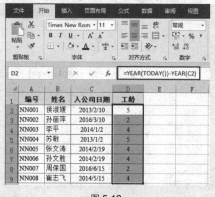

图 5-12

📖 公式解析

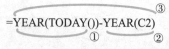

$$=\text{YEAR}(\text{TODAY}())-\text{YEAR}(C2)$$

① 返回当前日期，然后使用 YEAR 函数根据当前日期返回年份值。

② 根据 C2 单元格的出生日期返回出生年份值。

③ 计算第②步与第③步的差值，即为工龄值。

函数 6：MONTH 函数（返回日期中的月份）

函数功能

MONTH 函数用于返回以序列号表示的日期中的月份。月份是 1（一月）和 12（十二月）之间的整数。

函数语法

MONTH(serial_number)

参数解释

serial_number：表示要查找的月份的日期。应使用 DATE 函数输入日期，或者将日期作为其他公式或函数的结果输入。

实例解析

实例 180 判断是否是本月的应收账款

表格对公司往来账款的应收账款进行了统计，现在需要快速找到本月的账款。

❶ 选中 D2 单元格，在公式编辑栏中输入公式：

`=IF(MONTH(C2)=MONTH(TODAY()),"本月","")`

按 Enter 键，返回结果为空，表示 C2 单元格中的日期不是本月的。

❷ 将鼠标指针指向 D2 单元格的右下角，光标变成十字形状后，按住鼠标左键向下拖动进行公式填充，即可得到批量的判断结果，如图 5-13 所示。

图 5-13

实例解析

实例 181 计算本月账款金额总计

当前表格统计了账款金额与借款日期，现在需要统计出本月的账款合计值。

选中 D2 单元格，在公式编辑栏中输入公式：

`=SUM(IF(MONTH(C2:C10)=MONTH(TODAY()),B2:B10))`

按 Ctrl+Shift+Enter 组合键，即可计算出本月账款合计值，如图 5-14 所示。

图 5-14

📖 公式解析

$$=SUM(IF(MONTH(B2:B10)=MONTH(TODAY())),B2:B10))$$

① 使用 MONTH 函数依次提取出 B2:B10 单元格区域中各单元格的日期值的月份，并与系统当前日期的月份进行比较，相同的返回 TRUE，不同的返回 FALSE。返回的是一个数组。

② 将步骤①返回 TRUE 值的对应在 B2:B10 单元格区域上的值取出，并使用 SUM 函数进行求和。

函数 7：DAY 函数（返回日期中的天数）

函数功能

DAY 函数用于返回以序列号表示的某日期的天数，用整数 1～31 表示。

函数语法

DAY(serial_number)

参数解释

serial_number：表示要查找的那一天的日期。

实例解析

实例 182　计算本月上旬的销售额合计值

表格中按日期统计了不同规格产品的销售记录，现在要求统计出 1 月份上旬的出库记录，可以使用 DAY 函数配合 SUM 和 IF 函数来设置公式。

选中 **E2** 单元格，在公式编辑栏中输入公式：

```
=SUM(IF(DAY(A2:A9)<10,C2:C9))
```

按 **Ctrl+Shift+Enter** 组合键即可得出上旬的出库合计值，如图 **5-15** 所示。

| E2 | ▼ | : | × | ✓ | fx | {=SUM(IF(DAY(A2:A9)<10,C2:C9))} |

▲	A	B	C	D	E	F
1	日期	产品规格	数量		上旬出库数量	
2	2018/11/1	A1001	190		1349	
3	2018/11/1	B908	182			
4	2018/11/2	A1002	260			
5	2018/11/2	A1004	188			
6	2018/11/7	B1005	299			
7	2018/11/9	B908	230			
8	2018/11/13	A1001	189			
9	2018/11/16	C1098	258			

图 5-15

公式解析

$$=SUM(IF(DAY(A2:A9)<10,C2:C9))$$

① 将 A2:A9 单元格区域中所有的日期的日数都提取出来，返回的是一个数组。

② 依次判断①步数组中各个值是否小于 10，如果是则返回结果 TRUE，不是则返回 FALSE。返回的是一个数组。

③ 把步骤②中返回 TRUE 值的对应在 C2:C9 单元格区域中的值取出，并进行求和运算。

实例 183　实现员工生日自动提醒

在档案统计表中，要求能根据员工的出生日期给出生日自动提醒，即当天生日的员工能显示出"生日快乐"文字。

❶ 选中 E2 单元格，在编辑栏中输入公式：

`=IF(AND(MONTH(D2)=MONTH(TODAY()),DAY(D2)=DAY(TODAY())),"生日快乐","")`

按 Enter 键即可得出结果。

❷ 将鼠标指针指向 E2 单元格的右下角，光标变成十字形状后，按住鼠标左键向下拖动进行公式填充，可以看到 D 列的日期只有与系统日期的月份与日数相同时才返回"生日快乐"文字，否则返回空值，如图 5-16 所示。

E2	▼	:	× ✓ fx	=IF(AND(MONTH(D2)=MONTH(TODAY()), DAY(D2)=DAY(TODAY())),"生日快乐","")	

▲	A	B	C	D	E	F
1	姓名	所属部门	性别	出生日期	生日到期提醒	
2	张跃进	行政部	男	1971/2/13		
3	吴佳娜	人事部	女	1991/3/17		
4	柳惠	行政部	女	1985/8/14		
5	项筱筱	行政部	女	1979/5/16		
6	宋佳佳	行政部	女	1987/11/25	生日快乐	
7	刘琰	人事部	男	1986/10/25		
8	蔡晓燕	行政部	女	1979/2/26		
9	吴春华	行政部	女	1973/11/25	生日快乐	
10	汪涛	行政部	男	1978/5/2		
11	赵晓	行政部	女	1988/10/25		

图 5-16

公式解析

$$=IF(AND(MONTH(D2)=MONTH(TODAY()),DAY(D2)=DAY(TODAY())),"生日快乐","")$$

① 提取 D2 单元格中日期的月数并判断其是否等于当前日期的月数。

② 提取 D2 单元格中日期的日数并判断其是否等于当前日期的日数。

③ 判断第①与第②步两项判断是否同时满足。

④ 当第③步结果为 TRUE 时，返回"生日快乐"。

函数 8：WEEKDAY 函数（返回指定日期对应的星期数）

函数功能

WEEKDAY 函数表示返回某日期为星期几。默认情况下，其值为 1（星期天）到 7（星期六）之间的整数。

函数语法

WEEKDAY(serial_number,[return_type])

参数解释

- serial_number：表示一个序列号，代表尝试查找的那一天的日期。应使用 DATE 函数输入日期，或者将日期作为其他公式或函数的结果输入。
- return_type：可选。用于确定返回值类型的数字。

用法剖析

$$= WEEKDAY\ (A1\ ,\ 2)$$

一个日期，可以是单元格引用、公式计算结果，如果直接指定一个日期需要使用双引号。

可以是三个值：
1 或省略：1 至 7 代表星期天到星期六。
2：1 至 7 代表星期一到星期天。
3：0 至 6 代表星期一到星期天。

实例解析

实例 184　返回日期对应的星期数

表格的 B 列中显示了各员工的值班日期，要求根据值班日期快速得知对应的星期数，即得到 C 列的结果。

❶ 选中 C2 单元格，在公式编辑栏中输入公式：

```
=WEEKDAY(B2,2)
```

按 **Enter** 键得出结果。

❷ 选中 C2 单元格，拖动右下角的填充柄向下复制公式，即可批量根据日期返回对应的星期数，如图 5-17 所示。

| C2 | | × ✓ fx | =WEEKDAY(B2,2) |

	A	B	C	D	E
1	值班人员	值班日期	星期		
2	侯淑媛	2016/5/3	2		
3	李平	2016/5/5	4		
4	张文涛	2016/5/8	7		
5	苏敏	2016/5/9	1		
6	张文涛	2016/5/13	5		
7	侯淑媛	2016/5/16	1		
8	李平	2016/5/18	3		
9	孙丽萍	2016/5/20	5		
10	张文涛	2016/5/24	2		

图 5-17

📖 **公式解析**

=WEEKDAY(B2,2)

返回 B2 单元格中的值班日期是星期几。

实例 185 判断加班日期是平时加班还是双休日加班

表格的 A 列中显示了加班日期，要求根据 A 列中的加班日期判断是双休日加班还是平时加班。

❶ 选中 E2 单元格，在公式编辑栏中输入公式：

=IF(OR(WEEKDAY(A2,2)=6,WEEKDAY(A2,2)=7),"双休日加班","平时加班")

按 **Enter** 键得出加班类型。

❷ 选中 E2 单元格，拖动右下角的填充柄向下复制公式，即可批量根据加班日期得出加班类型，如图 5-18 所示。

| E2 | | × ✓ fx | =IF(OR(WEEKDAY(A2,2)=6,WEEKDAY(A2,2)=7), "双休日加班","平时加班") |

	A	B	C	D	E	F	G
1	加班日期	员工工号	员工姓名	加班时数	加班类型		
2	2016/1/12	NN295	侯淑媛	5	平时加班		
3	2016/1/15	NN297	李平	6	平时加班		
4	2016/1/16	NN560	张文涛	8	双休日加班		
5	2016/1/16	NN860	苏敏	2	双休日加班		
6	2016/1/18	NN560	张文涛	2	平时加班		
7	2016/1/18	NN295	侯淑媛	2	平时加班		
8	2016/1/18	NN297	李平	2	平时加班		
9	2016/1/20	NN291	孙丽萍	5	平时加班		
10	2016/1/23	NN560	张文涛	5	双休日加班		

图 5-18

👨 **嵌套函数**

OR 函数属于逻辑函数类型。给出的参数组中任何一个参数逻辑值为 TRUE，即返回 TRUE；任何一个参数的逻辑值为 FALSE，即返回 FALSE。

📖 **公式解析**

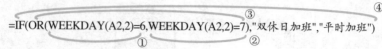

=IF(OR(WEEKDAY(A2,2)=6,WEEKDAY(A2,2)=7),"双休日加班","平时加班")

① 判断 A2 单元格中的星期数是否为 6。

② 判断 A2 单元格中的星期数是否为 7。

③ 判断第①步结果与第②步结果中是否有一个满足。

④ 如果第③步结果成立，返回"双休日加班"，否则返回"平时加班"。

实例 186　计算每日的计时工资

本例中规定：职工在周一至周五正常上班 8 小时的工时工资为 5 元/小时，8 小时以外则按 1.5 倍来计算，周六上班每小时按 1.5 倍计算。

现在需要计算出某职工每天的计时工资。

❶ 选中 C2 单元格，在公式编辑栏中输入公式：

=8*5*IF(WEEKDAY(A2,2)<6,1,1.5)+(B2-8)*5*1.5

按 Enter 键即可得出 5 月 1 日的计时工资。

❷ 将鼠标指针指向 C2 单元格的右下角，光标变成十字形状后，按住鼠标左键向下拖动进行公式填充，即可得出其他日期所对应的计时工资额，如图 5-19 所示。

C2		⨯ ✓ fx	=8*5*IF(WEEKDAY(A2,2)<6,1,1.5)+(B2-8)*5*1.5				
⊿	A	B	C	D	E	F	G
1	日期	工时	本日计时工资				
2	5月1日	8	40				
3	5月2日	9	47.5				
4	5月3日	10	55				
5	5月4日	8.5	63.75				
6	5月5日	9	67.5				
7	5月6日	8	40				
8	5月7日	9.5	51.25				
9	5月8日	8	40				
10	5月9日	9	47.5				
11	5月10日	12	70				

图 5-19

📖 **公式解析**

=8*5*IF(WEEKDAY(A2,2)<6,1,1.5)+(B2-8)*5*1.5

① 计算正常 8 小时上班的计时工资。

② 计算星期系数。判断 A2 单元格中的日期是否为周六或周日，如果小于周六则系数为 1，否则系数为 1.5。

③ 计算出 8 小时以外的工资。"B2-8"为超过 8 小时的小时数，乘以 5 再乘以 1.5 倍即可计算出 8 小时以外的计时工资。

④ 前面 3 步之和为总计时工资。

函数 9：WEEKNUM 函数（返回日期对应一年中的第几周）

函数功能

WEEKNUM 函数用于返回一个数字，该数字代表一年中的第几周。

函数语法

WEEKNUM(serial_number,[return_type])

参数解释

- serial_number：表示一周中的日期。应使用 DATE 函数输入日期，或者将日期作为其他公式或函数的结果输入。
- return_type：可选。是一个数字，确定星期从哪一天开始。

实例解析

实例 187　快速得知 2019 年中各节日在第几周

表格中显示了 2019 年中的各节日日期，要求快速得知各日期在全年中的第几周。

❶ 选中 C2 单元格，在公式编辑栏中输入公式：

="第"& WEEKNUM(B2)&"周"

按 Enter 键得出结果。

❷ 选中 C2 单元格，拖动右下角的填充柄向下复制公式，即可批量得出结果，如图 5-20 所示。

	A	B	C	D
1	节日	日期	对应一年中的第几周	
2	元旦	2019/1/1	第1周	
3	清明节	2019/4/5	第14周	
4	劳动节	2019/5/1	第18周	
5	端午节	2019/6/7	第23周	
6	中秋节	2019/9/13	第37周	
7	国庆节	2019/10/1	第40周	

图 5-20

公式解析

="第"& WEEKNUM(A2)&"周"

① 返回 A2 单元格中的日期所对应的周。

② 使用连字符"**&**"将其与"第"和"周"连接起来，形成第几周的格式。

函数 10：EOMONTH 函数（返回某日期在本月最后一天的序列号）

函数功能

EOMONTH 函数用于返回某个月份最后一天的序列号，该月份与开始日期相隔（之前或之后）指示的月份数。它可以计算正好在特定月份中的到期日。

函数语法

EOMONTH(start_date, months)

参数解释

- start_date：表示一个代表开始日期的日期。应使用 DATE 函数输入日期，或者将日期作为其他公式或函数的结果输入。
- months：表示 start_date 之前或之后的月份数。months 为正值将生成未来日期，为负值将生成过去日期。如果 months 不是整数，将截尾取整。

用法剖析

= EOMONTH (❶起始日期,❷指定之前或之后的月份)

> 如果要返回是当前月份的最后一天日期，则指定为 0；如果间隔几个月后的日期则指定为正数；如果向前间隔几个月的日期则指定为负数。

实例解析

实例 188　根据活动开始日期计算各月活动天数

表格中显示了企业制定的活动计划的开始时间，结束时间都是到月底结束。现在要求根据活动开始日期返回各月活动的天数。

❶ 选中 B2 单元格，在公式编辑栏中输入公式：

```
=EOMONTH(A2,0)-A2
```

按 **Enter** 键得出的结果是 **2018-5-1** 到本月最后一天的天数（默认为一个日期值），选中 **B2** 单元格，拖动右下角的填充柄向下复制公式，如图 **5-21** 所示。

B2		▼	:	×	✓	fx	=EOMONTH(A2,0)-A2	

▲	A	B	C	D
1	活动开始日	活动天数		
2	2018/5/1	1900/1/30		
3	2018/5/16	1900/1/15		
4	2018/6/1	1900/1/29		
5	2018/6/15	1900/1/15		
6	2018/6/23	1900/1/7		
7	2018/6/25	1900/1/5		

图 5-21

❷ 选中"活动天数"列函数返回的日期值，在"开始"选项卡的"数字"组的下拉列表中选择"常规"格式，即可显示出正确的天数，如图 **5-22** 所示。

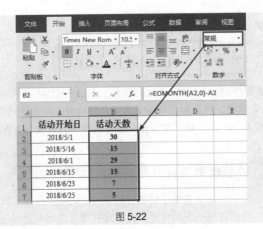

图 5-22

📖公式解析

① 返回 A2 单元格中日期在当月的最后一天的序列号。

② 使用最后一天的序列号减去 A2 单元格日期的序列号，即可计算出当前日期到最后一天的天数。

实例 189　统计离职员工的工资结算日期

公司在每月月初的第 1 天发放员工薪水，根据员工的离职日期可以得出其发薪日。

❶ 选中 C2 单元格，在公式编辑栏中输入公式：

```
=TEXT(EOMONTH(B2,0)+1,"yyyy年m月d日")
```

按 Enter 键即可得出第一位离职人员的工资结算日期。

❷ 将鼠标指针指向 C2 单元格的右下角，光标变成十字形状后，按住鼠标左键向下拖动进行公式填充，即可返回其他离职人员的工资结算日期，如图 5-23 所示。

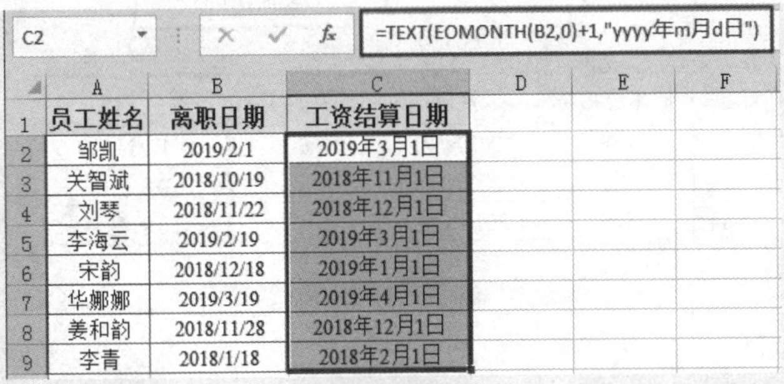

图 5-23

公式解析

=TEXT(EOMONTH(B2,0)+1,"yyyy 年 m 月 d 日")

① 以 0 作为 EOMONTH 函数的参数，表示产生 B2 单元格中的月份所对应的最后一天的日期，然后加上数值 1 表示得到次月 1 日的序列值。

② 使用 TEXT 函数将步骤①得到的序列值格式转换为日期格式，显示出年月日格式。

实例 190　计算优惠券有效期的截止日期

某商场发放的优惠券的使用规则是：在发出日期起的特定几个月的最后一天内使用有效，现在要在表格中返回各种优惠券的有效截止日期。

❶ 选中 D2 单元格，在公式编辑栏中输入公式：

=EOMONTH(B2,C2)

❷ 按 Enter 键返回一个日期的序列号（注意将单元格的格式更改为"日期"格式即可正确显示日期），选中 D2 单元格，拖动右下角的填充柄向下复制公式，如图 5-24 所示。

D2		▼	× ✓ fx	=EOMONTH(B2,C2)
▲	A	B	C	D
1	优惠券名称	放发日期	有效期(月)	截止日期
2	A券	2017/5/1	6	43069
3	B券	2017/5/1	8	43131
4	C券	2018/6/20	10	43585

图 5-24

❸ 选中返回值的单元格区域，在"开始"选项卡的"数字"组中重新设置单元格的格式为"常规"即可得到截上日期，如图 5-25 所示。

D2		▼	× ✓ fx	=EOMONTH(B2,C2)
▲	A	B	C	D
1	优惠券名称	放发日期	有效期(月)	截止日期
2	A券	2017/5/1	6	2017/11/30
3	B券	2017/5/1	8	2018/1/31
4	C券	2018/6/20	10	2019/4/30

图 5-25

 公式解析

返回的是 B2 单元格日期间隔 C2 中指定月份后那一月最后一天的日期。

函数 11：HOUR 函数（返回时间中的小时数）

函数功能

HOUR 函数表示返回时间值中的小时数。

函数语法

HOUR(serial_number)

参数解释

serial_number：表示一个时间值，其中包含要查找的小时。

实例解析

实例 191　计算访问的时间的区间

某公司抽取了一日对公司网站的访问时间，并进行了记录，要
求根据来访时间显示时间区间，从而实现统计分析哪个时间段的访
问量最高。

❶ 选中 C2 单元格，在公式编辑栏中输入公式：

    =HOUR(B2)&":00-"&HOUR(B2)+1&":00"

按 **Enter** 键得出结果。

❷ 选中 C2 单元格，拖动右下角的填充柄向下复制公式，即可批量得出结
果，如图 5-26 所示。

C2	▼	:	× ✓ fx	=HOUR(B2)&":00-"&HOUR(B2)+1&":00"		
▲	A	B	C	D	E	F
1	序号	访问时间	时间区间			
2	1	8:15:20	8:00-9:00			
3	2	8:18:12	8:00-9:00			
4	3	8:38:56	8:00-9:00			
5	4	8:42:10	8:00-9:00			
6	5	9:05:20	9:00-10:00			
7	6	10:21:20	10:00-11:00			
8	7	10:45:12	10:00-11:00			
9	8	10:47:02	10:00-11:00			
10	9	10:55:17	10:00-11:00			
11	10	11:21:20	11:00-12:00			

图 5-26

公式解析

$$= \underbrace{HOUR(B2)\&":00-"}_{①}\underbrace{\&HOUR(B2)+1\&":00"}_{②}$$

① 根据 B2 单元格中时间提取小时数。

② 提取 B2 单元格中的小时数并加 1，得出时间区间。然后使用&符号进行
连接。

函数 12：MINUTE 函数（返回时间中的分钟数）

函数功能

MINUTE 函数表示返回时间值的分钟数。

函数语法

MINUTE(serial_number)

参数解释

serial_number：表示一个时间值，其中包含要查找的分钟。

实例解析

实例 192　计算出精确的停车分钟数

根据停车的开始时间与结束时间，可以精确地计算出停车的总分钟数，以方便准确收费。

❶ 选中 **D2** 单元格，在公式编辑栏中输入公式：

`=(HOUR(C2)*60+MINUTE(C2)-HOUR(B2)*60-MINUTE(B2))`

按 **Enter** 键即可返回第一条记录的停车分钟数。

❷ 将鼠标指针指向 **D2** 单元格的右下角，待光标变成十字形状后，按住鼠标左键向下拖动进行公式填充，即可返回其他停车记录的分钟数，如图 5-27 所示。

	A	B	C	D	E	F	G
D2	▼	× ✓ fx	=(HOUR(C2)*60+MINUTE(C2)-HOUR(B2)*60-MINUTE(B2))				
1	汽车编号	进入时间	离开时间	停车分钟数			
2	**	08:30:20	10:45:35	135			
3	**	08:33:12	08:55:10	22			
4	**	08:38:56	16:42:12	484			
5	**	08:42:10	14:42:58	360			
6	**	08:55:20	09:58:56	63			
7	**	10:12:35	11:20:37	68			
8	**	10:12:35	11:10:26	58			

图 5-27

公式解析

`=(HOUR(C2)*60+MINUTE(C2)-HOUR(B2)*60-MINUTE(B2))`

① 将 C2 单元格的时间转换为分钟数。

② 提取 B2 单元格中时间的小时数，乘以 60 表示转换为分钟数。

③ 提取 B2 单元格中时间的分钟数。

④ 步骤①结果减去步骤②与步骤③结果即为停车分钟数。

函数13：SECOND函数（返回时间中的秒数）

函数功能

SECOND函数表示返回时间值的秒数。

函数语法

SECOND(serial_number)

参数解释

serial_number：表示一个时间值，其中包含要查找的秒数。

实例解析

实例193 计算商品的秒杀秒数

某店铺开展了几项商品的秒杀活动，分别记录了开始时间与结束时间，现在想统计出每种商品的秒杀秒数。

❶ 选中D2单元格，在编辑栏中输入公式：

```
    =HOUR(C2-B2)*60*60+MINUTE(C2-B2)*60+
SECOND(C2-B2)
```

按Enter键计算出的值是时间值，将鼠标指针指向D2单元格的右下角，待光标变成十字形状后，按住鼠标左键向下拖动进行公式填充，如图5-28所示。

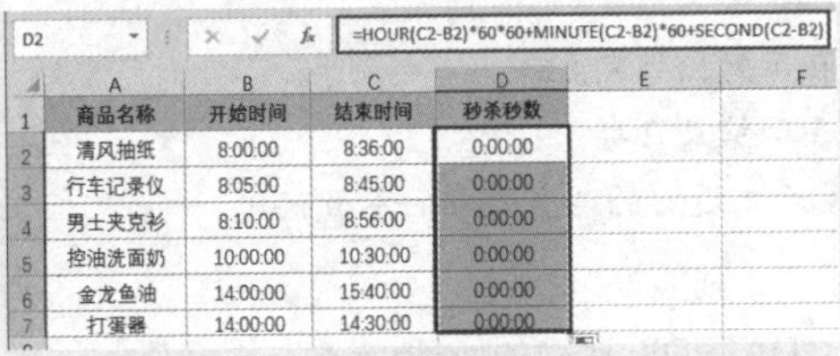

D2 =HOUR(C2-B2)*60*60+MINUTE(C2-B2)*60+SECOND(C2-B2)

	A	B	C	D	E	F
1	商品名称	开始时间	结束时间	秒杀秒数		
2	清风抽纸	8:00:00	8:36:00	0:00:00		
3	行车记录仪	8:05:00	8:45:00	0:00:00		
4	男士夹克衫	8:10:00	8:56:00	0:00:00		
5	控油洗面奶	10:00:00	10:30:00	0:00:00		
6	金龙鱼油	14:00:00	15:40:00	0:00:00		
7	打蛋器	14:00:00	14:30:00	0:00:00		

图5-28

❷ 选中返回值的单元格区域，在"开始"选项卡的"数字"组中重新设置单元格的格式为"常规"即可批量得出各商品秒杀的秒数，如图5-29所示。

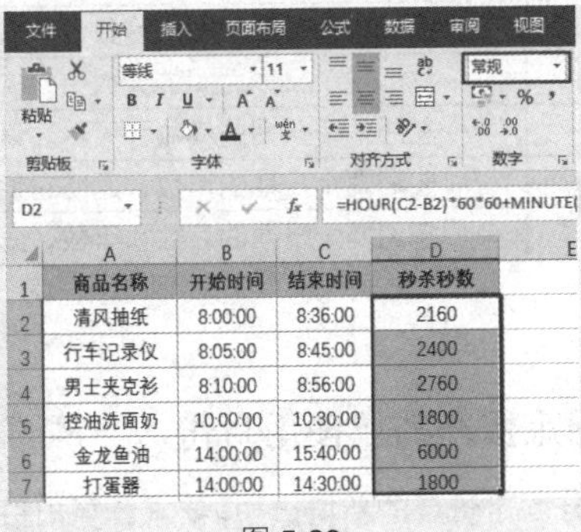

D2 =HOUR(C2-B2)*60*60+MINUTE(

	A	B	C	D	E
1	商品名称	开始时间	结束时间	秒杀秒数	
2	清风抽纸	8:00:00	8:36:00	2160	
3	行车记录仪	8:05:00	8:45:00	2400	
4	男士夹克衫	8:10:00	8:56:00	2760	
5	控油洗面奶	10:00:00	10:30:00	1800	
6	金龙鱼油	14:00:00	15:40:00	6000	
7	打蛋器	14:00:00	14:30:00	1800	

图5-29

📖 公式解析

=HOUR(C2-B2)*60*60+MINUTE(C2-B2)*60+SECOND(C2-B2)
     ①   ②   ③

① 计算 "C2-B2" 中的小时数，两次乘以 60 表示转换为秒数。
② 计算 "C2-B2" 中的分钟数，乘以 60 表示转化为秒数。
③ 计算 "C2-B2" 中的秒数。
④ 三者相加为总秒数。

5.2　日　期　计　算

函数 14：DATEDIF 函数（计算两个日期之间的年数、月数、天数）

函数功能

DATEDIF 函数用于计算两个日期之间的年数、月数和天数。

函数语法

DATEDIF(date1,date2,code)

参数解释

- date1：表示起始日期。
- date2：表示结束日期。
- code：表示要返回的两个日期的参数代码。

用法剖析

表 5-1 说明了 DATEDIF 函数的 code 参数与返回值。

表 5-1

code 参数	DATEDIF 函数返回值
Y	返回两个日期之间的年数
M	返回两个日期之间的月数
D	返回两个日期之间的天数
YM	忽略两个日期的年数和天数，返回它们之间的月数
YD	忽略两个日期的年数，返回它们之间的天数
MD	忽略两个日期的月数和年数，返回它们之间的天数

实例解析

实例 194　统计固定资产的已使用月份

表格中显示的部分固定资产的新增日期，要求计算出每项固定资产的已使用月份。

❶ 选中 D2 单元格，在公式编辑栏中输入公式：

```
=DATEDIF(C2,TODAY(),"m")
```

按 Enter 键即可根据 C2 单元格中的新增日期计算出第一项固定资产已使用月数。

❷ 将鼠标指针指向 D2 单元格的右下角，待光标变成十字形状后，按住鼠标左键向下拖动进行公式填充，即可批量计算各固定资产的已使用月数，如图 5-30 所示。

	A	B	C	D	E
1	序号	物品名称	新增日期	使用时间(月)	
2	A001	空调	14.06.05	40	
3	A002	冷暖空调机	14.06.22	40	
4	A003	饮水机	15.06.05	28	
5	A004	uv喷绘机	14.05.01	41	
6	A005	印刷机	15.04.10	30	
7	A006	覆膜机	15.10.01	24	
8	A007	平板彩印机	16.02.02	20	
9	A008	亚克力喷绘机	16.10.01	12	

T.TEST　fx　=DATEDIF(C2,TODAY(),"m")

图 5-30

📖 **公式解析**

=DATEDIF(C2,TODAY(),"m")

以 C2 单元格中的日期值为起始日期，结束日期为系统当前的日期值。返回两个日期之间的相差的月份数。

实例 195　计算员工工龄

表格中显示了员工的入职时间，现在要求根据入职时间计算出员工的工龄。

❶ 选中 D2 单元格，在公式编辑栏中输入公式：

```
=DATEDIF(C2,TODAY(),"y")
```

按 Enter 键返回的是一个日期值。将鼠标指针指向 D2 单元格的右下角，光标变成十字形状后，按住鼠标左键向下拖动进行公式填充，如图 5-31 所示。

	A	B	C	D	E
1	工号	姓名	入职时间	工龄	
2	AS001	邹凯	2014/1/1	1900/1/4	
3	AS002	关智斌	2011/6/15	1900/1/7	
4	AS003	刘琴	2013/2/4	1900/1/5	
5	AS004	李海云	2014/2/11	1900/1/4	
6	AS005	宋韵	2010/6/1	1900/1/8	
7	AS006	华娜娜	2015/11/5	1900/1/3	
8	AS007	陈晓	2011/11/5	1900/1/7	
9	AS008	李晓彤	2014/11/15	1900/1/4	

D2　fx　=DATEDIF(C2,TODAY(),"y")

图 5-31

❸ 保持公式返回结果的选中状态，再选择"开始"选项卡的"数字"组中设置数据格式为"常规"格式即可显示出正确的工龄，如图 5-32 所示。

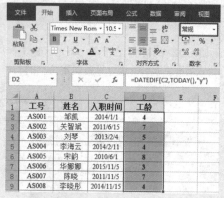

图 5-32

📖公式解析

=DATEDIF(C2,TODAY(),"y")

以 C2 单元格中的日期值为起始日期，结束日期为系统当前的日期值。返回两个日期之间相差的年数。

实例 196　设置员工生日提醒

某些公司会在员工生日时赠送生日礼物，为了方便人事部门的工作，利用函数可以更加方便工作人员的查看，以便及时送出生日礼品。本例将标识出当前日期开始 7 天内过生日的员工记录。

❶ 选中 C2 单元格，在公式编辑栏中输入公式：

=IF(DATEDIF($B2-7,TODAY(),"yd")<=7,"提醒","")

按 Enter 键即可返回第一位员工的生日提醒。

❷ 将鼠标指针指向 C2 单元格的右下角，待光标变成十字形状后，按住鼠标左键向下拖动进行公式填充，即可返回其他员工的生日提醒情况，如图 5-33 所示。

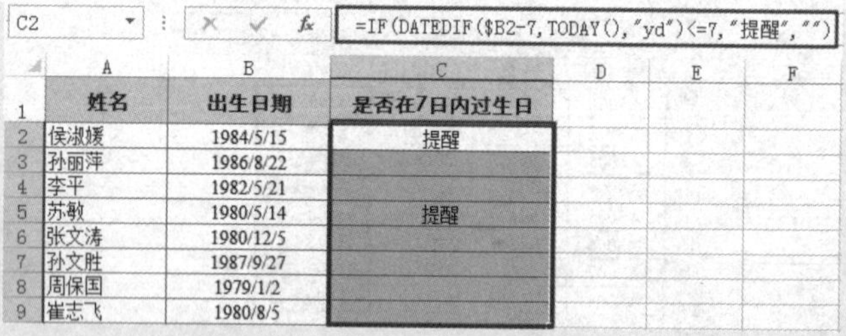

图 5-33

公式解析

=IF(DATEDIF($B2-7,TODAY(),"yd")<=7,"提醒","")

① "$B2-7"的日期值为起始日期，结束日期为系统当前的日期，忽略年份值并返回两个日期之间的天数，当两者相差在 7 天以内（<=7）时即是即将过生日的员工。当相差天数小于或等于 7 时返回 TRUE，否则返回 FALSE。

② 当步骤①中的结果为 TRUE 时则返回"提醒"，结果为 FALSE 时则返回空值。

实例 197　统计大于 12 个月的账款

根据表格显示的借款时间和对应的借款金额，统计出时长为 12 个月内以及 12 个月以上的账款金额合计值。

❶ 选中 E2 单元格，在公式编辑栏中输入公式：

=SUM((DATEDIF(A2:A10,TODAY(),"M")<=12)*B2:B10)

按 Ctrl+Shift+Enter 组合键即可返回 12 个月内的账款，如图 5-34 所示。

E2			✕ ✓ fx	{=SUM((DATEDIF(A2:A10,TODAY(),"M")<=12)*B2:B10)}		
	A	B	C	D	E	F	G
1	借款时间	金额		时长	金额		
2	2017/11/17	20000		12个月内的账款	64500		
3	2017/3/27	5000		12个月以上的账款			
4	2018/6/5	6500					
5	2017/12/5	10000					
6	2016/7/14	5358					
7	2017/2/9	8100					
8	2018/4/28	12000					
9	2018/6/21	5000					
10	2018/6/10	11000					

图 5-34

❷ 选中 E3 单元格，在公式编辑栏中输入公式：

=SUM((DATEDIF(A2:A10,TODAY(),"M")>12)*B2:B10)

按 Ctrl+Shift+Enter 组合键得出 12 个月以上的账款，如图 5-35 所示。

E3			✕ ✓ fx	{=SUM((DATEDIF(A2:A10,TODAY(),"M")>12)*B2:B10)}		
	A	B	C	D	E	F	G
1	借款时间	金额		时长	金额		
2	2017/11/17	20000		12个月内的账款	64500		
3	2017/3/27	5000		12个月以上的账款	18458		
4	2018/6/5	6500					
5	2017/12/5	10000					
6	2016/7/14	5358					
7	2017/2/9	8100					
8	2018/4/28	12000					
9	2018/6/21	5000					
10	2018/6/10	11000					

图 5-35

📖公式解析

=SUM((DATEDIF(A2:A8,TODAY(),"M")>12)*B2:B8)

① 用 DATEDIF 函数依次返回 A2:A8 单元格区域中各个日期与当前日期相差的月数，返回的是一个数组。

② 依次判断步骤①中数组中各个值是否小于 12，如果是，返回 TRUE，如果不是，返回 FALSE。返回的是一个数组。

③ 将②步数组中是 TRUE 的对应在 B2:B8 单元格区域上的值取出，并进行求和运算。

函数 15：DAYS360 函数（按照一年 360 天的算法计算两日期间相差的天数）

函数功能

DAYS360 函数按照一年 360 天的算法（每个月以 30 天计，一年共计 12 个月），返回两日期间相差的天数，这在一些会计计算中将会用到。

函数语法

DAYS360(start_date,end_date,[method])

参数解释

- start_date：表示计算期间天数的起始日期。
- end_date：表示计算的终止日期。如果 start_date 在 end_date 之后，则 DAYS360 将返回一个负数。应使用 DATE 函数来输入日期，或者将日期作为其他公式或函数的结果输入。
- method：可选。一个逻辑值，它指定在计算中是采用欧洲方法还是美国方法。

📢 提示

与 DATEDIF 函数的区别在于：DAYS360 无论当月是 31 天还是 28 天全部都以 30 天计，DATEDIF 函数是以实际天数计算的。另外，计算两个日期之间相差的天数，要"算尾不算头"，即起始日当天不算作 1 天，终止日当天要算作 1 天。

实例解析

实例 198　计算还款剩余天数

表格中的 C 列为借款金额的应还日期，D 列为账期，本例要求计算出各项借款的还款剩余天数（如果返回的结果为负数则表示已经到期）。

❶ 选中 E2 单元格，在公式编辑栏中输入公式：

```
=DAYS360(TODAY(),C2+D2)
```

按 Enter 键即可返回第一项借款的还款剩余天数。

❷ 将鼠标指针指向 E2 单元格的右下角，光标变成十字形状后，按住鼠标左键向下拖动进行公式填充，即可得到其他借款的还款剩余天数，如图 5-36 所示。

	A	B	C	D	E
1	发票号码	借款金额	借款日期	账期	还款剩余天数
2	12023	20850.00	2017/11/30	60	-297
3	12584	5000.00	2018/4/30	15	-191
4	20596	15600.00	2018/5/10	20	-176
5	23562	120000.00	2018/7/25	25	-97
6	63001	15000.00	2018/11/8	20	2
7	125821	20000.00	2018/11/5	60	38

（E2 栏：fx =DAYS360(TODAY(),C2+D2)）

图 5-36

📖公式解析

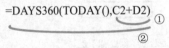

① 二者相加为借款的到期日期。

② 按照一年 360 天的算法计算当前日期与①步返回结果间的差值。

函数 16：EDATE 函数（计算间隔指定月份数后的日期）

函数功能

EDATE 函数用于返回表示某个日期的序列号，该日期与指定日期（start_date）相隔（之前或之后）指示的月份数。

函数语法

EDATE(start_date, months)

参数解释

● start_date：表示一个代表开始日期的日期。应使用 DATE 函数输入日期，或者将日期作为其他公式或函数的结果输入。

● months：表示 start_date 之前或之后的月份数。months 为正值将生成未来日期，为负值将生成过去日期。

用法剖析

$$= EDATE (A2,3)$$

如果指定为正值，将生成起始日之后的日期；如果指定为负值，将生成起始日之前的日期。

实例解析

实例 199　计算食品的过期日期

本例将根据食品的生产日期和保质期，计算出食品过期的日期。

❶ 选中 D2 单元格，在公式编辑栏中输入公式：

=EDATE(B2,C2)

❷ 按 Enter 键即可根据产品的生产日期和保质期计算出过期日期(这里的日期格式为默认的常规格式)，将鼠标指针指向 D2 单元格的右下角，待光标变成十字形状后，按住鼠标左键向下拖动进行公式填充，如图 5-37 所示。

	A	B	C	D
	产品名称	生产日期	保质期(月)	过期日期
2	牛奶饼干	2017/8/5	9	43225
3	黑糖	2017/5/15	12	43235
4	士力架	2017/5/28	18	43432
5	蜂蜜	2017/5/8	24	43593
6	金丝红枣	2018/5/9	10	43533
7	盐焗南瓜子	2018/5/10	8	43475

D2　fx =EDATE(B2,C2)

图 5-37

❸ 保持过期日期列的选中状态，选择 "开始" 选项卡的 "数字" 组中设置数据格式为 "日期" 格式，即可正确显示出食品的过期日期，如图 5-38 所示。

	A	B	C	D	E
	产品名称	生产日期	保质期(月)	过期日期	
2	牛奶饼干	2017/8/5	9	2018/5/5	
3	黑糖	2017/5/15	12	2018/5/15	
4	士力架	2017/5/28	18	2018/11/28	
5	蜂蜜	2017/5/8	24	2019/5/8	
6	金丝红枣	2018/5/9	10	2019/3/9	
7	盐焗南瓜子	2018/5/10	8	2019/1/10	

文件　开始　插入　页面布局　公式　数据　审阅　视图

宋体　11　日期

B I U

D2　fx =EDATE(B2,C2)

图 5-38

📖 **公式解析**

=EDATE(B2,C2)

将 B2 单元格中的生产日期设置为开始日期,C2 单元格时间为之后指示的月份数,最终返回结果为 B2 单元格日期间隔 C2 中指定月份后的日期。

📢 **提示**

由于 EDATE 函数返回的是日期序列号,因此需要把公式所在单元格区域的数字格式修改为"日期"格式才能够正确显示。

实例 200　提示合同是否到期

公司员工的合同签约时间各不相同,利用 EDATE 函数配合其他相关函数可以判断其合同是否过期。

❶ 选中 D2 单元格,在公式编辑栏中输入公式:

=IF(EDATE(B2,C2*12)-TODAY()<0,"合同过期","")

按 Enter 键即可判断出第一位员工的合同是否到期。

❷ 将鼠标指针指向 D2 单元格的右下角,待光标变成十字形状后,按住鼠标左键向下拖动进行公式填充,即可返回其他员工的合同的状态,如图 5-39 所示。

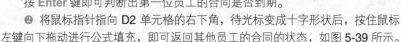

	A	B	C	D	E	F	G
1	姓名	签订合同日期	合同时间	续约提示			
2	刘冠冠	2015/2/10	3	合同过期			
3	李清	2016/5/18	2	合同过期			
4	邹凯	2017/2/1	3				
5	关云	2017/3/8	1	合同过期			
6	蒋云	2017/5/5	3				
7	孙莉莉	2018/1/25	1				
8	牛玲玲	2018/5/17	2				

图 5-39

📖 **公式解析**

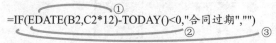

=IF(EDATE(B2,C2*12)-TODAY()<0,"合同过期","")

① 首先使用 EDATE 函数计算出合同到期日,"C2*12"表示将 C2 单元格中的年份数转换为月份数。

② 判断①步结果与当前日期的差值是否小于 0。

③ 如果②步为真返回"合同过期"文字。

实例 201　根据出生日期与性别计算退休日期

企业有接近于退休年龄的员工,人力资源部门建立表格予以统计,可以根据出生日期与性别计算退休日期。假设男性退休年龄为 55 岁;女性退休年龄为 50 岁,可按如下方法建立公式。

❶ 选中 **E2** 单元格，在公式编辑栏中输入公式（见图 5-40）：

`=EDATE(D2,12*((C2="男")*5+50))+1`

❷ 按 **Enter** 键返回是日期序列号。将鼠标指针指向 **E2** 单元格的右下角，待光标变成十字形状后，按住鼠标左键向下拖动进行公式填充，如图 5-40 所示。

E2	▼	:	×	✓	f_x	=EDATE(D2,12*((C2="男")*5+50))+1

▲	A	B	C	D	E	F
1	所属部门	姓名	性别	出生日期	退休日期	
2	行政部	张跃进	男	1964/2/13	43510	
3	人事部	吴佳娜	女	1962/3/17	40986	
4	人事部	刘琪	男	1964/10/16	43755	
5	行政部	赵晓	女	1968/10/16	43390	
6	销售部	左亮亮	男	1963/2/17	43149	
7	研发部	郑大伟	男	1964/3/24	43549	
8	人事部	汪满盈	女	1969/5/16	43602	
9	销售部	王蒙蒙	女	1968/3/17	43177	

图 5-40

❸ 保持退休日期列的选中状态，选择"开始"选项卡的"数字"组中设置数据格式为"日期"格式，即可正确显示各位员工的退休日期，如图 5-41 所示。

文件	开始	插入	页面布局	公式	数据	审阅	视图

粘贴 剪贴板 等线 10.5 B I U A A 字体 对齐方式 日期 % 数字

E2	▼	:	×	✓	f_x	=EDATE(D2,12*((C2="男")*5+50

▲	A	B	C	D	E	
1	所属部门	姓名	性别	出生日期	退休日期	
2	行政部	张跃进	男	1964/2/13	2019/2/14	
3	人事部	吴佳娜	女	1962/3/17	2012/3/18	
4	人事部	刘琪	男	1964/10/16	2019/10/17	
5	行政部	赵晓	女	1968/10/16	2018/10/17	
6	销售部	左亮亮	男	1963/2/17	2018/2/18	
7	研发部	郑大伟	男	1964/3/24	2019/3/25	
8	人事部	汪满盈	女	1969/5/16	2019/5/17	
9	销售部	王蒙蒙	女	1968/3/17	2018/3/18	

图 5-41

📖**公式解析**

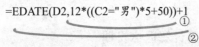

$=EDATE(D2,\underbrace{12*(\overbrace{(C2="男")*5+50}^{①})}_{②})+1$

① 表示如果 C2 单元格显示为男性"C2="男""返回 TRUE，然后退休年龄为"TRUE*5+50"（"TRUE*5"等于 5），如果 C2 单元格显示为女性，"C2="女""返回 FALSE，然后退休年龄为"FALSE*5+50"（"FALSE *5"等于 0），前面乘以 12 的处理是将前面的返回的年龄转换为月份数。

② 使用 EDATE 函数返回日期，此日期是 D2 中出生日期之后 n 个月（①步返回指定）的日期。

函数 17: WORKDAY 函数（获取间隔若干工作日后的日期）

函数功能

WORKDAY 函数表示返回在某日期（起始日期）之前或之后、与该日期相隔指定工作日的某一日期的日期值。工作日不包括周末和专门指定的假日。

函数语法

WORKDAY(start_date, days, [holidays])

参数解释

- start_date：表示一个代表开始日期的日期。
- days：表示 start_date 之前或之后不含周末及节假日的天数。days 为正值将生成未来日期，为负值将生成过去日期。
- holidays：可选。一个可选列表，其中包含需要从工作日历中排除的一个或多个日期。

用法剖析

> 正值表示向后推算；负值表示向前推算。

= WORKDAY (❶起始日期,❷往后推算的工作日数,❸节假日)

> 可选的。除去周末之外另外再指定的不计算在内的日期。可以是一个包含相关日期的单元格区域，或者是一个由表示这些日期的序列值构成的数组常量。

实例解析

实例 202 根据休假天数自动显示出休假结束日期

根据休假开始日期和休假天数可以计算出员工的休假结束日期。

❶ 选中 D2 单元格，在公式编辑栏中输入公式：

    =WORKDAY(B2,C2,$F$2:$F$4)

按 Enter 键即可返回第一位员工的休假结束日期。

❷ 将鼠标指针指向 D2 单元格的右下角，待光标变成十字形状后，按住鼠标左键向下拖动进行公式填充，即可返回其他员工的休假结束日期，如图 5-42 所示。

| D2 | | : | × | ✓ | fx | =WORKDAY(B2,C2,$F$2:$F$4) |

▲	A	B	C	D	E	F
1	姓名	休假开始日期	休假天数	休假结束日期		五一假期
2	闫绍红	2018/3/1	13	2018/3/20		2018/5/1
3	罗婷	2018/4/21	22	2018/5/25		2018/5/2
4	杨增	2018/4/1	37	2018/5/25		2018/5/3
5	王倩	2018/5/22	29	2018/7/2		
6	姚磊	2018/6/15	17	2018/7/10		

图 5-42

📖公式解析

=WORKDAY(B2,C2,$F$2:$F$4)

将 B2 单元格中的日期值设置为开始日期，间隔 C2 单元格中指定的天数后的日期。间隔日期中不包含周末以及指定的节假日（本例在 F2:F4 单元格区域中指定，因为公式要向下复制使用，所以使用绝对引用）。

函数 18：WORKDAY.INTL 函数

函数功能

WORKDAY.INTL 函数用于返回指定的若干个工作日之前或之后的日期的序列号（使用自定义周末参数）。周末参数指明周末有几天以及是哪几天。工作日不包括周末和专门指定的假日。

函数语法

WORKDAY.INTL(start_date, days, [weekend], [holidays])

参数解释

- start_date：表示开始日期（将被截尾取整）。
- days：表示 start_date 之前或之后的工作日的天数。正值表示未来日期；负值表示过去日期；零值表示开始日期。day_offset 将被截尾取整。
- weekend：可选。指示一周中属于周末的日子和不作为工作日的日子。weekend 是一个用于指定周末日的数字或字符串。
- holidays：可选。一组可选的日期，表示要从工作日日历中排除的一个或多个日期。holidays 应是一个包含相关日期的单元格区域，或者是一个由表示这些日期的序列值构成的数组常量。holidays 中的日期或序列值的顺序可以是任意的。

用法剖析

= WORKDAY.INTL (❶起始日期, ❷往后计算的工作日数, ❸指定周末日的参数, ❹节假日)

> 与 WORKDAY 函数的区别是对这个参数的指定（如果不指定二者用法一样），可以指定哪个日子或哪些日子是周末。关于此参数的指定下面给出表格。

表 5-2 说明了 WORKDAY.INTL 函数的 weekend 参数与返回值。

表 5-2

weekend 参数	WORKDAY.INTL 函数返回值
1 或省略	星期六、星期日
2	星期日、星期一
3	星期一、星期二
4	星期二、星期三
5	星期三、星期四
6	星期四、星期五
7	星期五、星期六
11	仅星期日
12	仅星期一
13	仅星期二
14	仅星期三
15	仅星期四
16	仅星期五
17	仅星期六
自定义参数 0000011	0000011 周末日为：星期六、星期日（周末字符串值的长度为 7 个字符，从周一开始，分别表示一周的一天。1 表示非工作日，0 表示工作日）

实例解析

实例 203　根据休假天数自动显示出休假结束日期

仍然沿用 WORKDAY 函数中的例子，要根据休假开始日期和休假天数可以计算出员工的休假结束日期，但要求是只有周日作为法定假日，且中间有五一假期排除在外，这时可以使用 WORKDAY.INTL 函数来建立公式。

❶ 选中 **D2** 单元格，在公式编辑栏中输入公式：

    =WORKDAY.INTL(B2,C2,11,$F$2:$F$4)

按 **Enter** 键即可返回第一位员工的休假结束日期。

❷ 将鼠标指针指向 D2 单元格的右下角，光标变成十字形状后，按住鼠标左键向下拖动进行公式填充，即可返回其他员工的休假结束日期（可将结果与 WORKDAY 函数中的例子相比较），如图 5-43 所示。

	A	B	C	D		F
1	姓名	休假开始日期	休假天数	休假结束日期		五一假期
2	同绍红	2018/3/1	13	2018/3/16		2018/5/1
3	罗婷	2018/4/21	22	2018/5/21		2018/5/2
4	杨增	2018/4/1	37	2018/5/17		2018/5/3
5	王倩	2018/5/22	29	2018/6/25		
6	姚磊	2018/6/15	17	2018/7/5		

D2   fx =WORKDAY.INTL(B2,C2,11,$F$2:$F$4)

图 5-43

公式解析

=WORKDAY.INTL(B2,C2,11,$F$2:$F$4)
                 ①   ②

计算 B2 单元格中日期间隔 C3 单元格中指定工作日后的日期。

① 此参数指定只有周日是周末日。

② 此参数为指定的排除计算的节假日，因为公式要向下复制使用，这一部分使用要绝对引用。

函数 19：YEARFRAC 函数（从开始到结束日所经过的天数占全年天数的比例）

函数功能

YEARFRAC 函数表示返回开始日期和终止日期之间的天数占全年天数的百分比。

函数语法

YEARFRAC(start_date, end_date, [basis])

参数解释

● start_date：表示一个代表开始日期的日期。

● end_date：表示一个代表终止日期的日期。

● basis：可选。要使用的计数基准类型。

实例解析

实例 204　计算员工请假天数占全年天数的百分比

表格显示了员工假期的起始日期和结算日期，需要计算出请假天数占全年工作日的百分比，可以利用 YEARFRAC 函数直接设置公式。

❶ 选中 **D2** 单元格，在公式编辑栏中输入公式：

```
=YEARFRAC(B2,C2,3)
```

按 **Enter** 键，返回的是小数值，将鼠标指针指向 **D2** 单元格的右下角，光标变成十字形状后，按住鼠标左键向下拖动进行公式填充，如图 **5-44** 所示。

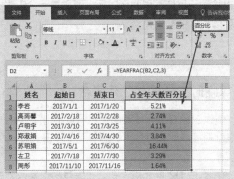

图 5-44

❷ 选中返回结果，在"开始"选项卡的"数字"组中，将单元格的格式更改为"百分比"，即可正确显示请假天占全年天数的百分比值，如图 5-45 所示。

图 5-45

📖**公式解析**

=YEARFRAC(B2,C2,3)

B2 和 C2 单元格中的日期值分别作为开始日期和终止日期，然后用实际天数除以 365 即可返回其天数占全年天数的百分比值。注意，指定此参数为 3 表示是一年 365 天计算。

函数 20：NETWORKDAYS 函数（计算两个日期间的工作日）

函数功能

NETWORKDAYS 函数表示返回开始日期和终止日期之间完整的工作日数

值。工作日不包括周末和专门指定的假期。可以使用 NETWORKDAYS 函数根据某一特定时期内雇员的工作天数，计算其应计的报酬。

函数语法

NETWORKDAYS(start_date, end_date, [holidays])

参数解释

- start_date：表示一个代表开始日期的日期。
- end_date：表示一个代表终止日期的日期。
- holidays：可选。不在工作日历中的一个或多个日期所构成的可选区域。

用法剖析

= NETWORKDAYS (❶起始日期,❷终止日期,❸节假日)

> 可选的。除去周末之外另外再指定的不计算在内的日期。可以是一个包含相关日期的单元格区域，或者是一个由表示这些日期的序列值构成的数组常量。

实例解析

实例 205　计算临时工的实际工作天数

假设企业在某一段时间使用一批临时工，根据开始使用日期与结束日期可以计算每位人员的实际工作日天数，以方便对他们工资的核算。

❶ 选中 D2 单元格，在公式编辑栏中输入公式：

```
=NETWORKDAYS (B2,C2,$F$2)
```

❷ 按 Enter 键计算出的是开始日期为 "**2017/12/1**"，结日期为 "**2018/1/10**" 这期间的工作日数。将鼠标指针指向 D2 单元格的右下角，光标变成十字形状后，按住鼠标左键向下拖动进行公式填充，可以依次返回各位人员的工作日数，如图 5-46 所示。

YEARFRAC		fx	=NETWORKDAYS(B2,$F$2)		
	A	B	C	D	E	F
1	姓名	开始日期	结束日期	工作日数		法定假日
2	刘瑛	2017/12/1	2018/1/10	28		2018/1/1
3	赵晓	2017/12/5	2018/1/10	26		
4	左亮亮	2017/12/12	2018/1/10	21		
5	郑大伟	2017/12/18	2018/1/10	17		
6	汪满盈	2017/12/20	2018/1/10	15		
7	吴佳娜	2017/12/20	2018/1/10	15		

图 5-46

📖 公式解析

=NETWORKDAYS (B2,C2,$F$2)

计算 B2 和 C2 单元格中两个日期间的工作日数，F2 为指定的法定假日，在公式复制过程中始终不变，所以使用绝对引用。

函数 21：NETWORKDAYS.INTL 函数

函数功能

NETWORKDAYS.INTL 函数表示返回两个日期之间的所有工作日数，使用参数指示哪些天是周末，以及有多少天是周末。工作日不包括周末和专门指定的假日。

函数语法

NETWORKDAYS.INTL(start_date, end_date, [weekend], [holidays])

参数解释

- start_date 和 end_date：表示要计算其差值的日期。start_date 可以早于或晚于 end_date，也可以与它相同。
- weekend：表示介于 start_date 和 end_date 之间但又不包括在所有工作日数中的周末日。weekend 是一个用于指定周末日的周末数字或字符串。
- holidays：可选。表示要从工作日日历中排除的一个或多个日期。holidays 应是一个包含相关日期的单元格区域，或者是一个由表示这些日期的序列值构成的数组常量。holidays 中的日期或序列值的顺序可以是任意的。

实例 206　计算临时工的实际工作天数

沿用上面的例子，要求根据临时工的开始工作日期与结束日期计算工作日数，但此时要求指定每周只有周一一天为周末日，此时可以使用 NETWORKDAYS.INTL 函数来建立公式。

❶ 选中 D2 单元格，在公式编辑栏中输入公式：

```
=NETWORKDAYS.INTL(B2,C2,12,$F$2)
```

❷ 按 **Enter** 键计算出的是开始日期为 "**2017/12/1**"，结日期为 "**2018/1/10**" 这期间的工作日数（这期间只有周一为周末日）。将鼠标指针指向 D2 单元格的右下角，待光标变成十字形状后，按住鼠标左键向下拖动进行公式填充，可以依次返回各位人员的工作日数，如图 5-47 所示。

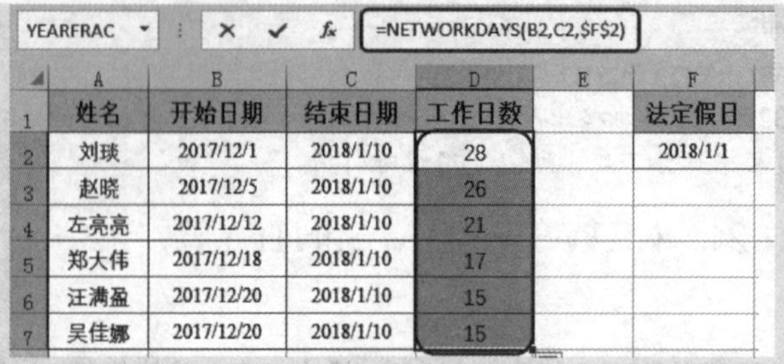

图 5-47

📖公式解析

=NETWORKDAYS.INTL(B2,C2,12,$F$2)
　　　　　　　　　① 　②

计算 B2 单元格中日期到 C3 单元格中日期间的工作日天数。

① 此参数指定只有周一是周末日。

② 此参为指定的排除计算的节假日，因为公式要向下复制使用，这一部分使用要绝对引用。

5.3　文本日期与文本时间的转换

函数 22：DATEVALUE 函数（将日期字符串转换为可计算的序列号）

函数功能

DATEVALUE 函数可将存储为文本的日期转换为 Excel 识别的日期的序列号。

函数语法

DATEVALUE(date_text)

参数解释

date_text：表示 Excel 日期格式的日期的文本，或者是对表示 Excel 日期格式的日期的文本所在单元格的单元格引用。

用法剖析

= DATEVALUE (日期)

可以是单元格的引用或使用双引号来直接输入文本时间。如："=DATEVALUE("2017-8-1")" "=DATEVALUE("2017 年 10 月 15 日"))" "=DATEVALUE("14-Mar")" 等。

实例解析

实例 207　计算展品的陈列天数

某展馆陆续上架了一些展品，要求所有展品均在 2018 年 12 月 31 日统一下架，现在要计算每件展品的上架天数。

❶ 选中 C2 单元格，在公式编辑栏中输入公式：

```
=DATEVALUE("2018-12-31")-B2
```

按 **Enter** 键即可计算出 B2 单元格上架日期至 2018 年 12 月 31 日陈列的天数。

❷ 将鼠标指针指向 C2 单元格的右下角，待光标变成十字形状后，向下复制公式，即可批量求取各展品的陈列天数，如图 5-48 所示。

C2	▼	:	× ✓	f_x	=DATEVALUE("2018-12-31")-B2	
▲	A	B	C	D	E	
1	展品	上架时间	陈列天数			
2	A	2018-10-20	72			
3	B	2018-10-20	72			
4	C	2018-11-1	60			
5	D	2018-11-1	60			
6	E	2018-11-10	51			
7	F	2018-11-12	49			
8	G	2018-11-16	45			

图 5-48

公式解析

=DATEVALUE("2018-12-31")-B2
　　　　①　　　　　　　②

① 将 "2018-12-31" 这个日期转换为可计算的日期序列号。

② 计算①步日期与 B2 单元格日期间的差值。

函数 23：TIMEVALUE 函数（将时间字符串转换可计算的小数值）

函数功能

TIMEVALUE 函数用于返回由文本字符串所代表的小数值。

函数语法

TIMEVALUE(time_text)

参数解释

time_text：表示一个文本字符串，代表以任意一种 Microsoft Excel 时间格式表示的时间。

= TIMEVALUE (时间)

可以是单元格的引用或使用双引号来直接输入文本时间。如：
"=TIMEVALUE("2:30:0") " " "=TIMEVALUE("2:30PM")"
"=TIMEVALUE (20 时 50 分)" 等。

实例 208　根据下班打卡时间计算加班时间

表格中记录了某日几名员工的下班打卡时间，正常下班时间为 17 点 50 分，根据下班打卡时间可以变相计算出几位员工的加班时长。由于下班打卡时间是文本形式的，因此在进行时间计算时需要使用 TIMEVALUE 函数来转换。

❶ 选中 C2 单元格，在公式编辑栏中输入公式：

=TIMEVALUE(B2)-TIMEVALUE("17:50")

按 Enter 键计算出的值是时间对应的小数值。鼠标指针指向 C2 单元格的右下角，待光标变成十字形状后，向下复制公式，得到的数据如图 5-49 所示。

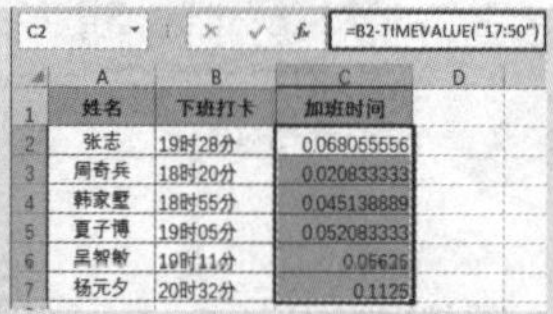

姓名	下班打卡	加班时间	
张志	19时28分	0.068055556	
周奇兵	18时20分	0.020833333	
韩家聚	18时55分	0.045138889	
夏子博	19时05分	0.052083333	
吴智敏	19时11分	0.05625	
杨元夕	20时32分	0.1125	

图 5-49

❷ 选中公式返回的结果，在"开始"选项卡的"数字"组中单击 🔽 按钮，打开"设置单元格式"对话框，在"分类"列表中选择"时间"，在"类型"列表中选择"13 时 30 分"样式，如图 5-50 所示。

图 5-50

❸ 单击"确定"按钮即可显示出正确的加班时间，如图 5-51 所示。

	A	B	C
1	姓名	下班打卡	加班时间
2	张志	19时28分	1时38分
3	周奇兵	18时20分	0时30分
4	韩家堡	18时55分	1时05分
5	夏子博	19时05分	1时15分
6	吴智敏	19时11分	1时21分
7	杨元夕	20时32分	2时42分

图 5-51

📖公式解析

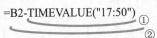

① 将"17:50"这个日期转换为可计算的时间值。

② 计算 B2 单元格时间与①步值间的差值。

第6章 统计函数

6.1 平均值计算函数

函数1：AVERAGE 函数（求平均值）

函数功能

AVERAGE 函数用于计算所有参数的算术平均值。

函数语法

AVERAGE(number1,number2,...)

参数解释

number1,number2,...：表示要计算平均值的 1~255 个参数。

用法剖析

$$= \text{AVERAGE} \, (\, 4,\text{SUM(B2:B10)},A1 \,)$$

同 SUM 函数一样，AVERAGE 参数可以是单元格引用、数值、公式的计算结果，参数还可以是其他公式的计算结果。函数最多可以设置 255 个参数。并且如果参数是单元格引用，函数只对其中数值类型的数据进行运算，文本、逻辑值、空单元格都会被函数忽略。

实例解析

实例 209 快速自动求平均值

　　表格统计了学生的语文成绩，要求计算出平均分，利用 Excel 中的"自动求和"功能可以快速自动求平均值。

　　❶ 选中目标单元格，在"公式"选项卡的"函数库"组中单击"自动求和"按钮，在下拉菜单中单击"平均值"命令，如图 6-1 所示。

图 6-1

❷ 此时函数根据当前选中单元格左右的数据默认参与运算的单元格区域（如果默认参数区域不是我们想要的，则重新选取），如图 6-2 所示。

❸ 按 **Enter** 键即可完成操作，如图 6-3 所示。

	A	B	C	D	E
1	班级	姓名	语文		
2	高一 (1) 班	刘娜	92		
3	高一 (1) 班	钟扬	72		
4	高一 (1) 班	陈振涛	87		
5	高一 (1) 班	吴丹晨	91		
6	高一 (1) 班	谭谢生	68		
7	高一 (1) 班	黄永明	81		
8	高一 (1) 班	刘璐璐	77		
9	高一 (1) 班	肖菲菲	85		
10	高一 (1) 班	简佳丽	80		
11			=AVERAGE(C2:C10)		
12			AVERAGE(**number1**, [number2], ...)		

图 6-2

	A	B	C	D
1	班级	姓名	语文	
2	高一 (1) 班	刘娜	92	
3	高一 (1) 班	钟扬	72	
4	高一 (1) 班	陈振涛	87	
5	高一 (1) 班	吴丹晨	91	
6	高一 (1) 班	谭谢生	68	
7	高一 (1) 班	黄永明	81	
8	高一 (1) 班	刘璐璐	77	
9	高一 (1) 班	肖菲菲	85	
10	高一 (1) 班	简佳丽	80	
11			平均分	81.44

图 6-3

实例 210　在成绩表中忽略 0 值求平均分

表格中统计了学生各门功课的成绩，要求计算各门功课的平均分（0 值要忽略），即得到第 10 行中的数据。

❶ 选中 **B10** 单元格，在公式编辑栏中输入公式：

```
=AVERAGE(IF(B2:B9>0,B2:B9))
```

按 **Ctrl+Shift+Enter** 组合键得出"语文"平均分（忽略 0 值），如图 6-4 所示。

	A	B	C	D
1	姓名	语文	数学	英语
2	刘娜	78	64	59
3	陈振涛	60	84	85
4	陈自强	91	86	80
5	谭谢生	50	84	75
6	王家驹	78	58	80
7	段军鹏	46	55	0
8	简佳丽	32	0	60
9	肖菲菲	0	51	0
10	平均分	62.14286	68.85714	73.16667

图 6-4

❷ 选中 B10 单元格，拖动右下角的填充柄向右复制公式，即可批量得出其他科目的平均分（忽略 0 值）。

📖 **公式解析**

= AVERAGE(IF(B2:B9>0,B2:B9))
       ①   ②

① 依次判断 B2:B9 单元格区域值是否大于 0，如果是，返回 TRUE，如果不是，返回 FALSE，返回的是一个数组。

② 将①步数组中 TRUE 值的对应在 B2:B9 单元格区域中取值，最后求出平均值。

实例 211　计算指定学校学生的平均成绩

如图 6-5 所示的表格中统计了参加某项考试的学生的成绩，"班级"列中是全称，其中一个学校有多个班，要求统计出指定某个学校的平均分数。

	A	B	C	D
1	姓名	班级	成绩	
2	刘娜	桃州一小1(1)班	93	
3	钟扬	桃州一小1(2)班	72	
4	陈振涛	桃州二小1(1)班	87	
5	陈自强	桃州二小1(2)班	90	
6	吴丹晨	桃州一小1(1)班	60	
7	谭谢生	桃州三小1(1)班	88	
8	邹瑞宣	桃州三小1(2)班	99	
9	刘璐璐	桃州二小1(2)班	82	
10	黄永明	桃州三小1(1)班	65	
11	简住丽	桃州一小1(2)班	89	
12	肖菲菲	桃州一小1(2)班	89	
13	简佳丽	桃州三小1(2)班	77	

图 6-5

选中 E2 单元格，在公式编辑栏中输入公式：

=AVERAGE(IF(ISNUMBER(FIND("桃州一小",B2:B13)),C2:C13))

按 **Ctrl+Shift+Enter** 组合键得出"桃州一小"的平均分，如图 6-6 所示。

E2		× ✓ fx	{=AVERAGE(IF(ISNUMBER(FIND("桃州一小",B2:B13)),C2:C13))}			
	A	B	C	D	E	F	G
1	姓名	班级	成绩		桃州一小的平均分		
2	刘娜	桃州一小1(1)班	93		78.5		
3	钟扬	桃州一小1(2)班	72				
4	陈振涛	桃州二小1(1)班	87				
5	陈自强	桃州二小1(2)班	90				
6	吴丹晨	桃州一小1(1)班	60				
7	谭谢生	桃州三小1(1)班	88				
8	邹瑞宣	桃州三小1(2)班	99				
9	刘璐璐	桃州二小1(2)班	82				
10	黄永明	桃州三小1(1)班	65				
11	简佳丽	桃州一小1(2)班	89				
12	肖菲菲	桃州一小1(2)班	89				
13	简佳丽	桃州三小1(2)班	77				

图 6-6

嵌套函数

- FIND 函数属于文本函数类型，用于在第二个文本串中定位第一个文本串，并返回第一个文本串的起始位置的值。
- ISNUMBER 函数属于信息函数类型。可以判断引用的参数或指定单元格中的值是否为数字。如果检验的内容为数字，将返回 TRUE，否则将返回 FALSE。

公式解析

=AVERAGE(IF(ISNUMBER(FIND("桃州一小",B2:B13)),C2:C13))

① 在 B2:B13 单元格区域中寻找"桃州一小"，找到返回"1"，找不到返回"#VALUE!"。

② 判断第①步返回值中是否为数字，是数字，返回 TRUE，不是数字，返回 FALSE。因此排除了第①步中结果为"#VALUE!"的单元格。

③ 将第②步返回值中为 TRUE 的对应在 C2:C13 单元格区域上的值取出并进行求平均值。

函数 2：AVERAGEA 函数（求包括文本和逻辑值的平均值）

函数功能

AVERAGEA 函数返回给定参数（包括数字、文本和逻辑值）的平均值。

函数语法

AVERAGEA(value1,value2,...)

参数解释

value1,value2,...：表示为需要计算平均值的 1～30 个单元格、单元格区域或数值。

用法剖析

= AVERAGEA (B2:B10)

AVERAGEA 与 AVERAGE 的区别仅在于：AVERAGE 不计算文本值，而 AVERAGEA 的参数可以是逻辑值、文本。

实例解析

实例 212　计算平均分时将"缺考"的也计算在内

表格中统计了学生的成绩（包括缺考的），要求计算每位学生的平均成绩（缺考的也计算在内）。

❶ 选中 **G2** 单元格，在公式编辑栏中输入公式：

=AVERAGEA(B2:F2)

按 **Enter** 键得出第一位学生的平均分，如图 6-7 所示。

	G2	▼	┊	×	✓	fx	=AVERAGEA(B2:F2)	
▲	A	B	C	D	E	F	G	
1	姓名	语文	数学	英语	物理	化学	平均分	
2	刘娜	78	64	59	92	67	72	
3	刘娜	60	84	85	74	85	77.6	
4	钟扬	91	86	80	73	68	79.6	
5	陈振涛	缺考	84	75	83	80	64.4	
6	陈自强	78	58	80	91	缺考	61.4	
7	吴丹晨	76	85	65	77	63	73.2	
8	谭谢生	78	64	缺考	85	83	62	
9	邹瑞宣	91	86	80	72	84	82.6	

图 6-7

❷ 选中 **G2** 单元格，拖动右下角的填充柄向下复制公式，即可批量得出其他学生的平均分。

公式解析

– AVERAGEA(B2:F2)

求 B2:F2 单元格区域的所有成绩的平均分。

提示

如果直接使用 AVERAGE 函数计算平均分，将自动忽略"缺考"项。例如第 5 行有一项缺考的，用 AVERAGE 函数为"SUM(B5:F6)/4"；而 AVERAGEA 函数则为"SUM(B5:F6)/5"。

实例 213　统计各月份的平均销售额（计算区域含文本值）

下面的表格中要求计算出各个月份中的平均销售额，其中有一个销售部在 3 月中处于调整状态，但在计算平均销售额时，也要求将其计算在内。

❶ 选中 E2 单元格，在公式编辑栏中输入公式：

=AVERAGEA(B2:D2)

按 **Enter** 键即可计算出 1 月份平均销售额。

❷ 选中 **E2** 单元格，拖动右下角的填充柄向下复制公式，即可求解出其他各个月份的平均销售额，如图 6-8 所示（注意 3 月份的平均销售额）。

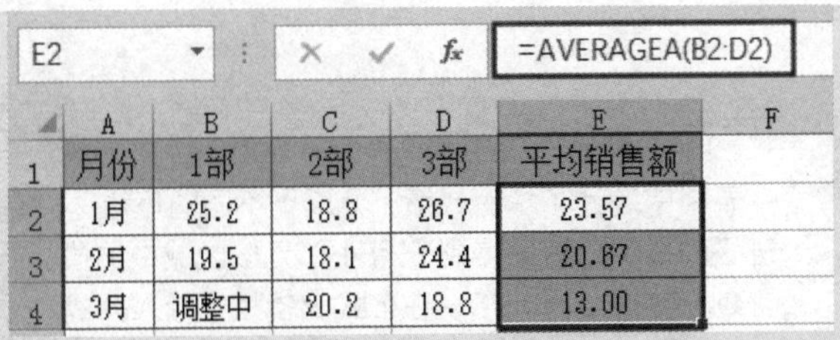

E2 =AVERAGEA(B2:D2)

	A	B	C	D	E
1	月份	1部	2部	3部	平均销售额
2	1月	25.2	18.8	26.7	23.57
3	2月	19.5	18.1	24.4	20.67
4	3月	调整中	20.2	18.8	13.00

图 6-8

公式解析

= AVERAGEA(B2:D2)

求 B2:D2 单元格区域的所有分数的平均值（去除文本）。

函数 3：AVERAGEIF 函数（按条件求平均值）

函数功能

AVERAGEIF 函数用于返回某个区域内满足给定条件的所有单元格的平均值（算术平均值）。

函数语法

AVERAGEIF(range,criteria,average_range)

参数解释

- range：表示要计算平均值的一个或多个单元格，其中包括数字或包含数字的名称、数组或引用。
- criteria：表示数字、表达式、单元格引用或文本形式的条件，用于定义要对哪些单元格计算平均值。例如，条件可以表示为“32”“>32”“apples”或“B4”。
- average_range：表示要计算平均值的实际单元格集。如果忽略，则使用 range。

用法剖析

指定在这个区域中进行条件判断，必须是单元格引用。

指定在这个区域中提取满足条件的数据进行求平均值。行、列数应与第 1 参数相同。

= AVERAGEIF(A2:A10, "销售一部", C2:C10)

可以是数字、文本、单元格引用或公式等。如果是文本，必须使用双引号。

实例解析

实例 214　统计各班级平均分

表格中统计了学生成绩（分属于不同的班级），要求计算出各个班级的平均分，即得到 **F2:F4** 单元格区域中的值。

❶ 选中 **F2** 单元格，在公式编辑栏中输入公式：

=AVERAGEIF($A$2:$A$13,E2,$C$2:$C$13)

按 **Enter** 键得出 "**1 班**" 的平均分数，如图 6-9 所示。

F2		▼	:	×	✓	fx	=AVERAGEIF($A$2:$A$13,E2,$C$2:$C$13)	
▲	A	B	C	D	E	F	G
1	班级	姓名	分数		班级	平均分数	
2	1班	刘娜	93		1班	87.5	
3	2班	钟扬	72		2班		
4	1班	陈振涛	87		3班		
5	2班	陈自强	90				
6	3班	吴丹晨	60				

图 6-9

❷ 选中 **F2** 单元格，拖动右下角的填充柄至 F4 单元格中，即可快速计算出 "**2 班**" 与 "**3 班**" 的平均分数，如图 6-10 所示。

▲	A	B	C	D	E	F
1	班级	姓名	分数		班级	平均分数
2	1班	刘娜	93		1班	87.5
3	2班	钟扬	72		2班	79
4	1班	陈振涛	87		3班	81.25
5	2班	陈自强	90			
6	3班	吴丹晨	60			
7	1班	谭谢生	88			
8	3班	邹瑞宣	99			
9	1班	刘璐璐	82			
10	2班	黄永明	65			
11	3班	简佳丽	89			
12	2班	肖菲菲	89			
13	3班	简佳丽	77			

图 6-10

🔊 提示

E2:E4 单元格区域的数据需要被公式引用，因此必须事先建立好，并确保正确。

📖 公式解析

= AVERAGEIF($A$2:$A$13,E2,$C$2:$C$13)

在 A2:A13 单元格区域中寻找与 E2 单元格中数据相同的记录，并返回对应在 C2:C13 单元格区域中的分数，最后对返回的所有满足条件的数据求平均值。

实例 215 计算月平均出库数量

表格中按月份分别统计了商品的出入库数量，要求统计出月平均出库数量（入库不统计）。

选中 E2 单元格，在公式编辑栏中输入公式：

=AVERAGEIF(B2:B13,"出库",C2:C13)

按 Enter 键得出月平均出库数量，如图 6-11 所示。

	A	B	C	D	E	F
	E2		▾	fx	=AVERAGEIF(B2:B13,"出库",C2:C13)	
1	月份	出入库	数量		月平均出库数量	
2	1月	入库	670		585.5	
3		出库	455			
4	2月	入库	400			
5		出库	412			
6	3月	入库	405			
7		出库	340			
8	4月	入库	873			
9		出库	890			
10	5月	入库	1000			
11		出库	948			
12	6月	入库	500			
13		出库	468			

图 6-11

公式解析

= AVERAGEIF(B2:B13,"出库",C2:C13)

在 B2:B13 单元格区域中寻找所有"出库"记录，并返回对应在 C2:C13 单元格区域中的数量，最后对返回的所有满足条件的数据求平均值。

提示

如果想统计月平均入库数量，只需要将公式更改为"=AVERAGEIF(B2: B13, "入库",C2:C13)"即可。

实例 216 排除新店计算平均利润

表格中统计了各个分店的利润金额，要求排除新店计算平均利润。

选中 D2 单元格，在公式编辑栏中输入公式：

=AVERAGEIF(A2:A11,"<>*(新店)",B2:B11)

按 Enter 键得出结果，如图 6-12 所示。

	A	B	C	D	E
	D2	▾	fx	=AVERAGEIF(A2:A11,"<>*(新店)",B2:B11)	
1	分店	利润(万元)		平均利润（新店除外）	
2	市府广场店	108.37		108.68	
3	舒城路店(新店)	50.21			
4	城隍庙店	98.25			
5	南七店	112.8			
6	太湖路店(新店)	45.32			
7	青阳南路店	163.5			
8	黄金广场店	98.09			
9	大润发店	102.45			
10	兴园小区店(新店)	56.21			
11	香雅小区店	77.3			

图 6-12

公式解析

$$= \text{AVERAGEIF}(\underbrace{\text{A2:A11}}, \underbrace{\text{"<>*(新店)"}}_{①}, \underbrace{\text{B2:B11}}_{②})$$

① 注意这个条件的设置，它使用了通配符，表示以"(新店)"结尾，前面再使用"<>"符号，表示所有不以"(新店)"结尾的即为满足的条件。

② 在 A2:A11 单元格区域中寻找所有不以"(新店)"结尾的记录，并返回对应在 B2:B11 单元格区域中的利润值，最后对返回的所有满足条件的值求平均值。

函数 4：AVERAGEIFS 函数（按多条件求平均值）

函数功能

AVERAGEIFS 函数用于返回满足多重条件的所有单元格的平均值（算术平均值）。

函数语法

AVERAGEIFS(average_range,criteria_range1,criteria1,criteria_range2,criteria2,…)

参数解释

- average_range：表示要计算平均值的一个或多个单元格，其中包括数字或包含数字的名称、数组或引用。
- criteria_range1, criteria_range2, …：表示计算关联条件的 1～127 个区域。
- criteria1, criteria2, …：表示数字、表达式、单元格引用或文本形式的 1～127 个条件，用于定义要对哪些单元格求平均值。例如，条件可以表示为"32"">32""apples"或"B4"。

用法剖析

> 指定用于第一个条件判断的区域和第一个条件。

= AVERAGEIFS（❶用于求平均值的区域，❷条件判断区域 1，❸条件，❹条件判断区域 2，❺条件……）

> 指定用于第二个条件判断的区域和第一个条件。

> 最终将同时满足条件的对应在这个区域上的值取出并进行求平均值运算。

实例解析

实例 217　计算一车间女职工平均工资

表格中统计了各职工的工资（分属于不同的车间，并且性别不同），现在要求统计出指定车间、指定性别的平均工资，即需要同时满足两个条件。

选中 **D14** 单元格，在公式编辑栏中输入公式：

=AVERAGEIFS(D2:D12,B2:B12,"一车间",C2:C12,"女")

按 **Enter** 键即可统计出一车间女性职工的平均工资，如图 **6-13** 所示。

	D14	▼	:	×	✓	fx	=AVERAGEIFS(D2:D12,B2:B12,"一车间",C2:C12,"女")		
▲	A	B	C	D	E	F	G	H	
1	姓名	车间	性别	工资					
2	宋燕玲	一车间	女	2620					
3	郑芸	二车间	女	2540					
4	黄嘉俐	二车间	女	1600					
5	区菲娅	一车间	女	1520					
6	江小慧	二车间	女	2450					
7	麦子聪	一车间	男	3600					
8	叶菱静	二车间	女	1460					
9	钟琛	一车间	男	1500					
10	陆穰平	一车间	男	2400					
11	李璽	二车间	女	2510					
12	周成	一车间	男	3000					
13									
14	一车间女职工平均工资			2180					

图 6-13

📖公式解析

=AVERAGEIFS(D2:D12,B2:B12,"一车间",C2:C12,"女")
      ③   ①   ②

① 第一个条件判断区域与第一个条件。

② 第二个条件判断区域与第二个条件。

③ 同时满足①与②条件时，将对应在 D2:D12 单元格区域上的值取出并进行求平均计算。

实例 218 求介于某一区间内的平均值

表格中规定了某仪器测试的有效值范围与 **8** 次测试的结果(其中包括无效的测试)。要求排除无效测试计算出有效测试的平均值。

选中 **B12** 单元格，在公式编辑栏中输入公式：

=AVERAGEIFS(B3:B10,B3:B10,">=1.8",B3:B10,"<=3.1")

按 **Enter** 键得出介于有效范围内的平均值，如图 **6-14** 所示。

	B12	▼	:	×	✓	fx	=AVERAGEIFS(B3:B10,B3:B10,">=2.0",B3:B10,"<=3.0")	
▲	A		B		C		D	
1	有效范围		2.0～3.0					
2	次数		测试结果					
3	1		1.69					
4	2		2.43					
5	3		2.21					
6	4		1.62					
7	5		3.33					
8	6		2.25					
9	7		2.07					
10	8		2.45					
11								
12	平均值		2.468					

图 6-14

📖**公式解析**

= AVERAGEIFS(B3:B10,B3:B10,">=1.8",B3:B10,"<=3.1")

① 第一个条件判断区域与第一个条件。

② 第二个条件判断区域与第二个条件。

③ 同时满足①与②条件时，将对应在 B3:B10 单元格区域上的值取出并进行求平均计算。

实例 219　统计指定店面所有男装品牌的平均利润

表格中统计了不同店面不同品牌（分男女品牌）商品的利润。要求统计出指定店面中所有男装品牌的平均利润。

选中 C15 单元格，在公式编辑栏中输入公式：

=AVERAGEIFS(C2:C13,A2:A13,"=1",B2:B13,"*男")

按 **Enter** 键即可统计出 1 店面男装的平均利润，如图 6-15 所示。

	A	B	C	D	E	F	G
	店面	品牌	利润				
1							
2	2	百姹 女	21061				
3	1	左纨奴 男	21169				
4	2	帝卡 男	31080				
5	1	浩莎 女	21299				
6	1	佰仕帝 男	31388				
7	1	歡格儿 女	51180				
8	1	千百怡恋 女	31180				
9	1	爱立爱 男	41176				
10	2	衣絮 女	21849				
11	1	伍迪文伦 男	31280				
12	1	贝仕 男	11560				
13	2	翰竹阁 女	8000				
14							
15	1店面男装平均利润		27314.6				

C15 单元格公式栏：=AVERAGEIFS(C2:C13,A2:A13,"=1",B2:B13,"*男")

图 6-15

📖**公式解析**

=AVERAGEIFS(C2:C13,A2:A13,"=1",B2:B13,"*男")

① 第一个条件判断区域与第一个条件。

② 第二个条件判断区域与第二个条件。注意第二个条件中使用了通配符，表示只要以"男"结尾则为满足条件。

③ 同时满足①与②条件时，将对应在 C2:C13 单元格区域上的值求平均值。

实例 220　忽略 0 值求指定班级的平均分

表格中统计了各个班级学生成绩（其中包含 0 值），现在要求计算指定班级的平均成绩并且要求忽略 0 值。

❶ 选中 **F4** 单元格，在公式编辑栏中输入公式：

=AVERAGEIFS($C$2:$C$11,$A$2:$A$11,E4,$C$2:$C$11,"<>0")

按 **Enter** 键即可计算出班级为"**1**"的平均成绩且忽略 0 值。

❷ 选中 **F4** 单元格,向下复制公式到 **F5** 单元格,即可计算出班级为"**2**"的平均成绩,如图 6-16 所示。

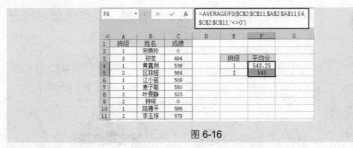

图 6-16

📖公式解析

=AVERAGEIFS($C$2:$C$11,$A$2:$A$11,E4,$C$2:$C$11,"<>0")
　　　　　　　①　　　　　②　　　　　　③

① 第一个条件判断区域与第一个条件。

② 第二个条件判断区域与第二个条件。

③ 同时满足①与②条件时,将对应在 C2:C11 单元格区域上的值求平均值。

注意因为建立第一个公式后要向下复制求取班级 2 的平均分,所以除了条件 1 除外,其他单元格区域都要使用绝对引用。

函数 5:GEOMEAN 函数(返回几何平均值)

函数功能

GEOMEAN 函数用于返回正数数组或数据区域的几何平均值。

函数语法

GEOMEAN(number1,number2,...)

参数解释

number1,number2,...:表示需要计算其平均值的 1~30 个参数。

> 几何平均值与算术平均值的区别,如:
>
> a,b 的算术平均值就是(a+b)÷2;
>
> a,b 的几何平均值就是 a,b 的积开平方。
>
> a,b,c 的算术平均值就是(a+b+c)÷3;
>
> a,b,c 的几何平均值就是 a,b,c 的积开立方。
>
> n 个数的算术平均数就是 n 个数的和除以 n;
>
> n 个数的几何平均数就是 n 个数的积开 n 次方。
>
> 几何平均值越大表示其值越稳定。

实例解析

实例 221　判断两组数据的稳定性

例如表格是对某两人 6 个月中工资的统计。利用求几何平均值的方法可以判断出谁的收入比较稳定。

❶　选中 E2 单元格，在公式编辑栏中输入公式：

```
= GEOMEAN(B2:B7)
```

按 **Enter** 键即可得到"小张"的月工资几何平均值，如图 6-17 所示。

	A	B	C	D	E
	E2	▼	× ✓	f_x	= GEOMEAN(B2:B7)
1	月份	小张	小李		小张(几何平均值)
2	1月	3980	4400		4754.392219
3	2月	7900	5000		
4	3月	3600	4600		
5	4月	3787	5000		
6	5月	6400	5000		
7	6月	4210	5100		
8	合计	29877	29100		

图 6-17

❷　选中 F2 单元格，在公式编辑栏中输入公式：

```
= GEOMEAN(C2:C7)
```

按 **Enter** 键即可得到"小李"的月工资几何平均值，如图 6-18 所示。从统计结果可以看到，虽然小张的合计工资大于小李的合计工资，但小张的月工资几何平均值却小于小李的月工资几何平均值。几何平均值越大表示其值越稳定，因此小李的收入更加稳定。

	A	B	C	D	E	F
	F2	▼	× ✓	f_x	= GEOMEAN(C2:C7)	
1	月份	小张	小李		小张(几何平均值)	小李(几何平均值)
2	1月	3980	4400		4754.392219	4843.007217
3	2月	7900	5000			
4	3月	3600	4600			
5	4月	3787	5000			
6	5月	6400	5000			
7	6月	4210	5100			
8	合计	29877	29100			

图 6-18

函数 6：HARMEAN 函数（返回数据集的调和平均值）

函数功能

HARMEAN 函数用于返回数据集合的调和平均值（调和平均值与倒数的算术平均值互为倒数）。

函数语法

HARMEAN(number1,number2,...)

参数解释

number1,number2,...：表示需要计算其平均值的 1～30 个参数。

> 计算原理是：n/(1/a+1/b+1/c+…)，a、b、c 都要求大于 0。
> 调和平均数具有以下几个主要特点：
> ✓ 调和平均数易受极端值的影响，且受极小值的影响比受极大
>   值的影响更大。
> ✓ 只要有一个标志值为 0，就不能计算调和平均数。

实例解析

实例 222　计算固定时间内几位学生平均解题数

在实际应用中，往往由于缺乏总体单位数的资料而不能直接
计算算术平均数，这时需要用调和平均法来求得平均数。例如 5
名学生分别在一个小时内解题 4、4、5、7、6，要求计算出平均
解题速度。我们可以使用公式 **"=5/(1/4+1/4+1/5+1/7+1/6)"** 计算
出结果等于 **4.95**。但如果数据众多，使用这种公式显然是不方便的，因此可以
使用 HARMEAN 函数快速求解。

选中 D2 单元格，在公式编辑栏中输入公式：

```
=HARMEAN(B2:B6)
```

按 **Enter** 键即可计算出平均解题数，如图 6-19 所示。

姓名	解题数/小时		平均解题数	
李成杰	4		4.952830189	
夏正霏	4			
万文锦	5			
刘岚轩	7			
孙悦	6			

图 6-19

函数 7：TRIMMEAN 函数（截头尾返回数据集的平均值）

函数功能

TRIMMEAN 函数用于从数据集的头部和尾部除去一定百分比的数据点后，
再求该数据集的平均值。

函数语法

TRIMMEAN(array,percent)

参数解释

- array：表示需要进行筛选并求平均值的数组或数据区域。
- percent：表示计算时所要除去的数据点的比例。当 percent=0.2 时，在 10 个数据中去除 2 个数据点（10×0.2=2），在 20 个数据中去除 4 个数据点（20×0.2=4）。

实例解析

实例 223　通过 10 位评委打分计算选手的最后得分

在进行技能比赛时，10 位评委分别为进入决赛的 3 名选手打分，通过 10 个打分结果计算出 3 名选手的最后得分。

❶ 选中 B13 单元格，在公式编辑栏中输入公式：

```
=TRIMMEAN(B2:B11,0.2)
```

按 Enter 键即可在 10 个数据中去除 2 个数据点后再进行求平均值计算。

❷ 选中 B13 单元格，向右复制公式，即可计算出其他选手的最后得分，如图 6-20 所示。

B13	▼	：	×	✓	fx	=TRIMMEAN(B2:B11,0.2)

	A	B	C	D
1		程态华	刘琴	施荟荟
2	评委1	9.65	8.95	9.35
3	评委2	9.1	8.78	9.25
4	评委3	10	8.35	9.47
5	评委4	8.35	8.95	9.04
6	评委5	8.95	10	9.29
7	评委6	8.78	9.35	8.85
8	评委7	9.25	9.65	8.75
9	评委8	9.45	8.93	8.95
10	评委9	9.23	8.15	9.05
11	评委10	9.25	8.35	9.15
12				
13	最后得分	9.21	8.91	9.12

图 6-20

6.2　数目统计函数

函数 8：COUNT 函数（统计含有数字的单元格个数）

函数功能

COUNT 函数用于返回数字参数的个数，即统计数组或单元格区域中含有数字的单元格个数。

函数语法

COUNT(value1,value2,...)

参数解释

value1, value2, ...: 表示包含或引用各种类型数据的参数（1~30 个），其中只有数字类型的数据才能被统计。

实例解析

实例 224　统计出故障的机器台数

表格中对于出现停机故障的机器填写了停机时间，因此可以利用 COUNT 函数变相统计出出故障的机器台数。

选中 **D2** 单元格，在公式编辑栏中输入公式：

=COUNT(B2:B9)

按 **Enter** 键得出统计结果，如图 **6-21** 所示。

D2	▼	:	×	✓	*fx*	=COUNT(B2:B9)	
	A	B		C		D	
1	生产量	停机时间（分）				出故障的机器台数	
2	494	--				3	
3	536	22					
4	564	--					
5	509	12					
6	550	--					
7	523	30					
8	564	--					
9	509	--					

图 6-21

公式解析

=COUNT(B2:B9)

B2:B9 为目标单元格区域，即统计此区域中是数字的单元格个数。

实例 225　统计各个部门获取交通补助的人数

如图 **6-22** 所示为"销售部"交通补助统计表，如图 **6-23** 所示为"企划部"交通补助统计表（相同格式的还有"售后部"），要求统计出获取交通补助的总人数，具体操作方法如下。

	A	B	C	D
1	姓名	性别	交通补助	
2	刘菲	女	无	
3	李艳池	女	300	
4	王斌	男	600	
5	李慧慧	女	900	
6	张德海	男	无	
7	徐一鸣	男	无	
8	赵魁	男	100	
9	刘晨	男	200	
10				

销售部　企划部　售后部　统计表

图 6-22

	A	B	C	D
1	姓名	性别	交通补助	
2	张嫒	女	700	
3	胡菲菲	女	无	
4	李欣	男	无	
5	刘强	女	400	
6	王娜	男	无	
7	周国	男	无	
8	柳柳	男	100	
9	梁惠娟	男	无	
10				

销售部　企划部　售后部　统计表

图 6-23

❶ 在"统计表"中选中要输入公式的单元格，首先输入前半部分公式"=COUNT（"，如图 6-24 所示。

图 6-24

❷ 在第一个统计表标签上单击鼠标，然后按住 **Shift** 键，在最后一个统计表标签上单击鼠标，即选中了所有要参加计算的工作表为"销售部:售后部"（3 张统计表）。

❸ 再用鼠标选中参与计算的单元格或单元格区域，此例为"**C2:C9**"，接着再输入右括号完成公式的输入，按 **Enter** 键得到统计结果，如图 6-25 所示。

图 6-25

📖✐公式解析
=COUNT(销售部:售后部! C2:C9)
一次性对三张工作表的 C2:C9 单元格区域进行统计，统计是数字的单元格个数。

实例 226 统计出指定学历员工人数

表格中记录了每位员工的学历信息，要求统计出指定学历员工人数。例如要统计出"本科"的人数。

选中 **B12** 单元格，在公式编辑栏中输入公式：

=COUNT(SEARCH("本科",B2:B10))

按 **Ctrl+Shift+Enter** 组合键得出统计结果，如图 6-26 所示。

图 6-26

📖 公式解析

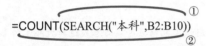

=COUNT(SEARCH("本科",B2:B10))

① 在 B2:B10 单元格区域查找"本科",找到的返回数字 1,找不到的返回 #VALUE!。

② 统计出第①步中返回的 1 的个数。

实例 227 统计其中一科得满分的人数

表格中统计了 11 位学生的成绩,要求统计出得满分的人数。
选中 E2 单元格,在公式编辑栏中输入公式:

    =COUNT(0/((B2:B9=100)+(C2:C9=100)))

按 **Ctrl+Shift+Enter** 组合键得出一个数值,如图 6-27 所示。

	A	B	C	D	E	F
1	姓名	语文	数学		其中一科得满分的人数	
2	刘娜	78	65		3	
3	陈振涛	88	54			
4	陈自强	100	98			
5	谭谢生	93	90			
6	王家驹	78	65			
7	段军鹏	88	100			
8	简佳丽	78	58			
9	肖菲菲	100	95			

图 6-27

📖 公式解析

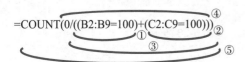

=COUNT(0/((B2:B9=100)+(C2:C9=100)))

① 判断 B2:B9 单元格区域有哪些是等于 100 的，等于 100 的显示 TRUE，其余的显示 FALSE，返回的是一个数组。

② 判断 C2:C9 单元格区域有哪些是等于 100 的，等于 100 的显示 TRUE，其余的显示 FALSE，返回的是一个数组。

③ ①步返回数组与②步返回数组相加，有一个为 TRUE 时，返回结果为 1，其他的返回结果为 0。

④ 0 起到辅助的作用（也可以用 1 等其他数字），当③步返回值为 1 时得出一个数字，当③步返回值为 0 时，返回 "#DIV/0!" 错误值。

⑤ 统计出④步返回的数组中数字的个数。

函数 9：COUNTA 函数（统计包括文本和逻辑值的单元格数目）

函数功能

COUNTA 函数用于返回包含任何值（包括数字、文本或逻辑数字）的参数列表中的单元格数或项数。

函数语法

COUNTA(value1,value2,...)

参数解释

value1,value2,...：表示包含或引用各种类型数据的参数（1~30 个），其中参数可以是任何类型，它们包括空格但不包括空白单元格。

> COUNTA 与 COUNT 的区别是，COUNT 统计数字的个数，而 COUNTA 是统计除空值外的所有值的个数，即统计区域中非空单元格的个数。有任何内容（无论是什么值）都被统计。如果单元格中看似空的，实际有空格则也会被统计。

实例解析

实例 228　统计课程的总报名人数

表格统计了报名各类舞蹈的学生的姓名，要求通过用公式统计出报名总人数为多少。

选中 D1 单元格，在公式编辑栏中输入公式：

`="共计"&COUNTA(A3:D8)&"人"`

按 **Enter** 键得出统计结果，如图 6-28 所示。

| D1 | ▼ | : | × | ✓ | f_x | ="共计"&COUNTA(A3:D8)&"人" |

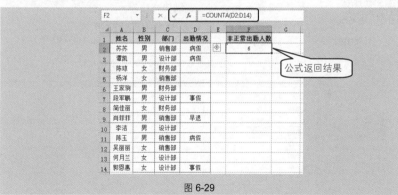

▲	A	B	C	D
1	报名人数统计			共计17人
2	少儿中国舞	少儿芭蕾舞	少儿爵士舞	少儿踢踏舞
3	简佳丽	崔丽纯	毛杰	陈振涛
4	肖菲菲	廖菲	黄中洋	陈自强
5	柯娜	高丽雯	刘瑞	谭谢生
6	胡杰	张伊琳		王家驹
7		刘霜		
8		唐雨萱		

公式返回结果

图 6-28

📖公式解析

="共计"&COUNTA(A3:D8)&"人"

统计 A3:D8 单元格区域中包含数据的个数(无论是数字还是文本都被统计),然后使用&符号将"共计"与 COUNTA 返回结果与"人"相连接。

实例 229　统计非正常出勤的人数

表格统计了各个部门人员的出勤情况,其中非正常出勤的有文字记录,如"病假""事假"等。要求通过用公式统计出非正常出勤的人数,具体操作如下。

选中 F2 单元格,在公式编辑栏中输入公式:

`=COUNTA(D2:D14)`

按 Enter 键得出统计结果,如图 6-29 所示。

| F2 | ▼ | : | × | ✓ | f_x | =COUNTA(D2:D14) |

▲	A	B	C	D	E	F	G
1	姓名	性别	部门	出勤情况		非正常出勤人数	
2	苏苏	男	销售部	病假		6	
3	谭凯	男	设计部	病假			
4	陈琼	女	财务部				
5	杨洋	女	销售部				
6	王家驹	男	财务部				
7	段军鹏	男	设计部	事假			
8	简佳丽	女	财务部				
9	肖菲菲	男	销售部	早退			
10	李洁	女	设计部				
11	陈玉	男	销售部	病假			
12	吴丽丽	女	销售部				
13	何月兰	女	设计部				
14	郭恩惠	女	设计部	事假			

公式返回结果

图 6-29

函数 10:COUNTIF 函数(统计满足给定条件的单元格的个数)

函数功能

COUNTIF 函数用于计算区域中满足给定条件的单元格的个数。

函数语法

COUNTIF(range,criteria)

第 6 章　统计函数

227

参数解释

- range：表示需要计算其中满足条件的单元格数目的单元格区域。
- criteria：表示确定哪些单元格将被计算在内的条件，其形式可以为数字、表达式或文本。

用法剖析

$$=COUNTIF(E2:E14, ">=80")$$

COUNTIF 可以进行条件判断，即不满足条件的不被计数，使用范围比 COUNT 函数更加广泛。

形式可以为数字、表达式或文本，文本必须要使用双引号。也可以使用通配符。

实例解析

实例 230　统计工资大于或等于 3000 元的人数

　　表格中统计了每位员工的工资，要求统计出工资金额大于 3000 元的共有几人。

　　选中 D2 单元格，在公式编辑栏中输入公式：

```
=COUNTIF(B2:B12,">=3000")&"人"
```

按 **Enter** 键得出工资金额大于或等于 3000 元的人数，如图 6-30 所示。

D2	▼	:	×	✓	fx	=COUNTIF(B2:B12,">=3000")&"人"

▲	A	B	C	D
1	姓名	工资		工资大于或等于3000的人数
2	宋燕玲	2620		5人
3	郑芸	2540		
4	黄嘉俐	3600		
5	区菲娅	3520		
6	江小丽	2450		
7	麦子聪	3600		
8	叶雯静	3460		
9	钟琛	1800		
10	陆穗平	2400		
11	李霞	2510		
12	周成	3000		

图 6-30

公式解析

=COUNTIF(B2:B12,">=3000")&"人"

B2:B12 单元格区域为目标区域，">=3000" 是判断条件，即统计出 B2:B12 单元格区域中满足 ">=3000" 这个条件的单元格个数。

实例 231　统计某课程的报名人数

当前表格中统计了不同的学员所报名参加的课程,现在要求统计出其中某一门课程的报名人数。

选中 **D5** 单元格,在公式编辑栏中输入公式:

`=COUNTIF(B2:B15,"智瑜伽")`

按 **Enter** 键即可计算出 **B2:B15** 单元格区域中显示"智瑜伽"的总次数,如图 6-31 所示。

图 6-31

📖**公式解析**

=COUNTIF(B2:B15,"智瑜伽")

B2:B15 单元格区域为目标区域,"智瑜伽"是判断条件,即统计出 B2:B15 单元格区域中满足"智瑜伽"这个条件的单元格个数。

实例 232　在成绩表中分别统计及格人数与不及格人数

表格中统计了学生的考试分数,要求统计出及格与不及格人数。

❶ 选中 **E2** 单元格,在公式编辑栏中输入公式:

`=COUNTIF($B$2:$B$17,"<"&D2)`

按 **Enter** 键得出 B2:B17 单元格区域中小于 60 分的人数,如图 6-32 所示。

图 6-32

❷ 选中 **E3** 单元格，在公式编辑栏中输入公式：

```
=COUNTIF($B$2:$B$17,">="&D3)
```

按 **Enter** 键得出 B2:B17 单元格区域中大于或等于 60 分的人数，如图 6-33 所示。

	A	B	C	D	E	F
1	姓名	成绩		界限设定	人数	
2	苏苏	77		60	5	
3	陈振涛	60		60	11	
4	陈自强	92				
5	谭谢生	67				
6	王家驹	78				
7	段军鹏	46				
8	简佳丽	55				
9	肖菲菲	86				
10	李洁	64				
11	陈玉	54				
12	吴丽丽	86				
13	何月兰	52				
14	郭恩惠	58				
15	谭凯	87				
16	陈琼	98				
17	杨洋	85				

图 6-33

📖 公式解析

=COUNTIF($B$2:$B$17,">="&D3)

$B$2:$B$17 单元格区域为目标区域，",">="&D3" 是判断条件，即统计出 $B$2:$B$17 单元格区域中满足 ",">="&D3" 这个条件的单元格个数。

📣 提示

注意此处公式中对于">="符号的使用，在实现比较运算符与单元格的连接必须采用这种方式，而不能直接写成">=D3"，读者要学会使用这种方法。

实例 233　统计出成绩大于平均分数的学生人数

表格中统计了学生的考试分数，要求统计出分数大于平均分的人数。

选中 D2 单元格，在公式编辑栏中输入公式：

```
=COUNTIF(B2:B11,">"&AVERAGE(B2:B11))&"人"
```

按 **Enter** 键得出 B2:B11 单元格区域中大于平均分的人数，如图 6-34 所示。

	A	B	C	D	E	F
1	姓名	分数		大于平均分的人数		
2	刘娜	78		6人		
3	陈振涛	88				
4	陈自强	100				
5	谭谢生	93				
6	王家驹	78				
7	段军鹏	88				
8	简佳丽	78				
9	肖菲菲	100				
10	黄永明	78				
11	陈香	98				

图 6-34

公式解析

① 计算出 B2:B11 单元格区域数据的平均值。

② 以①步返回结果为判断条件,统计出 B2:B11 单元格区域中大于①步返回值的记录条数。注意此处公式中对于 ">" 符号的使用,而不能直接写为 ">AVERAGE(B2:B11)"。

实例 234　统计是三好学生且参加数学竞赛的人数

表格的 A 列中显示了三好学生的姓名,B 列中显示了参加数学竞赛的姓名,要求统计出既是三好学生又参加了数学竞赛的人数。

这一统计实际是表示姓名既出现在 A 列中又出现在 B 列中,然后查看这样的情况发生了几次,即为最终统计结果。

选中 D2 单元格,在公式编辑栏中输入公式:

```
=SUM(COUNTIF(A2:A11,B2:B11))&"人"
```

按 **Ctrl+Shift+Enter** 组合键得出结果,如图 6-35 所示。

	A	B	C	D
	D2		fx	{=SUM(COUNTIF(A2:A11,B2:B11))&"人"}
1	三好学生	数学竞赛		是三好学生且参加数学竞赛的人数
2	杨维玲	简佳丽		4人
3	王翔	杨维玲		
4	徐志恒	朱安婷		
5	吴申德	邓毅成		
6	韩要荣	徐志恒		
7	苏敏	刘洋		
8	黄成成	朱虹丽		
9	刘洋	韩薇		
10	罗婷	孙文生		
11	朱虹丽	张瑞萱		

图 6-35

公式解析

=SUM(COUNTIF(A2:A11,B2:B11))&"人"
　　　　　　　①　　　　　　　②

① 依次判断 B2:B11 单元格区域中的姓名,如果其也在 A2:A11 单元格区域中出现,返回结果为 1,否则为 0。返回的是一个数组。

② 对①步返回的数组求和(有几个 1,表示有几个满足条件的记录)。

函数 11：COUNTIFS 函数(统计同时满足多个条件的单元格的个数)

函数功能

COUNTIFS 函数用于计算某个区域中满足多重条件的单元格数目。

函数语法

COUNTIFS(range1, criteria1,range2, criteria2, …)

参数解释

- range1, range2, …：表示计算关联条件的 1～127 个区域。每个区域中的单元格必须是数字或包含数字的名称、数组或引用。空值和文本值会被忽略。

- criteria1, criteria2, …：表示数字、表达式、单元格引用或文本形式的 1～127 个条件，用于定义要对哪些单元格进行计算。例如，条件可以表示为 32、"32" ">32" "apples"或 B4。

用法剖析

=COUNTIFS(❶判断区域 1, 条件 1, ❷判断区域 2, 条件 2, ……)

参数的设置与 COUNTIF 函数的要求一样。只是 COUNTIFS 可以进行多层条件判断。依次按"判断区域 1，条件 1，判断区域 2，条件 2"的顺序写入参数即可。

实例解析

实例 235　统计各店面男装的销售记录条数（双条件）

　　表格中统计了各店面的销售记录（有男装也有女装），要求统计出各个店面中男装的销售记录条数为多少。

　　选中 F2 单元格，在公式编辑栏中输入公式：

=COUNTIFS($A$2:$A$13,E2,$B$2:$B$13,"*男")

按 **Enter** 键得出 1 分店中男装记录条数为 4，向下复制公式到 F3 单元格中，可得出 2 分店中男装记录条数，如图 6-36 所示。

F2	▼ : × ✓ fx	=COUNTIFS($A$2:$A$13,E2,$B$2:$B$13,"*男")				
▲	A	B	C	D	E	F
1	店面	品牌	金额		类别	男装记录条数
2	2分店	泡泡袖长袖T恤 女	1061		1分店	4
3	1分店	男装新款T恤 男	1169		2分店	3
4	2分店	新款纯棉男士短袖T恤 男	1080			
5	2分店	修身简约V领T恤上衣 女	1299			
6	2分店	日韩打底衫T恤 男	1388			
7	1分店	大码修身V领字母长袖T恤 女	1180			
8	2分店	韩版拼接假两件包臀打底裤 女	1180			
9	1分店	加厚抓绒T裤 男	1176			
10	2分店	韩版条纹圆领长袖T恤修身 女	1849			
11	1分店	卡通创意个性T恤 男	1280			
12	1分店	V领商务针织马夹 男	1560			
13	2分店	韩版抓收脚休闲长裤 男	1699			

图 6-36

公式解析

=COUNTIFS($A$2:$A$13,E2,$B$2:$B$13,"*男")
　　　　　　①　　　　　　　②

① 第一个条件判断区域与第一个条件。

② 第二个条件判断区域与第二个条件。注意条件中使用的通配符，表示以"男"字结尾的满足条件。

同时满足①与②条件时，统计出记录条数。

提示

E2:E3 单元格区域的数据需要被公式引用，因此必须事先建立好，并确保正确。由于公式要被复制，所以看到公式中需要改变的部分采用相对引用，不需要改变的部分采用绝对引用。

实例 236　统计指定时间指定类别商品的销售记录数

数据表中按日期统计了销售记录，现在要求统计出指定类别产品在上半个月（也可以指定其他的时间段）的销售记录条数，此时可以使用 COUNTIFS 函数来设置多重条件。

❶ 选中 **F2** 单元格，在公式编辑栏中输入公式：

=COUNTIFS($B$2:$B$13,E2,$A$2:$A$13,"<=18-11-15")

按 **Enter** 键即可统计出类别为"男式毛衣"上半月的销售记录条数。

❷ 选中 **F2** 单元格，向下复制公式到 **F4** 单元格中即可快速统计出其他类别产品上半月的销售记录条数，如图 6-37 所示。

F2		▼	:	×	✓	fx	=COUNTIFS($B$2:$B$13,E2,$A$2:$A$13,"<=18-11-15")

▲	A	B	C	D	E	F	G
1	日期	类别	金额		类别	上半月销售记录条数	
2	18/11/1	男式毛衣	110		男式毛衣	4	
3	18/11/3	男式毛衣	456		女式针织衫	3	
4	18/11/7	女式针织衫	325		女式连衣裙	2	
5	18/11/8	男式毛衣	123				
6	18/11/9	女式连衣裙	125				
7	18/11/13	女式针织衫	1432				
8	18/11/14	女式针织衫	1482				
9	18/11/14	女式针织衫	325				
10	18/11/15	男式毛衣	123				
11	18/11/16	女式针织衫	1500				
12	18/11/17	男式毛衣	2000				
13	18/11/24	女式连衣裙	968				

图 6-37

公式解析

=COUNTIFS($B$2:$B$13,E2,$A$2:$A$13,"<=18-11-15")
　　　　　　①　　　　　　　②

① 第一个条件判断区域与第一个条件。

② 第二个条件判断区域与第二个条件。

同时满足①与②条件时，统计出记录条数。

实例 237　统计指定产品每日的销售记录数

表格中按日期统计了销售记录（同一日期可能有多条销售记录），要求通过建立公式批量统计出每一天中指定名称的商品的销售记录数。

❶ 选中 **G2** 单元格，在公式编辑栏中输入公式：

=COUNTIFS(B$2:B$20,"圆钢",A$2:A$20,"2019-1-"&ROW(A1))

按 **Enter** 键得出 "**19-1-1**" 这一天中 "圆钢" 的销售记录数。

❷ 选中 **G2** 单元格，拖动右下角的填充柄向下复制公式，即可批量得出各日期中 "圆钢" 的销售记录数，如图 **6-38** 所示。

| G2 | ▼ | : | × | ✓ | f_x | =COUNTIFS(B$2:B$20,"圆钢",A$2:A$20,"2019-1-"&ROW(A1)) |

▲	A	B	C	D	E	F	G	H
1	日期	名称	规格型号	金额		日期	销售记录数	
2	19/1/1	圆钢	8㎜	3388		19/1/1	2	
3	19/1/1	圆钢	10㎜	2180		19/1/2	1	
4	19/1/1	角钢	40×40	1180		19/1/3	2	
5	19/1/2	角钢	40×41	4176		19/1/4	3	
6	19/1/2	圆钢	20㎜	1849		19/1/5	0	
7	19/1/3	角钢	40×43	4280		19/1/6	1	
8	19/1/3	角钢	40×40	1560		19/1/7	1	
9	19/1/3	圆钢	10㎜	1699		19/1/8	0	
10	19/1/3	圆钢	12㎜	2234		19/1/9	0	
11	19/1/4	角钢	40×40	1100		19/1/10	2	
12	19/1/4	圆钢	8㎜	3388				
13	19/1/4	圆钢	10㎜	2180				
14	19/1/4	圆钢	8㎜	3388				
15	19/1/6	圆钢	10㎜	1699				
16	19/1/7	圆钢	20㎜	1849				
17	19/1/8	圆钢	40×43	4280				
18	19/1/9	角钢	40×40	1560				
19	19/1/10	圆钢	10㎜	1699				
20	19/1/10	圆钢	20㎜	1849				

图 6-38

嵌套函数

ROW 函数属于查找函数类型，用于返回引用的行号。

公式解析

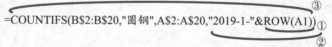

=COUNTIFS(B$2:B$20,"圆钢",A$2:A$20,"2019-1-"&ROW(A1))

① 返回 A1 单元格的行号，返回的值为 1。

② 将第①步返回值与"2019-1-"合并，得到 "2019-1-1" 这个日期。

③ 统计出 B$2:B$20 单元格区域中为 "圆钢"，且 A$2:A$20 单元格区域中日期为第②步结果指定的日期的记录条数。

提示

这个公式中最重要的部分就是需要统计日期的自动返回，用 "**ROW(A1)**" 来指定，可以实现当公式复制到 G3 单元格时，可以自动返回日期 "**2019-1-2**"；复制到 G4 单元格时，可以自动返回日期 "**2019-1-3**"，以此类推。

函数 12：COUNTBLANK 函数（计算空白单元格的数目）

函数功能

COUNTBLANK 函数用于计算某个单元格区域中空白单元格的数目。

函数语法

COUNTBLANK(range)

参数解释

range：表示为需要计算其中空白单元格数目的区域。

实例解析

实例 238   统计缺考人数

表格中统计了学生成绩，其中有缺考的学生（未填写成绩的为缺考），要求快速统计出缺考人数。

选中 **D2** 单元格，在公式编辑栏中输入公式：

```
=COUNTBLANK(B2:B13)&"人"
```

按 **Enter** 键即可统计出缺考人数，如图 **6-39** 所示。

D2	▼	:	× ✓ fx	=COUNTBLANK(B2:B13)&"人"

	A	B	C	D
1	姓名	分数		缺考人数
2	刘娜	78		3人
3	陈振涛	88		
4	陈自强	91		
5	谭谢生			
6	王家驹	78		
7	段军鹏			
8	简佳丽	65		
9	肖菲菲	87		
10	韦玲芳	98		
11	毛杰	87		
12	卢梦雨	65		
13	邹默晗			

图 6-39

6.3   最大值与最小值函数

函数 13：MAX 函数（返回数据集的最大值）

函数功能

MAX 函数用于返回数据集中的最大数值。

函数语法

MAX(number1,number2,...)

参数解释

number1,number2,…：表示要找出最大数值的 1 ~ 30 个数值。

实例解析

实例 239　快速返回数据区域中的最大值

表格是一份销售量统计清单，要求快速返回最大值，利用"自动求和"功能，可以实现快速求出最大值。

❶ 选中目标单元格，在"公式"→"函数库"选项组中单击"自动求和"按钮，在下拉菜单中单击"最大值"命令，如图 6-40 所示。

图 6-40

❷ 此时函数根据当前选中单元格左右的数据默认参与运算的单元格区域，如图 6-41 所示。

❸ 按 Enter 键即可得到最大销量，如图 6-42 所示。

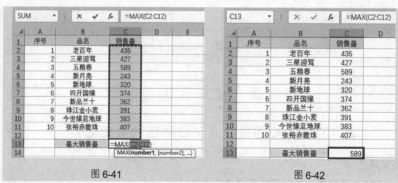

图 6-41　　　　　　　　　　　　　　　　　图 6-42

实例 240　返回企业女性员工的最大年龄

表格中统计了企业中员工的性别与年龄，要求快速得知女性员工的最大年龄为多少。

选中 E2 单元格，在公式编辑栏中输入公式：

```
=MAX(IF(B2:B14="女",C2:C14))
```

按 **Ctrl+Shift+Enter** 组合键得出"性别"为"女"的最大年龄，如图 6-43 所示。

	A	B	C	D	E	F
1	姓名	性别	年龄		女职工最大年龄	
2	李梅	女	31		45	
3	卢梦雨	女	26			
4	徐丽	女	45			
5	韦玲芳	女	30			
6	谭谢生	男	39			
7	王家驹	男	30			
8	简佳丽	女	33			
9	肖菲菲	女	35			
10	邹默晗	女	31			
11	张洋	男	39			
12	刘之章	男	46			
13	段军鹏	男	29			
14	丁瑞	女	28			

E2 单元格公式栏：{=MAX(IF(B2:B14="女",C2:C14))}

图 6-43

📖公式解析

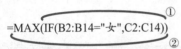

=MAX(IF(B2:B14="女",C2:C14))
① ②

① 因为是数组公式，所以用 IF 函数依次判断 B2:B14 单元格区域中是否为"女"，如果是，返回 TRUE，如果不是，返回 FALSE，返回的是一个数组。然后将①步数组依次对应 C2:C14 单元格区域取值，①步数组中为 TRUE 的返回其对应的值，①步数组为 FALSE 的返回 FALSE。结果还是一个数组。

② 对①步数组中的值取最大值。

🐟 提示

在本例公式中，MAX 函数本身不具备按条件判断的功能，因此要实现按条件判断则需要如同本例一样使用 MAX 与 IF 函数利用数组公式实现。

实例 241　返回上半个月单笔最高销售金额

表格中按日期统计了销售记录，要求通过公式快速返回上半个月中单笔最高销售金额为多少。

选中 F2 单元格，在公式编辑栏中输入公式：

```
=MAX(IF(A2:A13>=DATE(2019,1,15),0,D2:D13))
```

按 **Ctrl+Shift+Enter** 组合键得出结果，如图 6-44 所示。

图 6-44

 嵌套函数

DATE 函数属于日期函数类型，用于返回特定日期的序列号。

公式解析

=MAX(IF(A2:A13>=DATE(2019,1,15),0,D2:D13))

① 将"2019-1-15"这个日期转换为对应的序列号。

② 判断 A2:A13 单元格区域中的日期哪些是大于或等于"2019-1-15"，大于或等于的返回 TRUE，其他的返回 FALSE，返回的结果是一个数组。然后将返回值为 TRUE 的对应在 D2:D13 单元格区域上取实际值，返回值为 FALSE 的取 0 值。返回的结果是一个数组。

③ 在②步的数组中取最大值。

实例 242　计算单日销售金额并返回最大值

表格中按日期统计了销售记录（同一日期可能有多条销售记录），要求统计出每日的销售金额合计值，并比较它们的大小，返回最大值。

选中 E2 单元格，在公式编辑栏中输入公式：

`=MAX(SUMIF(A2:A17,A2:A17,C2:C17))`

按 Ctrl+Shift+Enter 组合键得出结果，如图 6-45 所示。

图 6-45

嵌套函数

SUMIF 函数属于数学函数类型，用于按照指定条件对若干单元格、区域或引用求和。

公式解析

=MAX(SUMIF(A2:A17,A2:A17,C2:C17))

① 统计出所有单日的销售金额，结果是一个数组。
② 从第①步结果的数组中返回最大值。

提示

公式中"**SUMIF(A2:A17,A2:A17,C2:C17)**"这一部分是关键，它返回的是一个数组。它的值就是各日的金额合计。

函数 14：MIN 函数（返回数据集的最小值）

函数功能

MIN 函数用于返回数据集中的最小值。

函数语法

MIN(number1,number2,...)

参数解释

number1,number2,...：表示要找出最小数值的 1～30 个参数。

实例解析

实例 243 **返回最低销售金额**

表格是一份销售员销售额统计清单，要求快速返回最低销售金额，利用"自动求和"功能，可以实现快速求出最小值。

❶ 选中目标单元格，在"公式"→"函数库"选项组中单击"自动求和"按钮，在下拉菜单中单击"最小值"命令，如图 6-46 所示。

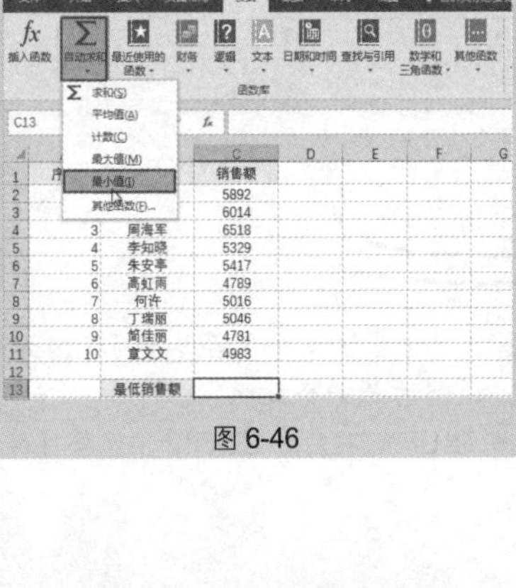

图 6-46

❷ 此时函数根据当前选中单元格左右的数据默认参与运算的单元格区域，如图 6-47 所示。

❸ 按 Enter 键即可得到最低销售额，如图 6-48 所示。

SUM	▼	:	×	✓	fx	=MIN(C2:C12)

▲	A	B	C	D	E
1	序号	姓名	销售额		
2	1	韩薇	5892		
3	2	蓝琳达	6014		
4	3	周海军	6518		
5	4	李知晓	5329		
6	5	朱安亭	5417		
7	6	高虹雨	4789		
8	7	何许	5016		
9	8	丁瑞丽	5046		
10	9	简佳丽	4781		
11	10	章文文	4983		
12					
13		最低销售额	=MIN(C2:C12)		
14			MIN(**number1**, [number2], ...)		

图 6-47

C13	▼	:	×	✓	fx	=MIN(C2:C12)

▲	A	B	C	D
1	序号	姓名	销售额	
2	1	韩薇	5892	
3	2	蓝琳达	6014	
4	3	周海军	6518	
5	4	李知晓	5329	
6	5	朱安亭	5417	
7	6	高虹雨	4789	
8	7	何许	5016	
9	8	丁瑞丽	5046	
10	9	简佳丽	4781	
11	10	章文文	4983	
12				
13		最低销售额	4781	

图 6-48

实例 244　忽略 0 值求最低分数

表格中统计了学生的成绩（成绩中包含 0 值），要求忽略 0 值返回最低分数。

选中 E2 单元格，在公式编辑栏中输入公式：

=MIN(IF(C2:C12<>0,C2:C12))

按 Ctrl+Shift+Enter 组合键得出除 0 之外的最低分，如图 6-49 所示。

E2	▼	:	×	✓	fx	{=MIN(IF(C2:C12<>0,C2:C12))}

▲	A	B	C	D	E
1	班级	姓名	分数		最低分
2	1	刘娜	93		61
3	2	钟扬	72		
4	1	陈振涛	87		
5	2	陈自强	90		
6	1	吴丹晨	61		
7	1	谭谢生	88		
8	2	邹瑞宣	99		
9	1	刘璐璐	82		
10	1	黄永明	0		
11	2	简佳丽	89		
12	1	肖菲菲	89		

图 6-49

📖公式解析

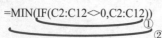

=MIN(IF(C2:C12<>0,C2:C12))

① 依次判断 C2:C12 单元格区域中是否不等于 0，如果是，返回 TRUE，如果不是，返回 FALSE，返回的是一个数组。

② 将第①步中返回 TRUE 的对应在 C2:C12 单元格区域上取值，并返回最小值。

提示

在本例公式中，MIN 函数本身不具备按条件判断的功能，因此要实现按条件判断则需要如同本例一样使用 MIN 与 IF 函数利用数组公式实现。

实例 245　返回多次短跑中用时最短的编号

表格中统计了 200 米跑中 10 次测试的成绩，要求快速判断出哪一次的成绩最好（即用时最短）。

选中 D2 单元格，在公式编辑栏中输入公式：

="第"&MATCH(MIN(B2:B11),B2:B11,0)&"次"

按 **Ctrl+Shift+Enter** 组合键得出结果，如图 6-50 所示。

| D2 | | : | × | ✓ | fx | {="第"&MATCH(MIN(B2:B11),B2:B11,0)&"次"} |

▲	A	B	C	D
1	次数	100米用时(秒)		用时最少的是第几次
2	1	30		第7次
3	2	27		
4	3	33		
5	4	28		
6	5	30		
7	6	31		
8	7	26		
9	8	30		
10	9	29		
11	10	31		

图 6-50

嵌套函数

MATCH 函数属于查找函数类型，用于返回在指定方式下与指定数值匹配的数组中元素的相应位置。此函数在后面查找函数章节中将会详细介绍。

公式解析

="第"&MATCH(MIN(B2:B11),B2:B11,0)&"次"
　　　　　　　①　　　②

① 求 B2:B11 单元格区域中的最小值。
② MATCH 函数返回第①步返回值位于 B2:B11 单元格区域的第几行。

函数 15：MAXA 函数

函数功能

MAXA 函数用于返回参数列表（包括数字、文本和逻辑值）中的最大值。

函数语法

MAXA(value1,value2,...)

参数解释

value1,value2,...：表示为需要从中查找最大数值的 1 ~ 30 个参数。

=MAXA（A2:B10）

MAXA 与 MAX 的区别在于，MAXA 求最大值将文本值和逻辑值(如 TRUE 和 FALSE)作为数字参与，而 MAX 只计算数字。

实例解析

实例 246　返回成绩表中的最高分数（包含文本）

　　在学生考试成绩统计表中存在缺考的情况，对于缺考的学生，使用了"缺考"标记。如果要统计考试成绩中的最高分数，需要使用 MAXA 函数（如果无文字标记可以直接使用 MAX 函数）。

　　选中 **F6** 单元格，在公式编辑栏中输入公式：

```
=MAXA(B2:D9)
```

　　按 **Enter** 键即可返回所有学生 3 门课程考试成绩中的最高分数为"**90**"分，如图 **6-51** 所示。

F6			× ✓ fx	=MAXA(B2:D9)		
▲	A	B	C	D	E	F
1	姓名	语文	数学	英语		
2	关云	85	72	79		
3	刘凯志	76	59	69		
4	邹宣敏	89	79	85		
5	华南	缺考	89	76		最高分
6	向荣	75	85	缺考		90
7	张勋	89	89	72		
8	张娜娜	77	88	85		
9	刘婷	76	缺考	90		

图 6-51

公式解析

=MAXA(B2:D9)

在 B2:D9 单元格区域中返回数据集中的最大值。

函数 16：MINA 函数

函数功能

MINA 函数用于返回参数列表（包括数字、文本和逻辑值）中的最小值。

函数语法

MINA(value1,value2,...)

参数解释

value1,value2,...：表示为需要从中查找最小数值的 1～30 个参数。

实例解析

实例 247　返回最低利润额（包含文本）

表格中统计了各个店铺在 1 月份的利润额，要求返回最低利润。

❶ 选中 D2 单元格，在公式编辑栏中输入公式：

```
=MINA(B2:B11)
```

按 **Enter** 键得出最低利润为 0，因为 B2:B11 单元格区域中包含一个文本值为 "装修中"，这个文本值也参与公式的运算，如图 6-52 所示。

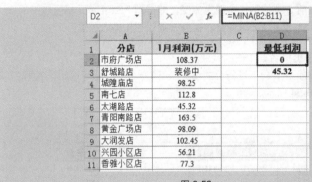

图 6-52

❷ 如果不使用 MINA 而使用 MIN 函数，则忽略文本值求取最小值，如图 6-53 所示。

	A	B	C	D
				=MIN(B2:B11)
1	分店	1月利润(万元)		最低利润
2	市府广场店	108.37		0
3	舒城路店	装修中		45.32
4	城隍庙店	98.25		
5	南七店	112.8		
6	太湖路店	45.32		
7	青阳南路店	163.5		
8	黄金广场店	98.09		
9	大润发店	102.45		
10	兴园小区店	56.21		
11	香雅小区店	77.3		

图 6-53

函数 17：LARGE 函数（返回某数据集的某个最大值）

函数功能

LARGE 函数用于返回某一数据集中的某个最大值。

函数语法

LARGE(array,k)

参数解释

- array：表示为需要从中查询第 k 个最大值的数组或数据区域。
- k：表示为返回值在数组或数据单元格区域里的位置，即名次。

实例解析

实例 248　返回排名前 3 位的销售金额

　　表格中统计了 1～6 月中两个店铺的销售金额，现在需要查看排名前 3 位的销售金额为多少，即得到 F2:F4 单元格区域中的值。

❶ 选中 F2 单元格，在公式编辑栏中输入公式：

=LARGE($B$2:$C$7,E2)

按 **Enter** 键得出排名第 1 位的金额。

❷ 选中 F2 单元格，向下进行公式填充至 F4 单元格，即可返回排名第 2、3 位的金额，如图 6-54 所示。

F2		fx	=LARGE($B$2:$C$7,E2)			
	A	B	C	D	E	F
1	月份	店铺1	店铺2		前3名	金额
2	1月	21061	31180		1	51849
3	2月	21169	41176		2	51180
4	3月	31080	51849		3	41176
5	4月	21299	31280			
6	5月	31388	11560			
7	6月	51180	8000			

图 6-54

公式解析

=LARGE($B$2:$C$7,E2)

返回 E2 单元格中指定的最大值，如 E2 为 1，表示返回最大值。

实例解析

实例 249　分别统计各班级第一名成绩

　　本例中按班级统计了学生成绩，现在要求统计出各班级中的最高分，可以按如下方法来设置公式。

❶ 选中 F5 单元格，在公式编辑栏中输入公式：

=LARGE(IF($A$2:$A$12=E5,$C$2:$C$12),1)

按 **Ctrl+Shift+Enter** 组合键，返回"**1**"班级最高分。

❷ 选中 F5 单元格，向下复制公式到 F6 单元格中，可以快速返回"**2**"班级最高分，如图 6-55 所示。

F5		:	×	✓	fx	{=LARGE(IF($A$2:$A$12=E5,$C$2:$C$12),1)}		
▲	A	B	C	D	E	F	G	H
1	班级	姓名	成绩					
2	1	关云志	85					
3	2	刘凯志	135					
4	1	邹宣敏	95		班级	最高分		
5	2	华南	112		1	148		
6	1	向荣	148		2	135		
7	1	张勋	132					
8	2	张娜娜	60					
9	2	刘婷	77					
10	1	王玲玲	121					
11	2	李云	105					
12	1	王婷婷	122					

图 6-55

公式解析

=LARGE(IF($A$2:$A$12=E5,$C$2:$C$12),1)
①   ②

① 依次判断 A2:A12 单元格区域中的各个值是否等于 E5 单元格中的值，如果是，返回 TRUE，如果不是，返回 FALSE，返回的是一个数组。然后将返回值为 TRUE 的对应在$C$2:$C$12 单元格区域上取实际值，返回值为 FALSE 的取 0值。返回的结果是一个数组。

② 从步骤①返回的数组中提取最大值。

实例 250　计算排名前 10 位的产品的合计值

表格按不同机台分别统计了第 1 组和第 2 组的产量值，可以使用 LARGE 函数与 SUMPRODUCT 函数计算排名前 10 位的产品的合计值。

选中 E2 单元格，在公式编辑栏中输入公式：

=SUMPRODUCT((B2:C11>LARGE(B2:C11,11))*B2:C11)

按 Enter 键即可得到产量合计值，如图 6-56 所示。

E2		:	×	✓	fx	=SUMPRODUCT((B2:C11>LARGE(B2:C11,11))*B2:C11)	
▲	A	B	C	D	E	F	G
1	机台	第1组产量	第2组产量		前十大值产量合计		
2	1#	665	531		6283		
3	2#	618	559				
4	3#	665	562				
5	4#	636	568				
6	5#	506	558				
7	6#	598	549				
8	7#	605	665				
9	8#	564	623				
10	9#	562	603				
11	10#	555	605				

图 6-56

📖公式解析

=SUMPRODUCT((B2:C11>LARGE(B2:C11,11))*B2:C11)

① 利用 LARGE 函数计算 B2:C11 单元格区域中的第 11 个最大值，并判断 B2:C11 单元格区域中哪些是大于第 11 个最大值的，大于的返回 TRUE，否则返回 FALSE。返回的是一个数组。然后将返回 TRUE 的对应在 B2:C11 单元格区域上的值取出，返回 FALSE 的用 0 表示。

② 然后用 SUMPRODUCT 函数对①步数组中的值进行求和。

函数 18：SMALL 函数（返回某数据集的某个最小值）

函数功能

SMALL 函数用于返回某一数据集中的某个最小值。

函数语法

SMALL(array,k)

参数解释

- array：表示为需要从中查询第 k 个最小值的数组或数据区域。
- k：表示为返回值在数组或数据单元格区域里的位置，即名次。

实例 251　统计成绩表中后 5 名的平均分

　　　　表格中统计了学生的成绩，要求计算出后 5 名的平均分数是多少。

　　　　选中 D2 单元格，在公式编辑栏中输入公式：

=AVERAGE(SMALL(B2:B12,{1,2,3,4,5}))

按 **Enter** 键得出后 5 名的平均分，如图 **6-57** 所示。

| D2 | ▼ | : | × | ✓ | fx | =AVERAGE(SMALL(B2:B12,{1,2,3,4,5})) |

▲	A	B	C	D	E
1	姓名	分数		后5名平均分	
2	刘娜	93		60.4	
3	钟扬	72			
4	陈振涛	87			
5	陈自强	90			
6	吴丹晨	61			
7	谭谢生	88			
8	邹瑞宣	99			
9	刘璐璐	82			
10	黄永明	0			
11	简佳丽	89			
12	肖菲菲	89			

图 6-57

公式解析

=AVERAGE(SMALL(B2:B12,{1,2,3,4,5}))

① 从 B2:B12 单元格区域中返回后 5 名成绩，返回的是一个数组。
② 对第①步数组进行求平均值。

实例 252　返回考试成绩的最低分与对应姓名

SMALL 函数可以返回数据区域中的第几个最小值，因此可以从成绩表返回任意指定的第几个最小值，并且通过搭配其他函数使用，还可以返回这个指定最小值对应的姓名。下面来看具体的公式设计与分析。

❶ 选中 D2 单元格，在公式编辑栏中输入公式：

　　=SMALL(B2:B12,1)

按 **Enter** 键可得出 B2:B12 单元格的最低分，如图 6-58 所示。

	A	B	C	D	E	F
	姓名	分数		最低分	姓名	
2	卢梦雨	93		61		
3	徐丽	72				
4	韦玲芳	87				
5	谭谢生	90				
6	柳丽晨	61				
7	谭谢生	88				
8	邹瑞宣	99				
9	刘璐璐	82				
10	黄永明	87				
11	简佳丽	89				
12	肖菲菲	89				

D2 ｜ × ✓ fx =SMALL(B2:B12,1)

图 6-58

❷ 选中 E2 单元格，在公式编辑栏中输入公式：

　　=INDEX(A2:A12,MATCH(SMALL(B2:B12,1),B2:B12,))

按 **Enter** 键可得出最低分对应的姓名，如图 6-59 所示。

E2 ｜ × ✓ fx =INDEX(A2:A12,MATCH(SMALL(B2:B12,1),B2:B12,))

	A	B	C	D	E	F	G	H
1	姓名	分数		最低分	姓名			
2	卢梦雨	93		61	柳丽晨			
3	徐丽	72						
4	韦玲芳	87						
5	谭谢生	90						
6	柳丽晨	61						
7	谭谢生	88						
8	邹瑞宣	99						
9	刘璐璐	82						
10	黄永明	87						
11	简佳丽	89						
12	肖菲菲	89						

图 6-59

如果只是返回最低分对应的姓名，使用 MIN 函数也能代替 SMALL 函数使用，例如如图 6-60 所示中，使用公式 "=INDEX(A2:A12,MATCH(MIN(B2:B12),B2:B12,))"。

	A	B	C	D	E	F	G	H
	姓名	分数		最低分	姓名			
1								
2	卢梦雨	93		61	栩丽晨			
3	徐丽	72						
4	韦玲芳	87						
5	谭谢生	90						
6	栩丽晨	61						
7	谭谢生	88						
8	邹瑞宣	99						
9	刘璐璐	82						
10	黄永明	87						
11	简佳丽	89						
12	肖菲菲	89						

E2 =INDEX(A2:A12,MATCH(MIN(B2:B12),B2:B12,))

图 6-60

但如果返回的不是最低分，而是要求返回倒数第 2 名、第 3 名等则必须要使用 SMALL 函数，公式的修改也很简单，只需要将公式中 SMALL 函数的第二个参数重新指定一下即可，如图 6-61 所示。

	A	B	C	D	E	F	G	H
	姓名	分数		倒数第三	姓名			
1								
2	卢梦雨	93		82	刘璐璐			
3	徐丽	72						
4	韦玲芳	87						
5	谭谢生	90						
6	栩丽晨	61						
7	谭谢生	88						
8	邹瑞宣	99						
9	刘璐璐	82						
10	黄永明	87						
11	简佳丽	89						
12	肖菲菲	89						

E2 =INDEX(A2:A12,MATCH(SMALL(B2:B12,3),B2:B12,))

图 6-61

嵌套函数

INDEX 与 MATCH 函数都属于查找函数的范畴。INDEX 函数用于返回表格或区域中指定位置处的值，这个指定位置用行号列号指定。MATCH 函数返回在指定方式下与指定数值匹配的数组中元素的相应位置。在后面的查找函数章节中会着重介绍这两个函数。下面对此公式进行解析。

公式解析

=INDEX(A2:A12,MATCH(SMALL(B2:B12,1),B2:B12,))
① ③ ②

① 返回 B2:B12 单元格区域最小的一个值。
② 返回①返回值在 B2:B12 单元格区域中的位置，如在第 5 行，就返回数字"5"。

③ 返回 A2:A12 单元格区域中②步返回结果所指定行处的值。

6.4 排位统计函数

函数 19：RANK.EQ 函数（返回数据的排位）

函数功能

RANK.EQ 函数表示返回一个数字在数字列表中的排位，其大小与列表中的其他值相关。如果多个值具有相同的排位，则返回该组数值的最高排位。

函数语法

RANK.EQ(number,ref,[order])

参数解释

- number：表示要查找其排位的数字。
- ref：表示数字列表数组或对数字列表的引用。ref 中的非数值型值将被忽略。
- order：可选。表示指定数字的排位方式的数字。指定为 0 时表示降序排名；指定为 1 时表示升序排名。

实例解析

实例 253 为学生考试成绩排名次

表格中统计了学生成绩，要求对每位学生的成绩排名次，即得到 C 列的结果。

❶ 选中 C2 单元格，在公式编辑栏中输入公式：

```
=RANK.EQ(B2,$B$2:$B$11,0)
```

按 **Enter** 键得出第一位学生的成绩在所有成绩中的名次。

❷ 选中 C2 单元格，拖动右下角的填充柄向下复制公式（至最后一名学生结束），即可批量得出每位学生成绩的名次，如图 6-62 所示。

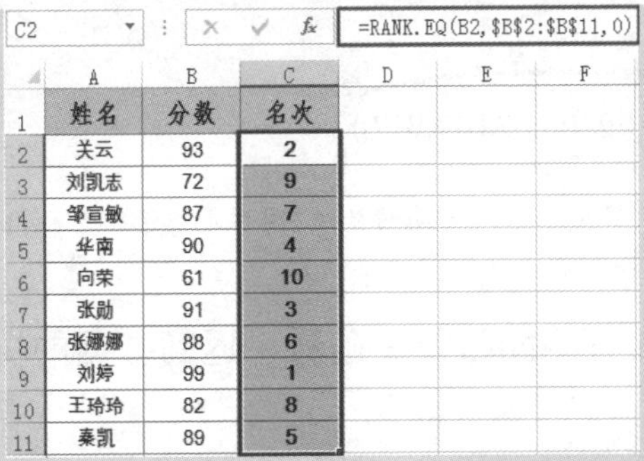

C2 =RANK.EQ(B2,$B$2:$B$11,0)

	A	B	C	D	E	F
1	姓名	分数	名次			
2	关云	93	2			
3	刘凯志	72	9			
4	邹宣敏	87	7			
5	华南	90	4			
6	向荣	61	10			
7	张勋	91	3			
8	张娜娜	88	6			
9	刘婷	99	1			
10	王玲玲	82	8			
11	秦凯	89	5			

图 6-62

公式解析

=RANK.EQ(B2,$B$2:$B$11,0)

判断 B2 单元格中的值在 B2:B11 单元格区域中的数字列表中的排名。设置列表的引用位置为 B2:B11 单元格区域，需要查找排位的数字为 B2 单元格，排位方式按降序顺序。B2 为需要排位的目标数据，它是一个变化中的单元格（当公式复制到 C3 单元格时，则是求 C3 在 B2:B11 单元格区域中的排位）。

提示

因为后面要依次判断各个值的排名，而用于排名查询的数字列表是始终不改变的，因此需要使用绝对引用方式。

实例 254　对不连续单元格排名次

表格中按月份统计了销售额，其中包括季度小计，要求通过公式返回指定季度的销售额在 4 个季度中的名次。

选中 E2 单元格，在公式编辑栏中输入公式：

=RANK.EQ(B9,(B5,B9,B13,B17))

按 **Enter** 键得出 2 季度的销售额在 4 个季度中的排名，如图 6-63 所示。

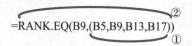

图 6-63

公式解析

=RANK.EQ(B9,(B5,B9,B13,B17))

① 这里列出将用于排名查询的数组。因为是不连续的，所以逐一列举出来。
② 返回 B2 在步骤①数组中的排位。

函数 20：RANK.AVG 函数（返回数据的排位）

函数功能

RANK.AVG 函数表示返回一个数字在数字列表中的排位，数字的排位是其大小与列表中其他值的比值。如果多个值具有相同的排位，则将返回平均排位。

函数语法

RANK.AVG(number,ref,[order])

参数解释

- number：表示要查找其排位的数字。
- ref：表示数字列表数组或对数字列表的引用。ref 中的非数值型值将被忽略。
- order：可选。表示指定数字的排位方式的数字。

实例解析

实例 255　用 RANK.AVG 函数对销售额排名

表格中统计了各销售员的销售金额，要求对各销售员的销售额进行排位。当出现相同名次时，返回平均排位。

❶ 选中 C2 单元格，在公式编辑栏中输入公式：

```
=RANK.AVG(B2,$B$2:$B$10,0)
```

按 **Enter** 键得出结果。

❷ 选中 C2 单元格，拖动右下角的填充柄向下复制公式，即可完成对所有销售额的依次排位，如图 6-64 所示（注意用这个函数后，当两个销售额名次相同时，返回的是平均值排位）。

	A	B	C	D	E	F
	C2	▼ : × ✓ fx	=RANK.AVG(B2,$B$2:$B$10,0)			
1	姓名	总销售额（万元）	名次			
2	关云	48.5	5			
3	刘凯志	45.82	8			
4	笋宣敏	46	6.5			
5	华南	78.5	1			
6	向荣	77.2	2			
7	张勋	55.45	4			
8	张娜娜	32.2	9			
9	刘婷	46	6.5			
10	王玲玲	62.8	3			

图 6-64

公式解析

=RANK.AVG(B2,$B$2:$B$10,0)

判断 B2 单元格中的值在 B2:B10 单元格区域中的数字列表中的排名。如果出现相同排名，则返回平均排位。

提示

当不出现相同名次时，使用 RANK.EQ 与 RANK.AVG 函数排名的效果相同；当出现相同名次时，RANK.AVG 将返回平均排位。

函数 21：QUARTILE.INC、QUARTILE.EXC 函数

函数功能

根据 0～1 的百分点值（包含 0 和 1）返回数据集的四分位数。

根据 0～1 的百分点值（不包含 0 和 1）返回数据集的四分位数。

函数语法

QUARTILE.INC(array,quart)

参数解释

- array：表示为需要求得四分位数值的数组或数字引用区域。
- quart：表示决定返回哪一个四分位值。

表 6-2 为函数的 quart 参数与返回值。

表 6-2

quart 参数	意　义
0	表示最小值
1	表示第 1 个四分位数（25%处值）
2	表示第 2 个四分位数（50%处值）
3	表示第 3 个四分位数（75%处值）
4	表示最大值

用法剖析

$$= \text{QUARTILE.INC} (\text{A2:A12}，1)$$

QUARTILE 函数在 Excel 2010 版本后分出了.INC(include)和.EXC(exclude)。二者区别在于 QUARTILE.INC 可以返回最大值与最小值；而 QUARTILE.EXC 无法返回最大值与最小值。即使用=QUARTILE.EXE(C3:C14,0)或=QUARTILE.EXE(C3:C14,1)这样时将返回错误值。

决定返回哪一个四分位值。有 5 个值可选择：

"0"表示最小值。

"1"表示第 1 个四分位数（25%处值）。

"2"表示第 2 个四分位数（50%处值）。

"3"表示第 3 个四分位数（75%处值）。

"4"表示最大值。

实例解析

实例 256　在一组学生身高统计数据中求四分位数

四分位数是指一组数据中的最小值、**25%**处值、**50%**处值、**75%**处值、最大值。例如当前数据表中统计了学生的身高，现在需要求出四分位数。

❶ 选中 F1 单元格，在公式编辑栏中输入公式：

```
=QUARTILE.INC(C2:C9,0)
```

按 **Enter** 键即可计算出指定数组中的最小值，如图 6-65 所示。

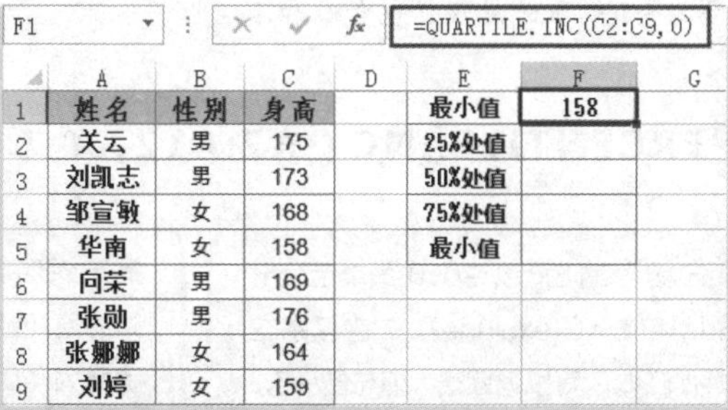

	A	B	C	D	E	F	G
1	姓名	性别	身高		最小值	158	
2	关云	男	175		25%处值		
3	刘凯志	男	173		50%处值		
4	邹宣敏	女	168		75%处值		
5	华南	女	158		最小值		
6	向荣	男	169				
7	张勋	男	176				
8	张娜娜	女	164				
9	刘婷	女	159				

图 6-65

❷ 选中 F2 单元格，在公式编辑栏中输入公式：

```
=QUARTILE.INC (C2:C9,1)
```

按 **Enter** 键即可计算出指定数组中 25%处的值。

❸ 分别在 F3、F4、F5 单元格中输入公式：

```
=QUARTILE.INC(C2:C9,2)
=QUARTILE.INC(C2:C9,3)
=QUARTILE.INC(C2:C9,4)
```

即可分别计算出其他几个分位的数值，如图 6-66 所示。

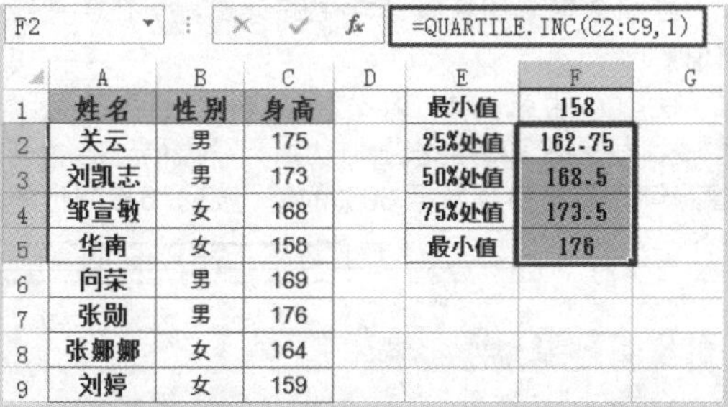

	A	B	C	D	E	F	G
1	姓名	性别	身高		最小值	158	
2	关云	男	175		25%处值	162.75	
3	刘凯志	男	173		50%处值	168.5	
4	邹宣敏	女	168		75%处值	173.5	
5	华南	女	158		最小值	176	
6	向荣	男	169				
7	张勋	男	176				
8	张娜娜	女	164				
9	刘婷	女	159				

图 6-66

函数 22：PERCENTILE.INC、PERCENTILE.EXC 函数

函数功能

PERCENTILE.INC 函数用于返回区域中数值的第 k 个百分点的值，k 为 0~1 的百分点值，包含 0 和 1。

PERCENTILE.EXC 函数用于返回区域中数值的第 k 个百分点的值，其中 k 为 0~1 的值，不包含 0 和 1。

函数语法

PERCENTILE.INC(array,k)

参数解释

- ● array：表示用于定义相对位置的数组或数据区域。
- ● k：表示 0~1 的百分点值，包含 0 和 1。

用法剖析

$$=PERCENTILE.INC（A2:A12，0.5）$$

PERCENTILE 函数在 Excel 2010 版本后分出了.INC(include)和.EXC(exclude)。二者区别在于 PERCENTILE.INC 可以返回最大值与最小值；而 PERCENTILE.EXC 无法返回0%与100%处的值。即使用=PERCENTILE.EXE(C3:C14,0)或=PERCENTILE.EXE(C3:C14,1)将返回错误值。

指定返回哪个百分点处的值，值为从 0 到 1，参数为"0"时表示最小值，参数为"1"时表示最大值。

实例解析

实例 257　返回数值区域第 K 个百分点的值

当前数据表中统计了学生的身高，现在需要统计出 80%的身高值。

选中 **C11** 单元格，在公式编辑栏中输入公式：

=PERCENTILE.INC(C2:C9,0.8)

按 **Enter** 键即可计算出身高数据 **80%**的值，如图 6-67 所示。

C11	▼	⋮	✕ ✓	f_x	=PERCENTILE.INC(C2:C9,0.8)	
◢	A	B	C	D	E	F
1	姓名	性别	身高			
2	关云	男	175			
3	刘凯志	男	178			
4	邹宣敬	女	165			
5	华南	女	168			
6	向荣	男	168			
7	张勋	男	171			
8	张娜娜	女	161			
9	刘婷	女	156			
10						
11	统计80%的身高		173.4			

图 6-67

公式解析

=PERCENTILE.INC(C2:C9,0.8)

返回在 C2:C9 单元格区域中的第 0.8 个百分比值。

函数 23: PERCENTRANK.INC、PERCENTRANK.EXC 函数

函数功能

PERCENTRANK.INC 函数用于返回某个数值在一个数据集中的百分比,此处的百分比值的范围为 0~1(含 0 和 1)。

PERCENTRANK.EXC 函数用于返回某个数值在一个数据集中的百分比此处的百分比值的范围为 0~1(不含 0 和 1)。

函数语法

PERCENTRANK.INC(array,x,[significance])

参数解释

- array:表示为定义相对位置的数组或数字区域。
- x:表示为数组中需要得到其排位的值。
- significance:表示返回的百分数值的有效位数。若省略,则函数保留 3 位小数。

用法剖析

= PERCENTRANK.INC (A2:A12, A2)

> PERCENTRANK 函数在 Excel 2010 版本后分出了.INC(include)和.EXC(exclude)。二者区别在于 PERCENTRANK.INC 函数返回的百分比值范围为 0~1(含 0 和 1)。PERCENTRANK.EXC 函数返回的百分比值范围为 0~1(不含 0 和 1)。

> 指定返回哪个百分点处的值,值为 0~1,参数为 "0" 时表示最小值,参数为 "1" 时表示最大值。

实例解析

实例 258　将各月销售利润按百分比排位

表格中统计了各个月份的利润,要求将这 12 个月的利润金额进行百分比排位,即得到 C 列中的数据。

❶ 选中 C2 单元格,在公式编辑栏中输入公式:

`=PERCENTRANK.INC($B$2:$B$13,B2)`

按 **Enter** 键得出 B2 单元格的值在 B2:B13 单元格区域中的百分比排位。

❷ 选中 C2 单元格,拖动右下角的填充柄向下复制公式,即可批量得出其他各月的利润金额在 12 个月利润序列中的百分比排位,如图 6-68 所示。

| C2 | | : | × | ✓ | fx | =PERCENTRANK.INC($B$2:$B$13,B2) | |

▲	A	B	C	D	E	F
1	月份	利润（万元）	百分比排位			
2	1月	35.25	18.10%			
3	2月	51.5	36.30%			
4	3月	75.81	90.90%			
5	4月	62.22	72.70%			
6	5月	55.51	45.40%			
7	6月	32.2	0.00%			
8	7月	60.45	63.60%			
9	8月	77.9	100.00%			
10	9月	41.55	27.20%			
11	10月	55.51	45.40%			
12	11月	65	81.80%			
13	12月	34.55	9.00%			

图 6-68

📖公式解析

=PERCENTRANK.INC($B$2:$B$13,B2)

设置需要排位的数值为 B2:B13 单元格区域中的值，B2 为需要排位的目标数据，它是一个变化中的（当公式复制到 C3 单元格时，则是求 C3 在 B2:B13 单元格区域中的排位）单元格数据。B2:B13 单元格区域为需要在其中进行排位的一个数字列表。这个数字列表是始终不变的，因此采用绝对引用方式。

6.5 方差、协方差与偏差函数

函数 24：VAR.S 函数（计算基于样本的方差）

函数功能

VAR.S 函数用于估算基于样本的方差（忽略样本中的逻辑值和文本）。计算出的方差值越小越稳定，表示数据间差别小。

函数语法

VAR.S(number1,[number2],...)

参数解释

- number1：表示对应于样本总体的第一个数值参数。
- number2, ...：可选。对应于样本总体的 2～254 个数值参数。

实例 259 估算产品质量的方差

例如要考察一台机器的生产能力，利用抽样程序来检验生产出来的产品质量，假设提取 14 个值。根据行业通用法则：如果一个样本中的 14 个数据项的方差大于 0.005，则该机器必须关闭待修。

❶ 选中 B2 单元格，在公式编辑栏中输入公式：

```
=VAR.S(A2:A15)
```

按 **Enter** 键即可计算出方差为"**0.0025478**"，如图 6-69 所示。此值小于 0.005，则此机器工作正常。

	A	B	C
	B2	▼ : × ✓ fx	=VAR.S(A2:A15)
1	产品质量的14个数据	方差	
2	3.52	0.0025478	
3	3.49		
4	3.38		
5	3.45		
6	3.47		
7	3.45		
8	3.48		
9	3.49		
10	3.5		
11	3.45		
12	3.38		
13	3.51		
14	3.55		
15	3.41		

图 6-69

函数 25：VARA 函数（计算基于样本的方差）

函数功能

VARA 函数用来估算给定样本的方差，它与 VAR.S 函数的区别在于文本和逻辑值（TRUE 和 FALSE）也将参与计算。

函数语法

VARA(value1,value2,...)

参数解释

value1,value2,...：表示作为总体的一个样本的 1～30 个参数。

实例 260　估算产品质量的方差（含机器检测情况）

例如要考察一台机器的生产能力，利用抽样程序来检验生产出来的产品质量，假设提取的 **14** 个值中有"机器检测"情况。要求使用此数据估算产品质量的方差。

❶ 选中 **B2** 单元格，在公式编辑栏中输入公式：

```
=VARA(A2:A15)
```

按 **Enter** 键即可计算出方差为"**1.59427473**"（包含文本），如图 **6-70** 所示。

	A	B	C
1	产品质量的14个数据	方差	
2	3.52	1.59427473	
3	3.49		
4	3.38		
5	3.45		
6	3.47		
7	机器检测		
8	3.48		
9	3.49		
10	3.5		
11	3.45		
12	机器检测		
13	3.51		
14	3.55		
15	3.41		

（B2 单元格公式：=VARA(A2:A15)）

图 6-70

函数 26：VAR.P 函数（计算基于样本总体的方差）

函数功能

VAR.P 函数用于计算基于整个样本总体的方差（忽略样本总体中的逻辑值和文本）。

函数语法

VAR.P(number1,[number2],...)

参数解释

- number1：表示对应于样本总体的第一个数值参数。
- number2, ...：可选。对应于样本总体的第 2 到第 254 个数值参数。

> 假设总体数量是 100，样本数量是 20，当要计算 20 个样本的方差时使用 VAR.S，但如果要根据 20 个样本值估算总体 100 的方差则使用 VAR.P。

实例 261　以样本值估算总体的方差

例如要考察一台机器的生产能力，利用抽样程序来检验生产出来的产品质量，假设提取 14 个值。想通过这个样本数据估计总体的方差。

❶ 选中 B2 单元格，在公式编辑栏中输入公式：

```
=VAR.P(A2:A15)
```

按 Enter 键即可计算出基于样本总体的方差为 "0.00236582"，如图 6-71 所示。

图 6-71

函数 27：VARPA 函数（计算基于样本总体的方差）

函数功能

VARPA 函数用于计算样本总体的方差，它与 VAR.P 函数的区别在于文本和逻辑值（TRUE 和 FALSE）也将参与计算。

函数语法

VARPA(value1,value2,...)

参数解释

value1,value2,...：表示作为样本总体的 1~30 个参数。

实例 262　以样本值估算总体的方差（含文本）

例如要考察一台机器的生产能力，利用抽样程序来检验生产出来的产品质量，假设提取 14 个值（其中包含有"机器检测"情况）。要求通过这个样本数据估计总体的方差。

❶ 选中 **B2** 单元格，在公式编辑栏中输入公式：

```
=VARPA(A2:A15)
```

按 **Enter** 键即可计算出基于样本总体的方差为"**1.48039796**"，如图 6-72 所示。

图 6-72

函数 28：STDEV.S 函数（计算基于样本估算标准偏差）

函数功能

STDEV.S 函数用于计算基于样本估算的标准偏差(忽略样本中的逻辑值和文本)。标准偏差反映数值相对于平均值（mean）的离散程度。

函数语法

STDEV.S(number1,[number2],...)

参数解释

- number1：表示对应于总体样本的第一个数值参数。也可以用单一数组或对某个数组的引用来代替用逗号分隔的参数。
- number2, ...：可选。对应于总体样本的 2～254 个数值参数。也可以用单一数组或对某个数组的引用来代替用逗号分隔的参数。

实例 263　　**估算入伍军人身高的标准偏差**

例如要考察一批入伍军人的身高情况，抽样抽取 14 人的身高数据，要求基于此样本估算标准偏差。

❶ 选中 **B2** 单元格，在公式编辑栏中输入公式：

```
=AVERAGE(A2:A15)
```

按 **Enter** 键即可计算出身高平均值，如图 **6-73** 所示。

B2	▼	：	× ✓	fx	=AVERAGE(A2:A15)

▲	A	B	C	D
1	身高数据	平均身高	标准偏差	
2	1.72	1.762142857		
3	1.82			
4	1.78			
5	1.76			
6	1.74			
7	1.72			
8	1.70			
9	1.80			
10	1.69			
11	1.82			
12	1.85			
13	1.69			
14	1.76			
15	1.82			

图 6-73

❷ 选中 **C2** 单元格，在公式编辑栏中输入公式：

```
=STDEV.S(A2:A15)
```

按 **Enter** 键即可基于此样本估算出标准偏差，如图 **6-74** 所示。通过计算结果可以得出结论为：本次入伍军人的身高分布在 **1.7621**±**0.0539m** 区间。

图 6-74

函数 29：STDEVA 函数（计算基于给定样本的标准偏差）

函数功能

STDEVA 函数计算基于给定样本的标准偏差，它与 STDEV.S 函数的区别是文本值和逻辑值（TRUE 或 FALSE）也将参与计算。

函数语法

STDEVA(value1,value2,...)

参数解释

value1,value2,...：表示作为总体的一个样本的 1～30 个参数。

实例 264　计算基于给定样本的标准偏差（含文本）

例如要考察一批入伍军人的身高情况，抽样抽取 14 人的身高数据（其中包含一项"无效测量"），要求基于此样本估算标准偏差。

❶ 选中 **B2** 单元格，在公式编辑栏中输入公式：

```
=STDEVA(A2:A15)
```

按 **Enter** 键即可基于此样本估算出标准偏差，如图 **6-75** 所示。

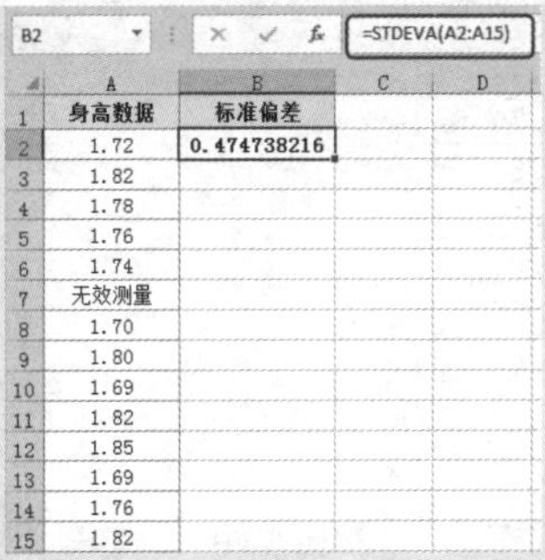

图 6-75

函数 30：STDEV.P（计算样本总体的标准偏差）

函数功能

STDEV.P 函数计算样本总体的标准偏差（忽略逻辑值和文本）。

函数语法

STDEV.P (number1,[number2],...)

参数解释

number1：表示对应于样本总体的第一个数值参数；

number2, ...：可选。对应于样本总体的 2 到 254 个数值参数。

> 假设总体数量是 100，样本数量是 20，当要计算 20 个样本的标准偏差时使用 STDEV.S，但如果要根据 20 个样本值估算总体 100 的标准偏差则使用 STDEV.P。

实例 265 以样本值估算总体的标准偏差

例如要考察一批入伍军人的身高情况，抽样抽取 14 人的身高数据，要求基本于此样本估算总体的标准偏差。

❶ 选中 **B2** 单元格，在公式编辑栏中输入公式：

```
=STDEV.P(A2:A15)
```

按 **Enter** 键即可基于此样本估算出总体的标准偏差，如图 6-76 所示。

B2	▼	:	×	✓	fx	=STDEV.P(A2:A15)

▲	A	B	C	D
1	身高数据	标准偏差		
2	1.72	0.051986066		
3	1.82			
4	1.78			
5	1.76			
6	1.74			
7	1.72			
8	1.70			
9	1.80			
10	1.69			
11	1.82			
12	1.85			
13	1.69			
14	1.76			
15	1.82			

图 6-76

函数 31：STDEVPA（计算样本总体的标准偏差）

函数功能

STDEVPA 函数根据作为参数（包括文字和逻辑值）给定的整个总体计算标准偏差。标准偏差可以测量值在平均值（中值）附近分布的范围大小。

函数语法

STDEVPA(value1,value2,...)

参数解释

value1,value2,...：表示作为总体的一个样本的 1～30 个参数。

实例 266 以样本值估算总体的标准偏差（含文本）

例如要考察一批入伍军人的身高情况，抽样抽取 14 人的身高数据（包含有一个无效测量），要求基于此样本估算总体的标准偏差。

❶ 选中 B2 单元格，在公式编辑栏中输入公式：

=STDEVPA(A2:A15)

按 Enter 键即可基于此样本估算出总体的标准偏差，如图 6-77 所示。

	A	B	C	D
B2		fx =STDEVPA(A2:A15)		
1	身高数据	标准偏差		
2	1.72	0.457469192		
3	1.82			
4	1.78			
5	1.76			
6	1.74			
7	无效测量			
8	1.70			
9	1.80			
10	1.69			
11	1.82			
12	1.85			
13	1.69			
14	1.76			
15	1.82			

图 6-77

函数 32：COVARIANCE.S 函数（返回样本协方差）

函数功能

COVARIANCE.S 函数用于返回样本协方差，即两个数据集中每对数据的偏差乘积的平均值。

函数语法

COVARIANCE.S(array1,array2)

参数解释

- array1：表示第一个所含数据为整数的单元格区域。
- array2：表示第二个所含数据为整数的单元格区域。

> 当遇到含有多维数据的数据集时，需要引入协方差的概念，如判断施肥量与亩产的相关性；判断甲状腺与碘食用量的相关性等。协方差的结果有什么意义呢？如果结果为正值，则说明两者是正相关的，结果为负值就说明负相关的，如果为 0，也是就是统计上说的"相互独立"。

实例 267 计算甲状腺与碘食用量的协方差

例如以 16 个调查地点的地方性甲状腺肿患病量与其食品、水中含碘量的调查数据，现在通过计算协方差可判断甲状腺肿与含碘量是否存在显著关系。

❶ 选中 E2 单元格，在公式编辑栏中输入公式：

```
=COVARIANCE.S(B2:B17,C2:C17)
```

按 **Enter** 键即可返回协方差为"**−114.8803**"，如图 6-78 所示。**通过计算结果可以得出结论为：甲状腺肿患病量与碘食用量有负相关**，即含碘量越少，甲状腺肿患病量越高。

▲	A	B	C	D	E	F
1	序号	患病量	含碘量		协方差	
2	1	300	0.1		−114.8803	
3	2	310	0.05			
4	3	98	1.8			
5	4	285	0.2			
6	5	126	1.19			
7	6	80	2.1			
8	7	155	0.8			
9	8	50	3.2			
10	9	220	0.28			
11	10	120	1.25			
12	11	40	3.45			
13	12	210	0.32			
14	13	180	0.6			
15	14	56	2.9			
16	15	145	1.1			
17	16	35	4.65			

图 6-78

函数 33：COVARIANCE.P 函数（返回总体协方差）

函数功能

COVARIANCE.P 函数用于返回总体协方差，即两个数据集中每对数据点的偏差乘积的平均数。

函数语法

COVARIANCE.P(array1,array2)

参数解释

- array1：表示第一个所含数据为整数的单元格区域。
- array2：表示第二个所含数据为整数的单元格区域。

> 假设总体数量是 100，样本数量是 20，当要计算 20 个样本的协方差时使用 COVARIANCE.S，但如果要根据 20 个样本值估算总体 100 的协方差则使用 COVARIANCE.P。

实例 268　以样本值估算总体的协方差

例如以 16 个调查地点的地方性甲状腺肿患病量与其食品、水中含碘量的调查数据，现在要求基于此样本估算总体的协方差。

❶ 选中 **E2** 单元格，在公式编辑栏中输入公式：

=COVARIANCE.P(B2:B17,C2:C17)

按 **Enter** 键即可返回总体协方差为 "**-107.7002**"，如图 **6-79** 所示。

	A	B	C	D	E	F
1	序号	患病量	含碘量		协方差	
2	1	300	0.1		-107.7002	
3	2	310	0.05			
4	3	98	1.8			
5	4	285	0.2			
6	5	126	1.19			
7	6	80	2.1			
8	7	155	0.8			
9	8	50	3.2			
10	9	220	0.28			
11	10	120	1.25			
12	11	40	3.45			
13	12	210	0.32			
14	13	180	0.6			
15	14	56	2.9			
16	15	145	1.1			
17	16	35	4.65			

图 6-79

函数 34：DEVSQ 函数（返回平均值偏差的平方和）

函数功能

DEVSQ 函数用于返回数据点与各自样本平均值的偏差的平方和。计算结果以 Q 值表示，Q 值越大，表示测定值之间的差异越大。

函数语法

DEVSQ(number1,number2,...)

参数解释

number1,number2,...：表示用于计算偏差平方和的 1～30 个参数。

实例 269　计算零件质量系数的偏差平方和

本例 B 列为零件的质量系数，使用函数可以返回其偏差平方和。

选中 B10 单元格，在公式编辑栏中输入公式：

`=DEVSQ(B2:B8)`

按 **Enter** 键即可求出零件质量系数的偏差平方和，如图 6-80 所示。

B10		:	×	✓	fx	=DEVSQ(B2:B8)	

▲	A	B	C	D
1	编号	零件质量系数		
2	1	36		
3	2	72		
4	3	37		
5	4	53		
6	5	60		
7	6	26		
8	7	76		
9				
10	偏差平方和	2195.714286		

图 6-80

函数 35：AVEDEV 函数（计算数值的平均绝对偏差）

函数功能

AVEDEV 函数用于返回一组数据与其均值的绝对偏差的平均值，该函数可以评测数据的离散度。计算结果值越大，表示测定值之间的差异越大。

函数语法

AVEDEV(number1,number2,...)

参数解释

number1,number2,...：表示用来计算绝对偏差平均值的一组参数，其个数可以在 1～30。

实例 270　求一组数据的绝对偏差的平均值

通过对学生成绩进行 3 次测试，求这组数据与其均值的绝对偏差的平均值，可以使用 AVEDEV 函数来实现。

❶ 选中 E2 单元格，在公式编辑栏中输入公式：

`=AVEDEV(B2:D2)`

按 **Enter** 键即可计算出第一位学生成绩的绝对偏差平均值。

❷ 将鼠标指针指向 E2 单元格的右下角，待光标变成十字形状后，向下复制公式，即可计算出其他学生成绩的绝对偏差平均值，如图 6-81 所示。

	A	B	C	D	E
1	学生姓名	第1次测试	第2次测试	第3次测试	绝对偏差平均值
2	王伟	80	89	94	5.111111111
3	刘云	72	90	88	7.555555556
4	华娜娜	68	59	55	4.888888889
5	金军	90	90	90	0

E2 ▼ ： × ✓ ƒx =AVEDEV(B2:D2)

图 6-81

📖公式解析

=AVEDEV(B2:D2)
对 B2:D2 单元格区域中的数据计算绝对偏差平均值。

6.6　概率分布函数

函数 36：BETA.DIST 函数

函数功能

BETA.DIST 函数用于返回 Beta 分布。

函数语法

BETA.DIST(x,alpha,beta,cumulative,[A],[B])

参数解释

● x：表示介于 A 和 B 之间用来进行函数计算的值。
● alpha：表示分布参数。
● beta：表示分布参数。
● cumulative：表示决定函数形式的逻辑值。如果 cumulative 为 TRUE，BETA.DIST 返回累积分布函数；如果为 FALSE，则返回概率密度函数。
● A：可选。x 所属区间的下界。
● B：可选。x 所属区间的上界。

实例 271　返回累积 Beta 分布的概率密度函数值

本例已知数值为 8，给定 alpha 分布参数"3"、Beta 分布参数"4.5"、下界"1"和上界"10"，利用 BETA.DIST 函数可以返回累计 Beta 分布的概率密度函数值。

选中 D4 单元格，在公式编辑栏中输入公式：

```
=BETA.DIST(A2,B2,C2,TRUE,D2,E2)
```

按 **Enter** 键即可返回函数值"**0.986220864**"，如图 6-82 所示。

| D4 | ▼ | : | × | ✓ | fx | =BETA.DIST(A2,B2,C2,TRUE,D2,E2) |

▲	A	B	C	D	E
1	数值	Alpha分布参数	Beta分布参数	下界	上界
2	8	3	4.5	1	10
3					
4	Beta累积分布的概率密度函数值：			0.986220864	

图 6-82

📖 公式解析

=BETA.DIST(A2,B2,C2,TRUE,D2,E2)

将 A2 中的值设为介于下界 "1" 和上界 "10" 之间进行函数计算的值。分布参数分别为 "3" 和 "4.5"，逻辑值参数为 "TRUE"，即返回累积分布函数。

函数 37：BINOM.DIST.RANGE 函数

函数功能

BINOM.DIST.RANGE 函数使用二项式分布返回试验结果的概率。

函数语法

BINOM.DIST.RANGE(trials,probability_s,number_s,[number_s2])

参数解释

- trials：表示独立试验次数。必须大于或等于 0。
- probability_s：表示每次试验成功的概率。必须大于或等于 0 并小于或等于 1。
- number_s：表示试验成功次数。必须大于或等于 0 并小于或等于 trials。
- number_s2：可选。如提供，则返回试验成功次数介于 number_s 和 number_s2 之间的概率。必须大于或等于 number_s 并小于或等于 trials。

实例 272　返回二项式分布概率

例如要求计算当成功概率为 70%时，在 50 次试验之中出现 35 次成功的概率。

选中 E2 单元格，在公式编辑栏中输入公式：

=BINOM.DIST.RANGE(A2,B2,C2)

按 Enter 键即可按给定数据返回概率值，如图 6-83 所示。

| E2 | ▼ | : | × | ✓ | fx | =BINOM.DIST.RANGE(A2,B2,C2) |

▲	A	B	C	D	E
1	试验次数	成功率	成功次数		二项式分布概率
2	50	0.7	35		12.23%
3	50	0.7	35	50	

图 6-83

例如，要求计算当成功概率为 70%时，在 50 次试验之中出现 35～50 次成功（包含）的概率。

选中 E3 单元格，在公式编辑栏中输入公式：

=BINOM.DIST.RANGE(A3,B3,C3,D3)

按 **Enter** 键即可按给定数据返回概率值，如图 6-84 所示。

| E3 | ▼ | : | × | ✓ | *fx* | =BINOM.DIST.RANGE(A3,B3,C3,D3) |

	A	B	C	D	E
1	试验次数	成功率	成功次数		二项式分布概率
2	50	0.7	35		12.23%
3	50	0.7	35	50	56.92%

图 6-84

📖 公式解析

=BINOM.DIST.RANGE(A2,B2,C2)

分别根据实验次数 "50"、实验成功的概率 "0.7" 以及成功次数 "35" 使用二项式分布返回实验结果的概率。

函数 38: BINOM.INV 函数

函数功能

BINOM.INV 函数表示返回使累积二项式分布大于或等于临界值的最小值。

函数语法

BINOM.INV(trials,probability_s,alpha)

参数解释

- trials: 表示伯努利试验次数。
- alpha: 表示临界值。
- probability_s: 表示每次试验中成功的概率。

实例 273　返回二项式分布概率

实验次数为 25，实验成功率为 0.8，求实验成功的次数。

❶ 选中 **D2** 单元格，在公式编辑栏中输入公式：

=BINOM.INV(A2,B2,C2)

按 **Enter** 键即可返回当成功概率为 0.8 时，在 25 次试验之中的实验成功次数为 22 次。

❷ 将鼠标指针指向 **D2** 单元格的右下角，待光标变成十字形状后，向下复制公式，即可返回当成功概率为 0.7 时，在 20 次试验之中的实验成功次数为 16 次，如图 6-85 所示。

| D2 | ▼ | : | × | ✓ | *fx* | =BINOM.INV(A2,B2,C2) |

	A	B	C	D
1	实验次数	实验成功率	临界值	实验成功次数
2	25	0.8	0.9	22
3	20	0.7	0.8	16

图 6-85

📖**公式解析**

=BINOM.INV (A2,B2,C2)

分别根据实验次数"25"、临界值"0.9"，以及实验成功的概率"0.8"，返回累积二项式分布大于或等于临界值的最小值。

函数 39：BETA.INV 函数

函数功能

返回 Beta 累积概率密度函数（BETA.DIST）的反函数。

函数语法

BETA.INV(probability,alpha,beta,[A],[B])

参数解释

- probability：必需。与 beta 分布相关的概率。
- alpha：必需。分布参数。
- beta：必需。分布参数。
- A：可选。x 所属区间的下界。
- B：可选。x 所属区间的上界。

实例 274 **返回指定 Beta 分布的累积分布函数的反函数值**

选中 **D4** 单元格，在公式编辑栏中输入公式：

=BETA.INV(A2,B2,C2,D2,E2)

按 **Enter** 键即可返回当概率值为 0.685470581，分布参数为 8 和 10，下界和上界分别为 1 和 3 时，累积 Beta 概率密度函数的反函数值为 2，如图 6-86 所示。

	A	B	C	D	E
1	Beta分布的概率值	分布参数	分布参数	下界	上界
2	0.685470581	8	10	1	3
3					
4	累积 Beta 概率密度函数的反函数值			2	

图 6-86

函数 40：BINOM.DIST 函数

函数功能

返回二项式分布的概率。BINOM.DIST 用于处理固定次数的试验或实验问题，前提是任意试验的结果仅为成功或失败两种情况，试验是独立试验，且在整个试验过程中成功的概率固定不变。例如，BINOM.DIST 可以计算三个即将出生的婴儿中两个是男孩的概率。

函数语法

BINOM.DIST(number_s,trials,probability_s,cumulative)

参数解释

- number_s：必需。试验的成功次数。
- trials：必需。独立试验次数。
- probability_s：必需。每次试验成功的概率。
- cumulative：必需。决定函数形式的逻辑值。如果 cumulative 为 TRUE，则 BINOM.DIST 返回累积分布函数，即最多存在 number_s 次成功的概率；如果为 FALSE，则返回概率密度函数，即存在 number_s 次成功的概率。

实例 275 返回二项式分布的概率

选中 **D2** 单元格，在公式编辑栏中输入公式：

```
=BINOM.DIST(A2,B2,C2,FALSE)
```

按 **Enter** 键即可返回 **10** 次试验正好成功 **6** 次的概率，如图 6-87 所示。

D2	▼ : × ✓ fx	=BINOM.DIST(A2,B2,C2,FALSE)	
	A	B	C	D
1	试验成功次数	独立试验次数	每次试验的成功概率	10次试验正好成功6次的概率
2	6	10	0.5	0.205078125

图 6-87

函数 41：CHISQ.DIST 函数

函数功能

CHISQ.DIST 函数用于返回 χ^2 分布。χ^2 分布通常用于研究样本中某些事物变化的百分比，例如人们一天中用来看电视的时间所占的比例。

函数语法

CHISQ.DIST(x,deg_freedom,cumulative)

参数解释

- x：表示用来计算分布的数值。如果 x 为负数，则 CHISQ.DIST 函数返回 "#NUM!" 错误值。
- deg_freedom：表示自由度数。若 deg_freedom 不是整数，则将被截尾取整；若 deg_freedom < 1 或 deg_freedom > 10^{10}，则 CHISQ.DIST 函数返回 "#NUM!" 错误值。
- cumulative：表示决定函数形式的逻辑值。如果 cumulative 为 TRUE，

则 CHISQ.DIST 函数返回累积分布函数；如果为 FALSE，则返回概率密度函数。

实例 276　返回 χ^2 分布

❶ 选中 C2 单元格，在公式编辑栏中输入公式：

```
=CHISQ.DIST(A2,B2,TRUE)
```

按 **Enter** 键即可计算出作为累积分布函数返回数值为 "1.5"、自由度为 "2" 的 χ^2 分布，如图 6-88 所示。

C2		f_x	=CHISQ.DIST(A2,B2,TRUE)
	A	B	C
1	数值	自由度	χ^2 分布
2	1.5	2	0.527633447

图 6-88

❷ 选中 C3 单元格，在公式编辑栏中输入公式：

```
=CHISQ.DIST(A3,B3,FALSE)
```

按 **Enter** 键即可计算出作为累积分布函数返回数值为 "5"、自由度为 "3" 的 χ^2 分布，如图 6-89 所示。

C3		f_x	=CHISQ.DIST(A3,B3,FALSE)
	A	B	C
1	数值	自由度	χ^2 分布
2	1.5	2	0.527633447
3	5	3	0.073224913

图 6-89

📖 公式解析

=CHISQ.DIST(A2,B2,TRUE)

计算分布的数值为 1.5，自由度为 2，然后返回累积分布函数；第二组数值为 5，自由度为 3 返回概率密度函数。

函数 42：CHISQ.DIST.RT 函数

函数功能

CHISQ.DIST.RT 函数表示返回 χ^2 分布的右尾概率。χ^2 分布与 χ^2 检验相关。使用 χ^2 检验可以比较观察值和期望值。

函数语法

CHISQ.DIST.RT(x,deg_freedom)

参数解释

- x：表示用来计算分布的值。
- deg_freedom：表示自由度的数值。

实例 277　返回 χ^2 分布的单尾概率

❶ 选中 **C2** 单元格，在公式编辑栏中输入公式：

```
=CHISQ.DIST.RT(A2,B2)
```

按 **Enter** 键即可返回数值"**8**"和自由度"**40**"的 χ^2 分布的单尾概率值为"**0.99999999**"，如图 6-90 所示。

❷ 选中 **C2** 单元格，拖动右下角的填充柄向下复制公式，即可返回数值"**12**"和自由度"**48**"的 χ^2 分布的单尾概率值为"**0.999999975**"，如图 6-90 所示。

C2	▼	:	×	✓	fx	=CHISQ.DIST.RT(A2,B2)

▲	A	B	C	D
1	数值	自由度	χ^2 分布的单尾概率	
2	8	40	0.99999999	
3	12	48	0.999999975	

图 6-90

函数 43：CHISQ.INV 函数

函数功能

CHISQ.INV 函数用于返回 χ^2 分布的左尾概率的反函数。

函数语法

CHISQ.INV(probability,deg_freedom)

参数解释

● probability：表示与 χ^2 分布相关联的概率。

● deg_freedom：表示自由度数。

实例 278　返回 χ^2 分布的左尾概率的反函数

选中 **C2** 单元格，在公式编辑栏中输入公式：

```
=CHISQ.INV(A2,B2)
```

按 **Enter** 键即可返回 χ^2 分布的概率"**0.93**"和自由度"**1**"的 χ^2 分布的左尾概率的反函数值为"**3.283020287**"，如图 6-91 所示。

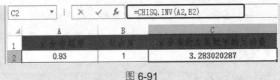

C2	▼	:	×	✓	fx	=CHISQ.INV(A2,B2)

▲	A	B	C
1	χ^2 分布概率	自由度	χ^2 分布的左尾概率的反函数
2	0.93	1	3.283020287

图 6-91

函数 44：CHISQ.INV.RT 函数

函数功能

CHISQ.INV.RT 函数表示返回 χ^2 分布的右尾概率的反函数。

函数语法

CHISQ.INV.RT(probability,deg_freedom)

参数解释

- probability：表示与 χ^2 分布相关的概率。
- deg_freedom：表示自由度的数值。

实例 279 **返回 χ^2 分布的右尾概率的反函数**

选中 C2 单元格，在公式编辑栏中输入公式：

=CHISQ.INV.RT(A2,B2)

按 **Enter** 键即可返回 χ^2 分布的概率"**0.0381234**"和自由度"**40**"的 χ^2 分布的单尾概率的反函数值为"**57.19703373**"，如图 6-92 所示。

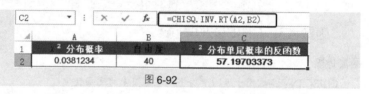

C2	▼	:	×	✓	f_x	=CHISQ.INV.RT(A2,B2)

	A	B	C
1	χ^2 分布概率	自由度	χ^2 分布单尾概率的反函数
2	0.0381234	40	57.19703373

图 6-92

函数 45：EXPON.DIST 函数

函数功能

返回指数分布。使用 EXPON.DIST 可以建立事件之间的时间间隔模型，如银行自动提款机支付一次现金所花费的时间。例如，可通过 EXPON.DIST 函数来确定这一过程最长持续一分钟的发生概率。

函数语法

EXPON.DIST(x,lambda,cumulative)

参数解释

- x：必需。函数值。
- lambda：必需。参数值。
- cumulative：必需。逻辑值，用于指定指数函数的形式。如果 cumulative 为 TRUE，则 EXPON.DIST 返回累积分布函数；如果为 FALSE，则返回概率密度函数。

实例 280 **返回指数分布**

❶ 选中 **B4** 单元格，在公式编辑栏中输入公式：

=EXPON.DIST(A2,B2,TRUE)

按 **Enter** 键即可返回函数值为"**0.5**"、参数值为"**10**"时，累积指数分布函数（第 3 个参数为 TRUE），如图 6-93 所示。

B4	▼	:	×	✓	fx	=EXPON.DIST(A2,B2,TRUE)

◢	A	B	C	D
1	函数值	参数值		
2	0.5	10		
3				
4	累积指数分布函数	0.993262053		

图 6-93

❷ 选中 **B5** 单元格，在公式编辑栏中输入公式：

```
=EXPON.DIST(0.5,10,FALSE)
```

按 **Enter** 键即可返回已知数值的概率指数分布函数（第 3 个参数为 **FALSE**），如图 **6-94** 所示。

B5	▼	:	×	✓	fx	=EXPON.DIST(0.5,10,FALSE)

◢	A	B	C	D
1	函数值	参数值		
2	0.5	10		
3				
4	累积指数分布函数	0.993262053		
5	概率指数分布函数	0.06737947		

图 6-94

函数 46：F.DIST 函数

函数功能

F.DIST 函数用于返回 F 概率分布函数的函数值。使用此函数可以确定两组数据是否存在变化程度上的不同。

函数语法

F.DIST(x,deg_freedom1,deg_freedom2,cumulative)

参数解释

- x：表示用来计算函数的值。
- deg_freedom1：表示分子自由度。
- deg_freedom2：表示分母自由度。
- cumulative：表示决定函数形式的逻辑值。如果 cumulative 为 TRUE，则 F.DIST 返回累积分布函数；如果为 FALSE，则返回概率密度函数。

实例 281　返回 F 概率分布函数值（左尾）

❶ 选中 **D4** 单元格，在公式编辑栏中输入公式：

```
=F.DIST(A2,B2,C2,TRUE)
```

按 **Enter** 键即可得出使用累积分布函数计算的 F 概率分布函数值为 "**0.99**"，如图 **6-95** 所示。

图 6-95

❷ 选中 **D5** 单元格，在公式编辑栏中输入公式：

```
=F.DIST(A2,B2,C2,FALSE)
```

按 **Enter** 键即得出使用概率密度函数计算的 F 概率分布函数值为 "**0.001223792**"，如图 6-96 所示。

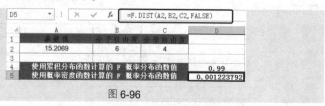

图 6-96

📖 **公式解析**

=F.DIST(A2,B2,C2,TRUE)

计算参数的值为 15.2069，分子自由度为 6，分母自由度为 4，然后返回累积分布函数，当第四个参数为 FALSE 时返回概率密度函数。

函数 47：F.DIST.RT 函数

函数功能

F.DIST.RT 函数表示返回两个数据集的（右尾）F 概率分布（变化程度）。

函数语法

F.DIST.RT(x,deg_freedom1,deg_freedom2, cumulative)

参数解释

- x：表示用来进行函数计算的值。
- deg_freedom1：表示分子的自由度。
- deg_freedom2：表示分母的自由度。
- cumulative：表示决定函数形式的逻辑值。如果 cumulative 为 TRUE，则 F.DIST 返回累积分布函数；如果为 FALSE，则返回概率密度函数。

实例 282 　返回 F 概率分布函数值（右尾）

❶ 选中 **D2** 单元格，在公式编辑栏中输入公式：

```
=F.DIST.RT(A2,B2,C2)
```

按 **Enter** 键即可计算出参数值为 "**6**"、分子自由度为 "**2**" 和分母自由度为 "**3**" 时，F 概率分布值为 "**0.089442719**"。

❷ 将鼠标指针指向 **D2** 单元格的右下角，光标变成十字形状后，按住鼠标左键向下拖动进行公式填充即可计算出参数值为"**60**"、分子自由度为"**8**"和分母自由度为"**10**"时 F 概率分布值，如图 6-97 所示。

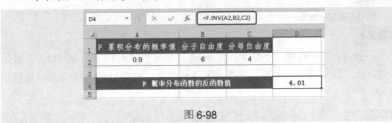

D2	▼	:	×	✓	fx	=F.DIST.RT(A2,B2,C2)

	A	B	C	D
1	参数值	分子自由度	分母自由度	F概率分布
2	6	2	3	0.089442719
3	60	8	10	1.88309E-07

图 6-97

函数 48：F.INV 函数

函数功能

返回 F 概率分布函数的反函数值。如果 p = F.DIST(x,...)，则 F.INV(p,...) = x。在 F 检验中，可以使用 F 分布比较两组数据的变化程度。例如，可以分析美国和加拿大的收入分布，判断两个国家/地区是否有相似的收入变化程度。

函数语法

F.INV(probability,deg_freedom1,deg_freedom2)

参数解释

● probability：必需。F 累积分布的概率值。

● deg_freedom1：必需。分子自由度。

● deg_freedom2：必需。分母自由度。

实例 283　返回 F 概率分布的反函数值（左尾）

❶ 选中 **D4** 单元格，在公式编辑栏中输入公式：
=F.INV(A2,B2,C2)

按 **Enter** 键即可 F 概率（左尾）分布函数的反函数值为"**4.01**"，如图 6-98 所示。（结果可与 F.DIST 函数对比）

D4	▼	:	×	✓	fx	=F.INV(A2,B2,C2)

	A	B	C	D
1	F 累积分布的概率值	分子自由度	分母自由度	
2	0.9	6	4	
3				
4	F 概率分布函数的反函数值			4.01
5				

图 6-98

函数 49：F.INV.RT 函数

函数功能

F.INV.RT 函数表示返回（右尾）F 概率分布的反函数。

函数语法

F.INV.RT(probability,deg_freedom1,deg_freedom2)

参数解释

- probability：表示与 F 累积分布相关的概率。
- deg_freedom1：表示分子的自由度。
- deg_freedom2：表示分母的自由度。

实例 284　返回 F 概率分布的反函数值（右尾）

❶ 选中 D2 单元格，在公式编辑栏中输入公式：
```
=F.INV.RT(A2,B2,C2)
```
按 **Enter** 键即可计算出 F 概率分布值为"**0.089442719**"、分子自由度为"**2**"和分母自由度为"**3**"时，F 概率分布的反函数值为"**6.000000006**"，如图 6-99 所示。（结果可与 F.DIST.RT 函数对比）

D2		× ✓ fx	=F.INV.RT(A2,B2,C2)
	A	B	C	D
1	F概率分布	分子自由度	分母自由度	反函数值
2	0.089442719	2	3	6.000000006
3				

图 6-99

函数 50：GAMMA 函数

函数功能

GAMMA 函数用于返回 gamma 函数值。

函数语法

GAMMA(number)

参数解释

number：表示返回一个数字。若 number 为负整数或 0，则 GAMMA 函数返回错误值"**#NUM!**"；若 number 包含无效的字符，则 GAMMA 函数返回错误值"**#VALUE!**"。

实例 285　返回参数的伽马函数值

选中 B2 单元格，在公式编辑栏中输入公式：
```
=GAMMA(A2)
```
按 **Enter** 键即可返回 A2 单元格中参数的伽马函数值。向下复制公式可以得到 A 列其他参数的伽马函数值，由于 0 和负整数为无效的参数，所以返回错误值"#NUM!"，如图 6-100 所示。

B2		:	×	✓	fx	=GAMMA(A2)

	A	B
1	参数值	gamma函数值
2	2.5	1.329340388
3	-3.75	0.267866129
4	0	#NUM!
5	-2	#NUM!

图 6-100

函数 51：GAMMA.DIST 函数

函数功能

GAMMA.DIST 函数用于返回伽马分布函数的函数值。可以使用此函数来研究呈斜分布的变量。伽马分布通常用于排队分析。

函数语法

GAMMA.DIST(x,alpha,beta,cumulative)

参数解释

- x：必需。用来计算分布的数值。
- alpha：必需。分布参数。
- beta：必需。分布参数。如果 beta = 1，则 GAMMA.DIST 函数返回标准伽马分布。
- cumulative：必需。决定函数形式的逻辑值。如果 cumulative 为 TRUE，则 GAMMA.DIST 函数返回累积分布函数；如果为 FALSE，则返回概率密度函数。

实例 286　返回伽马分布函数的函数值

❶ 选中 B4 单元格，在公式编辑栏中输入公式：
```
=GAMMA.DIST(A2,B2,C2,FALSE)
```
按 Enter 键即可返回概率密度值，如图 6-101 所示。

B4		:	×	✓	fx	=GAMMA.DIST(A2,B2,C2,FALSE)

	A	B	C	D
1	数值	Alpha 分布参数	Beta分布参数	
2	10.00001131	9	2	
3				
4	概率密度	0.03263913		

图 6-101

❷ 选中 B5 单元格，在公式编辑栏中输入公式：
```
=GAMMA.DIST(A2,B2,C2,TRUE)
```

按 **Enter** 键，即可返回累积分布值，如图 6-102 所示。

	A	B	C	D
1	数值	Alpha 分布参数	Beta分布参数	
2	10.00001131	9	2	
3				
4	概率密度	0.03263913		
5	累积分布	0.068094004		

图 6-102

函数 52：GAMMA.INV 函数

函数功能

GAMMA.INV 函数用于返回伽马累积分布函数的反函数值。如果 p=GAMMA.DIST (x,...)，则 GAMMA.INV(p,...) = x。使用此函数可以研究有可能呈斜分布的变量。

函数语法

GAMMA.INV(probability,alpha,beta)

参数解释

- probability：必需。伽马分布相关的概率。
- alpha：必需。分布参数。
- beta：必需。分布参数。如果 beta = 1，则 GAMMA 函数返回标准伽马分布。

实例 287 返回伽马累积分布函数的反函数值

选中 **C4** 单元格，在公式编辑栏中输入公式：

=GAMMA.INV(A2,B2,C2)

按 **Enter** 键即可返回给定条件的伽马累积分布函数的反函数值，如图 6-103 所示。

	A	B	C	D
1	伽马分布的概率值	Alpha 分布参数	Beta 分布参数	
2	0.068094	9	2	
3				
4	伽马累积分布函数的反函数值		10.00001119	

图 6-103

函数 53：GAMMALN 函数

函数功能

GAMMALN 函数用于返回伽马函数的自然对数。

函数语法

GAMMALN(x)

参数解释

x：表示为需要计算 GAMMALN 函数的数值（x>0）。

实例 288 **返回伽马函数的自然对数**

选中 **B2** 单元格，在公式编辑栏中输入公式：

```
=GAMMALN(A2)
```

按 **Enter** 键即可返回数值"**0.55**"的伽马函数的自然对数，
如图 **6-104** 所示。

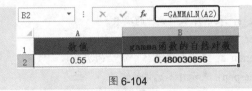

	A	B
1	数值	gamma 函数的自然对数
2	0.55	0.480030856

图 6-104

函数 54：GAMMALN.PRECISE 函数

函数功能

GAMMALN.PRECISE 函数用于返回伽马函数的自然对数，即 Γ(x)。

函数语法

GAMMALN.PRECISE(x)

参数解释

x：表示要计算其 GAMMALN.PRECISE 的数值。若 x 为非数值型，则函数
GAMMALN.PRECISE 返回错误值"**#VALUE!**"；若 x≤0，则函数 GAMMALN.
PRECISE 返回错误值"**#NUM!**"。

实例 289 **返回 4 的伽马函数的自然对数**

选中 **B2** 单元格，在公式编辑栏中输入公式：

```
=GAMMALN.PRECISE(A2)
```

按 **Enter** 键即可返回数值"**4**"的伽马函数的自然对数为
"**1.791759469**"，如图 **6-105** 所示。

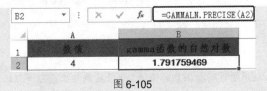

	A	B
1	数值	gamma 函数的自然对数
2	4	1.791759469

图 6-105

函数 55：HYPGEOM.DIST 函数

函数功能

HYPGEOM.DIST 函数用于返回超几何分布。如果已知样本量、总体成功次数和总体大小，则 HYPGEOM.DIST 返回样本取得已知成功次数的概率。HYPGEOM.DIST 用于处理以下的有限总体问题，在该有限总体中，每次观察结果或为成功或为失败，并且已知样本量的每个子集的选取是等可能的。

函数语法

HYPGEOM.DIST(sample_s,number_sample,population_s,number_pop,cumulative)

参数解释

- sample_s：表示样本中成功的次数。
- number_sample：表示样本容量。
- population_s：表示样本总体中成功的次数。
- number_pop：表示样本总体的容量。
- cumulative：表示决定函数形式的逻辑值。如果 cumulative 为 TRUE，则返回累积分布函数；如果为 FALSE，则返回概率密度函数。

实例解析

实例 290　返回超几何分布

员工总人数为 225 人，其中女员工 79 人，选出 35 名员工参加技术比赛。计算在选出的 9 名员工中，恰好选出 6 名女性员工的概率为多少。

选中 **E2** 单元格，在公式编辑栏中输入公式：

`=HYPGEOM.DIST(D2,C2,B2,A2,FALSE)`

按 **Enter** 键即可返回选出 6 名女员工的概率为 "**0.071197693**"，如图 6-106 所示。

E2	▼	⋮	×	✓	fx	=HYPGEOM.DIST(D2,C2,B2,A2,FALSE)

	A	B	C	D	E
1	员工总人数	女员工总人数	选出人数	选出中的女员工人数	恰好选出6名女员工的概率
2	225	79	35	9	0.071197693

图 6-106

函数 56：KURT 函数

函数功能

KURT 函数用于返回数据集的峰值。峰值反映与正态分布相比某一分布的尖锐度或平坦度，正峰值表示相对尖锐的分布，负峰值表示相对平坦的分布。

函数语法

KURT(number1,number2,...)

参数解释

number1,number2,...：表示用于计算峰值的 1~30 个参数。也可以不使用这种用逗号分隔参数的形式，而使用单个数组或数组引用的形式。

实例 291　计算商品在一段时期内价格的峰值

表格显示了各地的大米价格，要求统计商品在一段时期内价格的峰值，可以使用 KURT 函数。

选中 **G1** 单元格，在公式编辑栏中输入公式：

```
=KURT(A2:D7)
```

按 **Enter** 键即可计算出价格的峰值，如图 **6-107** 所示。

G1		▼	:	×	✓	f_x	=KURT(A2:D7)		
▲	A		B		C		D	E	F	G
1	各地大米的价格（随机抽取）								峰值	0.0564077
2	3.18		2.61		1.75		2.14			
3	2.15		2.59		2.26		3.58			
4	1.86		1.56		1.83		2.99			
5	2.35		2.31		3.72		2.06			
6	2.97		2.05		1.79		1.58			
7	2.29		2.42		2.16		2.86			

图 6-107

函数 57：LOGNORM.INV 函数

函数功能

LOGNORM.INV 函数表示返回 x 的对数累积分布函数的反函数，此处的 ln(x) 是含有 Mean 与 Standard_dev 参数的正态分布。

函数语法

LOGNORM.INV(probability, mean, standard_dev)

参数解释

- probability：表示与对数分布相关的概率。
- mean：表示 ln(x) 的平均值。
- standard_dev：表示 ln(x) 的标准偏差。

实例 292　返回 x 的对数累积分布函数的反函数

选中 **D2** 单元格，在公式编辑栏中输入公式：

```
=LOGNORM.INV(A2,B2,C2)
```

按 **Enter** 键即可得到当对数分布概率为 "**0.00225265**"、平均值为 "**2.5**" 以及标准偏差为 "**0.45**" 时，x 的对数累积分布函数的反函数值为 "**3.393314819**"，向下复制公式返回另一组对数的反函数，如图 **6-108** 所示。

	A	B	C	D
	对数分布概率	平均值	标准偏差	x的对数累积分布函数的反函数
2	0.00225265	2.5	0.45	3.393314819
3	0.00269718	6	1.25	12.45208457

（D2 单元格公式：`=LOGNORM.INV(A2,B2,C2)`）

图 6-108

函数 58：LOGNORM.DIST 函数

函数功能

LOGNORM.DIST 函数表示返回 x 的对数分布函数，此处的 ln(x) 是含有 Mean 与 Standard_dev 参数的正态分布。

函数语法

LOGNORM.DIST(x,mean,standard_dev,cumulative)

参数解释

- x：表示用来进行函数计算的值。
- mean：表示 ln(x) 的平均值。
- standard_dev：表示 ln(x) 的标准偏差。
- cumulative：表示决定函数形式的逻辑值。如果 cumulative 为 TRUE，LOGNORM.DIST 返回累积分布函数；如果为 FALSE，则返回概率密度函数。

实例 293 返回 x 的对数累积分布函数

选中 **D2** 单元格，在公式编辑栏中输入公式：
`=LOGNORM.DIST(A2,B2,C2,TRUE)`

按 **Enter** 键即可返回数值 "**3**"、平均值 "**2.5**" 和标准偏差 "**0.45**" 的 x 的对数累积分布函数值为 "**0.000922238**"，向下复制公式返回另一组数值的累积分布函数，如图 **6-109** 所示。

	A	B	C	D
	数值	平均值	标准偏差	x的对数累积分布函数值
2	3	2.5	0.45	0.000922238
3	10	6	1.25	0.001548553

（D2 单元格公式：`=LOGNORM.DIST(A2,B2,C2,TRUE)`）

图 6-109

函数 59：MODE.MULT 函数

函数功能

MODE.MULT 函数用于返回一组数据或数据区域中出现频率最高或重复出现的数值的垂直数组。对于水平数组，使用 TRANSPOSE(MODE.MULT(number1, number2,...))。

函数语法

MODE.MULT(number1,[number2],...)

参数解释

- number1：表示要计算其众数的第一个数字参数（参数可以是数字或者是包含数字的名称、数组或引用）。
- number2, ...：可选。表示要计算其众数的 2 ~ 254 个数字参数，也可以用单一数组或对某个数组的引用来代替用逗号分隔的参数。如果数组或引用参数包含文本、逻辑值或空白单元格，则这些值将被忽略，但包含零值的单元格将被计算在内。

实例 294 得出一组数据集中出现频率最高的数值（垂直数组）

选中 **A10** 单元格，在公式编辑栏中输入公式：
```
=MODE.MULT(A2:A8)
```

按 **Enter** 键即可返回该数据出现频率最高的数值为 "**65**"，如图 6-110 所示。

A10	▼	:	×	✓	fx	=MODE.MULT(A2:A8)

	A	B
1	数值	
2	85	
3	85	
4	102	
5	65	
6	65	
7	65	
8	78	
9	出现频率最高的数值	
10	65	

图 6-110

函数 60：MODE.SNGL 函数

函数功能

MODE.SNGL 函数用于返回在某一数组或数据区域中出现频率最高的数值。

函数语法

MODE.SNGL(number1,[number2],...)

参数解释

- number1：表示要计算其众数的第一个参数。
- number2, ...：可选。表示要计算其众数的 2 ~ 254 个参数。也可以用单一数组或对某个数组的引用来代替用逗号分隔的参数。

实例 295　返回数组中的众数（即出现频率最高的数）

选中 B9 单元格，在公式编辑栏中输入公式：

```
= MODE.SNGL(A2:A8)
```

按 **Enter** 键即可返回该数组中的众数为 "**4**"，如图 6-111 所示。

B9	▼ : × ✓ fx	=MODE.SNGL(A2:A8)	
	A	B	C
1	数组		
2	7		
3	4		
4	4		
5	2		
6	4		
7	4		
8	6		
9	众数	4	

图 6-111

函数 61：NEGBINOM.DIST 函数

函数功能

NEGBINOM.DIST 函数表示返回负二项式分布，即当成功概率为 probability_s 时，在 number_s 次成功之前出现 number_f 次失败的概率。

函数语法

NEGBINOM.DIST(number_f,number_s,probability_s,cumulative)

参数解释

- number_f：表示失败次数。
- number_s：表示成功的极限次数。
- probability_s：表示成功的概率。
- cumulative：表示决定函数形式的逻辑值。如果 cumulative 为 TRUE，NEGBINOM.DIST 返回累积分布函数；如果为 FALSE，则返回概率密度函数。

实例 296　返回负二项式分布

已知某个模型的制作合格率为 50%，目前制作了 26 个模型，求其中有 9 个模型符合要求的负二项式分布值是多少。

选中 **D2** 单元格，在公式编辑栏中输入公式：

```
=NEGBINOM.DIST(A2,B2,C2,FALSE)
```

按 **Enter** 键即可计算出在 26 个模型中有 9 个模型符合要求的负二项式分布值，如图 6-112 所示。

D2	▼	:	×	✓	f_x	=NEGBINOM.DIST(A2,B2,C2,FALSE)

▲	A	B	C	D
1	模型制作个数	满足要求的模型	模型合格率	有9个符号要求的概率
2	26	9	0.5	0.000528415

图 6-112

📖 **公式解析**

=NEGBINOM.DIST(A2,B2,C2,FALSE)

根据模型的个数、成功的极限次数、模型成功的概率返回概率密度函数。

函数 62：NORM.S.DIST 函数

函数功能

NORM.S.DIST 函数表示返回标准正态分布函数（该分布的平均值为 0，标准偏差为 1）。

函数语法

NORM.S.DIST(z,cumulative)

参数解释

- z：表示需要计算其分布的数值。
- cumulative：表示 cumulative 是一个决定函数形式的逻辑值。如果 cumulative 为 TRUE，NORMS.DIST 返回累积分布函数；如果为 FALSE，则返回概率密度函数。

实例 297 返回标准正态分布的累积函数

选中 **B2** 单元格，在公式编辑栏中输入公式：

```
=NORM.S.DIST(A2,TRUE)
```

按 **Enter** 键即可返回数值 "1" 的标准正态分布的累积函数值。向下进行公式复制，即可得到数值 "0.5" 和 "2" 的标准正态分布的累积函数值，如图 6-113 所示。

B2	▼	:	×	✓	f_x	=NORM.S.DIST(A2,TRUE)

▲	A	B	C
1	数值	正态累积分布函数值	
2	1	0.841344746	
3	0.5	0.691462461	
4	2	0.977249868	

图 6-113

函数 63：NORM.INV 函数

函数功能

NORM.INV 函数用于返回指定平均值和标准偏差的正态累积分布函数的反函数值。

函数语法

NORM.INV(probability,mean,standard_dev)

参数解释

- probability：必需。表示对应于正态分布的概率。
- mean：必需。表示分布的算术平均值。
- standard_dev：必需。表示分布的标准偏差。

实例 298 **返回正态累积分布函数的反函数值**

选中 **C4** 单元格，在公式编辑栏中输入公式：

=NORM.INV(A2,B2,C2)

按 **Enter** 键，即可返回给定条件的正态累积分布函数的反函数值，如图 6-114 所示。

	A	B	C	D
C4			fx	=NORM.INV(A2,B2,C2)
1	概率值	算术平均值	标准偏差	
2	0.908789	40	1.5	
3				
4	正态累积分布函数的反函数值		42.00000201	

图 6-114

函数 64：NORM.DIST 函数

函数功能

NORM.DIST 函数用于返回指定平均值和标准偏差的正态分布函数。此函数在统计方面应用范围广泛（包括假设检验）。

函数语法

NORM.DIST(x,mean,standard_dev,cumulative)

参数解释

- x：必需。需要计算其分布的数值。
- mean：必需。分布的算术平均值。
- standard_dev：必需。分布的标准偏差。
- cumulative：必需。决定函数形式的逻辑值。如果 cumulative 为 TRUE，则 NORM.DIST 返回累积分布函数；如果为 FALSE，则返回概率密度函数。

实例 299 返回正态累积分布

❶ 选中 **B4** 单元格，在公式编辑栏中输入公式：

```
=NORM.DIST(A2,B2,C2,TRUE)
```

按 **Enter** 键，即可返回数值 "**42**" 在算术平均值为 "**40**"、标准偏差为 "**1.5**" 时的累积分布函数值，如图 6-115 所示。

B4	▼ : × ✓ fx	=NORM.DIST(A2,B2,C2,TRUE)	
	A	B	C	D
1	数值	算术平均值	标准偏差	
2	42	40	1.5	
3				
4	累积分布函数值	0.90878878		

图 6-115

❷ 选中 **B5** 单元格，在公式编辑栏中输入公式：

```
=NORM.DIST(A2,B2,C2,FALSE)
```

按 **Enter** 键即可返回数值 "**42**" 在算术平均值为 "**40**"、标准偏差为 "**1.5**" 时的概率密度函数值，如图 6-116 所示。

B5	▼ : × ✓ fx	=NORM.DIST(A2,B2,C2,FALSE)	
	A	B	C	D
1	数值	算术平均值	标准偏差	
2	42	40	1.5	
3				
4	累积分布函数值	0.90878878		
5	概率密度函数值	0.10934005		

图 6-116

函数 65：NORM.S.INV 函数

函数功能

NORM.S.INV 函数用于返回标准正态累积分布函数的反函数值。该分布的平均值为 0，标准偏差为 1。

函数语法

NORM.S.INV(probability)

参数解释

probability：必需。对应于正态分布的概率。

实例 300 返回标准正态累积分布函数的反函数值

选中 **B2** 单元格，在公式编辑栏中输入公式：

```
=NORM.S.INV(A2)
```

按 **Enter** 键即可返回正态分布概率为 "**0.908789**" 的标准正态累积分布函数的反函数值，如图 6-117 所示。

图 6-117

函数 66：POISSON.DIST 函数

函数功能

POISSON.DIST 函数表示返回泊松分布。

函数语法

POISSON.DIST(x,mean,cumulative)

参数解释

- x：表示事件数。
- mean：表示期望值。
- cumulative：表示一个逻辑值，确定所返回的概率分布的形式。如果 cumulative 为 TRUE，函数 POISSON.DIST 返回泊松累积分布概率，即随机事件发生的次数在 0~x（包含 0 和 x）；如果为 FALSE，则返回泊松概率密度函数，即随机事件发生的次数恰好为 x。

实例 301　根据事件数与期望值返回泊松分布

❶ 选中 B4 单元格，在公式编辑栏中输入公式：

    =POISSON.DIST(A2,B2,TRUE)

按 Enter 键即可返回 8 件事件且期望值为"10"的泊松累积分布概率函数值为"0.332819679"，如图 6-118 所示。

图 6-118

❷ 选中 B5 单元格，在公式编辑栏中输入公式：

    = POISSON.DIST (A2,B2,FALSE)

按 Enter 键即可返回 8 件事件且期望值为"10"的泊松概率密度函数值为"0.112599032"，如图 6-119 所示。

图 6-119

函数 67：PROB 函数

函数功能

PROB 函数用于返回区域中的数值落在指定区间内的概率。

函数语法

PROB(x_range,prob_range,lower_limit,upper_limit)

参数解释

- x_range：表示具有各自相应概率值的 x 数值区域。
- prob_range：表示与 x_range 中的数值相对应的一组概率值，并且一组概率值的和为 1。
- lower_limit：表示用于概率求和计算的数值下界。
- upper_limit：表示用于概率求和计算的数值可选上界。

实例 302   计算出中奖概率

本例 A2:A7 单元格区域为奖项的编号，并设置了对应的奖项类别，C 列为中奖率统计。

选中 E2 单元格，在公式编辑栏中输入公式：

```
=PROB(A2:A7,C2:C7,1,2)
```

按 Enter 键即可返回中奖概率，如图 6-120 所示。

	A	B	C	D	E
E2		✕ ✓	fx	=PROB(A2:A7,C2:C7,1,2)	
1	编号	奖项类别	中奖率		中特等奖或一等奖的概率
2	1	特等奖	0.65%		0.0237
3	2	一等奖	1.72%		
4	3	二等奖	2.81%		
5	4	三等奖	3.57%		
6	5	四等奖	5.29%		
7	6	参与奖	85.96%		

图 6-120

函数 68：STANDARDIZE 函数

函数功能

STANDARDIZE 函数用于返回以 mean 为平均值、以 standard-dev 为标准偏差的分布的正态化数值。

函数语法

STANDARDIZE(x,mean,standard_dev)

参数解释

- x：表示为需要进行正态化计算的数值。

- mean：表示分布的算术平均值。
- standard_dev：表示分布的标准偏差。

实例 303　返回分布的正态化数值

选中 D2 单元格，在公式编辑栏中输入公式：

```
=STANDARDIZE(A2,B2,C2)
```

按 **Enter** 键即可返回数值 "**10**"、算术平均值 "**5.5**" 和标准偏差 "**0.35**" 的正态化数值 "**12.85714286**"，如图 **6-121** 所示。

D2		:	×	✓	fx	=STANDARDIZE(A2,B2,C2)

▲	A	B	C	D
1	数值	算术平均值	标准偏差	正态化数值
2	10	5.5	0.35	12.85714286

图 6-121

函数 69：SKEW 函数

函数功能

SKEW 函数用于返回分布的偏斜度。偏斜度是反映以平均值为中心的分布的不对称程度，正偏斜度表示不对称部分的分布更趋向正值，负偏斜度表示不对称部分的分布更趋向负值。

函数语法

SKEW(number1,number2,...)

参数解释

number1,number2,...：表示需要计算偏斜度的 1 ~ 30 个参数。

实例 304　计算商品在一段时期内价格的不对称度

根据表格中各地大米的销售单价可以计算其价格的不对称度。
选中 G1 单元格，在公式编辑栏中输入公式：

```
=SKEW(A2:D7)
```

按 **Enter** 键即可计算出大米价格的不对称度，如图 **6-122** 所示。

G1		:	×	✓	fx	=SKEW(A2:D7)

▲	A	B	C	D	E	F	G
1	各地大米的价格（随机抽取）					不对称度	0.7781761
2	3.18	2.61	1.75	2.14			
3	2.15	2.59	2.26	3.58			
4	1.86	1.56	1.83	2.99			
5	2.35	2.31	3.72	2.06			
6	2.97	2.05	1.79	1.58			
7	2.29	2.42	2.16	2.86			

图 6-122

函数 70：SKEW.P 函数

函数功能

SKEW.P 函数用于返回基于样本总体的分布不对称度：表明分布相对于平均值的不对称程度。

函数语法

SKEW.P(number 1, [number 2],…)

参数解释

number 1, number 2,…: number 1 是必选项，后续数字是可选项。number 1、number 2…是 1~254 个数字，或包含数字的名称、数组或引用，要以此函数获得其样本总体的分布不对称度。

实例 305 返回样本总体数据集分布的不对称度

选中 **B13** 单元格，在公式编辑栏中输入公式：

```
=SKEW.P(A2:A11)
```

按 **Enter** 键即可返回给定样本总体数据集分布的不对称度为
"**0.303193339**"，如图 6-123 所示。

B13	▼	:	✕	✓	fx	=SKEW.P(A2:A11)

▲	A	B
1	样本总体数据集	
2	3	
3	4	
4	5	
5	2	
6	3	
7	4	
8	5	
9	6	
10	4	
11	7	
12		
13	数据集分布的不对称度	0.303193339

图 6-123

函数 71：STDEV.P 函数

函数功能

STDEV.P 函数用于计算基于以参数形式给出的整个样本总体的标准偏差（忽略逻辑值和文本）。标准偏差可以测量值在平均值（中值）附近分布的范围大小。

函数语法

STDEV.P(number1,[number2],…)

参数解释

- number1：必需。对应于总体的第一个数值参数。
- number2, …：可选。对应于总体的第 2 到第 254 个数值参数。也可以用单一数组或对某个数组的引用来代替用逗号分隔的参数。

实例 306 **返回整个样本总体计算标准偏差**

选中 **C2** 单元格，在公式编辑栏中输入公式：

`=STDEV.P(A2:A8)`

按 **Enter** 键即可返回 **A2:A8** 样本总体的断裂强度的标准偏差值，如图 6-124 所示。

C2	▼	:	×	✓	fx	=STDEV.P(A2:A8)

▲	A	B	C	D
1	强度		断裂强度的标准偏差	
2	1345		16.730761	
3	1301			
4	1320			
5	1302			
6	1346			
7	1320			
8	1325			

图 6-124

函数 72：T.DIST 函数

函数功能

T.DIST 函数用于返回左尾 t 分布。t 分布用于小型样本数据集的假设检验。可以使用该函数代替 t 分布的临界值表。

函数语法

T.DIST(x, deg_freedom, cumulative)

参数解释

- x：表示用于计算分布的数值。
- deg_freedom：一个表示自由度的整数。
- cumulative：表示决定函数形式的逻辑值。如果 cumulative 为 TRUE，则 T.DIST 返回累积分布函数；如果为 FALSE，则返回概率密度函数。

实例 307 **返回 t 分布的百分点**

❶ 选中 **C4** 单元格，在公式编辑栏中输入公式：

`=T.DIST(A2,B2,TRUE)`

按 **Enter** 键即可返回数值"**1.25675**"在自由度为"**45**"时，t 分布的累积分布函数值为"**0.892336**"，如图 6-125 所示。

图 6-125

❷ 选中 C5 单元格，在公式编辑栏中输入公式：

```
=T.DIST(A2,B2,FALSE)
```

按 **Enter** 键即可返回数值 "**1.25675**" 在自由度为 "**45**" 时，t 分布的概率密度函数值为 "**0.179441**"，如图 6-126 所示。

图 6-126

函数 73：T.DIST.2T 函数

函数功能

T.DIST.2T 函数表示返回双尾 t 分布。

函数语法

T.DIST.2T(x,deg_freedom)

参数解释

- x：表示用于计算分布的数值。
- deg_freedom：表示一个表示自由度数的整数。

实例 308 返回双尾 t 分布

选中 C4 单元格，在公式编辑栏中输入公式：

```
=T.DIST.2T(A2,B2)
```

按 **Enter** 键即可返回数值 "**1.25675**" 在自由度 "**45**" 时，双尾 t 分布值为 "**0.215329**"，如图 6-127 所示。

图 6-127

函数 74：T.DIST.RT 函数

函数功能

T.DIST.RT 函数表示返回右尾 t 分布。

函数语法

T.DIST.RT(x,deg_freedom)

参数解释

- x：表示用于计算分布的数值。
- deg_freedom：一个表示自由度的整数。

实例 309　返回右尾 t 分布

选中 **C4** 单元格，在公式编辑栏中输入公式：

```
=T.DIST.RT(A2,B2)
```

按 **Enter** 键即可返回数值 "**1.25675**" 在自由度为 "**45**" 时，右尾 t 分布值为 "**0.107664354**"，如图 6-128 所示。

	A	B	C	D
1	数值	自由度		
2	1.25675	45		
3				
4	右尾分布		0.107664354	

C4 ▼ : × ✓ fx =T.DIST.RT(A2,B2)

图 6-128

函数 75：T.INV.2T 函数

函数功能

T.INV.2T 函数表示返回 t 分布的双尾反函数。

函数语法

T.INV.2T(probability,deg_freedom)

参数解释

- probability：表示与 t 分布相关的概率。
- deg_freedom：表示代表分布的自由度。

实例 310　返回 t 分布的双尾反函数

选中 **C2** 单元格，在公式编辑栏中输入公式：

```
=T.INV.2T(A2,B2)
```

按 **Enter** 键即可返回双尾 t 分布概率为 "**1.50%**" 和自由度为 "**30**" 时，t 分布的 t 值为 "**2.580583233**"，如图 6-129 所示。

图 6-129

函数 76：T.INV 函数

函数功能

T.INV 函数表示返回 t 分布的左尾反函数。

函数语法

T.INV(probability,deg_freedom)

参数解释

- probability：表示与 t 分布相关的概率。
- deg_freedom：代表分布的自由度。

实例 311　返回 t 分布的左尾反函数

选中 C2 单元格，在公式编辑栏中输入公式：

```
=T.INV(A2,B2)
```

按 **Enter** 键即可返回左尾 t 分布概率 "**1.25%**" 和自由度 "**20**"
时，t 分布的 t 值为 "**–2.42311654**"，如图 6-130 所示。

图 6-130

函数 77：T.TEST 函数

函数功能

T.TEST 函数用于返回与 t 检验相关的概率。使用函数 T.TEST 确定两个样本
是否可能来自两个具有相同平均值的基础总体。

函数语法

T.TEST(array1,array2,tails,type)

参数解释

- array1：必需。表示第一个数据集。
- array2：必需。表示第二个数据集。
- tails：必需。表示指定分布尾数。如果 tails = 1，则 T.TEST 使用单尾分
  布。如果 tails = 2，则 T.TEST 使用双尾分布。
- type：必需。表示要执行的 t 检验的类型。

实例 312　返回成对 t 检验的概率（双尾分布）

选中 C12 单元格，在公式编辑栏中输入公式：

```
=T.TEST(A2:A10,B2:B10,2,1)
```

按 **Enter** 键即可返回对应于成对 t 检验的概率（双尾分布），如图 6-131 所示。

| C12 | ▼ | : | × | ✓ | fx | =T.TEST(A2:A10,B2:B10,2,1) |

▲	A	B	C	D	E	F
1	数据1	数据2				
2	3	6				
3	4	19				
4	5	3				
5	8	2				
6	9	14				
7	1	4				
8	2	5				
9	4	17				
10	5	1				
11						
12	成对 t 检验的概率（双尾分布）	0.1960158				

图 6-131

函数 78：WEIBULL.DIST 函数

函数功能

WEIBULL.DIST 函数用于返回韦伯分布。

函数语法

WEIBULL.DIST(x,alpha,beta,cumulative)

参数解释

- x：表示用来进行函数计算的数值。
- alpha：表示分布参数。
- beta：表示分布参数。
- cumulative：表示确定函数的形式。

实例 313　返回韦伯分布

❶ 选中 C4 单元格，在公式编辑栏中输入公式：

```
=WEIBULL.DIST(A2,B2,C2,TRUE)
```

按 **Enter** 键即可返回参数值 "**50**" 的韦伯累积分布函数值为 "**0.997393904**"，如图 6-132 所示。

| C4 | ▼ | : | × | ✓ | fx | =WEIBULL.DIST(A2,B2,C2,TRUE) |

▲	A	B	C	D
1	参数值	alpha分布参数	beta分布参数	
2	50	5	35	
3				
4	韦伯累积分布函数		0.997393904	

图 6-132

❷ 选中 C5 单元格，在公式编辑栏中输入公式：

```
=WEIBULL.DIST(A2,B2,C2,FALSE)
```

按 Enter 键即可返回参数值 "50" 的韦伯概率密度函数值为 "0.001550602"，
如图 6-133 所示。

图 6-133

函数 79：Z.TEST 函数

函数功能

Z.TEST 函数用于返回 z 检验的单尾 P 值。

函数语法

Z.TEST(array,x,[sigma])

参数解释

- array：必需。表示用来检验 x 的数组或数据区域。
- x：必需。表示要测试的值。
- sigma：可选。表示总体（已知）标准偏差。如果省略，则使用样本标准偏差。

实例 314　返回 z 检验的单尾 P 值

❶ 选中 B2 单元格，在公式编辑栏中输入公式：

```
=Z.TEST(A2:A11,4)
```

按 Enter 键即可返回总体平均值为 4 时 A 列数据集的 z 检验
单尾概率值，如图 6-134 所示。

图 6-134

❷ 选中 C2 单元格，在公式编辑栏中输入公式：

```
=2 * MIN(Z.TEST(A2:A11,4), 1 - Z.TEST(A2:A11,4))
```

按 **Enter** 键即可返回总体平均值为 4 时 A 列数据集的 z 检验双尾概率值，如图 6-135 所示。

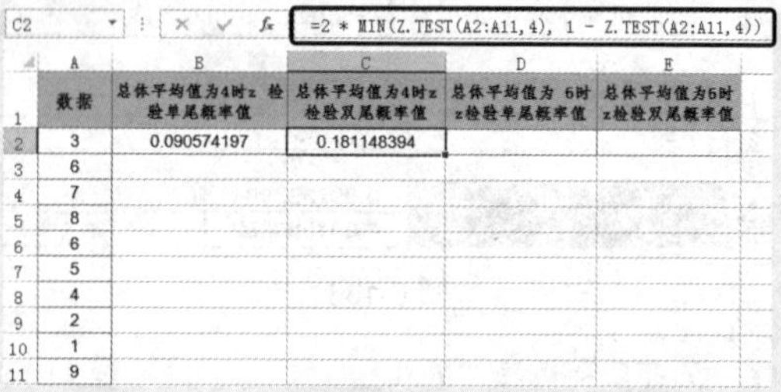
C2 =2 * MIN(Z.TEST(A2:A11,4), 1 - Z.TEST(A2:A11,4))

数据	总体平均值为4时z 检验单尾概率值	总体平均值为4时z检验双尾概率值	总体平均值为 6时z检验单尾概率值	总体平均值为6时z检验双尾概率值
3	0.090574197	0.181148394		
6				
7				
8				
6				
5				
4				
2				
1				
9				

图 6-135

❸ 选中 D2 单元格，在公式编辑栏中输入公式：

```
=Z.TEST(A2:A11,6)
```

按 **Enter** 键即可返回总体平均值为 6 时 A 列数据集的 z 检验单尾概率值，如图 6-136 所示。

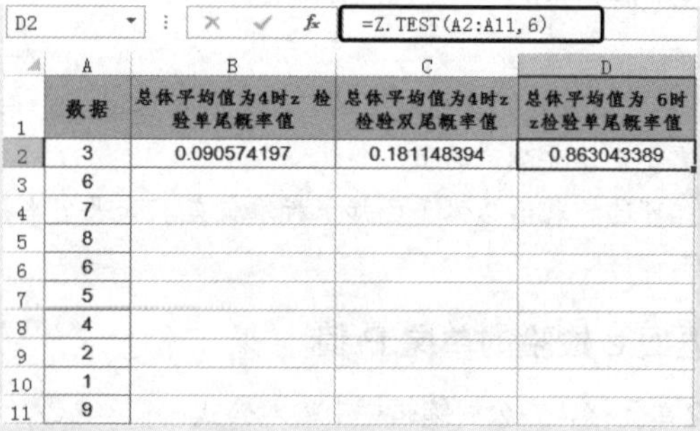
D2 =Z.TEST(A2:A11,6)

数据	总体平均值为4时z 检验单尾概率值	总体平均值为4时z检验双尾概率值	总体平均值为 6时z检验单尾概率值
3	0.090574197	0.181148394	0.863043389
6			
7			
8			
6			
5			
4			
2			
1			
9			

图 6-136

❹ 选中 E2 单元格，在公式编辑栏中输入公式：

```
=2 * MIN(Z.TEST(A2:A11,6), 1 - Z.TEST(A2:A11,6))
```

按 **Enter** 键即可返回总体平均值为 6 时 A 列数据集的 z 检验双尾概率值，如图 6-137 所示。

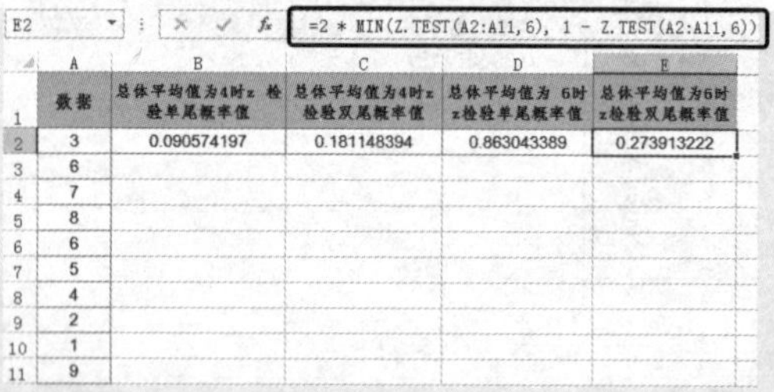
E2 =2 * MIN(Z.TEST(A2:A11,6), 1 - Z.TEST(A2:A11,6))

数据	总体平均值为4时z 检验单尾概率值	总体平均值为4时z检验双尾概率值	总体平均值为 6时z检验单尾概率值	总体平均值为6时z检验双尾概率值
3	0.090574197	0.181148394	0.863043389	0.273913222
6				
7				
8				
6				
5				
4				
2				
1				
9				

图 6-137

6.7 检 验 函 数

函数 80: CHISQ.TEST 函数

函数功能

CHISQ.TEST 函数表示返回独立性检验值。CHISQ.TEST 返回 χ^2 分布的统计值及相应的自由度。可以使用 χ^2 检验值确定假设结果是否被实验所证实。

函数语法

CHISQ.TEST(actual_range,expected_range)

参数解释

- actual_range：表示包含观察值的数据区域，用于检验期望值。
- expected_range：表示包含行列汇总的乘积与总计值之比率的数据区域。

实例 315 返回独立性检验值

选中 **D10** 单元格，在公式编辑栏中输入公式：

```
=CHISQ.TEST(B3:B8,D3:D8)
```

按 **Enter** 键即可计算出上半年和下半年产品销售量的独立性检验值，如图 6-138 所示。

D10		:	×	✓	fx	=CHISQ.TEST(B3:B8,D3:D8)	
	A	B	C	D	E		
1 2	上半年销售量		下半年销售量				
3	1月	120	7月	132			
4	2月	127	8月	124			
5	3月	142	9月	127			
6	4月	118	10月	136			
7	5月	98	11月	128			
8	6月	102	12月	114			
9							
10	上下半年产品销售量的独立性检验值			0.018272			

图 6-138

函数 81: FISHER 函数

函数功能

FISHER 函数返回点 x 的 Fisher 变换。该变换生成一个正态分布而非偏斜的函数。使用此函数可以完成相关系数的假设检验。

函数语法

FISHER(x)

参数解释

x：表示要对其进行变换的数值。如果 x 为非数值型，函数 FISHER 返回错误值 "#VALUE!"；如果 $x \leq -1$ 或 $x \geq 1$，函数 FISHER 返回错误值 "#NUM!"。

实例 316　返回点 x 的 Fisher 变换

选中 B2 单元格，在公式编辑栏中输入公式：

```
=FISHER(A2)
```

按 **Enter** 键即可返回变换数值 "**0.5**" 的 Fisher 变换值为 "**0.549306144**"。复制公式，即可得到另一组数值的 Fisher 变换值，如图 6-139 所示。

| B2 | ▼ | : | × | ✓ | fx | =FISHER(A2) |

▲	A	B
1	变换数值	Fisher变换值
2	0.5	0.549306144
3	-0.5	-0.549306144

图 6-139

函数 82：F.TEST 函数

函数功能

F.TEST 函数用于返回 F 检验的结果，即当 array1 和 array2 的方差无明显差异时的双尾概率。

函数语法

F.TEST(array1,array2)

参数解释

● array1：必需。第一个数组或数据区域。

● array2：必需。第二个数组或数据区域。

实例 317　返回 F 检验的结果

选中 B8 单元格，在公式编辑栏中输入公式：

```
=F.TEST(A2:A6,B2:B6)
```

按 **Enter** 键即可返回 A2:A6 和 B2:B6 数据集的 F 检验结果，如图 6-140 所示。

| B8 | ▼ | : | × | ✓ | fx | =F.TEST(A2:A6,B2:B6) |

▲	A	B	C	D	E
1	数据集A	数据集B			
2	6	20			
3	7	28			
4	9	31			
5	15	38			
6	21	40			
7					
8	F检验结果	0.6483178			

图 6-140

函数 83：FREQUENCY 函数

函数功能

FREQUENCY 函数用于计算数值在某个区域内的出现频率，然后返回一个垂直数组。例如，使用函数 FREQUENCY 可以在分数区域内计算测验分数的个数。由于函数 FREQUENCY 返回一个数组，所以它必须以数组公式的形式输入。

函数语法

FREQUENCY(data_array,bins_array)

参数解释

- data_array：是一个数组或对一组数值的引用，需要为它计算频率。如果 data_array 中不包含任何数值，函数 FREQUENCY 将返回一个零数组。·
- bins_array：是一个区间数组或对区间的引用，该区间用于对 data_array 中的数值进行分组。如果 bins_array 中不包含任何数值，则函数 FREQUENCY 返回的值与 data_array 中的元素个数相等。

实例 318 统计客服人员被投诉的次数

当前表格中统计了某一公司客服人员被投诉的记录，现在需要统计出每个客服人员被投诉的次数，可以使用 FREQUENCY 函数。

在工作表中建立数据并输入所有要统计出其被投诉次数的客服编号。选中 **F4:F6** 单元格区域，在公式编辑栏中输入公式：

```
=FREQUENCY(B2:B11,E4:E6)
```

按 **Ctrl+Shift+Enter** 组合键即可一次性统计出各个编号在 **B2:B11** 单元格区域中出现的次数（本例中为被投诉的次数），如图 **6-141** 所示。

F4	▼	:	×	✓	fx	{=FREQUENCY(B2:B11,E4:E6)}

▲	A	B	C	D	E	F
1	投诉日期	客服编号	投诉原因			
2	2013/1/2	1502	……			
3	2013/1/4	1502	……		客服编号	被投诉次数
4	2013/1/6	1501	……		1501	3
5	2013/1/9	1503			1502	5
6	2013/1/16	1502			1503	2
7	2013/1/19	1501				
8	2013/1/22	1502				
9	2013/1/28	1502				
10	2013/1/28	1503				
11	2013/1/31	1501				

图 6-141

📖公式解析

=FREQUENCY(B2:B11,E4:E6)

第一个参数为 B2:B11 单元格区域中的引用客服编号，第二个参数为 E4:E6 单元格区域中的客服编号区间，然后对其出现的频率进行统计。

实例 319 计算员工学历的分布层次

当前表格中统计了某一公司员工的学历情况，可以使用 FREQUENCY 函数对其学历层次分布状况进行分析。

选中 E2:E5 单元格区域，在公式编辑栏中输入公式：

=FREQUENCY(CODE(B2:B9),CODE(D2:D5))

同时按下 **Ctrl+Shift+Enter** 组合键即可一次性统计各个学历层次在 B2:B9 单元格区域中出现的人数，如图 6-142 所示。

E2		▼	:	✕	✓	fx	{=FREQUENCY(CODE(B2:B9),CODE(D2:D5))}

	A	B	C	D	E	F	G
1	姓名	学历		学历	人数		
2	刘树林	本科		高中	1		
3	蒋方辐	本科		专科	3		
4	邹凯	研究生		本科	3		
5	刘志	专科		研究生	1		
6	秦云	本科					
7	关冰冰	专科					
8	李云开	高中					
9	钱志海	专科					

图 6-142

📖 公式解析

=FREQUENCY(CODE(B2:B9),CODE(D2:D5))
① ②

① 利用 CODE 函数（返回文本字符串中第一个字符的数字代码）将 B2:B9 单元格区域和 D2:D5 单元格区域的学历名称转换为数值。

② 对步骤①转换后的数值计算频率分布。

6.8 回归分析函数

函数 84：FORECAST 函数

函数功能

FORECAST 函数根据已有的数值计算或预测未来值。此预测值为基于给定的 x 值推导出的 y 值。已知的数值为已有的 x 值和 y 值，再利用线性回归对新值进行预测。可以使用该函数对未来销售额、库存需求或消费趋势进行预测。

函数语法

FORECAST(x,known_y's,known_x's)

参数解释

- x：为需要进行预测的数据点。
- known_y's：为因变量数组或数据区域。
- known_x's：为自变量数组或数据区域。

实例 320 预测未来值

通过对 I 类和 II 类产品的测试结果可以预测出产品的寿命测试值。

选中 **C9** 单元格，在公式编辑栏中输入公式：

`=FORECAST(8,B2:B7,C2:C7)`

按 **Enter** 键即可预测出产品的寿命测试值，如图 6-143 所示。

| C9 | ▼ | : | × | ✓ | fx | =FORECAST(8,B2:B7,C2:C7) |

	A	B	C
1	测试次数	I 类产品测试结果	II 类产品测试结果
2	1	75	85
3	2	95	85
4	3	78	70
5	4	61	85
6	5	85	81
7	6	71	89
8			
9	预算产品的寿命测试值		99.0523918

图 6-143

函数 85：GROWTH 函数

函数功能

GROWTH 函数用于对给定的数据预测指数增长值。根据现有的 x 值和 y 值，GROWTH 函数返回一组新的 x 值对应的 y 值。可以使用 GROWTH 函数来拟合满足现有 x 值和 y 值的指数曲线。

函数语法

GROWTH(known_y's,known_x's,new_x's,const)

参数解释

- known_y's：表示满足指数回归拟合曲线的一组已知的 y 值。
- known_x's：表示满足指数回归拟合曲线的一组已知的 x 值。
- new_x's：表示一组新的 x 值，可通过 GROWTH 函数返回各自对应的 y 值。
- const：表示一逻辑值，指明是否将系数 b 强制设为 1。若 const 为 TRUE 或省略，则 b 将参与正常计算；若 const 为 FALSE，则 b 将被设为 1。

実例 321 **预测指数增长值**

本例报表统计了 9 个月的销量，通过 9 个月产品销售量可以预算出 10、11、12 月的产品销售量。

选中 **E2:E4** 单元格区域，在公式编辑栏中输入公式：

=GROWTH(B2:B10,A2:A10,D2:D4)

按 **Ctrl+Shift+Enter** 组合键即可预测出 10、11、12 月产品的销售量，如图 6-144 所示。

	A	B	C	D	E
				fx	{=GROWTH(B2:B10,A2:A10,D2:D4)}
1	月份	销售量（件）		预测10、11、	12月的产品销售量
2	1	12895		10	13874.00762
3	2	13287		11	13882.10532
4	3	13366		12	13890.20775
5	4	16899			
6	5	13600			
7	6	13697			
8	7	15123			
9	8	12956			
10	9	13135			

图 6-144

函数 86：INTERCEPT 函数

函数功能

INTERCEPT 函数利用现有的 x 值与 y 值计算直线与 y 轴的截距。截距为穿过已知的 known_x's 和 known_y's 数据点的线性回归线与 y 轴的交点。当自变量为 0（零）时，使用 INTERCEPT 函数可以决定因变量的值。例如，当所有的数据点都是在室温或更高的温度下取得的，可以用 INTERCEPT 函数预测在 0℃时金属的电阻。

函数语法

INTERCEPT(known_y's,known_x's)

参数解释

- known_y's：表示因变量的观察值或数据集合。
- known_x's：表示自变量的观察值或数据集合。

実例 322 **计算直线在 y 轴的截距**

对两类产品进行使用寿命测试，通过两类产品的测试结果返回两类产品的线性回归直线的截距值。

选中 **C9** 单元格，在公式编辑栏中输入公式：

=INTERCEPT(B2:B7,C2:C7)

按 **Enter** 键即可返回两类产品的线性回归直线的截距值，如图 6-145 所示。

	A	B	C
			=INTERCEPT(B2:B7,C2:C7)
1	测试次数	I 类产品测试结果	II 类产品测试结果
2	1	75	85
3	2	95	85
4	3	78	70
5	4	61	85
6	5	85	81
7	6	71	89
8			
9	两类产品测试结果的截距值		101.3667426

图 6-145

函数 87：LINEST 函数

函数功能

LINEST 函数使用最小二乘法对已知数据进行最佳直线拟合，并返回描述此直线的数组。

函数语法

LINEST(known_y's,known_x's,const,stats)

参数解释

- known_y's：表示表达式 y=mx+b 中已知的 y 值集合。
- known_x's：表示表达式 y=mx+b 中已知的可选 x 值集合。
- const：表示一逻辑值，指明是否强制使常数 b 为 0。若 const 为 TRUE 或省略，b 将参与正常计算；若 const 为 FALSE，b 将被设为 0，并同时调整 m 值使得 y=mx。
- stats：表示一逻辑值，指明是否返回附加回归统计值。若 stats 为 TRUE，则函数返回附加回归统计值；若 stats 为 FALSE 或省略，则函数返回系数 m 和常数项 b。

实例 323 **预测九月份的产品销售量**

在上半年产品销售数量统计报表中，根据上半年各月的销售数量预算 9 月份的产品销售量。

选中 **B9** 单元格，在公式编辑栏中输入公式：

=SUM(LINEST(B2:B7,A2:A7)*{9,1})

按 **Enter** 键即可预算出 9 月份的产品销售量约为 "**14021.14**" 件，如图 6-146 所示。

B9		✕ ✓ fx	=SUM(LINEST(B2:B7,A2:A7)*{9,1})		
	A	B	C	D
1	月份	销售量（件）		
2	1	13176		
3	2	13287		
4	3	13366		
5	4	13517		
6	5	13600		
7	6	13697		
8				
9	预测9月份产品销售量	14021.14286		

图 6-146

函数 88：LOGEST 函数

函数功能

LOGEST 函数在回归分析中，计算最符合观测数据组的指数回归拟合曲线，并返回描述该曲线的数值数组。因为此函数返回数值数组，所以必须以数组公式的形式输入。

函数语法

LOGEST(known_y's,known_x's,const,stats)

参数解释

- known_y's：表示一组符合 $y=bm^x$ 函数关系的 y 值的集合。
- known_x's：表示一组符合 $y=bm^x$ 运算关系的可选 x 值集合。
- const：表示一逻辑值，指明是否强制使常数 b 为 0。若 const 为 TRUE 或省略，b 将参与正常计算；若 const 为 FALSE，b 将被设为 0，并同时调整 m 值使得 $y=m^x$。
- stats：表示一个逻辑值，指明是否返回附加回归统计值。若 stats 为 TRUE，则函数返回附加回归统计值；若 stats 为 FALSE 或省略，则函数返回系数 m 和常数项 b。

实例 324 根据指数回归拟合曲线返回该曲线的数值

在上半年产品销售数量统计报表中，可以根据上半年各月的销售数量返回产品销售量的曲线数值。

选中 **B9** 单元格，在公式编辑栏中输入公式：

    =LOGEST(B2:B7,A2:A7,TRUE,FALSE)

按 **Enter** 键即可返回产品销售量的曲线数值，如图 **6-147** 所示。

| B9 | ▼ | : | × | ✓ | fx | =LOGEST(B2:B7, A2:A7, TRUE, FALSE) |

	A	B	C	D
1	月份	销售量（件）		
2	1	15069		
3	2	15224		
4	3	15151		
5	4	15896		
6	5	15080		
7	6	15997		
8				
9	产品销售量的曲线数值	1.00913569		

图 6-147

函数 89：SLOPE 函数

函数功能

SLOPE 函数用于返回根据 known_y's 和 known_x's 中的数据点拟合的线性回归直线的斜率。斜率为直线上任意两点的垂直距离与水平距离的比值，也就是回归直线的变化率。

函数语法

SLOPE(known_y's,known_x's)

参数解释

- known_y's：为数字型因变量数据点数组或单元格区域。
- known_x's：为自变量数据点集合。

实例 325　求拟合的线性回归直线的斜率

选中 **C9** 单元格，在公式编辑栏中输入公式：

```
=SLOPE(B2:B7,C2:C7)
```

按 **Enter** 键即可返回两类产品的线性回归直线的斜率值，如图 6-148 所示。

| C9 | ▼ | : | × | ✓ | fx | =SLOPE(B2:B7,C2:C7) |

	A	B	C
1	测试次数	Ⅰ类产品测试结果	Ⅱ类产品测试结果
2	1	75	85
3	2	95	85
4	3	78	70
5	4	61	85
6	5	85	81
7	6	71	89
8			
9	两类产品测试结果的斜率值	-0.28929385	

图 6-148

函数 90：STEYX 函数

函数功能

STEYX 函数用于返回通过线性回归法计算每个 x 的 y 预测值时所产生的标

准误差，标准误差用来度量根据单个 x 变量计算出的 y 预测值的误差量。

函数语法

STEYX(known_y's,known_x's)

参数解释

- known_y's：表示因变量数据点数组或区域。
- known_x's：表示自变量数据点数组或区域。

实例 326   返回预测值时产生的标准误差

选中 **D12** 单元格，在公式编辑栏中输入公式：
=STEYX(B2:B10,C2:C10)
按 **Enter** 键即可求出标准误差，如图 **6-149** 所示。

D12	▼	:	× ✓	fx	=STEYX(B2:B10,C2:C10)	

	A	B	C	D
1	姓名	上半年销售额	下半年销售额	
2	宋嘉玲	150080	105890	
3	郑荟	159980	109880	
4	黄嘉俐	146650	156899	
5	区菲娅	98997	100520	
6	江小丽	258900	198562	
7	麦子聪	305200	298620	
8	叶里静	208999	205988	
9	钟琴	89789	96879	
10	陆糖平	120986	105986	
11				
12	上半年与下半年销售额标准误差			28458.3078

图 6-149

函数 91：TREND 函数

函数功能

TREND 函数用于返回一条线性回归拟合线的值，即找到适合已知数组 known_y's 和 known_x's 的直线（用最小二乘法），并返回指定数组 new_x's 在直线上对应的 y 值。

函数语法

TREND(known_y's,known_x's,new_x's,const)

参数解释

- known_y's：表示已知关系 y=mx+b 中的 y 值的集合。
- known_x's：表示已知关系 y=mx+b 中可选的 x 值的集合。
- new_x's：表示需要函数 TREND 返回对应 y 值的新 x 值。
- const：表示逻辑值，指明是否将常量 b 强制为 0。

实例 327 预测七、八月份的产品销售额

在上半年产品销售额统计报表中，通过上半年各月产品销售量预测出七、八月份的产品销售额。

选中 **B10:B11** 单元格区域，在公式编辑栏中输入公式：

=TREND(B2:B7,A2:A7,A10:A11)

按 **Ctrl+Shift+Enter** 组合键即可预测出七、八月份的销售额，如图 6-150 所示。

B10		▼ : × ✓ fx	{=TREND(B2:B7,A2:A7,A10:A11)}		
▲	A	B	C	D	E
1	月份	销售额			
2	1	150080			
3	2	159980			
4	3	146650			
5	4	98997			
6	5	258900			
7	6	305200			
8					
9	预测七、八月份销售额				
10	7	289105.2			
11	8	318382.5429			

图 6-150

公式解析

=TREND(B2:B7,A2:A7,A10:A11)

将 B2:B7 和 A2:A7 单元格区域设为已知数组中的 y 值集合和 x 值集合，然后返回 A10:A11 单元格区域中的月份值在直线上对应的 y 值。

6.9 相关系数分析

函数 92: CORREL 函数

函数功能

CORREL 函数用于返回两个不同事物之间的相关系数。使用相关系数可以确定两种属性之间的关系。例如，可以检测某地的平均温度和空调使用情况之间的关系。

函数语法

CORREL(array1,array2)

参数解释

● array1：表示第一组数值单元格区域。

● array2：表示第二组数值单元格区域。

实例 328　返回两个不同事物之间的相关系数

不同的项目之间可以根据完成时间和奖金总额，返回两者之间的相关系数。

选中 **C9** 单元格，在公式编辑栏中输入公式：

```
=CORREL(B2:B7,C2:C7)
```

按 **Enter** 键即可返回完成时间与奖金的相关系数，如图 **6-151** 所示。

C9	▼	:	×	✓	fx	=CORREL(B2:B7,C2:C7)

▲	A	B	C	D
1	项目编码	完成时间（时）	奖金（元）	
2	V001	18	500	
3	V002	22	880	
4	V003	30	1050	
5	V004	24	980	
6	V005	36	1250	
7	V006	28	1000	
8				
9	完成时间与奖金的相关系数		0.922875302	

图 6-151

函数 93：FISHERINV 函数

函数功能

FISHERINV 函数用于返回 Fisher 变换的反函数值。使用此变换可以分析数据区域或数组之间的相关性。如果 $y = \text{FISHER}(x)$，则 $\text{FISHERINV}(y) = x$。

函数语法

FISHERINV(y)

参数解释

y：要对其进行反变换的数值。

实例 329　返回 Fisher 变换的反函数值

选中 **B2** 单元格，在公式编辑栏中输入公式：

```
=FISHERINV(A2)
```

按 **Enter** 键即可返回反变换数值 "–1" 的 Fisher 变换的反函数值为 "–0.761594156"，向下复制公式即可返回另一组反函数值，如图 **6-152** 所示。

B2	▼	:	×	✓	fx	=FISHERINV(A2)

▲	A	B
1	反变换数值	Fisher变换的反函数
2	-1	-0.761594156
3	0.5	0.462117157

图 6-152

函数 94：PEARSON 函数

函数功能

PEARSON 函数用于返回 Pearson（皮尔逊）乘积矩相关系数 r，这是一个范围在-1.0 ~ 1.0 之间（包括-1.0 和 1.0 在内）的无量纲指数，反映了两个数据集合之间的线性相关程度。

函数语法

PEARSON(array1,array2)

参数解释

array1：为自变量集合。

array2：为因变量集合。

实例 330　返回两个数值集合之间的线性相关程度

选中 C9 单元格，在公式编辑栏中输入公式：

`=PEARSON(B2:B7,C2:C7)`

按 **Enter** 键即可返回两类产品测试结果的线性相关程度值为 "**-0.163940858**"，如图 **6-153** 所示。

C9	:	× ✓	fx	=PEARSON(B2:B7,C2:C7)

	A	B	C
1	测试次数	I 类产品测试结果	II 类产品测试结果
2	1	75	85
3	2	95	85
4	3	78	70
5	4	61	85
6	5	85	81
7	6	71	89
8			
9	测试结果的线性相关程度		-0.163940858

图 6-153

📖公式解析

`=PEARSON(B2:B7,C2:C7)`

分别将 B2:B7 和 C2:C7 单元格区域设为自变量集合数值与因变量集合数值，然后返回两个数据集合之间的线性相关程度。

函数 95：RSQ 函数

函数功能

RSQ 函数通过 known_y's 和 known_x's 中的数据点返回皮尔逊（Pearson）乘积矩相关系数的平方。有关详细信息，请参阅函数 PEARSON。R 平方值可以解释为 y 方差可归于 x 方差的比例。

函数语法

RSQ(known_y's,known_x's)

参数解释

- known_y's：为数组或数据点区域。
- known_x's：为数组或数据点区域。

实例 331 返回皮尔逊乘积矩相关系数的平方

选中 **C9** 单元格，在公式编辑栏中输入公式：

```
=RSQ(B2:B7,C2:C7)
```

按 **Enter** 键即可返回两类产品测试结果的 Pearson 乘积矩相关系数的平方值，如图 **6-154** 所示。

C9		× ✓ fx	=RSQ(B2:B7,C2:C7)
	A	B	C
1	测试次数	I 类产品测试结果	II 类产品测试结果
2	1	75	85
3	2	95	85
4	3	78	70
5	4	61	85
6	5	85	81
7	6	71	89
8			
9	测试结果乘积矩相关系数的平方值		0.026876605

图 6-154

公式解析

=RSQ(B2:B7,C2:C7)

分别将 B2:B7 和 C2:C7 单元格区域总的值设置为数据点区域，然后返回皮尔逊乘积矩相关系数的平方值。

6.10 其他统计函数

函数 96：MEDIAN 函数（返回中位数）

函数功能

MEDIAN 函数用于返回给定数值集合的中位数。

函数语法

MEDIAN(number1,number2,...)

参数解释

number1,number2,...：表示要找出中位数的 1～30 个参数。

实例 332 统计学生身高值的中位数

例如，当前数据表中统计了学生的身高，现在要统计出身高值的中位数，可以使用 MEDIAN 函数来计算。

选中 C11 单元格,在公式编辑栏中输入公式:

```
=MEDIAN(C2:C9)
```

按 **Enter** 键即可计算出身高数值集合的中位数,如图 6-155 所示。

	A	B	C	D	E
1	姓名	性别	身高		
2	关云	男	175		
3	刘凯志	男	173		
4	邹宣敏	女	168		
5	华南	女	158		
6	向荣	男	169		
7	张勋	男	176		
8	张郷郷	女	164		
9	刘博	女	159		
10					
11	中位数		168.5		

图 6-155

📖**公式解析**

=MEDIAN(C2:C9)

在 C2:C9 单元格区域中的数值集中返回中位数。

函数 97:PERMUT 函数(返回排列数)

函数功能

PERMUT 函数用于返回从给定数目的元素集合中选取的若干元素的排列数。

函数语法

PERMUT(number,number_chosen)

参数解释

● number:表示为元素总数。

● number_chosen:表示每个排列中的元素数目。

实例 333 计算中奖率

本例规定中奖规则为:从 1~6 六个数字中,随机抽取 4 个数字组合为一个 4 位数,作为中奖号码。

选中 B3 单元格,在公式编辑栏中输入公式:

```
=1/PERMUT(B1,B2)
```

按 **Enter** 键即可得出中奖率,如图 6-156 所示。

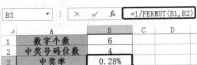

	A	B	C	D
1	数字个数	6		
2	中奖号码位数	4		
3	中奖率	0.28%		

图 6-156

📖 公式解析

$$=1/\underset{①}{\underbrace{PERMUT(B1,B2)}}^{②}$$

① 在数字个数为 6，每个排列有 4 个元素的数组中返回排列数。

② 用 1 除以步骤①得出的数目。

函数 98：PERMUTATIONA 函数（允许重复的情况下返回排列数）

函数功能

PERMUTATIONA 函数用于返回可从对象总数中选择的给定数目对象（含重复）的排列数。

函数语法

PERMUTATIONA(number, number_chosen)

参数解释

- number：表示对象总数的整数。

- number_chosen：表示每个排列中对象数目的整数。

实例 334　返回数组的数字排列方式种数

❶ 选中 A6 单元格，在公式编辑栏中输入公式：

```
=PERMUTATIONA(3,2)
```

按 **Enter** 键即可返回共有 9 种数字排列方式（有重复），如图 6-157 所示。

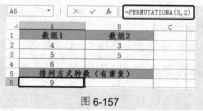

图 6-157

❷ 选中 B6 单元格，在公式编辑栏中输入公式：

```
=PERMUTATIONA(2,2)
```

按 **Enter** 键即可返回共有 4 种数字排列方式（有重复），如图 6-158 所示。

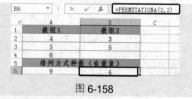

图 6-158

📖 **公式解析**

=PERMUTATIONA(3,2)

在对象总数为 3，且每个排列中对象数目为 2 的一组数中返回排列数。

函数 99：CONFIDENCE.NORM 函数

函数功能

CONFIDENCE.NORM 函数使用正态分布返回总体平均值的置信区间。

函数语法

CONFIDENCE.NORM(alpha,standard_dev,size)

参数解释

- alpha：表示用于计算置信度的显著水平参数。置信度等于 100*(1- alpha)%，亦即，如果 alpha 为 0.05，则置信度为 95%。
- standard_dev：表示数据区域的总体标准偏差，假设为已知。
- size：表示样本容量。

实例 335 使用正态分布返回总体平均值的置信区间

有 25 个滴瓶，滴瓶的平均容量为 32 毫升，总体标准偏差为 1.5 毫升。假设置信度为 0.05，计算总体平均值的置信区间。

❶ 选中 **E2** 单元格，在公式编辑栏中输入公式：

=CONFIDENCE.NORM(D2,C2,A2)

按 **Enter** 键即可计算出置信度为 0.05 时的返回值 "**0.5879892**"，如图 6-159 所示。

图 6-159

❷ 选中 **B4** 单元格，在编辑栏中输入 "**[32-0.587989195,32+0.587989195]**"（引号除外），如图 6-160 所示。

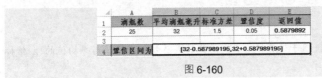

图 6-160

函数 100：CONFIDENCE.T 函数

函数功能

CONFIDENCE.T 函数使用 t 分布返回总体平均值的置信区间。

函数语法

CONFIDENCE.T(alpha,standard_dev,size)

参数解释

- alpha：表示用于计算置信度的显著水平参数。置信度等于 $100*(1-\text{alpha})\%$，亦即，如果 alpha 为 0.05，则置信度为 95%。
- standard_dev：表示数据区域的总体标准偏差，假设为已知。
- size：表示样本大小。

实例 336 使用 t 分布返回总体平均值的置信区间

有 25 个 HT 模型，平均模型的标高为 1.5 米，总体标准偏差为 1.5 米。假设置信度为 0.05，要求计算总体平均值的置信区间。

❶ 选中 E2 单元格，在公式编辑栏中输入公式：

```
=CONFIDENCE.T(D2,C2,A2)
```

按 **Enter** 键即可计算出置信度为 0.05 时的返回值为 "**0.619169568**"，如图 6-161 所示。

	A	B	C	D	E
					=CONFIDENCE.T(D2,C2,A2)
1	HT模型数	平均模型标高	标准偏差	置信度	返回值
2	25	1.5	1.5	0.05	0.619169568

图 6-161

❷ 选中 **B4** 单元格，在编辑栏中输入 "**[32-0.619169568,32+0.619169568]**"（引号除外），如图 6-162 所示。

	A	B	C	D	E
1	HT模型数	平均模型标高	标准偏差	置信度	返回值
2	25	1.5	1.5	0.05	0.619169568
3					
4	置信区间为	[32-0.619169568,32+0.619169568]			

图 6-162

函数 101：GAUSS 函数

函数功能

GAUSS 函数用于计算标准正态总体的成员处于平均值与平均值的 z 倍标准偏差之间的概率。

函数语法

GAUSS (z)

参数解释

z：表示返回一个数字。如果 z 不是有效数字，函数 GAUSS 返回错误值

"#NUM!"；如 z 不是有效数据类型，函数 GAUSS 返回错误值 "#VALUE!"。

实例 337　返回比 0.2 的标准正态累积分布函数值小 0.5 的值

选中 **B2** 单元格，在公式编辑栏中输入公式：

```
=GAUSS(A2)
```

按 **Enter** 键即可返回一个比 0.2 的标准正态累积分布函数值小 0.5 的值，如图 6-163 所示。

	B2	▼	:	×	✓	fx	=GAUSS(A2)

	A	B
1	数值	标准正态分布比累积分布函数小0.5的值
2	0.2	0.079259709

图 6-163

函数 102：PHI 函数

函数功能

PHI 函数用于返回标准正态分布的密度函数值。

函数语法

PHI(x)

参数解释

x：表示所需的标准正态分布密度值。若 x 是无效的数值，则函数 PHI 返回错误值 "#NUM!"；若 x 使用的是无效的数据类型，如非数值，则函数 PHI 返回错误值 "#VALUE!"。

实例 338　返回标准正态分布的密度函数值

选中 **B2** 单元格，在公式编辑栏中输入公式：

```
=PHI(A2)
```

按 **Enter** 键即可返回标准正态分布的密度函数值，如图 6-164 所示。

	B2	▼	:	×	✓	fx	=PHI(A2)

	A	B
1	标准正态分布密度值	标准正态分布的密度函数值
2	0.65	0.32297236

图 6-164

第 7 章 财 务 函 数

7.1 本金与利息计算函数

函数 1：PMT 函数（返回贷款的每期付款额）

函数功能

PMT 函数基于固定利率及等额分期付款方式，返回贷款的每期付款额。

函数语法

PMT(rate,nper,pv,fv,type)

参数解释

- rate：表示贷款利率。
- nper：表示该项贷款的付款总数。
- pv：表示现值，即本金。
- fv：表示未来值，即最后一次付款后希望得到的现金余额。
- type：表示指定各期的付款时间是在期初还是期末。若 type=0，为期末；若 type=1，为期初。

实例解析

实例 339   计算贷款的每年偿还额

某银行的商业贷款年利率为 **6.55%**，个人在银行贷款 100 万元，分 28 年还清，利用 **PMT** 函数可以返回每年的偿还金额。

选中 **D2** 单元格，在公式编辑栏中输入公式：

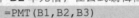

```
=PMT(B1,B2,B3)
```

按 **Enter** 键即可返回每年偿还金额，如图 7-1 所示。

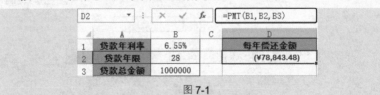

	A	B	C	D
				=PMT(B1,B2,B3)
	A	B	C	D
1	贷款年利率	6.55%		每年偿还金额
2	贷款年限	28		(¥78,843.48)
3	贷款总金额	1000000		

图 7-1

实例 340   按季度(月)支付时计算每期应偿还额

当前表格显示了某项贷款利率、贷款年限和贷款总额，支付方式为按季度或按月支付，现在要计算出每期应偿还额。由于是按季度支付，因此贷款利率应为年利率/4，付款总数应为贷款年限*4；

如果是按每月支付，则贷款利率应为年利率/12，付款总数应为贷款年限*12。其中数值 4 表示一年有 4 个季度，数值 12 表示一年的 12 个月。

❶ 选中 B5 单元格，在公式编辑栏中输入公式：

```
=PMT(B1/4,B2*4,B3)
```

按 **Enter** 键即可计算出该项贷款的每季度偿还金额，如图 **7-2** 所示。

	A	B	C
	B5	fx =PMT(B1/4,B2*4,B3)	
1	贷款年利率	6.55%	
2	贷款年限	28	
3	贷款总金额	1000000	
4			
5	每季度偿还额	(¥19,544.40)	

图 7-2

❷ 选中 B6 单元格，在公式编辑栏中输入公式：

```
=PMT(B1/12,B2*12,B3)
```

按 **Enter** 键即可计算出该项贷款的每月偿还金额，如图 **7-3** 所示。

	A	B	C
	B6	fx =PMT(B1/12,B2*12,B3)	
1	贷款年利率	6.55%	
2	贷款年限	28	
3	贷款总金额	1000000	
4			
5	每季度偿还额	(¥19,544.40)	
6	每月偿还额	(¥6,502.44)	

图 7-3

函数 2：IPMT 函数（返回给定期限内的利息偿还额）

函数功能

IPMT 函数基于固定利率及等额分期付款方式，返回投资或贷款在某一给定期限内的利息偿还额。

函数语法

IPMT(rate,per,nper,pv,fv,type)

参数解释

● rate：表示各期利率。

● per：表示用于计算其利息数额的期数，范围为 1 ~ nper。

● nper：表示总投资期。

● pv：表示现值，即本金。

● fv：表示未来值，即最后一次付款后的现金余额。如果省略 fv，则假设其值为 0。

- type：表示指定各期的付款时间是在期初还是期末。若 type=0，为期末；若 type=1，为期初。

实例解析

实例 341　计算每年偿还金额中有多少是利息

　　如果想要计算出贷款的每期偿还额中所包含的利息金额，可以使用 IPMT 函数来计算。例如，本例中得知某项贷款的金额、贷款年利率和贷款年限，付款方式为期末付款，需要计算出每期偿还的利息金额。

❶ 选中 **B6** 单元格，在公式编辑栏中输入公式：

`=IPMT($B$1,A6,$B$2,$B$3)`

按 **Enter** 键即可返回第 1 年的利息金额。

❷ 选中 **B6** 单元格，向下复制公式到 B8 单元格，即可返回第 2 年和第 3 年的利息金额，如图 7-4 所示。

| B6 | ▼ | : | × | ✓ | fx | =IPMT($B$1,A6,$B$2,$B$3) |

▲	A	B	C
1	贷款年利率	6.55%	
2	贷款年限	28	
3	贷款总金额	1000000	
4			
5	年份	利息金额	
6	1	(¥65,500.00)	
7	2	(¥64,626.00)	
8	3	(¥63,694.76)	

图 7-4

公式解析

`=IPMT($B$1,A6,$B$2,$B$3)))`

这里对利率、贷款年限以及贷款额的引用为绝对引用，当向下复制公式时，B1、B2、B3 单元格中的数值将不会发生改变，变化的为年份列中的数值，因此才有相对引用。

实例 342　计算每月偿还金额中有多少是利息

　　计算每月偿还额的利息的公式设置和上例相同，只是第一项参数利率需要做适当变动，这里直接将利率除以 12 个月即可得到每个月的利率。

❶ 选中 **B6** 单元格，在公式编辑栏中输入公式：

`=IPMT($B$1/12,A6,$B$2,$B$3)`

按 **Enter** 键即可返回 1 月份的利息金额。

❷ 选中 **B6** 单元格，向下复制公式到 B11 单元格，即可返回 2 月份至 6 月份的利息金额，如图 7-5 所示。

B6	▼	:	×	✓	fx	=IPMT($B$1/12,A6,$B$2,$B$3)

	A	B	C
1	贷款年利率	6.55%	
2	贷款年限	28	
3	贷款总金额	1000000	
4			
5	月份	利息金额	
6	1	(¥5,458.33)	
7	2	(¥5,277.38)	
8	3	(¥5,095.44)	
9	4	(¥4,912.50)	
10	5	(¥4,728.57)	
11	6	(¥4,543.63)	

图 7-5

函数 3：PPMT 函数（返回给定期间内本金偿还额）

函数功能

PPMT 函数基于固定利率及等额分期付款方式，返回投资在某一给定期限内的本金偿还额。

函数语法

PPMT(rate,per,nper,pv,fv,type)

参数解释

- rate：表示各期利率。
- per：表示用于计算其利息数额的期数，范围为 1~nper。
- nper：表示总投资期。
- pv：表示现值，即本金。
- fv：表示未来值，即最后一次付款后的现金余额。如果省略 fv，则假设其值为 0。
- type：表示指定各期的付款时间是在期初还是期末。若 type=0，为期末；若 type=1，为期初。

实例解析

实例 343　计算贷款指定期间的本金偿还额

使用 **PPMT** 函数可以计算出每期偿还额中包含的本金金额。例如，本例中得知某项贷款的金额、贷款年利率和贷款年限，付款方式为期末付款，现在要计算出第一年与第二年的偿还额中包含的本金金额。

❶ 选中 **B5** 单元格，在公式编辑栏中输入公式：

=PPMT($B$1,1,$B$2,$B$3)

按 **Enter** 键即可返回第一年的本金额，如图 **7-6** 所示。

❷ 选中 **B6** 单元格，在公式编辑栏中输入公式：

=PPMT($B$1,2,$B$2,$B$3)

按 Enter 键即可返回第二年的本金额，如图 7-7 所示。

| B5 | ▼ | : | × | ✓ | fx | =PPMT($B$1,1,$B$2,$B$3) |

	A	B	C
1	贷款年利率	6.55%	
2	贷款年限	28	
3	贷款总金额	1000000	
4			
5	第一年本金	(¥13,343.48)	

图 7-6

| B6 | ▼ | : | × | ✓ | fx | =PPMT($B$1,2,$B$2,$B$3) |

	A	B	C
1	贷款年利率	6.55%	
2	贷款年限	28	
3	贷款总金额	1000000	
4			
5	第一年本金	(¥13,343.48)	
6	第二年本金	(¥14,217.48)	

图 7-7

📖公式解析

=PPMT($B$1,1,$B$2,$B$3)

当设置第二项参数为 1 时，即表示以第一年作为计算期数；当为 2 时，即表示以第二年作为计算期数。

实例 344　计算贷款第一个月与最后一个月的本金偿还额

本例表格根据年利率、贷款年限和贷款金额计算出第一个月和最后一个月应偿还的本金额。

❶ 选中 B5 单元格，在公式编辑栏中输入公式：

=PPMT(B1/12,1,B2*12,B3)

按 Enter 键即可返回第一个月应付的本金，如图 7-8 所示。

| B5 | ▼ | : | × | ✓ | fx | =PPMT(B1/12,1,B2*12,B3) |

	A	B	C
1	贷款年利率	6.55%	
2	贷款年限	28	
3	贷款总金额	1000000	
4			
5	第一个月应付的本金	(¥1,044.11)	

图 7-8

❷ 选中 B6 单元格，在公式编辑栏中输入公式：

=PPMT(B1/12,336,B2*12,B3)

按 Enter 键即可返回最后一个月应付的本金，如图 7-9 所示。

| B6 | : | × | ✓ | fx | =PPMT(B1/12,336,B2*12,B3) |

	A	B	C
1	贷款年利率	6.55%	
2	贷款年限	28	
3	贷款总金额	1000000	
4			
5	第一个月应付的本金	(¥1,044.11)	
6	最后一个月应付的本金	(¥6,467.14)	

图 7-9

📖 公式解析

公式 1：

=PPMT(B1/12,1,B2*12,B3)

将利率除以 12 得到每个月的利率，第 2 个参数 "1" 表示计算期数为第一个月，第 3 个参数的总投资期乘以 12 即得到月份数。

公式 2：

=PPMT(B1/12,336,B2*12,B3)

将利率除以 12 得到每个月的利率，第 2 个参数利用 28*12 得到 28 年中的第 336 个月（即最后一个月）作为计算期数。

函数 4：ISPMT 函数（等额本金还款方式下的利息计算）

函数功能

ISPMT 函数计算特定投资期内要支付的利息额。

函数语法

ISPMT(rate,per,nper,pv)

参数解释

- rate：表示投资的利率。
- per：表示要计算利息的期数，范围为 1 ~ nper。
- nper：表示投资的总支付期数。
- pv：表示投资的当前值，对于贷款来说，pv 为贷款数额。

实例解析

实例 345 计算投资期内要支付的利息额

当前表格显示了某项投资的回报率、投资年限和投资总金额，需要计算出投资期内第一年与第一个月支付的利息额。

❶ 选中 **B5** 单元格，在公式编辑栏中输入公式：

=ISPMT(B1,1,B2,B3)

按 **Enter** 键即可返回投资期内的第一年应支付利息，如图 7-10 所示。

图 7-10

❷ 选中 B6 单元格，在公式编辑栏中输入公式：

```
=ISPMT(B1/12,1,B2*12,B3)
```

按 Enter 键即可返回投资期内的第一个月应支付利息，如图 7-11 所示。

B6	▼ : × ✓ fx	=ISPMT(B1/12,1,B2*12,B3)	
	A	B	C
1	投资回报率	10.00%	
2	投资年限	5	
3	投资金额	800000	
4			
5	投资期内第一年支付利息	(¥64000.00)	
6	投资期内第一个月支付利息	(¥6555.56)	

图 7-11

提示

IPMT 函数与 ISPMT 函数都是计算利息，它们的区别如下。

这两个函数的还款方式不同。IPMT 基于固定利率和等额本息还款方式，返回一项投资或贷款在指定期间内的利息偿还额。

在等额本息还款方式下，贷款偿还过程中每期还款总金额保持相同，其中本金逐期递增、利息逐期递减。

ISPMT 基于等额本金还款方式，返回某一指定投资或贷款期间内所需支付的利息。在等额本金还款方式下，贷款偿还过程中每期偿还的本金数额保持相同，利息逐期递减。

函数5：CUMPRINC 函数（返回两个期间的累计本金）

函数功能

CUMPRINC 函数用于返回一笔贷款在给定的两个期间累计偿还的本金数额。

函数语法

CUMPRINC(rate,nper,pv,start_period,end_period,type)

参数解释

- rate：表示利率。
- nper：表示总付款期数。
- pv：表示现值。
- start_period：表示计算中的首期。

- end_period：表示计算中的末期。

- type：表示付款时间类型。若为 0，表示期末付款；若为 1，表示期初付款。

第 7 章　财务函数

实例解析

实例 346　根据贷款、利率和时间计算偿还的本金额

假设本项贷款按月支付，现在需要计算出一笔 80 万元贷款、贷款时间为 3 年、年利率为 8.5%的项目在第一年和第二年总计需要支付多少本金。

选中 **B5** 单元格，在公式编辑栏中输入公式：

=CUMPRINC(B1/12,B2*12,B3,1,24,0)

按 **Enter** 键即可返回第一年和第二年的本金金额，如图 **7-12** 所示。

B5		:	×	✓	fx	=CUMPRINC(B1/12,B2*12,B3,1,24,0)		
	A		B		C		D	
1	贷款年利率		8.50%					
2	贷款年限		3					
3	贷款总金额		800000					
4								
5	第一年和第二年的本金		（¥510,455.25）					

图 7-12

公式解析

=CUMPRINC(B1/12,B2*12,B3,1,24,0)

年利率除以 12 得到月利率，贷款年限乘以 12 转换为月数，第 4、5 个参数表示时间为第 1~24 个月，最后一个参数 0 表示为期末付款。

函数 6：CUMIPMT 函数（返回两个期间的累计利息）

函数功能

CUMIPMT 函数用于返回一笔贷款在给定的两个付款期间累计偿还的利息数额。

函数语法

CUMIPMT(rate,nper,pv,start_period,end_period,type)

参数解释

- rate：表示利率。

- nper：表示总付款期数。

- pv：表示现值。

- start_period：表示计算中的首期。

- end_period：表示计算中的末期。

- type：表示付款时间类型。若为 0，表示期末付款；若为 1，表示期初付款。

实例解析

实例 347　根据贷款、利率和时间计算偿还的利息额

本例和上例中的题设相同，需要计算出第一年到第二年总计需要支付的利息。

选中 **B5** 单元格，在公式编辑栏中输入公式：

=CUMIPMT(B1/12,B2*12,B3,1,24,0)

按 **Enter** 键即可返回第一年和第二年的利息额，如图 **7-13** 所示。

B5	▼ : × ✓ *fx*	=CUMIPMT(B1/12,B2*12,B3,1,24,0)		
▲	A	B	C	D
1	贷款年利率	8.50%		
2	贷款年限	3		
3	贷款总金额	800000		
4				
5	第一年和第二年的利息	(¥95,641.47)		

图 7-13

7.2　投资与收益率计算函数

函数 7：FV 函数（返回某项投资的未来值）

函数功能

FV 函数基于固定利率及等额分期付款方式，返回某项投资的未来值。

函数语法

FV(rate,nper,pmt,pv,type)

参数解释

● rate：表示各期利率。

● nper：表示总投资期，即该项投资的付款期总数。

● pmt：表示各期所应支付的金额。

● pv：表示现值，即从该项投资开始计算时已经入账的款项，或一系列未来付款的当前值的累积和，也称为本金。

● type：表示数字 0 或 1（0 为期末，1 为期初）。

实例解析

实例 348　计算一笔投资的未来值

本例表格中显示出一笔投资的存款额为 60000 元，存款期限为 5 年，年利率为 3.2%，每月存款额为 2500 元，需要计算出这笔投资在 5 年后的金额。

选中 **B5** 单元格，在公式编辑栏中输入公式：

```
=FV(B3/12,B2*12,-B4,-B1)
```
按 **Enter** 键即可返回 5 年后的金额，如图 **7-14** 所示。

	B5	▼	:	×	✓	fx	=FV(B3/12,B2*12,-B4,-B1)

▲	A	B	C
1	初期存款额	60000	
2	存款期限	5	
3	年利率	3.20%	
4	每月存款额	2500	
5	五年后的金额	¥232,827.84	

图 7-14

公式解析

=FV(B3/12,B2*12,-B4,-B1)

年利率除以 12 得到月利率，存款年限乘以 12 转换为月数，由于是资金的付出，第 3、4 个参数需要用负数表示。

实例 349　计算购买某项保险的未来值

已知购买某项保险需要分 30 年付款，每年付 8950 元，即总计需要付 268500 元，年利率为 4.8%，还款方式为期初还款，需要计算以这种方式付款的未来值。

选中 **B5** 单元格，在公式编辑栏中输入公式：
```
=FV(B1,B2,B3,1)
```
按 **Enter** 键即可得出购买该项保险的未来值，如图 **7-15** 所示。

	B5	▼	:	×	✓	fx	=FV(B1,B2,B3,1)

▲	A	B
1	保险年利率	4.80%
2	付款年限	30
3	保险购买金额	8950
4		
5	购买保险的未来值	(¥574,608.17)

图 7-15

公式解析

=FV(B1,B2,B3,1)

最后一项参数 "**1**" 表示要计算期初值。

实例 350　计算住房公积金的未来值

假设某企业每月从工资中扣除 200 元作为住房公积金，然后按年利率为 22% 返还给员工。如果需要计算 5 年后（60 个月）员工住房公积金金额，首先要将年利率除以 12 得到月利率。

选中 **B5** 单元格，在公式编辑栏中输入公式：
```
=FV(B1/12,B2,B3)
```

按 Enter 键，即可计算出 5 年后该员工所得的住房公积金金额，如图 7-16 所示。

B5	▼ : × ✓ fx	=FV(B1/12,B2,B3)
	A	B
1	年利率	22.00%
2	缴纳的月数	60
3	月缴纳金额	200
4		
5	住房公积金的未来值	(¥21,538.78)

图 7-16

函数 8：FVSCHEDULE 函数（计算投资在变动或可调利率下的未来值）

函数功能

FVSCHEDULE 函数基于一系列复利返回本金的未来值，用于计算某项投资在变动或可调利率下的未来值。

函数语法

FVSCHEDULE(principal,schedule)

参数解释

- principal：表示现值。
- schedule：表示利率数组。

实例解析

实例 351 计算某项投资在可变利率下的未来值

本例表格中显示了某项借款的总金额，以及在 5 年中每年不同的年利率，现在要计算出 5 年后该项借款的回收金额。

选中 **B4** 单元格，在公式编辑栏中输入公式：

=FVSCHEDULE(B1,B2:F3)

按 **Enter** 键即可计算出 5 年后这笔借款回收金额，如图 7-17 所示。

B4	▼ : × ✓ fx	=FVSCHEDULE(B1,B2:F3)			
	A	B	C	D	E	F
1	借款金额	100000				
2	5年间不同利率	5.42%	5.58%	5.79%	5.90%	6.02%
3						
4	5年后借款回收金额	¥132,200.48				

图 7-17

📖 **公式解析**

=FVSCHEDULE(B1,B2:F3)

B2:F3 单元格区域中为不同的利率，现值为 100000 元。

函数 9：PV 函数（返回投资的现值）

第 7 章 财务函数

函数功能

PV 函数用于返回投资的现值，即一系列未来付款的当前值的累积和。

函数语法

PV(rate,nper,pmt,fv,type)

参数解释

- rate：表示各期利率。
- nper：表示总投资（或贷款）期数。
- pmt：表示各期所应支付的金额。
- fv：表示未来值。
- type：表示指定各期的付款时间是在期初，还是期末。若 type=0，为期末；若 type=1，为期初。

实例解析

实例 352　计算投资的现值

本例表格明细显示贷款年限为 15 年，年利率为 8.00%，每月偿还额为 3500 元，需要计算投资的现值。

选中 **B4** 单元格，在公式编辑栏中输入公式：

```
=PV(B1/12,B2*12,-B3)
```

按 **Enter** 键即可返回贷款额，如图 **7-18** 所示。

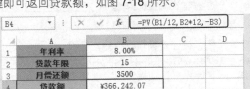

图 7-18

公式解析

=PV(B1/12,B2*12,-B3)

第 1 个参数将年利率转换为月利率，第 2 个参数将年限乘以 12 转换为月份，由于月偿还额为资金流出，所以第 3 个参数以负值表示。

函数 10：NPV 函数（返回一项投资的净现值）

函数功能

NPV 函数用于通过使用贴现率以及一系列未来支出（负值）和收入（正值），返回一项投资的净现值。

函数语法

NPV(rate,value1,value2,...)

参数解释

- rate：表示某一期间的贴现率。
- value1,value2,...：表示 1～29 个参数，代表支出及收入。

实例解析

实例 353 计算某投资的净现值

　　根据第一笔资金开支起点的不同（期初或者是期末），其计算方法也会有一些差异。当前表格中显示了某项投资的年贴现率、初期投资金额以及第 1 年至第 3 年的收益额，要求计算出年末、年初发生的投资净现值。

❶ 选中 B7 单元格，在公式编辑栏中输入公式：

```
=NPV(B1,B2:B5)
```

按 **Enter** 键即可计算出该项投资的净现值（年末发生），如图 **7-19** 所示。

	A	B
1	年贴现率	8.00%
2	初期投资	−12000
3	第1年收益	5000
4	第2年收益	7800
5	第3年收益	12000
6		
7	投资净现值（年末发生）	¥8,187.83

B7　fx =NPV(B1,B2:B5)

图 7-19

❷ 选中 B8 单元格，在公式编辑栏中输入公式：

```
=NPV(B1,B3:B5)+B2
```

按 **Enter** 键，即可计算出该项投资的净现值（年初发生），如图 **7-20** 所示。

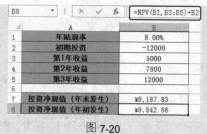

	A	B
1	年贴现率	8.00%
2	初期投资	−12000
3	第1年收益	5000
4	第2年收益	7800
5	第3年收益	12000
6		
7	投资净现值（年末发生）	¥8,187.83
8	投资净现值（年初发生）	¥8,842.86

B8　fx =NPV(B1,B3:B5)+B2

图 7-20

函数 11：XNPV 函数（返回一组不定期现金流的净现值）

函数功能

XNPV 函数用于返回一组不定期现金流的净现值。

函数语法

XNPV(rate,values,dates)

参数解释

- rate：表示现金流的贴现率。
- values：表示与 dates 中的支付时间相对应的一系列现金流转。
- dates：表示与现金流支付相对应的支付日期表。

实例解析

实例 354　计算一组不定期盈利额的净现值

本例表格明细显示了某项投资的年贴现率、投资额及不同日期中预计的投资回报金额，要求计算该投资项目的净现值。

选中 **C8** 单元格，在公式编辑栏中输入公式：

`=XNPV(C1,C2:C6,B2:B6)`

按 **Enter** 键即可计算出该投资项目的净现值，如图 **7-21** 所示。

C8		▼ : × ✓ fx	=XNPV(C1,C2:C6,B2:B6)	
▲	A	B	C	D
1	年贴现率		15.00%	
2	投资额	2018/10/1	-20000	
3	预计收益	2018/11/1	5000	
4		2019/1/10	8000	
5		2019/2/20	11000	
6		2019/4/30	15000	
7				
8	投资净现值		¥16,891.14	

图 7-21

函数 12：NPER 函数（返回某项投资的总期数）

函数功能

NPER 函数基于固定利率及等额分期付款方式，返回某项投资（或贷款）的总期数。

函数语法

NPER(rate,pmt,pv,fv,type)

参数解释

- rate：表示各期利率。
- pmt：表示各期所应支付的金额。
- pv：表示现值，即本金。
- fv：表示未来值，即最后一次付款后希望得到的现金余额。
- type：表示指定各期的付款时间是在期初，还是期末。若 type=0，为期末；若 type=1，为期初。

实例解析

实例 355　计算投资的期数

　　表格明细显示了某项投资的初期投资额为 0 元，希望的投资未来值为 500000 元，年利率为 6.00%，每月的投资额为 12000 元，需要计算本项投资的期数。

　　选中 **B5** 单元格，在公式编辑栏中输入公式：

`=ROUNDUP(NPER(B1/12,-B4,B3,B2),0)`

　　按 **Enter** 键即可返回所需的支付期数，如图 **7-22** 所示。

B5	▼	:	×	✓	fx	=ROUNDUP(NPER(B1/12,-B4,B3,B2),0)

◢	A	B	C	D
1	年利率	6.00%		
2	投资未来值	500000		
3	初期投资额	0		
4	每月投资额	12000		
5	所需的支付期数	38		

图 7-22

公式解析

　　　　　　　　　　　　　②
=ROUNDUP(NPER(B1/12,-B4,B3,B2),0)
　　　　　　　　　　　　　　①

① 利用 NPER 函数返回投资的总期数，得到一个非整数额。

② 将步骤①中得到的值进行四舍五入（不设小数位数）。

实例 356　计算出贷款的还清年数

　　假设当前得知某项贷款的总额、年利率以及每年应向贷款方支付的金额，要求计算出还清这项贷款合计需要多少年，这种情况下就可以使用 NPER 函数来计算。NPER 函数是基于固定利率及等额分期付款方式，返回某项投资（或贷款）的总期数。

　　选中 **A6** 单元格，在公式编辑栏中输入公式：

`=NPER(B1,B2,B3)`

　　按 **Enter** 键即可计算出这项贷款的还清年数（约为 20 年），如图 **7-23** 所示。

A6	▼	:	×	✓	fx	=NPER(B1,B2,B3)

◢	A	B	C
1	贷款年利率	7.47%	
2	每年支付额（万元）	4.5	
3	贷款总金额（万元）	200	
4			
5	清还贷款的年数		
6	20.31126959		

图 7-23

函数 13：IRR 函数（计算内部收益率）

函数功能

IRR 函数用于返回由数值代表的一组现金流的内部收益率。

函数语法

IRR(values,guess)

参数解释

- values：表示进行计算的数组，即用来计算返回的内部收益率的数字。
- guess：表示对函数 IRR 计算结果的估计值。

实例解析

实例 357 计算某项投资的内部收益率

选中 **B9** 单元格，在公式编辑栏中输入公式：

```
=IRR(B2:B6)
```

按 **Enter** 键即可根据每年的现金流量得到这项投资的内部收益率，如图 **7-24** 所示。

	A	B	C
1	年份	现金流量	
2	1	¥ 4,300.00	
3	2	¥ -12,000.00	
4	3	¥ 1,800.00	
5	4	¥ 2,800.00	
6	5	¥ 5,000.00	
7			
8			
9	内部收益率	14.11%	

图 7-24

函数 14：MIRR 函数（计算修正内部收益率）

函数功能

MIRR 函数用于返回某一连续期间内现金流的修正内部收益率。函数 MIRR 同时考虑了投资的成本和现金再投资的收益率。

函数语法

MIRR(values,finance_rate,reinvest_rate)

参数解释

- values：表示进行计算的数组，即用来计算返回的内部收益率的数字。
- finance_rate：表示现金流中使用的资金支付的利率。
- reinvest_rate：表示将现金流再投资的收益率。

实例解析

实例 358　　计算在不同利率下支付的修正内部收益率

　　表格的 B 列中显示了每年的现金流量，B8 和 B9 单元格显示了支付利率和再投资利率，利用这些已知条件可以计算出修正内部收益率。

　　选中 D2 单元格，在公式编辑栏中输入公式：

`=MIRR(B2:B6,B8,B9)`

按 Enter 键即可返回修正内部收益率，如图 7-25 所示。

	D2	▼ : × ✓ fx	=MIRR(B2:B6,B8,B9)	
	A	B	C	D
1	年份	现金流量		修正内部收益率
2	1	¥ 4,300.00		13.24%
3	2	¥ -12,000.00		
4	3	¥ 1,800.00		
5	4	¥ 2,800.00		
6	5	¥ 5,000.00		
7				
8	支付利率	15.00%		
9	再投资利率	12.00%		

图 7-25

函数 15：XIRR 函数（计算不定期现金流的内部收益率）

函数功能

XIRR 函数用于返回一组不定期现金流的内部收益率。

函数语法

XIRR(values,dates,guess)

参数解释

- values：表示与 dates 中的支付时间相对应的一系列现金流。
- dates：表示与现金流支付相对应的支付日期表。
- guess：表示对函数 XIRR 计算结果的估计值。

实例解析

实例 359　　计算一组不定期盈利额的内部收益率

　　假设某项投资的期初投资额为 200000 元，未来几个月的收益日期不定，收益金额也不定，需要计算出该项投资的内部收益率。

　　选中 C8 单元格，在公式编辑栏中输入公式：

`=XIRR(C1:C6,B1:B6)`

按 Enter 键即可计算出该投资的内部收益率，如图 7-26 所示。

図 7-26

函数 16：RATE 函数（返回年金的各期利率）

函数功能

RATE 函数用于返回年金的各期利率。

函数语法

RATE(nper,pmt,pv,fv,type,guess)

参数解释

- nper：表示总投资期，即该项投资的付款期总数。
- pmt：表示各期付款额。
- pv：表示现值，即本金。
- fv：表示未来值。
- type：表示指定各期的付款时间是在期初，还是期末。若 type=0，为期末；若 type=1，为期初。
- guess：表示预期利率。如果省略预期利率，则默认该值为 10%。

实例解析

实例 360 计算投资年增长率

如果某项投资需要缴纳金额 250000 元，投资年限为 8 年，收益金额为 480000 元，需要计算出这项投资的年增长率。

选中 B5 单元格，在公式编辑栏中输入公式：

```
=RATE(B2,0,-B1,B3)
```

按 Enter 键即可返回年增长率，如图 7-27 所示。

图 7-27

📖**公式解析**

=RATE(B2,0,-B1,B3)

本例为一次性投资，故不使用第 2 个参数，并且参数为 0；第 3 个参数为本金，即从该投资开始计算已经入账的款项，由于是资金的付出，这里使用负数表示；第 4 个参数为收益金额，因此使用正数。

函数 17：PDURATION 函数（投资到达指定值所需的期数）

函数功能

PDURATION 函数用于返回投资到达指定值所需的期数。该函数要求所有参数为正值。

函数语法

PDURATION(rate, pv, fv)

参数解释

- rate：表示每期利率。
- pv：表示投资的现值。
- fv：表示所需的投资未来值。

实例解析

实例 361 返回投资年数

选中 B5 单元格，在公式编辑栏中输入公式：

`=PDURATION(B1,B2,B3)`

按 **Enter** 键即可计算出出 4600 元达到 5200 元的投资年数约为 4.97 年，如图 7-28 所示。

B5	▼	⋮	×	✓	f_x	=PDURATION(B1,B2,B3)	
⊿	A			B			C
1	年费率			2.50%			
2	投资金额			4600			
3	预计收益金额			5200			
4							
5	投资年数			4.97			

图 7-28

函数 18：RRI 函数（返回投资增长的等效利率）

函数功能

RRI 函数用于返回投资增长的等效利率。

函数语法

RRI(nper, pv, fv)

参数解释

- nper: 表示投资的期数。
- pv: 表示投资的现值。
- fv: 表示投资的未来值。

实例解析

实例 362　返回投资增长的等效利率

选中 **B4** 单元格,在公式编辑栏中输入公式:

```
=RRI(A2,B2,C2)
```

按 **Enter** 键即可计算出投资期数 8 年,现值为 10000 元,未来值为 11000 元的投资增长的等效利率,如图 **7-29** 所示。

	A	B	C
1	投资期数(年)	投资金额	预计收益金额
2	8	10000	11000
3			
4	等效利率	1.20%	

图 7-29

7.3　资产折旧计算函数

函数 19: SLN 函数(直线法计算折旧)

函数功能

SLN 函数用于返回某项资产在一个期间中的线性折旧值。

函数语法

SLN(cost,salvage,life)

参数解释

- cost: 表示资产原值。
- salvage: 表示资产在折旧期末的价值,即称为资产残值。
- life: 表示折旧期限,即资产的使用寿命。

实例解析

实例 363　用直线法计算出固定资产的每年折旧额

直线法即平均年限法,是根据固定资产的原值、预计净残值、预计使用年限平均计算折旧的一种方法。直线法计算固定资产折旧额对应的函数为 **SLN** 函数。

❶ 选中 **E2** 单元格,在公式编辑栏中输入公式:

```
=SLN(B2,D2,C2)
```

按 **Enter** 键即可计算出第一项固定资产的每年折旧额。

❷ 选中 **E2** 单元格，向下拖动进行公式复制即可计算出其他各项固定资产的每年折旧额，如图 7-30 所示。

E2	▼	:	×	✓	fx	=SLN(B2,D2,C2)

▲	A	B	C	D	E
1	固定资产	原值	预计可使用年限	预计残值	年折旧额
2	打印机	4800	6	500	¥716.67
3	电脑	5200	5	800	¥880.00
4	空调	6980	6	800	¥1,030.00
5	汽车	55000	8	3500	¥6,437.50

图 7-30

实例 364　用直线法计算出固定资产的每月折旧额

本例只需要将公式中的第 3 个参数的使用年限乘以 12 即可将年份数转换为月份数，从而计算出每月折旧额。

❶ 选中 **E2** 单元格，在公式编辑栏中输入公式：

```
=SLN(B2,D2,C2*12)
```

按 **Enter** 键即可计算出第一项固定资产的每月折旧额。

❷ 选中 **E2** 单元格，向下拖动进行公式复制即可计算出其他各项固定资产的每月折旧额，如图 7-31 所示。

E2	▼	:	×	✓	fx	=SLN(B2,D2,C2*12)

▲	A	B	C	D	E
1	固定资产	原值	预计可使用年限	预计残值	月折旧额
2	打印机	4800	6	500	¥59.72
3	电脑	5200	5	800	¥73.33
4	空调	6980	6	800	¥85.83
5	汽车	55000	8	3500	¥536.46

图 7-31

函数 20：SYD 函数（年数总和法计算折旧）

函数功能

SYD 函数用于返回某项资产按年限总和折旧法计算的指定期间的折旧值。

函数语法

SYD(cost,salvage,life,per)

参数解释

● cost：表示资产原值。

● salvage：表示资产在折旧期末的价值，即资产残值。

● life：表示折旧期限，即资产的使用寿命。

● per：表示期间，单位与 life 要相同。

实例解析

实例 365   用年数总和法计算出固定资产的每年折旧额

年数总和法又称合计年限法，是将固定资产的原值减去净残值后的净额乘以一个逐年递减的分数来计算每年的折旧额，这个分数的分子代表固定资产的可使用年数，分母代表使用年限的逐年数字总和。

❶ 选中 **B5** 单元格，在公式编辑栏中输入公式：

=SYD($A$2,$C$2,$B$2,A5)

按 **Enter** 键即可计算出该项固定资产第 **1** 年的折旧额。

❷ 选中 **B5** 单元格，向下复制公式即可计算出该项固定资产各个年份的折旧额，如图 **7-32** 所示。

B5	▼	:	×	✓	fx	=SYD($A$2,$C$2,$B$2,A5)

	A	B	C	D
1	**原值**	**可使用年限**	**残值**	
2	150000	8	10000	
3				
4	**年限**	**折旧额**		
5	1	¥31,111.11		
6	2	¥27,222.22		
7	3	¥23,333.33		
8	4	¥19,444.44		
9	5	¥15,555.56		

图 7-32

函数 21：DB 函数（固定余额递减法计算折旧值）

函数功能

DB 函数是使用固定余额递减法，计算一笔资产在给定期间内的折旧值。

函数语法

DB(cost,salvage,life,period,month)

参数解释

- cost：表示资产原值。
- salvage：表示资产在折旧期末的价值，也称为资产残值。
- life：表示折旧期限，也称作资产的使用寿命。
- period：表示需要计算折旧值的期间。period 必须使用与 life 相同的单位。
- month：表示第一年的月份数，省略时默认为 12。

实例解析

实例 366   用固定余额递减法计算出固定资产的每年折旧额

固定余额递减法是一种加速折旧法，即在预计的使用年限内将后期折旧的一部分移到前期，并使前期折旧额大于后期折旧额的一种方法。

❶ 选中 B5 单元格，在公式编辑栏中输入公式：

=DB($A$2,$C$2,$B$2,A5,$D$2)

按 **Enter** 键即可计算出该项固定资产第 1 年的折旧额。

❷ 选中 B5 单元格，向下拖动进行公式复制即可计算出各个年限的折旧额，如图 **7-33** 所示。

B5	▼	:	× ✓	fx	=DB($A$2,$C$2,$B$2,A5,$D$2)	
▲	A	B		C	D	E
1	原值	可使用年限		残值	每年使用月数	
2	150000	8		10000	10	
3						
4	年限	折旧额				
5	1	¥ 35,875.00				
6	2	¥ 32,753.88				
7	3	¥ 23,353.51				
8	4	¥ 16,651.05				
9	5	¥ 11,872.20				

图 7-33

📖公式解析

=DB($A$2,$C$2,$B$2,A5,$D$2)

这里对资产原值、使用年限、残值、使用月数的引用为绝对引用，当向下复制公式时，A2、B2、C2、D2 单元格中的数值将不会发生改变，需要变化为年份列中的数值，因此才用相对引用。

实例 367　用固定余额递减法计算出固定资产的每月折旧额

本例和上例公式的设置方法类似，只需要利用每年使用月数列中的数值即可计算出每月折旧额。

❶ 选中 B5 单元格，在公式编辑栏中输入公式：

=DB($A$2,$C$2,$B$2,A5,$D$2)/$D$2

按 **Enter** 键即可计算出该项固定资产第 1 年的每月折旧额。

❷ 选中 B5 单元格，向下拖动进行公式复制即可快速求出每年中各月的折旧额，如图 **7-34** 所示。

B5	▼	:	× ✓	fx	=DB($A$2,$C$2,$B$2,A5,$D$2)/$D$2	
▲	A	B		C	D	E
1	原值	可使用年限		残值	每年使用月数	
2	150000	8		10000	10	
3						
4	年限	月折旧额				
5	1	¥ 3,587.50				
6	2	¥ 3,275.39				
7	3	¥ 2,335.35				
8	4	¥ 1,665.11				
9	5	¥ 1,187.22				

图 7-34

公式解析

=DB(\$A\$2,\$C\$2,\$B\$2,A5,\$D\$2)/\$D\$2

① 利用 DB 函数计算出固定资产的每年折旧额。

② 将步骤①得到的值除以每年使用月数。

函数 22：DDB 函数（双倍余额递减法计算折旧值）

函数功能

DDB 函数是采用双倍余额递减法计算一笔资产在给定期间内的折旧值。

函数语法

DDB(cost,salvage,life,period,factor)

参数解释

- cost：表示资产原值。
- salvage：表示资产在折旧期末的价值，也称为资产残值。
- life：表示折旧期限，也称作资产的使用寿命。
- period：表示需要计算折旧值的期间。period 必须使用与 life 相同的单位。
- factor：表示余额递减速率。若省略，则默认为 2。

实例解析

实例 368　用双倍余额递减法计算出固定资产的每年折旧额

双倍余额递减法是在不考虑固定资产净残值的情况下，根据每期期初固定资产账面余额和双倍的直线法折旧率计算出固定资产折旧的一种方法。双倍余额递减法计算固定资产折旧额对应的函数为 DDB 函数。

❶ 选中 B5 单元格，在公式编辑栏中输入公式：

=IF(A5<=\$B\$2-2,DDB(\$A\$2,\$C\$2,\$B\$2,A5),0)

按 Enter 键即可计算出该项固定资产第 1 年的折旧额。

❷ 选中 B5 单元格，向下拖动进行公式复制即可计算出各个年限的折旧额，如图 7-35 所示。

B5	▼ : × ✓ fx	=IF(A5<=\$B\$2-2,DDB(\$A\$2,\$C\$2,\$B\$2,A5),0)				
▲	A	B	C	D	E	F
1	原值	可使用年限	残值			
2	150000	8	10000			
3						
4	年限	折旧额				
5	1	¥ 37,500.00				
6	2	¥ 28,125.00				
7	3	¥ 21,093.75				
8	4	¥ 15,820.31				
9	5	¥ 11,865.23				

图 7-35

函数 23：VDB 函数（返回指定期间的折旧值）

函数功能

VDB 函数使用双倍余额递减法或其他指定的方法，返回指定的任何期间内（包括部分期间）的资产折旧值。

函数语法

VDB(cost,salvage,life,start_period,end_period,factor,no_switch)

参数解释

- cost：表示资产原值。
- salvage：表示资产在折旧期末的价值，即称为资产残值。
- life：表示折旧期限，即称为资产的使用寿命。
- start_period：表示进行折旧计算的起始期间。
- end_period：表示进行折旧计算的截止期间。
- factor：表示余额递减速率。若省略，则默认为 2。
- no_switch：表示一个逻辑值，指定当折旧值大于余额递减计算值时，是否转用直线折旧法。若 no_switch 为 TRUE，即使折旧值大于余额递减计算值，Excel 也不转用直线折旧法；若 no_switch 为 FALSE 或被忽略，且折旧值大于余额递减计算值时，Excel 将转用线性折旧法。

实例解析

实例 369 使用双倍余额递减法计算指定期间的资产折旧值

❶ 选中 B5 单元格，在公式编辑栏中输入公式：

    =VDB(A$2,C$2,B$2*12,7,12,2)

按 Enter 键即可计算出该项固定资产第 7 到 12 月的折旧额，如图 7-36 所示。

B5	▼	:	×	✓	fx	=VDB(A$2, C$2, B$2*12, 7, 12, 2)		
▲	A		B		C		D	E
1	原值		可使用年限		残值			
2	150000		8		10000			
3								
4	时间段		折旧额					
5	第7到12月		¥12,933.68					

图 7-36

❷ 选中 B6 单元格，在公式编辑栏中输入公式：

    =VDB(A$2,C$2,B$2*365,1,300,2)

按 Enter 键即可计算出该项固定资产在前 300 天的折旧额，如图 7-37 所示。

图 7-37

❸ 选中 **B7** 单元格，在公式编辑栏中输入公式：

=VDB(A$2,C$2,B$2*12,B2*12-3,B2*12)

按 **Enter** 键即可计算出该项固定资产在最后 3 个月的折旧额，如图 7-38 所示。

图 7-38

📖公式解析

公式 1：

=VDB(A$2,C$2,B$2*12,7,12,2)

使用绝对引用方式保持 A2、C2、B2 单元格的数值不变，将 B2 单元格的可使用年限 8 年乘以 12 转换成月份，第 4、5 个参数分别为起始月份和截止月份。

公式 2：

=VDB(A$2,C$2,B$2*365,1,300,2)

使用绝对引用方式保持 A2、C2、B2 单元格的数值不变，将 B2 单元格的可使用年限 8 年乘以 365 转换成天数，第 4、5 个参数分别为起始日和截止日。

公式 3：

=VDB(A$2,C$2,B$2*12,B2*12-3,B2*12)

使用绝对引用方式保持 A2、C2、B2 单元格的数值不变，将 B2 单元格的可使用年限 8 年乘以 12 转换成月份，第 4 个参数减去 3 表示起始时间为倒数第 3 个月，截止时间为最后一个月。

函数 24：AMORDEGRC 函数

函数功能

AMORDEGRC 函数用于计算每个会计期间的折旧值。

函数语法

AMORDEGRC(cost,date_purchased,first_period,salvage,period,rate,basis)

参数解释

- cost：表示资产原值。
- date_purchased：表示购入资产的日期。
- first_period：表示第一个期间结束时的日期。
- salvage：表示资产在使用寿命结束时的残值。
- period：表示期间。
- rate：表示折旧率。
- basis：表示年基准。若为 0 或省略，按 360 天为基准；若为 1，按实际天数为基准；若为 3，按一年 365 天为基准；若为 4，按一年为 360 天为基准。

实例解析

实例 370　计算指定会计期间的折旧值

某企业 2019 年 1 月 1 日新增了一项固定资产，原值为 350000 元，第一个会计期间结束日期为 2019 年 7 月 1 日，其资产残值为 35000 元，折旧率为 5.00%。要求以实际天数为基准，计算出第 1 个会计期间的折旧值。

选中 B9 单元格，在公式编辑栏中输入公式：

`=AMORDEGRC(B1,B2,B3,B4,B5,B6,B7)`

按 Enter 键即可计算出第一个会计期间的折旧值，如图 7-39 所示。

B9	▼ : × ✓ fx	=AMORDEGRC(B1,B2,B3,B4,B5,B6,B7)	
▲	A	B	C
1	原资产	350000	
2	购入资产日期	2019/1/1	
3	第一个期间结束日期	2019/7/1	
4	资产残值	35000	
5	期间	1	
6	折旧率	5.00%	
7	年基准	1	
8			
9	每个会计期间的折旧值（法国会计系统）	17500	

图 7-39

📖公式解析

`=AMORDEGRC(B1,B2,B3,B4,B5,B6,B7)`

第 5 个参数表示为第一个会计期间，第 7 个参数表示以实际天数为基准来计算。

函数 25：AMORLINC 函数

函数功能

AMORLINC 函数用于返回每个会计期间的折旧值，该函数由法国会计系统提供。

函数语法

AMORLINC(cost,date_purchased,first_period,salvage,period,rate,basis)

参数解释

- cost：表示为资产原值。
- date_purchased：表示为购入资产的日期。
- first_period：表示为第一个期间结束时的日期。
- salvage：表示为资产在使用寿命结束时的残值。
- period：表示为期间。
- rate：表示为折旧率。
- basis：表示为所使用的年基准。若为 0 或省略，以 360 天为基准；若为 1，以实际天数为基准；若为 3，以一年 365 天为基准；若为 4，以一年为 360 天为基准。

实例解析

实例 371　以法国会计系统计算每个会计期间的折旧值

某企业 2019 年 1 月 1 日购入价值为 350000 元的资产，第一个会计期间结束日期为 2019 年 7 月 1 日，其资产残值为 35000 元，折旧率为 5.00%，以实际天数为年基准，要求计算每个会计期间的折旧值（法国会计系统）。

选中 **B9** 单元格，在公式编辑栏中输入公式：

```
=AMORLINC(B1,B2,B3,B4,B5,B6,B7)
```

按 **Enter** 键即可计算出每个会计期间的折旧值（法国会计系统），如图 7-40 所示。

B9	▼	:	× ✓	f_x	=AMORLINC(B1,B2,B3,B4,B5,B6,B7)

	A	B	C
1	原资产	350000	
2	购入资产日期	2019/1/1	
3	第一个期间结束日期	2019/7/1	
4	资产残值	35000	
5	期间	1	
6	折旧率	5.00%	
7	年基准	1	
8			
9	每个会计期间的折旧值（法国会计系统）	17500	

图 7-40

7.4 转换美元的价格格式

函数 26：DOLLARDE 函数

函数功能

DOLLARDE 函数是将按分数表示的价格转换为按小数表示的价格。

函数语法

DOLLARDE(fractional_dollar,fraction)

参数解释

- fractional_dollar：以分数表示的数字。
- fraction：分数中的分母，为一个整数。如果 fraction 不是整数，将被截尾取整；如果 fraction 小于 0，函数 DOLLARDE 返回错误值 "#NUM!"；如果 fraction 为 0，函数 DOLLARDE 返回错误值 "#DIV/0!"。

实例解析

实例 372　将分数格式的美元转换为小数格式的美元

选中 **B3** 单元格，在公式编辑栏中输入公式：

    =DOLLARDE(B1,B2)

按 **Enter** 键即可将分数格式的美元转换为小数格式的美元，如图 **7-41** 所示。

B3	▼	:	×	✓	fx	=DOLLARDE(B1,B2)	
▲	A		B	C	D	E
1	分子		0.36			
2	分母		6			
3	美元价格		0.6			

图 7-41

函数 27：DOLLARFR 函数

函数功能

DOLLARFR 函数是将按小数表示的价格转换为按分数表示的价格。

函数语法

DOLLARFR(decimal_dollar,fraction)

参数解释

- decimal_dollar：为小数。
- fraction：分数中的分母，为一个整数。如果 fraction 不是整数，将被截尾取整；如果 fraction 小于 0，函数 DOLLARFR 返回错误值 "#NUM!"；如果 fraction 为 0，函数 DOLLARFR 返回错误值 "#DIV/0!"。

实例解析

实例 373　将小数格式的美元转换为分数格式的美元

选中 **B3** 单元格，在公式编辑栏中输入公式：

```
=DOLLARFR(B1,B2)
```

按 **Enter** 键即可将小数格式的美元转换为分数格式的美元，如图 **7-42** 所示。

B3	▼	:	×	✓	fx	=DOLLARFR(B1,B2)

⏴	A	B	C	D	E
1	小数	0.36			
2	分母	6			
3	美元价格	0.216			

图 7-42

7.5　证券与国库券计算函数

函数 28：ACCRINT 函数

函数功能

ACCRINT 函数用于返回定期付息有价证券的应计利息。

函数语法

ACCRINT(issue,first_interest,settlement,rate,par,frequency,basis)

参数解释

- issue：表示有价证券的发行日。
- first_interest：表示证券的起息日。
- settlement：表示证券的成交日，即发行日之后证券卖给购买者的日期。
- rate：表示有价证券的年息票利率。
- par：表示有价证券的票面价值。若省略 par，默认将 par 看作$1000。
- frequency：表示年付息次数。如果按年支付，frequency = 1；按半年期支付，frequency = 2；按季支付，frequency = 4。
- basis：表示日计数基准类型。若为 0 或省略，按 US（NASD）30/360；若为 1，按实际天数/实际天数；若为 2，按实际天数/360；若为 3，按实际天数/365；若为 4，按欧洲 30/360。

实例解析

实例 374　计算定期付息有价证券的应计利息

某人于 **2019** 年 **2** 月 **20** 日购买了 **10** 万元的有价证券，发行日为 **2018** 年 **5** 月 **1** 日，起息日为 **2019** 年 **4** 月 **1** 日，年利率为 **10%**，按半年期付息，要求以 **US**（**NASD**）**30/360** 为日计数基准，计算

出到期利息。

选中 **B9** 单元格，在公式编辑栏中输入公式：

```
=ACCRINT(B1,B2,B3,B4,B5,B6,B7)
```

按 **Enter** 键即可计算出到期利息，如图 **7-43** 所示。

B9	▼	:	×	✓	fx	=ACCRINT(B1,B2,B3,B4,B5,B6,B7)	

▲	A	B	C	D
1	发行日	2018/5/1		
2	起息日	2019/4/1		
3	成交日	2019/2/20		
4	年利率	10.00%		
5	票面价值	100000		
6	年付息次数	2		
7	日计数基准	0		
8				
9	到期利息	8027.777778		

图 7-43

函数 29：ACCRINTM 函数

函数功能

ACCRINTM 函数用于返回到期一次性付息有价证券的应计利息。

函数语法

ACCRINTM(issue,maturity,rate,par,basis)

参数解释

- issue：必需。表示证券的发行日。
- maturity：必需。表示证券的到期日。
- rate：必需。表示证券的年息票利率。
- par：必需。表示证券的票面值。如果省略此参数，则 ACCRINTM 使用 ¥1000。
- basis：可选。表示要使用的日计数基准类型。

实例解析

实例 375　计算在到期日支付利息的有价证券的应计利息

如果购买了价值为 5 万元的短期债券，其发行日为 2018 年 1 月 1 日，到期日为 2019 年 3 月 20 日，债券利率为 10%，以实际天数/360 为日计数基准，计算出债券的应计利息。

选中 B7 单元格，在公式编辑栏中输入公式：

```
=ACCRINTM(B1,B2,B3,B4,B5)
```

按 **Enter** 键即可计算出有价证券的应计利息，如图 **7-44** 所示。

B7		:	×	✓	f_x	=ACCRINTM(B1,B2,B3,B4,B5)

	A	B	C	I
1	发行日	2018/1/1		
2	成交日	2019/3/20		
3	年利率	10.00%		
4	票面价值	50000		
5	日计数基准	2		
6				
7	应计利息	6152.777778		

图 7-44

函数 30：COUPDAYBS 函数

函数功能

COUPDAYBS 函数用于返回当前付息期内截止到成交日的天数。

函数语法

COUPDAYBS(settlement,maturity,frequency,basis)

参数解释

- settlement：表示证券的成交日，即发行日之后证券卖给购买者的日期。
- maturity：表示有价证券的到期日，即有价证券有效期截止时的日期。
- frequency：表示为年付息次数。如果按年支付，frequency = 1；按半年期支付，frequency = 2；按季支付，frequency = 4。
- basis：表示为日计数基准类型。若为 0 或省略，按 US（NASD）30/360；若为 1，按实际天数/实际天数；若为 2，按实际天数/360；若为 3，按实际天数/365；若为 4，按欧洲 30/360。

实例解析

实例 376　计算当前付息期内截至到成交日的天数

某债券成交日为 2018 年 1 月 1 日，到期日为 2019 年 3 月 10 日，按实际天数/实际天数为日计数基准，要求计算出该债券付息期内截至成交日的天数。

选中 **B6** 单元格，在公式编辑栏中输入公式：

```
=COUPDAYBS(B1,B2,B3,B4)
```

按 **Enter** 键即可得到从计息日开始到成交日的天数，如图 **7-45** 所示。

B6		:	×	✓	f_x	=COUPDAYBS(B1,B2,B3,B4)

	A	B	C
1	成交日	2018/1/1	
2	到期日	2019/3/10	
3	年付息次数	1	
4	日计数基准	1	
5			
6	计息日开始至成交日的天数	297	

图 7-45

函数 31：COUPDAYS 函数

函数功能

COUPDAYS 函数用于返回成交日所在的付息期的天数。

函数语法

COUPDAYS(settlement,maturity,frequency,basis)

参数解释

- settlement：表示证券的成交日，即发行日之后证券卖给购买者的日期。
- maturity：表示有价证券的到期日，即有价证券有效期截止时的日期。
- frequency：表示年付息次数。如果按年支付，frequency = 1；按半年期支付，frequency = 2；按季支付，frequency = 4。
- basis：表示日计数基准类型。若为 0 或省略，按 US（NASD）30/360；若为 1，按实际天数/实际天数；若为 2，按实际天数/360；若为 3，按实际天数/365；若为 4，按欧洲 30/360。

实例解析

实例 377　计算成交日所在的付息期的天数

某债券成交日为 2018 年 1 月 1 日，到期日为 2019 年 3 月 10日，按实际天数/360 为日计数基准。计算该债券包括成交日的付息期的天数。

选中 **B6** 单元格，在公式编辑栏中输入公式：

```
=COUPDAYS(B1,B2,B3,B4)
```

按 **Enter** 键即可计算出包括成交日在内的付息期的天数，如图 **7-46** 所示。

B6	▼	：	×	✓	fx	=COUPDAYS(B1,B2,B3,B4)

▲	A	B	C
1	成交日	2018/1/1	
2	到期日	2019/3/10	
3	年付息次数	2	
4	日计数基准	2	
5			
6	付息期的天数	180	

图 7-46

函数 32：COUPDAYSNC 函数

函数功能

COUPDAYSNC 函数用于返回从成交日到下一付息日之间的天数。

函数语法

COUPDAYSNC(settlement,maturity,frequency,basis)

参数解释

- settlement：表示证券的成交日，即发行日之后证券卖给购买者的日期。
- maturity：表示有价证券的到期日，即有价证券有效期截止时的日期。
- frequency：表示年付息次数。如果按年支付，frequency = 1；按半年期支付，frequency = 2；按季支付，frequency = 4。
- basis：表示日计数基准类型。若为 0 或省略，按 US（NASD）30/360；若为 1，按实际天数/实际天数；若为 2，按实际天数/360；若为 3，按实际天数/365；若为 4，按欧洲 30/360。

实例解析

实例 378　计算从成交日到下一个付息日之间的天数

某债券成交日为 2018 年 1 月 1 日，到期日为 2019 年 3 月 10 日，以实际天数/360 为日计数基准，计算该债券成交日到下一个付息日之间的天数。

选中 **B6** 单元格，在公式编辑栏中输入公式：

```
=COUPDAYSNC(B1,B2,B3,B4)
```

按 **Enter** 键即可计算出债券成交日到下一个付息日之间的天数，如图 7-47 所示。

B6	▼	:	×	✓	fx	=COUPDAYSNC(B1,B2,B3,B4)

▲	A	B	C	D
1	成交日	2018/1/1		
2	到期日	2019/3/10		
3	年付息次数	1		
4	日计数基准	2		
5				
6	成交日过后的下一个付息日	68		

图 7-47

函数 33：COUPNCD 函数

函数功能

COUPNCD 函数用于返回一个表示在成交日之后下一个付息日的序列号。

函数语法

COUPNCD(settlement,maturity,frequency,basis)

参数解释

- settlement：表示证券的成交日，即发行日之后证券卖给购买者的日期。
- maturity：表示有价证券的到期日，即有价证券有效期截止时的日期。

- frequency：表示年付息次数。如果按年支付，frequency = 1；按半年期支付，frequency = 2；按季支付，frequency = 4。
- basis：表示日计数基准类型。若为 0 或省略，按 US（NASD）30/360；若为 1，按实际天数/实际天数；若为 2，按实际天数/360；若为 3，按实际天数/365；若为 4，按欧洲 30/360。

实例解析

实例 379　计算成交日之后的下一个付息日

　　某债券成交日为 2018 年 8 月 1 日，到期日为 2019 年 3 月 10 日，以实际天数/360 为日计数基准，要求计算出该债券自成交日之后的下一个付息日的具体日期。

❶ 选中 B6 单元格，在公式编辑栏中输入公式：

```
=COUPNCD(B1,B2,B3,B4)
```

按 **Enter** 键即可计算出成交日过后的下一个付息日期所对应的序列号，如图 7-48 所示。

	A	B	C
B6		=COUPNCD(B1,B2,B3,B4)	
1	成交日	2018/8/1	
2	到期日	2019/3/10	
3	年付息次数	2	
4	日计数基准	2	
5			
6	成交日之后的下一个付息日	43353	

图 7-48

❷ 选中 B6 单元格，在"开始"选项卡"数字"组中单击下拉按钮，选择"短日期"命令，此时即可将其转换为具体的日期格式显示，如图 7-49 所示。

图 7-49

函数 34：COUPPCD 函数

函数功能

COUPPCD 函数用于返回成交日之前的上一付息日的日期的序列号。

函数语法

COUPPCD(settlement,maturity,frequency,basis)

参数解释

- settlement：表示证券的成交日，即发行日之后证券卖给购买者的日期。
- maturity：表示有价证券的到期日，即有价证券有效期截止时的日期。
- frequency：表示年付息次数。如果按年支付，frequency = 1；按半年期支付，frequency = 2；按季支付，frequency = 4。
- basis：表示日计数基准类型。若为 0 或省略，按 US（NASD）30/360；若为 1，按实际天数/实际天数；若为 2，按实际天数/360；若为 3，按实际天数/365；若为 4，按欧洲 30/360。

实例解析

实例 380 计算成交日之前的上一个付息日

选中 **B6** 单元格，在公式编辑栏中输入公式：

    =COUPPCD(B1,B2,B3,B4)

按 **Enter** 键即可计算出成交日之前的上一个付息日的具体日期，如图 7-50 所示。

B6	▼ : × ✓ *fx*	=COUPPCD(B1,B2,B3,B4)
	A	B
1	成交日	2018/8/1
2	到期日	2019/3/10
3	年付息次数	2
4	日计数基准	2
5		
6	成交日之前的上一个付息日	2018/3/10

图 7-50

函数 35：COUPNUM 函数

函数功能

COUPNUM 函数用于返回成交日和到期日之间的利息应付次数，向上取整到最近的整数。

函数语法

COUPNUM(settlement,maturity,frequency,basis)

参数解释

- settlement：表示证券的成交日，即发行日之后证券卖给购买者的日期。
- maturity：表示有价证券的到期日，即有价证券有效期截止时的日期。
- frequency：表示年付息次数。如果按年支付，frequency = 1；按半年期支付，frequency = 2；按季支付，frequency = 4。
- basis：表示日计数基准类型。若为 0 或省略，按 US（NASD）30/360；若为 1，按实际天数/实际天数；若为 2，按实际天数/360；若为 3，按实际天数/365；若为 4，按欧洲 30/360。

实例解析

实例 381　计算债券成交日和到期日之间的利息应付次数

某债券成交日为 2018 年 8 月 1 日，到期日为 2019 年 3 月 10 日，按半年期付息，以实际天数/实际天数为日计数基准，要求计算出该债券成交日和到期日之间的付息次数。

选中 **B6** 单元格，在公式编辑栏中输入公式：

```
=COUPNUM(B1,B2,B3,B4)
```

按 **Enter** 键即可计算出债券成交日和到期日之间的付息次数，如图 7-51 所示。

| B6 | ▼ | : | × | ✓ | fx | =COUPNUM(B1,B2,B3,B4) |

	A	B	C
1	成交日	2018/8/1	
2	到期日	2019/3/10	
3	年付息次数	2	
4	日计数基准	1	
5			
6	债券成交日和到期日之间的付息次数	2	

图 7-51

函数 36：DISC 函数

函数功能

DISC 函数用于返回有价证券的贴现率。

函数语法

DISC(settlement,maturity,pr,redemption,basis)

参数解释

- settlement：表示证券的成交日，即在发行日之后，证券卖给购买者的日期。

- maturity：表示有价证券的到期日。
- pr：表示面值$100 的有价证券的价格。
- redemption：表示面值$100 的有价证券的清偿价值。
- basis：表示日计数基准类型。若为 0 或省略，按 US（NASD）30/360；若为 1，按实际天数/实际天数；若为 2，按实际天数/360；若为 3，按实际天数/365；若为 4，按欧洲 30/360。

实例解析

实例 382　计算债券的贴现率

某债券的成交日为 2018 年 2 月 10 日，到期日为 2019 年 3 月 10 日，价格为 89 元，清偿价格为 100 元，按实际天数/实际天数为日计数基准，计算该债券的贴现率。

选中 B7 单元格，在公式编辑栏中输入公式：

```
=DISC(B1,B2,B3,B4,B5)
```

按 **Enter** 键即可计算出该项债券的贴现率，如图 **7-52** 所示。

	A	B	C
	B7	▼　：　✕　✓　fx　=DISC(B1,B2,B3,B4,B5)	
1	成交日	2018/2/10	
2	到期日	2019/3/10	
3	价格	89	
4	清偿价格	100	
5	日计数基准	1	
6			
7	贴现率	**10.22%**	

图 7-52

函数 37：DURATION 函数

函数功能

DURATION 函数用于返回定期付息有价证券的修正期限。

函数语法

DURATION(settlement,maturity,coupon,yld,frequency,basis)

参数解释

- settlement：表示证券的成交日。
- maturity：表示有价证券的到期日。
- coupon：表示有价证券的年息票利率。
- yld：表示有价证券的年收益率。
- frequency：表示年付息次数。如果按年支付，frequency = 1；按半年期支付，frequency = 2；按季支付，frequency = 4。

第 7 章　财务函数

357

- basis：表示日计数基准类型。若为 0 或省略，按 US（NASD）30/360；若为 1，按实际天数/实际天数；若为 2，按实际天数/360；若为 3，按实际天数/365；若为 4，按欧洲 30/360。

实例解析

实例 383　计算定期债券的修正期限

某债券的成交日为 2018 年 2 月 10 日，到期日为 2019 年 3 月 10 日，年息票利率为 10.00%，收益率为 8.00%，以按实际天数/实际天数为日计数基准，要求计算出该债券的修正期限。

选中 B8 单元格，在公式编辑栏中输入公式：

`=DURATION(B1,B2,B3,B4,B6)`

按 **Enter** 键即可计算出该债券的修正期限，如图 7-53 所示。

B8		× ✓ fx	=DURATION(B1,B2,B3,B4,B6)
	A	B	C
1	成交日	2018/2/10	
2	到期日	2019/3/10	
3	年息票利率	10.00%	
4	收益率	8.00%	
5	年付息次数	1	
6	日计数基准	1	
7			
8	修正期限	0.99392936	

图 7-53

函数 38：EFFECT 函数

函数功能

EFFECT 函数利用给定的名义年利率和一年中的复利期次，计算实际年利率。

函数语法

EFFECT(nominal_rate,npery)

参数解释

- nominal_rate：表示名义利率。
- npery：表示每年的复利期数。

实例解析

实例 384　计算债券的年利率

选中 B4 单元格，在公式编辑栏中输入公式：

`=EFFECT(B1,B2)`

按 **Enter** 键即可计算出债券的实际（年）利率，如图 7-54 所示。

| B4 | ▼ | : | × | ✓ | fx | =EFFECT(B1,B2) |

	A	B	C
1	债券名义利率	8.00%	
2	债券每年的复利期数	3	
3			
4	债券年利率	8.22%	

图 7-54

函数 39：NOMINAL 函数

函数功能

NOMINAL 函数基于给定的实际利率和年复利期数，返回名义年利率。

函数语法

NOMINAL(effect_rate,npery)

参数解释

- effect_rate：表示实际利率。
- npery：表示每年的复利期数。

实例解析

实例 385　将实际年利率转换为名义年利率

选中 B4 单元格，在公式编辑栏中输入公式：

```
=NOMINAL(B1,B2)
```

按 **Enter** 键即可转换为名义年利率，如图 **7-55** 所示。

| B4 | ▼ | : | × | ✓ | fx | =NOMINAL(B1,B2) |

	A	B	C
1	债券名义利率	8.00%	
2	债券每年的复利期数	3	
3			
4	债券名义年利率	7.80%	

图 7-55

函数 40：INTRATE 函数

函数功能

INTRATE 函数用于返回一次性付息证券的利率。

函数语法

INTRATE(settlement,maturity,investment,redemption,basis)

参数解释

- settlement：表示证券的成交日。

- maturity：表示有价证券的到期日。
- investment：表示有价证券的投资额。
- redemption：表示有价证券到期时的清偿价值。
- basis：表示日计数基准类型。若为 0 或省略，按 US（NASD）30/360；若为 1，按实际天数/实际天数；若为 2，按实际天数/360；若为 3，按实际天数/365；若为 4，按欧洲 30/360。

实例解析

实例 386　计算债券的一次性付息利率

某债券的成交日为 2018 年 9 月 10 日，到期日为 2019 年 3 月 10 日，债券的投资金额为 350000 元，清偿价格为 365000 元，按实际天数/360 为日计数基准，计算出该债券的一次性付息利率。

选中 **B7** 单元格，在公式编辑栏中输入公式：

```
=INTRATE(B1,B2,B3,B4,B5)
```

按 **Enter** 键即可计算出债券的一次性付息利率，如图 7-56 所示。

B7	▼	：	×	✓	fx	=INTRATE(B1,B2,B3,B4,B5)

▲	A	B	C	D
1	债券成交日	2018/9/10		
2	债券到期日	2019/3/10		
3	债券投资金额	350000		
4	清偿价值	365000		
5	日计数基准	2		
6				
7	债券利率	8.52%		

图 7-56

函数 41：MDURATION 函数

函数功能

MDURATION 函数用于返回有价证券的 Macauley 修正期限。

函数语法

MDURATION(settlement,maturity,coupon,yld,frequency,basis)

参数解释

- settlement：表示证券的成交日。
- maturity：表示有价证券的到期日。
- coupon：表示有价证券的年息票利率。
- yld：表示有价证券的年收益率。
- frequency：表示年付息次数。如果按年支付，frequency = 1；按半年期支付，frequency = 2；按季支付，frequency = 4。

- basis：表示日计数基准类型。若为 0 或省略，按 US（NASD）30/360；若为 1，按实际天数/实际天数；若为 2，按实际天数/360；若为 3，按实际天数/365；若为 4，按欧洲 30/360。

实例解析

实例 387　计算定期债券的 Macauley 修正期限

某债券的成交日为 2017 年 10 月 1 日，到期日期为 2019 年 2 月 18 日，年息票利率为 7.50%，收益率为 8.50%，以半年期来付息，以按实际天数/360 为日计数基准，计算出该债券的 Macauley 修正期限。

选中 **B8** 单元格，在公式编辑栏中输入公式：

=MDURATION(B1,B2,B3,B4,B5,B6)

按 **Enter** 键即可计算出债券的修正期限，如图 **7-57** 所示。

B8		:	×	✓	fx	=MDURATION(B1,B2,B3,B4,B5,B6)	
	A		B		C		D
1	债券成交日		2017/10/1				
2	债券到期日		2019/2/18				
3	债券年息票利率		7.50%				
4	收益率		8.50%				
5	债券年付息次数		2				
6	日计数基准		2				
7							
8	债券的Macauley 修正期限		1.269840638				

图 7-57

公式解析

=MDURATION(B1,B2,B3,B4,B5,B6)

第 5 个参数表示按半年期支付。

函数 42：ODDFPRICE 函数

函数功能

ODDFPRICE 函数用于返回首期付息日不固定的面值有价证券的价格。

函数语法

ODDFPRICE(settlement,maturity,issue,first_coupon,rate,yld,redemption,frequency, basis)

参数解释

- settlement：表示证券的成交日。
- maturity：表示有价证券的到期日。

- issue：表示有价证券的发行日。
- first_coupon：表示有价证券的首期付息日。
- rate：表示有价证券的利率。
- yld：表示有价证券的年收益率。
- redemption：表示面值$100 的有价证券的清偿价值。
- frequency：表示年付息次数。如果按年支付，frequency = 1；按半年期支付，frequency = 2；按季支付，frequency = 4。
- basis：表示日计数基准类型。若为 0 或省略，按 US（NASD）30/360；若为 1，按实际天数/实际天数；若为 2，按实际天数/360；若为 3，按实际天数/365；若为 4，按欧洲 30/360。

实例解析

实例 388 **计算债券首期付息日的价格**

 购买债券的日期为 2018 年 2 月 18 日，该债券到期日期为 2019年 12 月 18 日，发行日期为 2017 年 12 月 28 日，首期付息日期为2018 年 12 月 18 日，付息利率为 5.58%，年收益率为 4.95%，以半年期付息，以按实际天数/365 为日计数基准，计算出该债券首期付息日的价格。

选中 B11 单元格，在公式编辑栏中输入公式：

```
=ODDFPRICE(B1,B2,B3,B4,B5,B6,B7,B8,B9)
```

按 **Enter** 键即可计算出该债券首期付息日的价格，如图 **7-58** 所示。

	A	B	C	D	E
				fx	=ODDFPRICE(B1,B2,B3,B4,B5,B6,B7,B8,B9)
1	债券成交日	2018/2/18			
2	债券到期日	2019/12/18			
3	债券发行日	2017/12/28			
4	债券首期付息日	2018/12/18			
5	付息利率	5.58%			
6	年收益率	4.95%			
7	清偿价值	100			
8	付息次数	2			
9	日计数基准	3			
10					
11	债券价格	101.0210895			

图 7-58

函数 43：ODDFYIELD 函数

函数功能

ODDFYIELD 函数用于返回首期付息日不固定的有价证券（长期或短期）的收益率。

函数语法

ODDFYIELD(settlement,maturity,issue,first_coupon,rate,pr,redemption,frequency, basis)

参数解释

- settlement：表示证券的成交日。
- maturity：表示有价证券的到期日。
- issue：表示有价证券的发行日。
- first_coupon：表示有价证券的首期付息日。
- rate：表示有价证券的利率。
- pr：表示有价证券的价格。
- redemption：表示面值$100 的有价证券的清偿价值。
- frequency：表示年付息次数。如果按年支付，frequency = 1；按半年期支付，frequency = 2；按季支付，frequency = 4。
- basis：表示日计数基准类型。若为 0 或省略，按 US（NASD）30/360；若为 1，按实际天数/实际天数；若为 2，按实际天数/360；若为 3，按实际天数/365；若为 4，按欧洲 30/360。

实例解析

实例 389 计算债券首期付息日的收益率

购买债券的日期为 2018 年 2 月 18 日，该债券的到期日期为 2019 年 12 月 18 日，发行日期为 2017 年 12 月 28 日，首期付息日期为 2018 年 12 月 18 日，付息利率为 5.58%，债券价格为 116.55 元，以半年期付息，按实际天数/365 为日计数基准，计算出该债券首期付息日的收益率。

选中 B11 单元格，在公式编辑栏中输入公式：

```
=ODDFYIELD(B1,B2,B3,B4,B5,B6,B7,B8,B9)
```

按 **Enter** 键即可计算出该债券首期付息日的收益率，如图 7-59 所示。

	A	B	C	D	E
	B11 ▼ : × ✓ fx	=ODDFYIELD(B1,B2,B3,B4,B5,B6,B7,B8,B9)			
1	债券成交日	2018/2/18			
2	债券到期日	2019/12/18			
3	债券发行日	2017/12/28			
4	债券首期付息日	2018/12/18			
5	付息利率	5.58%			
6	债券价格	116.55			
7	清偿价值	105			
8	付息次数	2			
9	日计数基准	3			
10					
11	债券收益率	-0.65%			

图 7-59

函数 44：ODDLPRICE 函数

函数功能

ODDLPRICE 函数用于返回末期付息日不固定的面值\$100 的有价证券(长期或短期)的价格。

函数语法

ODDLPRICE(settlement,maturity,last_interest,rate,yld,redemption,frequency,basis)

参数解释

- settlement：表示证券的成交日。
- maturity：表示有价证券的到期日。
- last_interest：表示有价证券的末期付息日。
- rate：表示有价证券的利率。
- yld：表示有价证券的年收益率。
- redemption：表示面值为 \$100 的有价证券的清偿价值。
- frequency：表示年付息次数。如果按年支付，frequency = 1；按半年期支付，frequency = 2；按季支付，frequency = 4。
- basis：表示日计数基准类型。若为 0 或省略，按 US（NASD）30/360；若为 1，按实际天数/实际天数；若为 2，按实际天数/360；若为 3，按实际天数/365；若为 4，按欧洲 30/360。

实例解析

实例 390　计算债券末期付息日的价格

2018 年 2 月 18 日购买某债券，该债券到期日期为 2019 年 12 月 18 日，末期付息日期为 2017 年 12 月 18 日，付息利率为 6.55%，年收益率为 5.96%，以半年期付息，以实际天数/365 为日计数基准，计算出该债券末期付息日的价格。

选中 **B10** 单元格，在公式编辑栏中输入公式：

```
=ODDLPRICE(B1,B2,B3,B4,B5,B6,B7,B8)
```

按 **Enter** 键即可计算出该债券末期付息日的价格，如图 **7-60** 所示。

B10		:	×	✓	fx	=ODDLPRICE(B1,B2,B3,B4,B5,B6,B7,B8)

	A	B	C	D
1	债券成交日	2018/2/18		
2	债券到期日	2019/12/18		
3	债券末期付息日	2017/12/18		
4	付息利率	6.55%		
5	年收益率	5.96%		
6	清偿价值	100		
7	付息次数	2		
8	日计数基准	3		
10	债券价格	100.86		

图 7-60

函数 45：ODDLYIELD 函数

函数功能

ODDLYIELD 函数用于返回末期付息日不固定的有价证券（长期或短期）的收益率。

函数语法

ODDLYIELD(settlement,maturity,last_interest,rate,pr,redemption,frequency,basis)

参数解释

- settlement：表示证券的成交日。
- maturity：表示有价证券的到期日。
- last_interest：表示有价证券的末期付息日。
- rate：表示有价证券的利率。
- pr：表示有价证券的价格。
- redemption：表示面值为$100 的有价证券的清偿价值。
- frequency：表示年付息次数。如果按年支付，frequency = 1；按半年期支付，frequency = 2；按季支付，frequency = 4。
- basis：表示日计数基准类型。若为 0 或省略，按 US（NASD）30/360；若为 1，按实际天数/实际天数；若为 2，按实际天数/360；若为 3，按实际天数/365；若为 4，按欧洲 30/360。

实例解析

实例 391　计算债券末期付息日的收益率

2018 年 2 月 18 日购买某某债券，该债券到期日期为 2019 年 12 月 18 日，末期付息日期为 2017 年 12 月 18 日，付息利率为 6.55%，债券价格为 101.72 元，以半年期付息，以按实际天数/365 为日计数基准，计算该债券末期付息日的收益率。

选中 B10 单元格，在公式编辑栏中输入公式：

```
=ODDLYIELD(B1,B2,B3,B4,B5,B6,B7,B8)
```

按 Enter 键即可计算出该债券末期付息日的收益率，如图 7-61 所示。

	A	B	C	D
1	债券成交日	2018/2/18		
2	债券到期日	2019/12/18		
3	债券末期付息日	2017/12/18		
4	付息利率	6.55%		
5	债券价值	101.72		
6	清偿价值	100		
7	付息次数	2		
8	日计数基准	3		
9				
10	债券收益率	5.46%		

图 7-61

函数 46：PRICE 函数

函数功能

PRICE 函数用于返回定期付息的面值为¥100 的有价证券的价格。

函数语法

PRICE(settlement,maturity,rate,yld,redemption,frequency,basis)

参数解释

- settlement：表示证券的成交日。
- maturity：表示有价证券的到期日。
- rate：表示有价证券的年息票利率。
- yld：表示有价证券的年收益率。
- redemption：表示面值为¥100 的有价证券的清偿价值。
- frequency：表示年付息次数。如果按年支付，frequency = 1；按半年期支付，frequency = 2；按季支付，frequency = 4。
- basis：表示日计数基准类型。若为 0 或省略，按 US（NASD）30/360；若为 1，按实际天数/实际天数；若为 2，按实际天数/360；若为 3，按实际天数/365；若为 4，按欧洲 30/360。

实例解析

实例 392   计算定期付息¥100 面值债券的发行价格

2017 年 2 月 10 日购买了面值为¥100 的债券，债券到期日期为 2019 年 12 月 10 日，息票半年利率为 5.59%，按半年期支付，收益率为 7.20%，以实际天数/365 为日计数基准，计算出该债券的发行价格。

选中 B9 单元格，在公式编辑栏中输入公式：

```
=PRICE(B1,B2,B4,B5,B3,B6,B7)
```

按 **Enter** 键即可计算出该债券的发行价格，如图 7-62 所示。

| B9 | ▼ | : | × | ✓ | fx | =PRICE(B1,B2,B4,B5,B3,B6,B7) |

▲	A	B	C
1	债券成交日	2017/2/10	
2	债券到期日	2019/12/10	
3	债券面值	100	
4	息票半年利率	5.59%	
5	收益率	7.20%	
6	付息次数	2	
7	日计数基准	3	
8			
9	债券发行价格	95.93	

图 7-62

函数 47：PRICEDISC 函数

函数功能

PRICEDISC 函数用于返回折价发行的面值为¥100 的有价证券的价格。

函数语法

PRICEDISC(settlement,maturity,discount,redemption,basis)

参数解释

- settlement：表示证券的成交日。
- maturity：表示有价证券的到期日。
- discount：表示有价证券的贴现率。
- redemption：表示面值为¥100 的有价证券的清偿价值。
- basis：表示日计数基准类型。若为 0 或省略，按 US（NASD）30/360；若为 1，按实际天数/实际天数；若为 2，按实际天数/360；若为 3，按实际天数/365；若为 4，按欧洲 30/360。

实例解析

实例 393　计算¥100 面值债券的折价发行价格

2017 年 2 月 10 日购买了面值为¥100 的债券，债券到期日期为 2019 年 12 月 10 日，贴现率为 6.35%，以实际天数/365 为日计数基准，计算出该债券的折价发行价格。

选中 B7 单元格，在公式编辑栏中输入公式：

```
=PRICEDISC(B1,B2,B3,B4,B5)
```

按 Enter 键即可计算出该债券的折价发行价格，如图 7-63 所示。

	A	B	C
	B7 ▼ : × ✓ fx	=PRICEDISC(B1,B2,B3,B4,B5)	
1	债券成交日	2017/2/10	
2	债券到期日	2019/12/10	
3	贴现率	6.35%	
4	清偿价值	100	
5	日计数基准	3	
6			
7	债券发行价格	82.03	

图 7-63

函数 48：PRICEMAT 函数

函数功能

PRICEMAT 函数用于返回到期付息的面值为¥100 的有价证券的价格。

PRICEMAT(settlement,maturity,issue,rate,yld,basis)

参数解释

- settlement：表示证券的成交日。
- maturity：表示有价证券的到期日。
- issue：表示有价证券的发行日。
- rate：表示有价证券在发行日的利率。
- yld：表示有价证券的年收益率。
- basis：表示日计数基准类型。若为 0 或省略，按 US（NASD）30/360；若为 1，按实际天数/实际天数；若为 2，按实际天数/360；若为 3，按实际天数/365；若为 4，按欧洲 30/360。

实例解析

实例 394　计算到期付息的¥100 面值的债券的价格

2017 年 2 月 10 日购买了面值为¥100 的债券，债券到期日期为 2019 年 12 月 10 日，发行日期为 2017 年 1 月 1 日，息票半年率为 5.56%，收益率为 7.20%，以实际天数/365 为日计数基准。现在需要计算出该债券的发行价格。

选中 B8 单元格，在公式编辑栏中输入公式：

```
=PRICEMAT(B1,B2,B3,B4,B5,B6)
```

按 **Enter** 键即可计算出该债券的发行价格，如图 **7-64** 所示。

B8		▼	：	×	✓	fx	=PRICEMAT(B1,B2,B3,B4,B5,B6)
▲	A				B		C
1	债券成交日				2017/2/10		
2	债券到期日				2019/12/10		
3	债券发行日				2017/1/1		
4	息票半年利率				5.56%		
5	收益率				7.20%		
6	日计数基准				3		
7							
8	债券发行价格				96.04		

图 7-64

函数 49：RECEIVED 函数

函数功能

RECEIVED 函数用于返回一次性付息的有价证券到期收回的金额。

函数语法

RECEIVED(settlement,maturity,investment,discount,basis)

参数解释

- settlement：表示证券的成交日。
- maturity：表示有价证券的到期日。
- investment：表示有价证券的投资额。
- discount：表示有价证券的贴现率。
- basis：表示日计数基准类型。若为 0 或省略，按 US（NASD）30/360；若为 1，按实际天数/实际天数；若为 2，按实际天数/360；若为 3，按实际天数/365；若为 4，按欧洲 30/360。

实例解析

实例 395　计算购买债券到期的总回报金额

2017 年 2 月 10 日购买 500000 元的债券，到期日为 2019 年 12 月 10 日，贴现率为 5.65%，以实际天数/365 为日计数基准，要求计算出该债券到期后的总回报金额。

选中 **B7** 单元格，在公式编辑栏中输入公式：

```
=RECEIVED(B1,B2,B3,B4,B5)
```

按 **Enter** 键即可计算出该债券到期时的总回报金额，如图 **7-65** 所示。

B7		✕ ✓ fx	=RECEIVED(B1,B2,B3,B4,B5)	
	A		B	C
1	债券成交日		2017/2/10	
2	债券到期日		2019/12/10	
3	债券金额		500000	
4	债券贴现率		5.65%	
5	日计数基准		3	
6				
7	债券到期的总收回金额：		¥595,169.18	

图 7-65

函数 50：TBILLEQ 函数

函数功能

TBILLEQ 函数用于返回国库券的等效收益率。

函数语法

TBILLEQ(settlement,maturity,discount)

参数解释

- settlement：表示国库券的成交日，即在发行日之后，国库券卖给购买者的日期。
- maturity：表示国库券的到期日。
- discount：表示国库券的贴现率。

实例解析

实例 396　计算有价证券的等效收益率

选中 **B5** 单元格，在公式编辑栏中输入公式：

```
=TBILLEQ(B1,B2,B3)
```

按 **Enter** 键即可计算出国库券的等效收益率，如图 **7-66** 所示。

B5	▼	⋮ × ✓ f_x	=TBILLEQ(B1,B2,B3)	
▲	A		B	C
1	成交日		2018/1/20	
2	到期日		2019/1/20	
3	贴现率		12.68%	
4				
5	等效收益率：		14.25%	

图 7-66

函数 51：TBILLYIELD 函数

函数功能

TBILLYIELD 函数用于返回国库券的收益率。

函数语法

TBILLYIELD(settlement,maturity,pr)

参数解释

- settlement：表示国库券的成交日，即在发行日之后，国库券卖给购买者的日期。
- maturity：表示国库券的到期日。
- pr：表示面值为¥100 的国库券的价格。

实例解析

实例 397　计算国库券的收益率

张某在 **2018** 年 **1** 月 **20** 日以 **92.596** 元购买了面值为¥100 的国库券，该国库券的到期日为 **2019** 年 **1** 月 **20** 日，要求计算出该国库券的收益率。

选中 **B5** 单元格，在公式编辑栏中输入公式：

```
=TBILLYIELD(B1,B2,B3)
```

按 **Enter** 键即可计算出国库券的收益率，如图 **7-67** 所示。

| B5 | ▼ | : | × | ✓ | fx | =TBILLYIELD(B1,B2,B3) |

	A	B
1	国库券成交日	2018/1/20
2	国库券到期日	2019/1/20
3	国库券的价格	92.596
4		
5	国库券的收益率：	7.89%

图 7-67

函数 52：TBILLPRICE 函数

函数功能

TBILLPRICE 函数用于返回面值为¥100 的国库券的价格。

函数语法

TBILLPRICE(settlement,maturity,discount)

参数解释

- settlement：表示国库券的成交日，即在发行日之后，国库券卖给购买者的日期。
- maturity：表示国库券的到期日。
- discount：表示国库券的贴现率。

实例解析

实例 398　计算面值为¥100 的国库券的价格

张某于 2018 年 1 月 20 日购买了面值为¥100 的国库券，该国库券的到期日为 2019 年 1 月 20 日，贴现率为 8.55%，使用公式可以计算出该国库券的价格。

选中 B5 单元格，在公式编辑栏中输入公式：

```
=TBILLPRICE(B1,B2,B3)
```

按 **Enter** 键即可计算出国库券的价格，如图 **7-68** 所示。

| B5 | ▼ | : | × | ✓ | fx | =TBILLPRICE(B1,B2,B3) |

	A	B
1	国库券成交日	2018/1/20
2	国库券到期日	2019/1/20
3	国库券贴现率	8.55%
4		
5	国库券的价格：	91.33125

图 7-68

函数 53：YIELD 函数

函数功能

YIELD 函数用于返回定期付息有价证券的收益率。

函数语法

YIELD(settlement,maturity,rate,pr,redemption,frequency,basis)

参数解释

- settlement：表示证券的成交日。
- maturity：表示有价证券的到期日。
- rate：表示有价证券的年息票利率。
- pr：表示面值为¥100 的有价证券的价格。
- redemption：表示面值为¥100 的有价证券的清偿价值。
- frequency：表示年付息次数。如果按年支付，frequency = 1；按半年期支付，frequency = 2；按季支付，frequency = 4。
- basis：表示日计数基准类型。若为 0 或省略，按 US（NASD）30/360；若为 1，按实际天数/实际天数；若为 2，按实际天数/360；若为 3，按实际天数/365；若为 4，按欧洲 30/360。

实例解析

实例 399　计算定期支付利息的有价证券的收益率

2018 年 1 月 20 日以 98.5 元购买了 2019 年 1 月 20 日到期的面值为¥100 的证券，利息率为 5.56%，按半年期支付一次，以实际天数/365 为日计数基准，要求计算出该证券的收益率。

选中 B9 单元格，在公式编辑栏中输入公式：

`=YIELD(B1,B2,B5,B3,B4,B6,B7)`

按 **Enter** 键即可计算出该有价证券的收益率，如图 7-69 所示。

B9	▼ ⋮ × ✓ ƒx	=YIELD(B1,B2,B5,B3,B4,B6,B7)	
▲	A	B	C
1	成交日	2018/1/20	
2	到期日	2019/1/20	
3	证券价格	98.5	
4	清偿价值	100	
5	年息票利率	5.56%	
6	年付息次数	2	
7	日计数基准	3	
8			
9	定期支付利息的有价证券的收益率	7.14%	

图 7-69

函数 54：YIELDDISC 函数

函数功能

YIELDDISC 函数用于返回折价发行的有价证券的年收益率。

函数语法

YIELDDISC(settlement,maturity,pr,redemption,basis)

参数解释

- settlement：表示证券的成交日。
- maturity：表示有价证券的到期日。
- pr：表示面值为¥100 的有价证券的价格。
- redemption：表示面值为¥100 的有价证券的清偿价值。
- basis：表示日计数基准类型。若为 0 或省略，按 US（NASD）30/360；若为 1，按实际天数/实际天数；若为 2，按实际天数/360；若为 3，按实际天数/365；若为 4，按欧洲 30/360。

实例解析

实例 400　计算折价发行债券的年收益

2018 年 7 月 10 日以 96.5 元购买了 2019 年 1 月 20 日到期的面值为¥100 的债券，以实际天数/360 为日计数基准，要求计算出该债券的收益率。

选中 **B7** 单元格，在公式编辑栏中输入公式：

```
=YIELDDISC(B1,B2,B3,B4,B5)
```

按 **Enter** 键即可计算出该债券的折价收益率，如图 7-70 所示。

B7	▼ : × ✓ fx	=YIELDDISC(B1,B2,B3,B4,B5)	
▲	A	B	C
1	债券成交日	2018/7/10	
2	债券到期日	2019/1/20	
3	债券购买价格	96.5	
4	债券面值	100	
5	日计数基准	2	
6			
7	债券收益率	6.73%	

图 7-70

函数 55：YIELDMAT 函数

函数功能

YIELDMAT 函数用于返回到期付息的有价证券的年收益率。

函数语法

YIELDMAT(settlement,maturity,issue,rate,pr,basis)

参数解释

- settlement：表示证券的成交日。
- maturity：表示有价证券的到期日。
- issue：表示有价证券的发行日。
- rate：表示有价证券在发行日的利率。
- pr：表示面值为¥100 的有价证券的价格。
- basis：表示日计数基准类型。若为 0 或省略，按 US（NASD）30/360；若为 1，按实际天数/实际天数；若为 2，按实际天数/360；若为 3，按实际天数/365；若为 4，按欧洲 30/360。

实例解析

实例 401　计算到期付息的债券的年收益率

2018 年 1 月 10 日以 104.85 元卖出 2020 年 5 月 20 日到期的¥100 面值债券。该债券的发行日期为 2017 年 12 月 28 日，息票半年利率为 6.56%，以实际天数/365 为日计数基准，要求计算出该债券的收益率。

选中 **B8** 单元格，在公式编辑栏中输入公式：

```
=YIELDMAT(B1,B2,B3,B4,B5,B6)
```

按 **Enter** 键即可计算出该债券的收益率，如图 **7-71** 所示。

B8		× ✓ fx	=YIELDMAT(B1,B2,B3,B4,B5,B6)	
▲	A	B		C
1	债券成交日	2018/1/10		
2	债券到期日	2020/5/20		
3	债券发行日	2017/12/28		
4	息票半年利率	6.56%		
5	债券卖出价格	104.85		
6	日计数基准	3		
7				
8	债券收益率	4.29%		

图 7-71

第8章 查找和引用函数

8.1 查找数据函数

函数 1：CHOOSE 函数（从参数列表中选择并返回一个值）

函数功能

CHOOSE 函数用于从给定的参数中返回指定的值。

函数语法

CHOOSE(index_num, value1, [value2], ...)

参数解释

- index_num：表示指定所选定的值参数。index_num 必须为 1～254 的数字，或者为公式或对包含 1～254 某个数字的单元格的引用。
- value1, value2, ...：value1 是必需的，后续值是可选的。这些值参数的个数介于 1～254，函数 CHOOSE 基于 index_num 从这些值参数中选择一个数值或一项要执行的操作。参数可以为数字、单元格引用、已定义名称、公式、函数或文本。

用法剖析

=CHOOSE(❶索引值，❷值 1，❸值 2，❹，……)

> 可以是表达式（运算结果是数值）或直接是数值，介于 1 和 254 之间。

> 当索引值等于 1 时，CHOOSE 函数返回值 1，当索引值等于 2 时，CHOOSE 函数返回值 2，以此类推。

实例解析

实例 402　评定员工的业绩

表格显示了公司员工的销售额，并且规定：大于或等于 4 万元的销售额可以评定为优，小于 3 万元的为一般，其他销售额均被评定为良。

❶ 设置好各项列标识后，选中 C2 单元格，在公式编辑栏中输入公式：

```
=CHOOSE(IF(B2<30000,1,IF(B2>=40000,3,2)),"一般","良",
"优")
```

按 **Enter** 键即可根据每名员工的销售额评定其业绩。

❷ 选中 **C2** 单元格，拖动右下角的填充柄向下复制公式，即可批量得出对其他员工的销售评定，如图 8-1 所示。

C2	▼	:	×	✓	fx	=CHOOSE(IF(B2<30000,1,IF(B2>=40000,3,2)),"一般","良","优")		
▲	A	B	C	D	E	F	G	H
1	姓名	销售额	销售评定					
2	姜智琳	58000	优					
3	阮欢云	16000	一般					
4	刘薇	36000	良					
5	关凌凌	22689	一般					
6	王燕	37000	良					
7	秦柯宇	56000	优					

图 8-1

📖公式解析

=CHOOSE(IF(B2<30000,1,IF(B2>=40000,3,2)),"一般","良","优")

　　①　　　　　　　　　　　　　　②

① IF 函数判断 B2 单元格中的数值是否小于 30000。如果是，则返回 1，即作为 CHOOSE 函数的第一个参数，返回"一般"结果。

② 第二个 IF 函数判断其是否大于或等于 40000，以便返回"良"和"优"的评定结果。

实例 403　找出短跑成绩的前三名

　　　　表格是一份短跑成绩记录表，现在要求根据排名情况找出短跑成绩的前三名（也就是金、银、铜牌得主，非前三名的显示"未得奖"文字）。

❶ 选中 **D2** 单元格，在编辑栏中输入公式：

```
=IF(C2>3,"未得奖",CHOOSE(C2,"金牌","银牌","铜牌"))
```

按 **Enter** 键可根据 C2 单元格的排名数字返回得奖情况。

❷ 向下复制 D2 单元格的公式可进行对所有成绩判断并返回得奖情况，如图 8-2 所示。

D2	▼	:	×	✓	fx	=IF(C2>3,"未得奖",CHOOSE(C2,"金牌","银牌","铜牌"))		
▲	A	B	C	D	E	F	G	H
1	姓名	短跑成绩(秒)	排名	得奖情况				
2	刘浩宇	30	5	未得奖				
3	曹扬	27	2	银牌				
4	陈子涵	33	8	未得奖				
5	刘启瑞	28	3	铜牌				
6	吴晨	30	5	未得奖				
7	谭谢生	31	6	未得奖				
8	苏瑞宣	26	1	金牌				
9	刘雨菲	30	5	未得奖				
10	何力	29	4	未得奖				
11	苏子轩	32	7	未得奖				

图 8-2

公式解析

=IF(C2>3,"未得奖",CHOOSE(C2,"金牌","银牌","铜牌"))

① 只要 C2 大于 3 就都返回"未得奖",这样首先排除了大于 3 的数字,只剩下 1、2、3 了。

② 当 C2 值为 1 时返回"金牌",当 C2 值为 2 时返回"银牌",当 C2 值为 3 时返回"铜牌"。

实例 404　根据产品不合格率决定产品处理办法

表格中统计了各产品的生产数量与产品的不合格数量,现在需要根据产品的不合格率来决定对各产品的处理办法,具体规则如下:

不合格率为 0%~1% 时,该产品为"合格"。

不合格率为 1%~3% 时,该产品为"允许"。

不合格率超过 3% 时,该产品为"报废"。

❶ 选中 D2 单元格,在公式编辑栏中输入公式:

=CHOOSE((SUM(N(C2/B2>={0,0.01,0.03}))),"合格","允许","报废")

按 **Enter** 键得出对第一种产品的处理办法。

❷ 选中 D2 单元格,拖动右下角的填充柄向下复制公式,即可批量得出对其他各产品的处理办法,如图 8-3 所示。

D2		▼	:	×	✓	fx	=CHOOSE((SUM(N(C2/B2>={0,0.01,0.03}))),"合格","允许","报废")		
▲	A	B	C	D	E	F	G	H	
1	产品	生产量	不合格量	处理办法					
2	001	1455	14	合格					
3	002	1310	28	允许					
4	003	1304	43	报废					
5	004	347	30	报废					
6	005	1542	12	合格					
7	006	2513	35	允许					
8	007	3277	25	合格					
9	008	2209	20	合格					
10	009	2389	27	允许					
11	010	1255	95	报废					

图 8-3

公式解析

=CHOOSE((SUM(N(C2/B2>={0,0.01,0.03}))),"合格","允许","报废")

① 判断 C2/B2 的值是在哪个区间,后面的常量数组就是给定的数据区间,在哪个区间就返回 TRUE,否则返回 FALSE,返回的是一个数组。

② 用 N 函数将步骤①的逻辑值转换为数字,TRUE 转换为 1,FALSE 转换

为 0。

③ 用 SUM 函数将步骤②的结果求和，作为 CHOOSE 函数中指定返回哪个值的参数。

④ 根据步骤③中的指定，返回指定值。

函数 2：LOOKUP 函数（向量型）（按条件查找并返回值）

函数功能

LOOKUP 函数可从单行、单列区域或者一个数组中返回值。LOOKUP 函数具有两种语法形式：向量形式和数组形式。向量是只含一行或一列的区域。LOOKUP 的向量形式在单行区域或单列区域中查找值，然后返回第二个单行区域或单列区域中相同位置的值。

函数语法

LOOKUP(lookup_value, lookup_vector, [result_vector])

参数解释

- lookup_value：表示 LOOKUP 在第一个向量中搜索的值。lookup_value 可以是数字、文本、逻辑值、名称或对值的引用。
- lookup_vector：表示只包含一行或一列的区域。lookup_vector 中的值可以是文本、数字或逻辑值。
- result_vector：可选。只包含一行或一列的区域。result_vector 参数必须与 lookup_vector 的大小相同。

用法剖析

用于条件判断的区域。　　　　用于返回值的区域。

=LOOKUP（❶查找值，❷单行(列)区域，❸单行(列)区域）

注意用于查找的行或列的数据（即第二个参数指定的区域）一定要按升序排序。如果不排序，在查找时会出现查找错误。

实例解析

实例 405　根据产品编号查询库存数量

表格中统计了产品的库存数据（为方便数据显示，只给出部分记录），要求根据给定的任意的产品编码快速查询其库存量。

❶ 选中 A 列中的任意单元格，在“数据→排序和筛选”组中单击“升序”按钮，先对数据按首列进行升序排序，如图 8-4 所示。

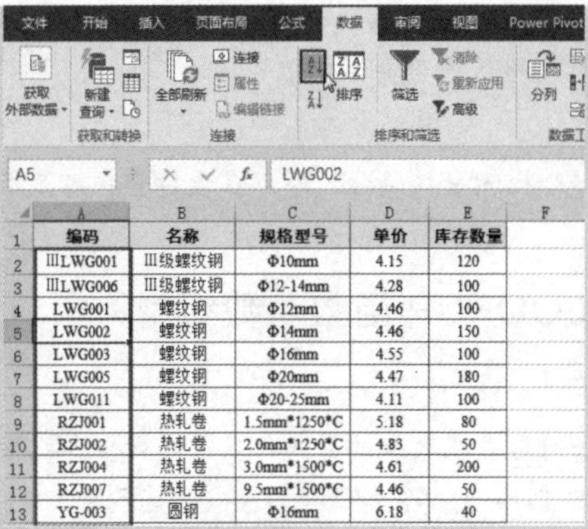

	A	B	C	D	E	F
1	编码	名称	规格型号	单价	库存数量	
2	ⅢLWG001	Ⅲ级螺纹钢	Φ10mm	4.15	120	
3	ⅢLWG006	Ⅲ级螺纹钢	Φ12-14mm	4.28	100	
4	LWG001	螺纹钢	Φ12mm	4.46	100	
5	LWG002	螺纹钢	Φ14mm	4.46	150	
6	LWG003	螺纹钢	Φ16mm	4.55	100	
7	LWG005	螺纹钢	Φ20mm	4.47	180	
8	LWG011	螺纹钢	Φ20-25mm	4.11	100	
9	RZJ001	热轧卷	1.5mm*1250*C	5.18	80	
10	RZJ002	热轧卷	2.0mm*1250*C	4.83	50	
11	RZJ004	热轧卷	3.0mm*1500*C	4.61	200	
12	RZJ007	热轧卷	9.5mm*1500*C	4.46	50	
13	YG-003	圆钢	Φ16mm	6.18	40	

图 8-4

❷ 选中 H2 单元格，在公式编辑栏中输入公式：

```
=LOOKUP(G2,A2:A1000,E2:E1000)
```

按 **Enter** 键即可查询出 G2 单元格中给出的编码产品所对应的库存数量，如图 8-5 所示。

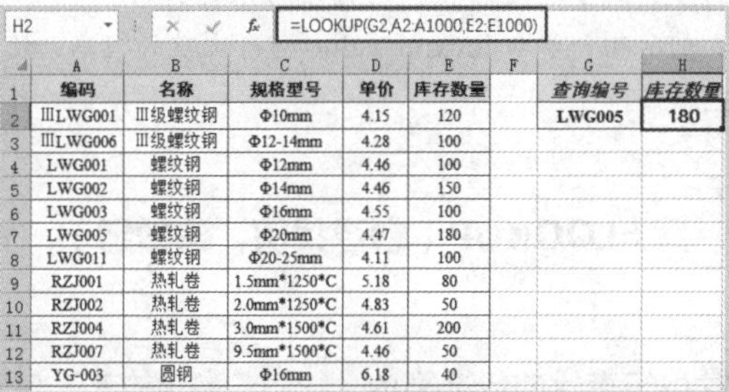

	A	B	C	D	E	F	G	H
1	编码	名称	规格型号	单价	库存数量		查询编号	库存数量
2	ⅢLWG001	Ⅲ级螺纹钢	Φ10mm	4.15	120		LWG005	180
3	ⅢLWG006	Ⅲ级螺纹钢	Φ12-14mm	4.28	100			
4	LWG001	螺纹钢	Φ12mm	4.46	100			
5	LWG002	螺纹钢	Φ14mm	4.46	150			
6	LWG003	螺纹钢	Φ16mm	4.55	100			
7	LWG005	螺纹钢	Φ20mm	4.47	180			
8	LWG011	螺纹钢	Φ20-25mm	4.11	100			
9	RZJ001	热轧卷	1.5mm*1250*C	5.18	80			
10	RZJ002	热轧卷	2.0mm*1250*C	4.83	50			
11	RZJ004	热轧卷	3.0mm*1500*C	4.61	200			
12	RZJ007	热轧卷	9.5mm*1500*C	4.46	50			
13	YG-003	圆钢	Φ16mm	6.18	40			

图 8-5

❸ 当需要查询其他产品的库存数量时，只需要更改 G2 单元格中的编码即可，如图 8-6 所示。

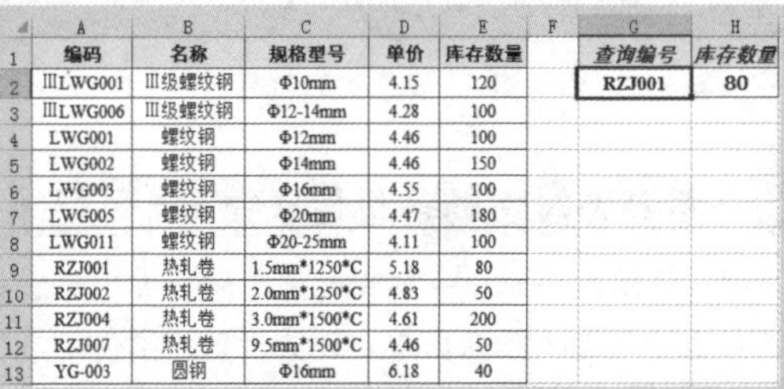

	A	B	C	D	E	F	G	H
1	编码	名称	规格型号	单价	库存数量		查询编号	库存数量
2	ⅢLWG001	Ⅲ级螺纹钢	Φ10mm	4.15	120		RZJ001	80
3	ⅢLWG006	Ⅲ级螺纹钢	Φ12-14mm	4.28	100			
4	LWG001	螺纹钢	Φ12mm	4.46	100			
5	LWG002	螺纹钢	Φ14mm	4.46	150			
6	LWG003	螺纹钢	Φ16mm	4.55	100			
7	LWG005	螺纹钢	Φ20mm	4.47	180			
8	LWG011	螺纹钢	Φ20-25mm	4.11	100			
9	RZJ001	热轧卷	1.5mm*1250*C	5.18	80			
10	RZJ002	热轧卷	2.0mm*1250*C	4.83	50			
11	RZJ004	热轧卷	3.0mm*1500*C	4.61	200			
12	RZJ007	热轧卷	9.5mm*1500*C	4.46	50			
13	YG-003	圆钢	Φ16mm	6.18	40			

图 8-6

📖 **公式解析**

=LOOKUP(G2,A2:A1000,E2:E1000)

① G2 为查找对象

② A2:A1000 单元格区域为查找区域。

③ E2:E1000 单元格区域为要返回值的区域。

🐝 **提示**

LOOKUP 是一个模糊查找函数，所以在进行查找前必须要对查找的那一列先进行升序排列。

函数 3：LOOKUP 函数（数组型）

函数功能

LOOKUP 的数组形式在数组的第一行或第一列中查找指定的值，并返回数组最后一行或最后一列内同一位置的值。

函数语法

LOOKUP(lookup_value, array)

参数解释

- lookup_value：表示 LOOKUP 在数组中搜索的值。lookup_value 参数可以是数字、文本、逻辑值、名称或对值的引用。

- array：表示包含要与 lookup_value 进行比较的文本、数字或逻辑值的单元格区域。

用法剖析

=LOOKUP（❶查找值，❷数组）

注意用于查找的行或列的数据一定要按升序排序。如果不排序，在查找时会出现查找错误。

数组的首列（行）是用于查找的列，数组的末列是用于返回值的列（行）。

实例解析

实例 406　按姓名查询学生的各科目成绩

如图 8-7 所示是一张学生成绩统计表（可能会包含很多条记录）。要求建立一张查询表，以实现输入学生的姓名，即可查询该学生各科目的成绩。

2016年度期中考试成绩统计表										
姓名	语文	数学	英语	物理	化学	生物	政治	历史	地理	总分
陈自强	74	73	64	98	94	77	84	91	96	751
吴丹晨	63	84	63	100	95	78	80	94	92	749
谭谢生	81	76	72	74	94	79	82	92	96	746
刘璐璐	79	88	63	86	93	78	83	82	92	744
邹瑞宣	65	85	73	86	87	90	74	90	94	744
黄永明	73	91	65	86	80	84	92	74	96	741
肖菲菲	73	92	54	88	77	88	87	83	90	732
简佳丽	83	76	58	80	82	80	83	94	92	728
谭佛照	76	86	68	82	89	82	65	86	91	725
薛露沁	77	85	73	86	76	63	94	81	90	725
颜涛	72	55	79	85	84	82	88	85	94	724
段知思	75	66	69	93	90	71	88	87	82	721
陈梦豪	74	59	67	96	79	80	92	90	82	719
刘录昱	78	70	69	86	78	82	86	78	92	719
彭刘辉	77	69	65	86	94	78	89	72	88	718
谷朝君	72	73	56	84	80	81	84	88	96	714

成绩统计表 | 成绩查询表 | Sheet3 | ⊕

图 8-7

❶ 选中"姓名"列中任意单元格，在"数据"选项卡下的"排序和筛选"组单击"升序"按钮，即可按姓名对数据重新排序，如图 8-8 所示。

图 8-8

❷ 建立一张成绩查询表，在其中建立列标识，并输入第一个要查询的姓名，如图 8-9 所示。

成绩查询										
姓名	语文	数学	英语	物理	化学	生物	政治	历史	地理	总分
付勇										

成绩统计表 | 成绩查询表 | Sheet3 | ⊕

图 8-9

❸ 选中 B3 单元格，在公式编辑栏中输入公式：

`=LOOKUP($A$3,成绩统计表!$A2:B60)`

按 **Enter** 键得出"付勇"的"语文"成绩，如图 8-10 所示。

图 8-10

❹ 选中 B3 单元格，拖动右下角的填充柄向右复制公式（拖到 K3 单元格结束），即可批量得出"付勇"的各科目成绩，如图 8-11 所示。

图 8-11

❺ 当需要查询其他学生的成绩时，只需要输入其姓名并按 **Enter** 键即可查询其各科成绩，如图 8-12 所示。

图 8-12

💡 提示

本例中设置好的对数据源的引用方式最为关键，第一个参数是查找的对象，始终是不变的，因此采用绝对引用。LOOKUP 是在首列中查找，然后返回给定引用区域中最后一列的值，因此对 A2:B60 单元格区域的引用，在复制公式时，A 列始终不发生变化，要绝对引用，而 B 列因不同科目的成绩位于不同列中，因此要不断变化，所以使用相对引用。

实例 407   **LOOKUP 函数代替 IF 函数的多层嵌套（模糊匹配）**

在如图 8-13 所示的应用环境下，要根据不同的分数区间对员工按实际考核成绩进行等级评定。要达到这一目的，使用 **IF** 函数是可以实现的，但有几个判断区间就需要有几层 **IF** 嵌套，而使用 LOOKUP 函数的模糊匹配方法则可以更加简易地解决此问题。

	A	B	C	D	E	F	G
1	等级分布			成绩统计表			
2	分数	等级		姓名	部门	成绩	等级评定
3	0	E		刘浩宇	销售部	92	
4	60	D		曹扬	客服部	85	
5	70	C		陈子涵	客服部	65	
6	80	B		刘启瑞	销售部	94	
7	90	A		吴晨	客服部	91	
8				谭谢生	销售部	44	
9				苏瑞宣	销售部	88	
10				刘雨菲	客服部	75	
11				何力	客服部	71	

图 8-13

❶ 选中 G3 单元格,在编辑栏中输入公式:

=LOOKUP(F3,$A$3:$B$7)

按 **Enter** 键,选中 G3 单元格,拖动右下角的填充柄向下复制公式,即可看到能根据 F 列中的成绩快速返回对应的等级,如图 8-14 所示。

G3			▼	:	×	✓	fx	=LOOKUP(F3,$A$3:$B$7)

	A	B	C	D	E	F	G
1	等级分布			成绩统计表			
2	分数	等级		姓名	部门	成绩	等级评定
3	0	E		刘浩宇	销售部	92	A
4	60	D		曹扬	客服部	85	B
5	70	C		陈子涵	客服部	65	D
6	80	B		刘启瑞	销售部	94	A
7	90	A		吴晨	客服部	91	A
8				谭谢生	销售部	44	E
9				苏瑞宣	销售部	88	B
10				刘雨菲	客服部	75	C
11				何力	客服部	71	C

图 8-14

📖公式解析

=LOOKUP(F3,$A$3:$B$7)

其判断原理为:例如 92 在 A3:B7 单元格区域中找不到,则找到的就是小于 92 的最大数 90,其对应在 B 列上的数据是"A"。再如,85 在 A3:B7 单元格区域中找不到,则找到的就是小于 85 的最大数 80,其对应在 B 列上的数据是"B"。

实例 408 **通过简称或关键字模糊匹配**

如果函数 **LOOKUP** 找不到目标数据,则会查找小于或等于目标数据的最大值。利用这一特性,我们可以用一个通用公式来实现按条件模糊匹配。

=LOOKUP(1,0/(条件),引用区域)

这是一个通用公式,读者可以套用此公式完成多种查找需要。下面给出一个实例。

针对如图 8-15 所示的表中，A、B 两列给出的是针对不同区所给出的补贴标准。而在实际查询匹配时使用的地址是全称，要求根据全称能自动从 A、B 两列中匹配相应的补贴标准，即得到 F 列的数据。

	A	B	C	D	E	F
1	地区	补贴标准		地址	租赁面积(m²)	补贴标准
2	高新区	25%		珠江市包河区陈村路61号	169	0.19
3	经开区	24%		珠江市临桥区海岸御景15A	218	0.18
4	新站区	22%				
5	临桥区	18%				
6	包河区	19%				
7	蜀山区	23%				

图 8-15

❶ 选中 F2 单元格，在公式编辑栏中输入公式：
=LOOKUP(1,0/FIND($A$2:$A$7,D2),$B$2:$B$7)

按 Enter 键，返回匹配标准，如果要实现批量匹配则向下复制 F2 单元格的公式，如图 8-16 所示。

F2		× ✓ fx	=LOOKUP(1,0/FIND($A$2:$A$7,D2),$B$2:$B$7)			
	A	B	C	D	E	F
1	地区	补贴标准		地址	租赁面积(m²)	补贴标准
2	高新区	25%		珠江市包河区陈村路61号	169	0.19
3	经开区	24%		珠江市临桥区海岸御景15A	218	0.18
4	新站区	22%				
5	临桥区	18%				
6	包河区	19%				
7	蜀山区	23%				

图 8-16

📖公式解析

① 用 FIND 查找 D2 单元格的地址中是否包括$A$2:$A$7 区域中的地区。查找成功返回起始位置数字；查找不到返回错误值#VALUE!。

② 0/位置数字返回 0，0/#VALUE!返回#VALUE!。表示能找到数据返回 0，没有找到数据返回错误值。一个由 0 和#VALUE!组成的数组。

③ LOOKUP 在②组数中查找 1，在②组数中最大的就是 0，因此与 0 匹配，并返回对应在 D 列上的值。

实例 409　LOOKUP 满足多条件查找

LOOKUP 函数可以很轻松的实现满足多条件的查找，可以使用一个通用公式。

=LOOKUP(1,0/(条件)*(条件)*......,引用区域)

如图 8-17 所示的表格中，要同时满足 E2 单元格指定的专柜名称与 F2 单元格指定的月份两个条件实现查询。

▲	A	B	C	D	E	F	G
1	分部	月份	销售额		专柜	月份	销售额
2	合肥分部	1月	¥ 24,689.00		合肥分部	2月	
3	南京分部	1月	¥ 27,976.00				
4	济南分部	1月	¥ 19,464.00				
5	绍兴分部	1月	¥ 21,447.00				
6	常州分部	1月	¥ 18,069.00				
7	合肥分部	2月	¥ 25,640.00				
8	南京分部	2月	¥ 21,434.00				
9	济南分部	2月	¥ 18,564.00				
10	绍兴分部	2月	¥ 23,461.00				
11	常州分部	2月	¥ 20,410.00				

图 8-17

❶ 选中 G2 单元格，在编辑栏中输入公式：

=LOOKUP(1,0/((E2=A2:A11)*(F2=B2:B11)),C2:C11)

按 Enter 键即可返回正确的查询结果，如图 8-18 所示。

G2		▼ : × ✓ *fx*	=LOOKUP(1,0/((E2=A2:A11)*(F2=B2:B11)),C2:C11)					
▲	A	B	C	D	E	F	G	H
1	分部	月份	销售额		专柜	月份	销售额	
2	合肥分部	1月	¥ 24,689.00		合肥分部	2月	25640	
3	南京分部	1月	¥ 27,976.00					
4	济南分部	1月	¥ 19,464.00					
5	绍兴分部	1月	¥ 21,447.00					
6	常州分部	1月	¥ 18,069.00					
7	合肥分部	2月	¥ 25,640.00					
8	南京分部	2月	¥ 21,434.00					
9	济南分部	2月	¥ 18,564.00					
10	绍兴分部	2月	¥ 23,461.00					
11	常州分部	2月	¥ 20,410.00					

图 8-18

📖公式解析

=LOOKUP(1,0/((E2=A2:A11)*(F2=B2:B11)),C2:C11)
                    ①

① 通过上例公式与本例公式可以看到，满足不同要求的查找时，这一部分的条件会随着查找需求而不同，当要同时满足两个条件时，中间用 "*" 连接即可，如果还有第三个条件，可再按相同方法连接第三个条件。

函数 4：VLOOKUP 函数（在数组的首列中查找并返回指定列中同一位置的值）

函数功能

VLOOKUP 函数在表格或数值数组的首列查找指定的数值，并由此返回表格或数组当前行中指定列处的值。

函数语法

VLOOKUP(lookup_value, table_array, col_index_num, [range_lookup])

参数解释

- lookup_value：表示要在表格或区域的第一列中搜索的值。lookup_value 参数可以是值或引用。
- table_array：表示包含数据的单元格区域。可以使用对区域或区域名称的引用。
- col_index_num：表示 table_array 参数中待返回的匹配值的列号。
- range_lookup：可选。一个逻辑值，指定希望 VLOOKUP 查找精确匹配值还是模糊匹配值。

用法剖析

设置此区域时注意查找目标一定要在该区域的第一列，并且该区域中一定要包含要返回值所在的列。

用一个数字指定返回哪一列上的值。

=VLOOKUP（❶查找值，❷查找范围，❸返回值所在列数，❹精确 OR 模糊查找）

最后一个参数是决定函数精确和模糊查找的关键。精确即完全一样，模糊即包含的意思。指定值是 0 或 FALSE 就表示精确查找，而值为 1 或 TRUE 时则表示模糊。一般我们只使用 VLOOKUP 进行精确查找，模糊查找可以交给 LOOKUP。

实例解析

实例 410　在销售表中自动返回产品单价

在建立销售数据管理系统时，通常都会建立一张产品单价表，以统计所有产品的进货单价与销售单价等基本信息。有了这张表之后，当用户建立销售数据统计表时，如果需要引用产品单价数据，就可以直接使用 VLOOKUP 函数来实现。

❶ 如图 8-19 所示显示的为当前工作簿中的单价表。

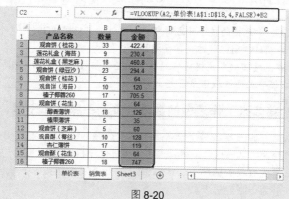

	A	B	C	D
1	产品名称	规格（盒/箱）	进货单价	销售单价
2	观音饼（花生）	36	6.5	12.8
3	观音饼（桂花）	36	6.5	12.8
4	观音饼（绿豆沙）	36	6.5	12.8
5	铁盒（观音饼）	20	18.2	32
6	莲花礼盒（海苔）	16	10.92	25.6
7	莲花礼盒（黑芝麻）	16	10.92	25.6
8	观音饼（海苔）	36	6.5	12
9	观音饼（芝麻）	36	6.5	12
10	观音酥（花生）	24	6.5	12.8
11	观音酥（海苔）	24	6.5	12.8
12	观音酥（椰丝）	24	6.5	12.8
13	观音酥（椒盐）	24	6.5	12.8
14	榛果薄饼	24	4.58	7
15	榛子椰蓉260	12	32	41.5
16	醇香薄饼	24	4.58	7
17	杏仁薄饼	24	4.58	7
18	榛果薄饼	24	4.58	7

单价表 | Sheet2 | Sheet3 | ⊕

图 8-19

❷ 在"销售表"中，当需要根据销售数量来计算销售金额时，可以选中 C2 单元格，在公式编辑栏中输入公式：

    =VLOOKUP(A2,单价表!A$1:D$18,4,FALSE)*B2

按 Enter 键即可根据 A2 单元格中的产品名称返回其单价，乘以数量后得出销售金额。

❸ 选中 C2 单元格，拖动右下角的填充柄向下复制公式，即可批量计算销售金额，如图 8-20 所示。

C2	▼	:	×	✓	fx	=VLOOKUP(A2,单价表!A$1:D$18,4,FALSE)*B2		

	A	B	C	D	E	F	G
1	产品名称	数量	金额				
2	观音饼（桂花）	33	422.4				
3	莲花礼盒（海苔）	9	230.4				
4	莲花礼盒（黑芝麻）	18	460.8				
5	观音饼（绿豆沙）	23	294.4				
6	观音饼（桂花）	5	64				
7	观音饼（海苔）	10	120				
8	榛子椰蓉260	17	705.5				
9	观音饼（花生）	5	64				
10	醇香薄饼	18	126				
11	榛果薄饼	5	35				
12	观音饼（芝麻）	5	60				
13	观音酥（椰丝）	10	128				
14	杏仁薄饼	17	119				
15	观音酥（花生）	5	64				
16	榛子椰蓉260	18	747				

单价表 | 销售表 | Sheet3 | ⊕

图 8-20

📖 公式解析

=VLOOKUP(A2,单价表!A$1:D$18,4,FALSE)*B2
                ①   ②

① 在"单价表!A$1:D$18"单元格区域的首列中寻找与 A2 单元格中相同的值，找到后返回对应在 A1:D18 单元格区域第 4 列上的值。即把 A2 单元格中的产品名称在"单价表"中匹配其销售单价。

② 步骤①的返回结果乘以 B2 中的销售数量即为销售金额。

实例 411　根据多条件计算员工年终奖

根据员工的工龄年限不同及职位不同，其奖金金额也不同（具体规则通过表格给出），现在要求根据表格中给出的各员工的职位及工龄来自动计算年终奖。

❶ 选中 D2 单元格，在公式编辑栏中输入公式：

`=VLOOKUP(B2,IF(C2<=5,$F$3:$G$5,$H$3:$I$5),2,FALSE)`

按 **Enter** 键即可根据第一位员工的职位与工龄计算出其年终奖。

❷ 选中 D2 单元格，拖动右下角的填充柄向下复制公式，即可批量返回每位员工的年终奖，如图 8-21 所示。

	A	B	C	D	E	F	G	H	I
	姓名	职位	工龄	年终奖			奖金发放规则		
1							5年及以下工龄		5年以上工龄
2	邹凯	职员	1	4500		职员	4500	职员	6000
3	林智慧	高级职员	5	8000		高级职员	8000	高级职员	12000
4	简慧辉	部门经理	6	20000		部门经理	12000	部门经理	20000
5	关冰冰	部门经理	8	12000					
6	刘薇	职员	5	4500					
7	刘欣	职员	8	6000					
8	秦玉飞	部门经理	5	12000					
9	施楠楠	高级职员	7	12000					
10	关云	职员	9	6000					
11	刘伶	职员	4	4500					

图 8-21

📖公式解析

`=VLOOKUP(B2,IF(C2<=5,$F$3:$G$5,$H$3:$I$5),2,FALSE)`
　　　　　　　　　　　　　①　　　　　②

① 如果 C2 单元格的值小于或等于 5，则返回"$F$3:$G$5"这个单元格区域，否则返回"$H$3:$I$5"这个单元格区域。

② 在步骤①返回的单元格区域的首列中查找与 B2 单元格中相同的职位名称，然后返回该单元格区域中第 2 列上的值。

实例 412　将多张工作表中的数据合并到一张工作表中

如图 8-22 所示表格为"语文成绩"统计表，如图 8-23 所示表格为"数学成绩"统计表（还有其他单科成绩统计表，并且表格中学生姓名的顺序不一定都相同），要求将两张或多张单科成绩表合并为一张汇总表。

	A	B	C	D	E
1	学生姓名	语文			
2	刘娜	78			
3	钟扬	58			
4	陈振涛	76			
5	陈自强	78			
6	吴丹晨	78			
7	谭谢生	88			
8	邹瑞宣	90			
9	刘力菲	91			
10	肖力	86			

语文成绩　数学成绩　英语成绩　成绩表

图 8-22

	A	B	C	D	E
1	学生姓名	数学			
2	陈振涛	89			
3	谭谢生	56			
4	吴丹晨	72			
5	陈自强	92			
6	邹瑞宣	87			
7	刘娜	90			
8	钟扬	87			
9	刘力菲	89			
10	肖力	91			

语文成绩　数学成绩　英语成绩　成绩表

图 8-23

● 建立"成绩表"工作表，输入学生姓名，可以从前面的任意一张表格中复制得来。选中 **B2** 单元格，在公式编辑栏中输入公式：

    =VLOOKUP(A2,语文成绩!$A$2:$B$100,2,FALSE)

按 **Enter** 键，然后向下复制公式，即可返回"语文成绩"表中的成绩，如图 8-24 所示。

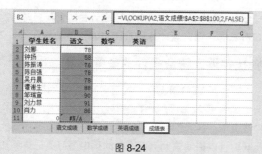

图 8-24

● 选中 **C2** 单元格，在公式编辑栏中输入公式：

    =VLOOKUP(A2,数学成绩!$A$2:$B$100,2,FALSE)

按 **Enter** 键，然后向下复制公式，即可返回"数学成绩"表中的成绩，如图 8-25 所示。

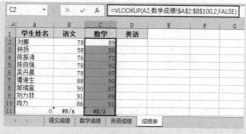

图 8-25

● 选中 **D2** 单元格，在公式编辑栏中输入公式：

    =VLOOKUP(A2,英语成绩!$A$2:$B$100,2,FALSE)

按 **Enter** 键，然后向下复制公式，即可返回"英语成绩"表中的成绩，如图 8-26 所示。

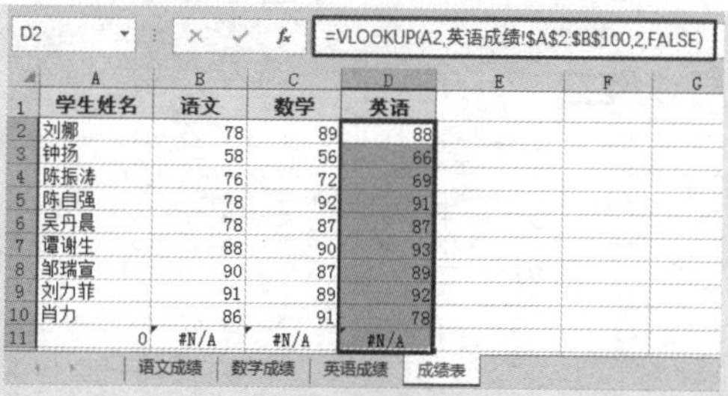

图 8-26

❹ 通过上面的几步操作，就可以实现将几张工作表中的数据合并到一张表格中的效果。

📖公式解析

=VLOOKUP(A2,语文成绩!$A$2:$B$100,2,FALSE)

在 "语文成绩!$A$2:$B$100" 单元格区域的首列中找到与 A2 单元格相同的姓名，然后返回对应在 "语文成绩!$A$2:$B$100" 单元格区域第 2 列上的值。

实例 413　查找并返回符合条件的多条记录

在使用 VLOOKUP 函数查询时，如果同时有多条满足条件的记录（见图 8-27），默认只能查找出第一条满足条件的记录。而在这种情况下一般我们都希望能找到并显示出所有找到的记录。要解决此问题可以借助辅助列，在辅助列中为每条记录添加一个唯一的、用于区分不同记录的字符来解决。

▲	A	B	C	D	E
1	用户ID	消费日期	卡种	消费金额	
2	SL10800101	2017/11/1	金卡	￥ 2,587.00	
3	SL20800212	2017/11/1	银卡	￥ 1,960.00	
4	SL20800002	2017/11/2	金卡	￥ 2,687.00	
5	SL20800212	2017/11/2	银卡	￥ 2,697.00	
6	SL10800567	2017/11/3	金卡	￥ 2,056.00	
7	SL10800325	2017/11/3	银卡	￥ 2,078.00	
8	SL20800212	2017/11/3	银卡	￥ 3,037.00	
9	SL10800567	2017/11/4	银卡	￥ 2,000.00	
10	SL20800002	2017/11/4	银卡	￥ 2,800.00	
11	SL20800798	2017/11/5	银卡	￥ 5,208.00	
12	SL10800325	2017/11/5	银卡	￥ 987.00	

图 8-27

❶ 在原数据表的 A 列前插入新列（此列作为辅助列使用），选中 A2 单元格，在公式编辑栏中输入公式：

=COUNTIF(B$2:B2,$G$2)

按 Enter 键返回值，如图 8-28 所示。（要注意公式单元格引用方式的设置，当向下填充公式时，其引用区域或逐行递减，即依次会变为：B$2:B3、B$2:B4、……，因此函数返回的结果也会改变。）

| A2 | ▼ | : | × | ✓ | fx | =COUNTIF(B$2:B2,$G$2) |

▲	A	B	C	D	E	F
1		用户ID	消费日期	卡种	消费金额	
2	0	SL10800101	2017/11/1	金卡	￥ 2,587.00	
3		SL20800212	2017/11/1	银卡	￥ 1,960.00	
4		SL20800002	2017/11/2	金卡	￥ 2,687.00	
5		SL20800212	2017/11/2	银卡	￥ 2,697.00	
6		SL10800567	2017/11/3	金卡	￥ 2,056.00	
7		SL10800325	2017/11/3	银卡	￥ 2,078.00	
8		SL20800212	2017/11/3	银卡	￥ 3,037.00	
9		SL10800567	2017/11/4	银卡	￥ 2,000.00	
10		SL20800002	2017/11/4	银卡	￥ 2,800.00	
11		SL20800798	2017/11/5	银卡	￥ 5,208.00	
12		SL10800325	2017/11/5	银卡	￥ 987.00	

图 8-28

❷ 向下复制 A2 单元格的公式（复制到的位置由当前数据的条目数决定），得到的是 B 列中各个 ID 号在 B 列共出现的次数，第 1 次出现显示 1，第 2 次出现显示 2，第 3 次出现显示 3，以此类推，如图 8-29 所示。

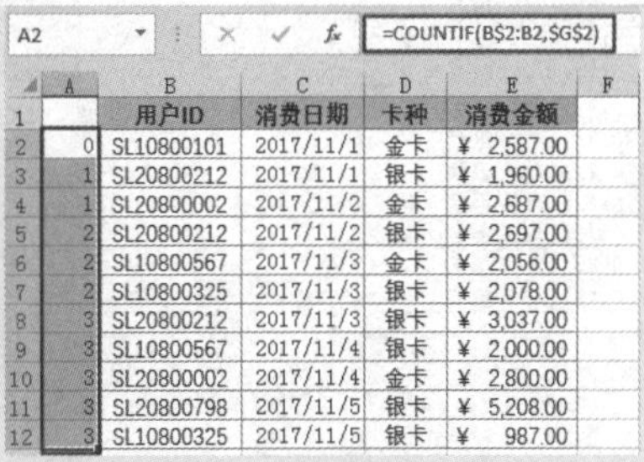

图 8-29

❸ 选中 H2 单元格，在公式编辑栏中输入公式：

=VLOOKUP(ROW(1:1),$A:$E,COLUMN(C:C),FALSE)

按 Enter 键返回的是 G2 单元格中查找值对应的第 1 个消费日期（默认日期显示为序列号，可以重新设置单元格的格式为日期格式即可正确显示），如图 8-30 所示。

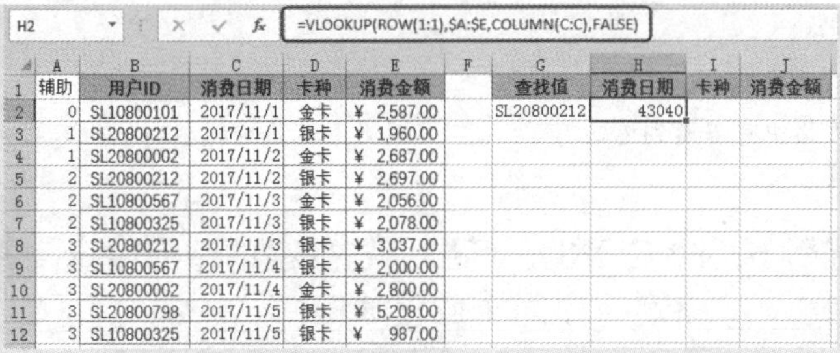

图 8-30

❹ 向右复制 H2 单元格的公式到 J2 单元格，返回的是第一条找到的记录的相关数据，如图 8-31 所示。

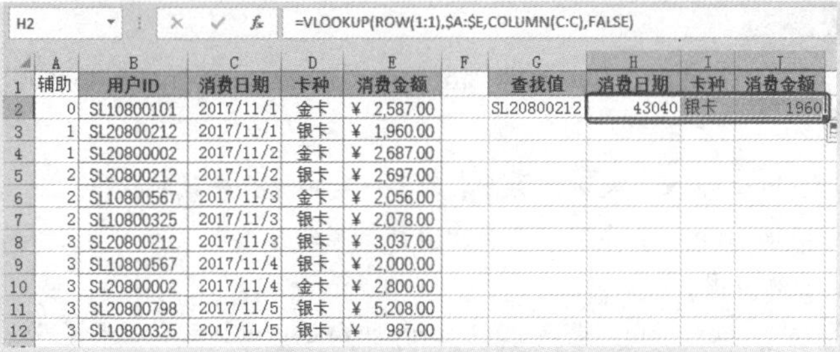

图 8-31

❺ 选中 H2:J2 单元格区域，拖动此区域右下角的填充柄，向下复制公式可

以返回其他找到的记录，如图 8-32 所示。

	A	B	C	D	E	F	G	H	I	J
1	辅助	用户ID	消费日期	卡种	消费金额		查找值	消费日期	卡种	消费金额
2	0	SL10800101	2017/11/1	金卡	¥ 2,587.00		SL20800212	43040	银卡	1960
3	1	SL20800212	2017/11/1	银卡	¥ 1,960.00			43041	银卡	2697
4	1	SL20800002	2017/11/2	金卡	¥ 2,687.00			43042	银卡	3037
5	2	SL20800212	2017/11/2	银卡	¥ 2,697.00			#N/A	#N/A	#N/A
6	2	SL10800567	2017/11/3	金卡	¥ 2,056.00					
7	2	SL10800325	2017/11/3	银卡	¥ 2,078.00					
8	3	SL20800212	2017/11/3	银卡	¥ 3,037.00					
9	3	SL10800567	2017/11/4	银卡	¥ 2,000.00					
10	3	SL20800002	2017/11/4	金卡	¥ 2,800.00					
11	3	SL20800798	2017/11/5	银卡	¥ 5,208.00					
12	3	SL10800325	2017/11/5	银卡	¥ 987.00					

图 8-32

公式解析

=VLOOKUP(ROW(1:1),$A:$E,COLUMN(C:C),FALSE)
①　②

① 查找值，当前返回第 1 行的行号 1，向下填充公式时，会随之变为 ROW(2:2)、ROW(3:3)，……，即先找“1”、再找“2”、再找“3”，直到找不到为止。

② 指定返回哪一列上的值，使用“COLUMN(C:C)”的返回值是了便于公式向右复制时不必逐一指定此值。当前返回值为“3”，向右复制时会依次返回“4”“5”，……。

提示

在表格中可以看到返回有“**#N/A**”，这是表示已经找不到了，不影响最终的查询效果。

函数 5：HLOOKUP 函数（在数组的首行中查找并返回指定行中同一位置的值）

函数功能

HLOOKUP 函数在表格或数值数组的首行查找指定的数值，并在表格或数组中指定行的同一列中返回一个数值。

函数语法

HLOOKUP(lookup_value, table_array, row_index_num, [range_lookup])

参数解释

- lookup_value：表示需要在表的第一行中进行查找的数值。
- table_array：表示需要在其中查找数据的信息表。使用对区域或区域名称的引用。
- row_index_num：表示 table_array 中待返回的匹配值的行序号。
- range_lookup：可选。是一个逻辑值，指明函数 HLOOKUP 查找时是精确匹配，还是近似匹配。

与 VLOOKUP 函数的区别在于，VLOOKUP 函数用于从给定区域的首列中查找，而 HLOOKUP 函数用于从给定区域的首行中查找。其应用方法完全相同。

实例解析

实例 414 　根据不同的返利率计算各笔订单的返利金额

表格中给出了不同的销售金额区间对应的返利率，要求根据各条销售记录的销售金额来计算返利金额。

❶ 选中 E7 单元格，在公式编辑栏中输入公式：

```
=D7*HLOOKUP(D7,$A$2:$E$4,3)
```

按 **Enter** 键得到第一项销售记录的返利金额 (根据 D7 单元格中的数据可以判断其返利率为 **8%**，因此 **6390*8%** 即为最终结果)。

❷ 选中 E7 单元格，拖动右下角的填充柄向下复制公式，即可批量计算出每条销售记录的返利金额，如图 8-33 所示。

E7	▼	:	× ✓	fx	=D7*HLOOKUP(D7,$A$2:$E$4,3)

▲	A	B	C	D	E
1			返利规则		
2	销售金额	0	1001	5000	12001
3		1000	5000	12000	
4	返利率	2.0%	5.0%	8.0%	12.0%
5					
6	编号	单价	数量	总金额	返利金额
7	ML_001	355	18	￥ 6,390.00	511.20
8	ML_002	108	22	￥ 2,376.00	118.80
9	ML_003	169	15	￥ 2,535.00	126.75
10	ML_004	129	12	￥ 1,548.00	77.40
11	ML_005	398	50	￥ 19,900.00	2388.00
12	ML_006	309	32	￥ 9,888.00	791.04
13	ML_007	99	60	￥ 5,940.00	475.20
14	ML_008	178	23	￥ 4,094.00	204.70
15	ML_009	118	70	￥ 8,260.00	660.80
16	ML_010	119	15	￥ 1,785.00	89.25

图 8-33

公式解析

　　　　　　　　　　　　　　①
=D7*HLOOKUP(D7,$A$2:$E$4,3)

判断 D7 单元格的值在 B2:E3 单元格区域中属于哪个区间，找到后取对应在 B4:E4 单元格区域上的值。D7 乘以步骤①返回的结果即为返利金额。

函数 6：MATCH 函数和 INDEX 函数（MATCH 函数查找并返回找到值所在位置，INDEX 函数返回指定位置上的值）

MATCH 函数功能

MATCH 函数用于返回在指定方式下与指定数值匹配的数组中元素的相应位置。

MATCH 函数语法

MATCH(lookup_value,lookup_array,match_type)

MATCH 参数解释

- lookup_value：表示需要在数据表中查找的数值。
- lookup_array：表示可能包含所要查找数值的连续单元格区域。
- match_type：表示数字-1、0 或 1，指明如何在 lookup_array 中查找 lookup_value。当 match_type 为 1 或省略时，函数查找小于或等于 lookup_value 的最大数值，lookup_array 必须按升序排列；如果 match_type 为 0，函数查找等于 lookup_value 的第一个数值，lookup_array 可以按任何顺序排列；如果 match_type 为-1，函数查找大于或等于 lookup_value 的最小值，lookup_array 必须按降序排列。

提示

当 match_type 为 1 或省略时，函数查找小于或等于 lookup_value 的最大数值，lookup_array 必须按升序排列；如果 match_type 为 0，函数查找等于 lookup_value 的第一个数值，lookup_array 可以按任何顺序排列；如果 match_type 为-1，函数查找大于或等于 lookup_value 的最小值，lookup_array 必须按降序排列。

INDEX 函数功能

INDEX 函数用于返回表格或区域中的值或值的引用。函数 INDEX 有两种形式：数组形式和引用形式。INDEX 函数的引用形式通常返回引用，数组形式通常返回数值或数值数组。当函数 INDEX 的第一个参数为数组常数时，使用数组形式。

INDEX 函数语法

INDEX(array, row_num, [column_num])

INDEX 参数解释

- array：表示单元格区域或数组常量。
- row_num：表示选择数组中的某行，函数从该行返回数值。
- column_num：可选。表示选择数组中的某列，函数从该列返回数值。

用法剖析

之所以把这两个函数放在一起讲解，是因为这两个函数是搭配使用的函数，常常是组合使用来完成查找目的，下面会作出详细介绍。

$$=\text{MATCH(B2, E2:E13, 0)}$$

表示在 E2:E13 这个区域中查找 B2 中指定值所在的位置,即在 E2:E13 中位于第几行中。MATCH 函数的作用是查找指定数据在指定数组中的位置,而要得到这个位置上的值,则需要使用 INDEX 函数,因为 INDEX 函数的作用主要是返回指定行号列号交叉处的值。因此这两个函数经常会搭配使用,即用 MATCH 函数判断位置(因为如果最终只返回位置对日常数据的处理意义不大),再用 INDEX 函数返回这个位置处的值。

$$=\text{INDEX (A2:C10, 4, 2)}$$

表示返回 A2:C10 这个区域中第 4 行与第 2 列交叉处的值。这个几行几列如果只用数字指定显然无法实现自动查找,因此这一部分我们通常会嵌套使用 MATCH 函数来返回位置值。

　　MATCH 函数作用是定位,在单元格区域中搜索指定项,然后返回该项在单元格区域中的相对位置。公式 "=MATCH(F2,A1:A8,0)",表示判断 F2 中的值在 A1:A8 单元格区域中的位置是第几行,如图 8-34 所示。这里的公式 "=MATCH (G2,A1:D1,0)",表示判断 G2 中的值在 A1:D1 单元格区域的中的位置是第几列,如图 8-35 所示。

	A	B	C	D	E	F	G
	姓名	语文	数学	总分		查找姓名	查找科目
2	谭翠莹	92	72	164		颜凯	数学
3	薛霜沁	77	85	162		4	
4	颜凯	87	92	179			
5	杨欢欢	65	85	150		颜凯的数学成绩	
6	叶崇武	88	92	180			
7	钟欢欢	66	69	135			
8	周玉娟	88	94	182			

图 8-34

	A	B	C	D	E	F	G
	姓名	语文	数学	总分		查找姓名	查找科目
2	谭翠莹	92	72	164		颜凯	数学
3	薛霜沁	77	85	162		4	3
4	颜凯	87	92	179			
5	杨欢欢	65	85	150		颜凯的数学成绩	
6	叶崇武	88	92	180			
7	钟欢欢	66	69	135			
8	周玉娟	88	94	182			

图 8-35

　　INDEX 函数返回表或区域中指定位置上的值。它的第 1 个参数可以理解为一个矩形区域,函数的结果是返回矩形区域中的某个值,具体返回哪个值则由该函数第 2、3 参数决定。第 2、3 参数告诉 Excel,返回值在区域中的第几行和第几列的交叉位置上。公式 "=INDEX(A1:D8,F3,G3)",表示在 A1:D8 单元格区域中返回 F3 中行与 G3 中列交叉处的值,即 A1:D8 单元格区域是第 4 行与第 3 列交叉处的值，如图 8-36 所示。

| F6 | fx | =INDEX(A1:D8,F3,G3) |

	A	B	C	D	E	F	G
1	姓名	语文	数学	总分		查找姓名	查找科目
2	谭翠莹	92	72	164		颜凯	数学
3	薛露沁	77	85	162		4	3
4	颜凯	87	92	179			
5	杨欢欢	65	85	150		颜凯的数学成绩	
6	叶崇武	88	92	180		92	
7	钟欢欢	66	69	135			
8	周玉娟	88	94	182			

图 8-36

通过上面的介绍，可以将公式优化为一个整体，即：**=INDEX(A1:D8, MATCH(F2,A1:A8,0),MATCH(G2,A1:D1,0))**，如图 8-37 所示。

| F6 | fx | =INDEX(A1:D8,MATCH(F2,A1:A8,0),MATCH(G2,A1:D1,0)) |

	A	B	C	D	E	F	G	H	I
1	姓名	语文	数学	总分		查找姓名	查找科目		
2	谭翠莹	92	72	164		颜凯	数学		
3	薛露沁	77	85	162		4	3		
4	颜凯	87	92	179					
5	杨欢欢	65	85	150		颜凯的数学成绩			
6	叶崇武	88	92	180		92			
7	钟欢欢	66	69	135					
8	周玉娟	88	94	182					

图 8-37

所以为了实际公式自动判断并返回结果的目的，手动去输入常数来确定位置达不到自动运算或查询的目的。把这两个函数放在一起使用，一个查询位置，一个根据查询位置返回相应的值，这就非常合适了。

实例解析

实例 415　查找任意指定销售员的销售总金额

表格中统计了各个销售员的销售金额（为方便显示，只显示部分数据），要求实现快速查询指定销售员的销售总金额。

❶ 建立查询列标识，首先输入"查询姓名"和"销售金额"。

❷ 选中 **E3** 单元格，在公式编辑栏中输入公式：

`=INDEX(A1:B13,MATCH(D3,A1:A13),2)`

按 **Enter** 键得出"叶崇武"的销售金额，如图 8-38 所示。

| E3 | ▼ | : | × | ✓ | fx | =INDEX(A1:B13,MATCH(D3,A1:A13),2) |

	A	B	C	D	E	F	G
1	姓名	金额					
2	谭翠莹	22009		查询姓名	销售金额		
3	谭佛照	10241		叶崇武	31000		
4	薛露沁	32235					
5	颜凯	40203					
6	刘海涛	45206					
7	陈烨兰	20226					
8	杨欢欢	21216					
9	叶崇武	31000					
10	钟欢欢	10206					
11	周玉娟	40222					
12	邹瑞宣	58256					
13	李杰	45250					

图 8-38

❸ 当要查询其他销售员的销售金额时，只需要按要求输入，即可正确查询，如图 8-39 所示查询了"陈烨兰"的销售金额。

	A	B	C	D	E
1	姓名	金额			
2	谭翠莹	22009		查询姓名	销售金额
3	谭佛照	10241		陈烨兰	20226
4	薛露沁	32235			
5	颜凯	40203			
6	刘海涛	45206			
7	陈烨兰	20226			
8	杨欢欢	21216			
9	叶崇武	31000			
10	钟欢欢	10206			
11	周玉娟	40222			
12	邹瑞宣	58256			
13	李杰	45250			

图 8-39

📖 公式解析

=INDEX(A1:B13,MATCH(D3,A1:A13),2)

① 使用 MATCH 函数返回 D3 单元格中值在 A1:A13 单元格区域中的位置。
② 在 A1:B13 单元格区域中返回①步返回值指定行与第 2 列交叉处的值。

实例 416 查找指定月份指定专柜的销售金额（双条件查找）

表格中统计了各个店铺不同月份的销售利润，现在需要快速查询任意店铺任意月份的利润额。

❶ 选中 **C12** 单元格，在公式编辑栏中输入公式：

    =INDEX(B2:D9,MATCH(B12,A2:A9,0),MATCH(A12,
    B1:D1,0))

按 **Enter** 键得出指定月份指定专柜的利润金额，如图 8-40 所示。

C12	▼	⋮	×	✓	fx	=INDEX(B2:D9,MATCH(B12,A2:A9,0),MATCH(A12,B1:D1,0))		

▲	A	B	C	D	E	F	G	H
1	专柜	1月	2月	3月				
2	淮河路步行街店	54.4	82.34	32.43				
3	城隍庙店	84.6	38.65	69.5				
4	三里街店	73.6	50.4	53.21				
5	汽车东站店	112.8	102.45	108.37				
6	东二十埠店	45.32	56.21	50.21				
7	五里墩店	163.5	77.3	98.25				
8	徽州大道店	98.09	43.65	76				
9	天鹅湖店	132.76	23.1	65.76				
10								
11	月份	专柜	金额					
12	3月	三里街店	53.21					

图 8-40

❷ 当要查询其他月份其他店铺的利润金额时，只需要按要求输入即可正确查询。如图 8-41 所示查询了"五里墩店"在"1月"的利润金额。

专柜	1月	2月	3月
淮河路步行街店	54.4	82.34	32.43
城隍庙店	84.6	38.65	69.5
三里街店	73.6	50.4	53.21
汽车东站店	112.8	102.45	108.37
东二十埠店	45.32	56.21	50.21
五里墩店	163.5	77.3	98.25
徽州大道店	98.09	43.65	76
天鹅湖店	132.76	23.1	65.76

月份	专柜	金额
1月	五里墩店	163.5

图 8-41

📖 公式解析

=INDEX(B2:D9,MATCH(B12,A2:A9,0),MATCH(A12,B1:D1,0))

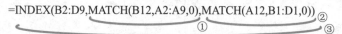

① 在 A2:A9 单元格区域中寻找 B12 单元格的值，并返回其位置（位于第几行中）。

② 在 B1:D1 单元格区域中寻找 A12 单元格的值，并返回其位置（位于第几列中）。

③ 返回 B2:D9 单元格区域中步骤①结果指定行处与步骤②结果指定列处（交叉处）的值。

实例 417	判断某数据是否包含在另一组数据中

如图 8-42 所示的表格要为假期安排值班，并且给了可选名单，要求判断安排的人员是否是可选名单中的。

	A	B	C	D	E
1	值班日期	值班人员	是否在可选名单中		可选名单
2	2018/9/30	欧群			程丽莉
3	2018/10/1	刘洁			欧群
4	2018/10/2	李正飞			姜玲玲
5	2018/10/3	陈锐			苏娜
6	2018/10/4	苏娜			刘洁
7	2018/10/5	姜玲玲			李正飞
8	2018/10/6	卢云志			卢云志
9	2018/10/7	周志芳			杨明霞
10	2018/10/8	杨明霞			韩启云
11					孙祥鹏
12					贾云馨

图 8-42

❶ 选中 C2 单元格，在编辑栏中输入公式：

    =IF(ISNA(MATCH(B2,$E$2:$E$13,0)),"否","是")

按 **Enter** 键，可判断如果 B2 单元格中的姓名在 **$E$2:$E$13** 区域中，返回 "是"。

❷ 选中 **C2** 单元格，拖动右下角的填充柄向下复制公式，即可实现快速批量返回判断结果，如图 8-43 所示。

C2	▼	:	× ✓ fx	=IF(ISNA(MATCH(B2,$E$2:$E$13,0)),"否","是")	
	A	B	C	D	E
1	值班日期	值班人员	是否在可选名单中		可选名单
2	2018/9/30	欧群	是		程丽莉
3	2018/10/1	刘洁	是		欧群
4	2018/10/2	李正飞	是		姜玲玲
5	2018/10/3	陈锐	否		苏娜
6	2018/10/4	苏娜	是		刘洁
7	2018/10/5	姜玲玲	是		李正飞
8	2018/10/6	卢云志	是		卢云志
9	2018/10/7	周志芳	否		杨明霞
10	2018/10/8	杨明霞	是		韩启云
11					孙祥鹏
12					贾云馨

图 8-43

嵌套函数

ISNA 是一个信息函数，用于判断给定值是否是#N/A 错误值，如果是返回 TRUE，如果不是返回 FALSE。

公式解析

=IF(ISNA(MATCH(B2,$E$2:$E$13,0)),"否","是")
                 ①   ②

① 查找 B2 单元格在$E$2:$E$13 单元格区域中的精确位置，如果找到返回位置值，如果找不到则返回#N/A 错误值。

② 判断①是否为错误#N/A。如果是，返回 "否"，否则返回 "是"。

实例 418　返回成绩最高的学生的姓名（反向查找）

表格中统计了每位学生的成绩，要求通过公式快速返回成绩最高的学生的姓名。

选中 **D2** 单元格，在公式编辑栏中输入公式：

```
=INDEX(A2:A11,MATCH(MAX(B2:B11),B2:B11,))
```

按 **Enter** 键即可判断"成绩"列中的最大值并返回其对应在"姓名"列上的值，如图 **8-44** 所示。

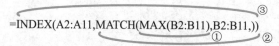

图 8-44

📖公式解析

$$=INDEX(A2:A11,MATCH(MAX(B2:B11),B2:B11,))$$

① 返回 B2:B11 单元格区域中的最大值。

② 返回步骤①中的返回值在 B2:B11 单元格区域中的位置，例如最大值在 B2:B11 单元格区域的第 4 行中，则此步返回 4。

③ 返回 A2:A11 单元格区域中步骤②结果指定行的值。

实例 419　查找迟到次数最多的学生

表格中以列表的形式记录了每一天中迟到的员工的姓名（如果一天中有多名员工迟到就依次记录多次），要求返回迟到次数最多的员工的姓名。

选中 **D2** 单元格，在公式编辑栏中输入公式：

```
=INDEX(B2:B12,MODE(MATCH(B2:B12,B2:B12,0)))
```

按 **Enter** 键即可统计"迟到员工"列中哪个数据出现的次数最多并自动返回其值，如图 **8-45** 所示。

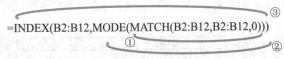

	A	B	C	D	E	F
1	日期	迟到员工		迟到次数最多的员工		
2	2018/5/3	叶丽		周海成		
3	2018/5/4	周海成				
4	2018/5/7	吴小娟				
5	2018/5/8	刘杰				
6	2018/5/9	苏彤彤				
7	2018/5/9	张珮珊				
8	2018/5/10	李梅				
9	2018/5/10	周海成				
10	2018/5/11	叶丽				
11	2018/5/14	缪语晨				
12	2018/5/15	周海成				

图 8-45

嵌套函数

MODE 函数属于统计函数类型，用于返回在某一数组或数据区域中出现频率最多的数值。

公式解析

$$=INDEX(B2:B12,\underbrace{MODE(\underbrace{MATCH(B2:B12,B2:B12,0)}_{①})}_{②})\quad^{③}$$

① 返回 B2:B12 单元格区域中 B2 到 B12 每个单元格的位置（如果出现多次的返回首个位置，这个是此公式的关键，比如"张三"在第二行出现，返回值为"2"，当第 6 行又出现时，返回值仍然为"2"，因此就有两个 2 出现了，第 3 次再出现还是返回"2"，即哪个数字出现的次数越多，表示他迟到的次数最多），返回的是一个数组。

② 返回①步结果中出现频率最多的数值。

③ 返回 B2:B12 单元格区域中②步结果指定行处的值。

8.2 引用数据函数

函数 7：ADDRESS 函数（建立文本类型单元格的地址）

函数功能

ADDRESS 函数按照给定的行号和列标，建立文本类型的单元格地址。

函数语法

ADDRESS(row_num,column_num,abs_num,a1,sheet_text)

参数解释

● row_num：表示在单元格引用中使用的行号。
● column_num：表示在单元格引用中使用的列标。

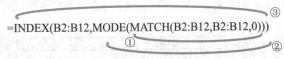

401

- abs_num:指定返回的引用类型。当 abs_num 为 1 或省略时,表示绝对引用;当 abs_num 为 2 时表示绝对行号,相对列标;当 abs_num 为 3 时,表示相对行号,绝对列标;当 abs_num 为 4 时,表示相对引用。
- a1:用以指定 a1 或 R1C1 引用样式的逻辑值。如果 a1 为 TRUE 或省略,则函数 ADDRESS 返回 a1 样式的引用;如果 a1 为 FALSE,则函数 ADDRESS 返回 R1C1 样式的引用。
- sheet_text:表示一个文本,指定作为外部引用的工作表的名称,如果省略 sheet_text,则不使用任何工作表名。

实例解析

实例 420 查找最大销售额所在位置

通过本例中的公式设置,可以从销售记录表中返回最大销售额所在的位置。

选中 **E2** 单元格,在公式编辑栏中输入公式:

=ADDRESS(MAX(IF(C2:C11=MAX(C2:C11),ROW(2:11))),3)

按 **Ctrl+Shift+Enter** 组合键即可返回最大销售额所在的单元格的位置,如图 8-46 所示。

	A	B	C	D	E	F	G
1	日期	类别	金额		最大销售金额所在位置		
2	2013/1/1	A4打印纸	1300		$C$8		
3	2013/1/3	墨盒	1155				
4	2013/1/7	色带	1149				
5	2013/1/8	A3打印纸	192				
6	2013/1/9	鼠标	1387				
7	2013/1/14	档案盒	2358				
8	2013/1/15	文件袋	3122				
9	2013/1/17	耳机	2054				
10	2013/1/24	键盘	2234				
11	2013/1/25	办公椅	1100				

图 8-46

公式解析

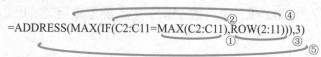

=ADDRESS(MAX(IF(C2:C11=MAX(C2:C11),ROW(2:11))),3)

① 返回 C2:C11 单元格区域中的最大值。

② 判断 C2:C11 单元格区域哪个值等于步骤①的返回值,等的返回 TRUE,不等的返回 FALSE。返回的是一个数组。

③ 返回 2~11 行的行号。

④ 将步骤②返回数组中 TRUE 值对应的行号返回。

⑤ 将步骤④的返回值作为行号,3 作为列号,返回一个地址。

函数 8：AREAS 函数（返回引用中涉及的区域个数）

函数功能

AREAS 函数用于返回引用中包含的区域个数。区域表示连续的单元格区域或某个单元格。

函数语法

AREAS(reference)

参数解释

reference：表示对某个单元格或单元格区域的引用，也可以引用多个区域。如果需要将几个引用指定为一个参数，则必须用括号括起来，以免 Excel 程序将逗号作为参数间的分隔符。

实例解析

实例 421 统计共有几个销售分部

当前表格中有多个销售分部，本例需要查询销售分部数量。
选中 **B9** 单元格，在公式编辑栏中输入公式：

```
=AREAS((A1,C1,E1))
```

按 **Enter** 键即可返回销售分部数量，如图 **8-47** 所示。

	A	B	C	D	E	F
1	销售1部	销售数量	销售2部	销售数量	销售3部	销售数量
2	刘琴	655	刘志斌	598	姜智琳	389
3	邹凯	489	王伟	608	阮欢云	598
4	关玉琪	568	王海运	668	刘薇	680
5	刘智云	579	李萌	559	关凌凌	579
6	关冰冰	500	刘冰	899	王燕	985
7	秦韵	549	蒋欢	579	秦柯宇	498
8						
9	销售分部数量	3				

B9 ▼ fx =AREAS((A1,C1,E1))

图 8-47

函数 9：ROW 函数（返回引用的行号）

函数功能

ROW 函数用于返回引用的行号。该函数与 COLUMN 函数分别返回给定引用的行号与列标。

函数语法

ROW(reference)

参数解释

reference：表示需要得到其行号的单元格或单元格区域。如果省略 reference，则假定是对函数 ROW 所在单元格的引用。如果 reference 为一个单元格区域，并且函数 ROW 作为垂直数组输入，则函数 ROW 将 reference 的行号以垂直数组的形式返回。reference 不能引用多个区域。

用法剖析

公式 1：=ROW()

如果省略参数，则返回的是函数 ROW 所在单元格的行号。

公式 2：=ROW(B3)

如果参数是单个单元格，则返回的是给定引用的行号。例如当前公式返回值为 3。

公式 3：=ROW(D2:D5)

如果参数是一个单元格区域，则函数 ROW 将行号以垂直数组的形式返回。但注意要使用数组公式。例如当前公式在按下 Ctrl+Shift+Enter 键后会返回一个"2，3，4，5"这样一个常量数组。

ROW 函数在进行运算时是一个构建数组的过程，数组中的元素可能只有一个数值，也可能有多个数值。当 ROW 函数没有参数，或参数只包含一行单元格时，函数返回包含一个数值的数组，当 ROW 函数的参数包含多行单元格时，函数返回包含多个数值的单列数组。

实例解析

实例 422　生成批量序列

巧用 ROW() 函数的返回值，可以实现对批量递增序号的填充，如要输入 1000 条记录或更多记录的序号，则可以用 ROW 函数建立公式输入。

❶ 在数据编辑区左上角的名称框中输入单元格地址，要在哪些单元格中填充需输入对应的地址（见图 8-48），按 **Enter** 键即可选中该区域，如图 8-49 所示

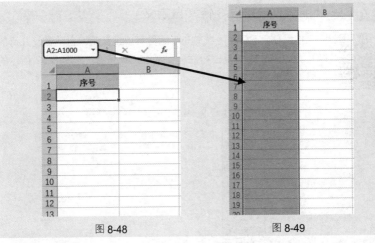

图 8-48　　　　　　　　　　　图 8-49

❷ 在公式编辑栏中输入公式（见图 **8-50**）：

```
="PCQ_hp"&ROW()-1
```

❸ 按 **Ctrl+Shift+Enter** 组合键即可实现一次性输入批量序号的目的，如图 8-51 所示。

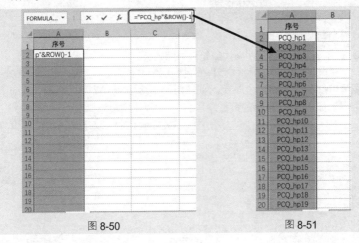

图 8-50　　　　　　　　　　　图 8-51

公式解析

="PCQ_hp"&ROW()-1
　　　①　　　　②

① 前面连接序号的文本可以任意自定义。

② 随着公式向下填充，行号不断增加，ROW()会不断返回当前单元格的行号，因此实现了序号的递增。

实例 423　让序号自动重复 3 行（自定义）

搭配使用 ROW 函数与 INT 函数可以批量获取自动重复几行的编号，如编号 1 重复三行后再自动进入编号 2，如图 8-52 所示的编号。具体操作如下。

	A	B	C	D
1	编号			
2	PSN_1			
3	PSN_1			
4	PSN_1			
5	PSN_2			
6	PSN_2			
7	PSN_2			
8	PSN_3			
9	PSN_3			
10	PSN_3			
11	PSN_4			
12	PSN_4			
13	PSN_4			
14	PSN_5			
15	PSN_5			
16	PSN_5			
17	PSN_6			
18	PSN_6			
19	PSN_6			
20	PSN_7			

图 8-52

❶ 选中 A2 单元格，在公式编辑栏中输入公：

```
="PSN_"&INT((ROW(A1)-1)/3)+1
```

按 Enter 键得到第一个序号，如图 8-53 所示。将 A2 单元格的公式向下填充，可得到如图 8-52 所示的批量编号。

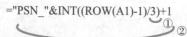

| A2 | ▼ | : | × | ✓ | fx | ="PSN_"&INT((ROW(A1)-1)/3)+1 |

	A	B	C	D	E	F
1	编号					
2	PSN_1					
3						
4						
5						

图 8-53

📖 **公式解析**

$$="PSN\_"\&INT((ROW(A1)-1)/3)+1$$

① 想重复几遍就设置此值为几。

② 公式的计算原理是：当公式向下复制到 A4 单元格中时，ROW() 的取值依次是 2、3、4，它们的行号减 1 后再除以 3，用 INT 函数取整的结果都为 0，

进行加 1 处理，得到的是连续 3 个 1。当公式复制到 A5 单元格中时，ROW() 的取值为 5。5-2 后再除以 3，INT 函数取整结果为 1，进行加 1 处理，得到数字 2。随着公式不断向下复制，其原理以此类推。

实例 424　分科目统计平均分

表格中统计了学生成绩，但其统计方式如图 8-54 所示，即将语文与数学两个科目统计在一列中了，那么如果想分科目统计平均分就无法直接求取了，此时可以使用 ROW 函数辅助，以使公式能自动判断奇偶行，从而完成只对目标数据计算。

	A	B	C	D	E
1	姓名	科目	分数		
2	吴佳娜	语文	97	语文平均分	
3		数学	85	数学平均分	
4	刘瑛	语文	100		
5		数学	85		
6	赵晓	语文	99		
7		数学	87		
8	左亮亮	语文	85		
9		数学	91		
10	汪心盈	语文	87		
11		数学	98		
12	王蒙蒙	语文	87		
13		数学	82		
14	周沐天	语文	75		
15		数学	90		

图 8-54

❶ 选中 E2 单元格，在公式编辑栏中输入公式：

=AVERAGE(IF(MOD(ROW(B2:B15),2)=0,C2:C15))

按 Ctrl+Shift+Enter 组合键求出语文科目平均分，如图 8-55 所示。

❷ 选中 E3 单元格，在公式编辑栏中输入公式：

=AVERAGE(IF(MOD(ROW(B2:B15)+1,2)=0,C2:C15))

按 Ctrl+Shift+Enter 组合键求出数学科目平均分，如图 8-56 所示。

E2		× ✓ fx	{=AVERAGE(IF(MOD(ROW(B2:B15),2)=0,C2:C15))}			
	A	B	C	D	E	F	G
1	姓名	科目	分数			
2	吴佳娜	语文	97	语文平均分	90	
3		数学	85	数学平均分		
4	刘瑛	语文	100			
5		数学	85			
6	赵晓	语文	99			
7		数学	87			
8	左亮亮	语文	85			
9		数学	91			
10	汪心盈	语文	87			
11		数学	98			
12	王蒙蒙	语文	87			
13		数学	82			
14	周沐天	语文	75			
15		数学	90			

图 8-55

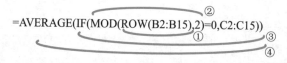

	A	B	C	D	E	F	G
				E3		{=AVERAGE(IF(MOD(ROW(B2:B15)+1,2)=0,C2:C15)))}	
1	姓名	科目	分数				
2	吴佳娜	语文	97	语文平均分	90		
3		数学	85	数学平均分	88.2857143		
4	刘瑛	语文	100				
5		数学	85				
6	赵晓	语文	99				
7		数学	87				
8	左亮亮	语文	85				
9		数学	91				
10	汪心盈	语文	87				
11		数学	98				
12	王蒙蒙	语文	87				
13		数学	82				
14	周沐天	数学	75				
15		数学	90				

图 8-56

嵌套函数

MOD 函数属于数学函数类型，用于求两个数值相除后的余数，其结果的正负号与除数相同。

公式解析

$$=\text{AVERAGE}(\text{IF}(\text{MOD}(\underbrace{\text{ROW}(B2:B15)}_{①},\overbrace{2}^{②})=0,C2:C15))$$
③
④

① 使用 ROW 返回 B2:B15 所有的行号。构建的是一个 "{2;3;4;5;6;7;8;9;10;11;12;13;14;15}" 数组。

② 使用 MOD 函数将①数组中各值除以 2，当①为偶数时，返回结果为 0；当①为奇数时，返回结果为 1。①数组中首个是偶数，"语文" 位于偶数行，因此求 "语文" 平均分时正好偶数行的值求平均值。

③ 使用 IF 函数判断②的结果是否为 0，若是则返回 TRUE 否则返回 FALSE。然后将结果为 TRUE 对应在 C2:C15 单元格区域的数值返回，返回一个数组。

④ 将③返回的数值进行求平均值运算。

提示

"数学" 位于奇数行，因此需要加 1 处理将 "ROW(B2:B15)" 的返回值转换成 "{3;4;5;6;7;8;9;10;11;12;13;14;15;16}"，这时奇数行上的值除以 2 余数为 0，表示是符合求值条件的数据。

实例 425　提取季度合计值计算全年销售额

根据表格中数据统计方式的不同，在计算时需要根据当前数据的特性来使用不同的公式。下面的表格统计了全年中各月份的销售额，并且在每个季度下面都添加了一个 "季度合计"，现在要求统计全年销售额合计值。

选中 D2 单元格，在公式编辑栏中输入公式：

=SUM(IF(MOD(ROW($A1:$A17),4)=0,$B2:$B17))

按 **Ctrl+Shift+Enter** 组合键，可计算出 B5、B9、B13、B17 单元格之和，即得到全年销售额的合计值，如图 8-57 所示。

	A	B	C	D	E	F	G
1	月份	销售额		全年销售额合计			
2	1月	112.8		1146.51			
3	2月	163.5					
4	3月	132.76					
5	一季度合计	409.06					
6	4月	108.37					
7	5月	98.25					
8	6月	65.76					
9	二季度合计	272.38					
10	7月	82.34					
11	8月	50.4					
12	9月	56.21					
13	三季度合计	188.95					
14	10月	69.5					
15	11月	108.37					
16	12月	98.25					
17	四季度合计	276.12					

图 8-57

📖**公式解析**

=SUM(IF(MOD(ROW($A1:$A17),4)=0,$B2:$B17)) ③
　　　　　　　① ②

① 返回 A1:A17 单元格区域中各行的行号，返回的是一个数组。

② 使用 MOD 函数判断步骤①返回数组中各值与 4 相除后的余数是否为 0。

③ 将步骤②返回数组中结果为 0 的行对应在 B2:B17 单元格区域上的值求和。

函数 10：ROWS 函数（返回引用中的行数）

函数功能

ROWS 函数用于返回引用或数组的行数。

函数语法

ROWS(array)

参数解释

array：表示需要得到其行数的数组、数组公式或对单元格区域的引用。

实例解析

实例 426　统计销售记录条数

根据 **ROWS** 函数的特性，可以用它来统计销售记录的条数。

选中 E3 单元格，在公式编辑栏中输入公式：

=ROWS(3:14)

按 **Enter** 键，返回的结果即为当前表格中销售记录的条数，如

图 8-58 所示。

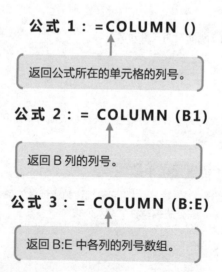

图 8-58

函数 11：COLUMN 函数（返回引用的列号）

函数功能

COLUMN 函数用于返回指定单元格引用的序列号。

函数语法

COLUMN([reference])

参数解释

reference：可选。表示要返回其列号的单元格或单元格区域。如果省略参数 reference 或该参数为一个单元格区域，并且 COLUMN 函数是以水平数组公式的形式输入的，则 COLUMN 函数将以水平数组的形式返回参数 reference 的列号。

用法剖析

公式 1：=COLUMN ()

返回公式所在的单元格的列号。

公式 2：= COLUMN (B1)

返回 B 列的列号。

公式 3：= COLUMN (B:E)

返回 B:E 中各列的列号数组。

实例解析

实例 427　实现隔列计算出总销售金额

表格统计了各个店铺 1～6 月的销售额，现在要求计算各店铺偶数月份的总销售金额。

❶ 选中 H2 单元格，在公式编辑栏中输入公式：

=SUM(IF(MOD(COLUMN(A2:G2),2)=0,B2:G2))

同时按下 **Ctrl+Shift+Enter** 组合键，可统计 C2、E2、G2 单元格之和。

❷ 选中 H2 单元格，拖动右下角的填充柄向下复制公式，即可批量计算出其他店铺偶数月的销售总金额，如图 **8-59** 所示。

| H2 | ▼ | : | × | ✓ | fx | {=SUM(IF(MOD(COLUMN(A2:G2),2)=0,B2:G2))} |

◢	A	B	C	D	E	F	G	H
1	姓名	1月	2月	3月	4月	5月	6月	2\4\6月总金额
2	淮河路店	54.4	82.34	32.43	84.6	38.65	69.5	236.44
3	城隍庙店	73.6	50.4	53.21	112.8	102.45	108.37	271.57
4	三里街店	45.32	56.21	50.21	163.5	77.3	98.25	317.96
5	汽车东站店	98.09	43.65	76	132.76	23.1	65.76	242.17
6	东二十埠店	112.8	102.45	108.37	163.5	77.3	98.25	364.2

图 8-59

📖**公式解析**

=SUM(IF(MOD(COLUMN(A2:G2),2)=0,B2:G2))
　　　　　①　　　　　　②　　　　　③

① 返回 A2:G2 单元格区域中各列的列号，返回的是一个数组。

② 判断步骤①返回的数组中各值与 2 相除后的余数是否为 0。

③ 将步骤②返回数组中结果为 0 的列对应在 B2:G2 单元格区域上的值求和。

函数 12：COLUMNS 函数（返回引用中包含的列数）

函数功能

COLUMNS 函数用于返回数组或引用的列数。

函数语法

COLUMNS(array)

参数解释

array：表示需要得到其列数的数组或数组公式或对单元格区域的引用。

实例解析

实例 428　计算需要扣款的项目数量

表格统计了员工扣款的各个项目名称以及金额,需要统计出扣款的数量。

选中 **C12** 单元格,在公式编辑栏中输入公式:

　　=COLUMNS(B:F)

按 **Enter** 键即可统计出扣款的项目数量,如图 **8-60** 所示。

	A	B	C	D	E	F
1	姓名	迟到早退	缺勤	住房公积金	三险	个人所得税
2	邹凯	150	50	303	299	466
3	刘琴	30	100	378	278	280
4	关志银	60		515	286	138
5	刘璇		50	504	268	178
6	关冰冰	30		501	296	291
7	王婷		150	318	264	460
8	杨庆			488	198	259
9	秦志森		150	326	178	278
10	刘莉莉	90		256	152	356
11						
12	扣款的项目数量		5			

C12　fx　=COLUMNS(B:F)

图 8-60

📖 公式解析

=COLUMNS(B:F)

因为返回的是列数,因此不受行号影响,此处使用"=COLUMNS(B:F)"与公式"=COLUMNS(B1:F1)""=COLUMNS(B5:F6)"等都会返回相同的结果。

函数 13：INDIRECT 函数(返回由文本字符串指定的引用)

函数功能

INDIRECT 函数用于返回由文本字符串指定的引用。此函数立即对引用进行计算,并显示其内容。

函数语法

INDIRECT(ref_text,a1)

参数解释

- ref_text:表示对单元格的引用,此单元格可以包含 A1-样式的引用、R1C1-样式的引用、定义为引用的名称或对文本字符串单元格的引用。如果 ref_text 是对另一个工作簿的引用(外部引用),则那个工作簿必须被打开。

- a1:表示一逻辑值,指明包含在单元格 ref_text 中的引用的类型。如果

a1 为 TRUE 或省略, ref_text 被解释为 A1-样式的引用; 如果 a1 为 FALSE, 则 ref_text 被解释为 R1C1-样式的引用。

实例解析

实例 429　按指定的范围计算平均值

表格中统计了各个班级的学生成绩, 要求通过公式快速计算出 "1 班" 平均分, "1 班、2 班" 平均分, "1 班、2 班、3 班" 平均分。

❶ 选中 F2 单元格, 在公式编辑栏中输入公式:

=AVERAGE(INDIRECT("$C$2:C"&H2))

按 Enter 键, 计算出 "1 班" 平均分。

❷ 选中 F2 单元格, 向下复制公式至 F4 单元格, 即可得出 "1 班、2 班" 平均分, "1 班、2 班、3 班" 平均分, 如图 8-61 所示。

F2			fx	=AVERAGE(INDIRECT("$C$2:C"&H2))			
	A	B	C	D	E	F	G	H
1	姓名	班级	分数		班级	平均分		辅助数字
2	邹凯	1	76		1班	83		6
3	周菲菲	1	89		1班、2班	85.2		11
4	刘欣	1	77		1班、2班、3班	85.2		16
5	李倩	1	95					
6	关海波	1	78					
7	王婷	2	88					
8	王伟	2	90					
9	李薇薇	2	88					
10	杨佳	2	95					
11	宋志云	2	76					

图 8-61

公式解析

=AVERAGE(INDIRECT("$C$2:C"&H2))
　　　　　　　　　　　　①
　　　　　　　　　　②

① 将 ""$C$2:C"" 与 H2 单元格的值组成一个单元格区域的地址, 这个地址是一个文本字符串。

② 使用 INDIRECT 函数将步骤①结果中的文本字符串表示的单元格地址转换为一个可以运算的引用。

实例 430　INDIRECT 解决跨工作表查询时名称匹配问题

如果在某一张工作表中查询数据, 只需要指定其工作表名称, 再选择相应的单元格区域即可。如图 8-62、图 8-63 所示为两张结构相同的工作表, 分别为 "1 号仓库" 与 "2 号仓库", 如果只是查询指定一个仓库中的不同规格产品的库存量, 则可以使用如图 8-64 所示的公式指定查询 1 号仓库。

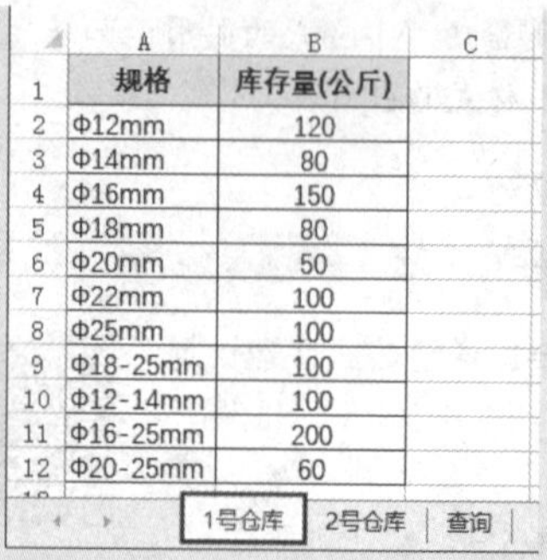

	A	B	C
1	规格	库存量(公斤)	
2	Φ12mm	120	
3	Φ14mm	80	
4	Φ16mm	150	
5	Φ18mm	80	
6	Φ20mm	50	
7	Φ22mm	100	
8	Φ25mm	100	
9	Φ18-25mm	100	
10	Φ12-14mm	100	
11	Φ16-25mm	200	
12	Φ20-25mm	60	

图 8-62

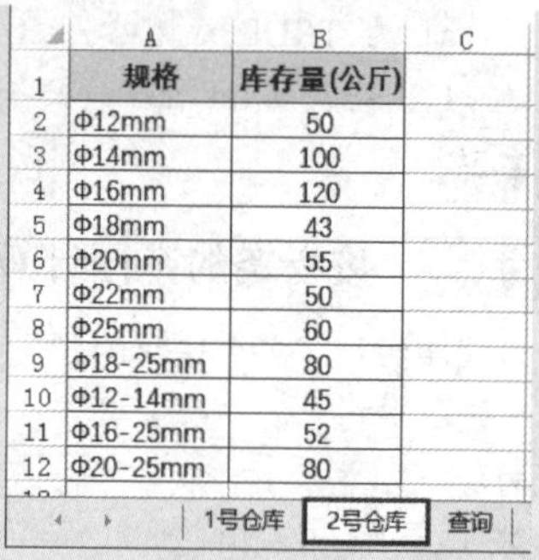

	A	B	C
1	规格	库存量(公斤)	
2	Φ12mm	50	
3	Φ14mm	100	
4	Φ16mm	120	
5	Φ18mm	43	
6	Φ20mm	55	
7	Φ22mm	50	
8	Φ25mm	60	
9	Φ18-25mm	80	
10	Φ12-14mm	45	
11	Φ16-25mm	52	
12	Φ20-25mm	80	

图 8-63

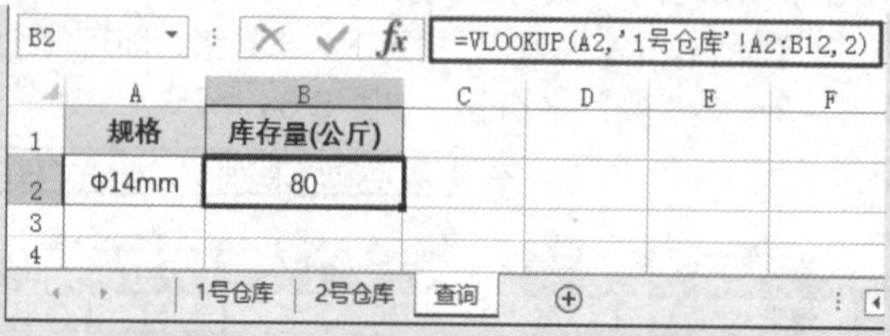

	A	B	C	D	E	F
1	规格	库存量(公斤)				
2	Φ14mm	80				
3						
4						

图 8-64

但如果想自由选择在哪张工作表中去查询，则会希望工作表的标签也能随着我们指定的查询对象自动变化，如图 8-65 所示中的 A2 单元格用于指定对哪个仓库查询，即让 C2 单元格的值随着 A2 和 B2 单元格变化而变化。正常的思路是，将 A2 单元格当作一个变量，用单元格引用 A2 来代替，因此将公式更改为：=VLOOKUP(B2,A2&"!A2:B12",2,)，按 **Enter** 键，结果报错为“**#VALUE!**”

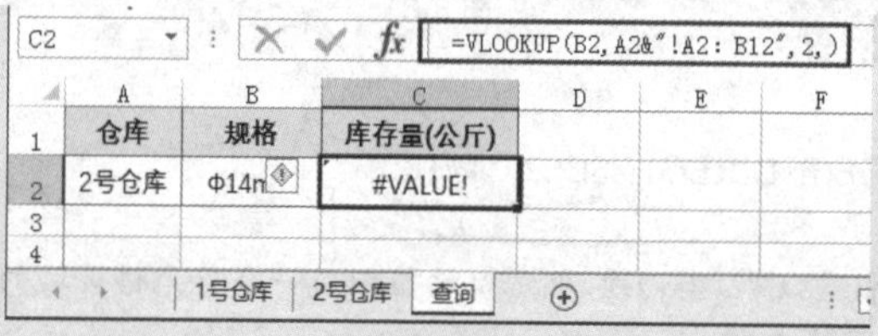

	A	B	C	D	E	F
1	仓库	规格	库存量(公斤)			
2	2号仓库	Φ14m	#VALUE!			
3						
4						

图 8-65

对“**A2&"!A2:B12"** ”这一部分使用 F9 键，可以看到返回的结果是“**"2号仓库!A2:B9"** ”，这个引用区域被添加了一个双引号，公式把它当作文本来处理了，因此返回了错误值。

根据这个思路，我们使用了 INDIRECT 函数，用这个函数来改变对单元格的引用，将“**A2&"!A2:B12"** ”这一部分的返回值转换成了引用的方式，而非之前的文本格式。因此将公式优化为：=VLOOKUP(B2,INDIRECT(A2&"!A2:B12"),2,)，即可得到正确结果（见图 8-66）。当更改 A2 中的仓库名与 B2 中的规格时，都可以实现库存量的自动查询。

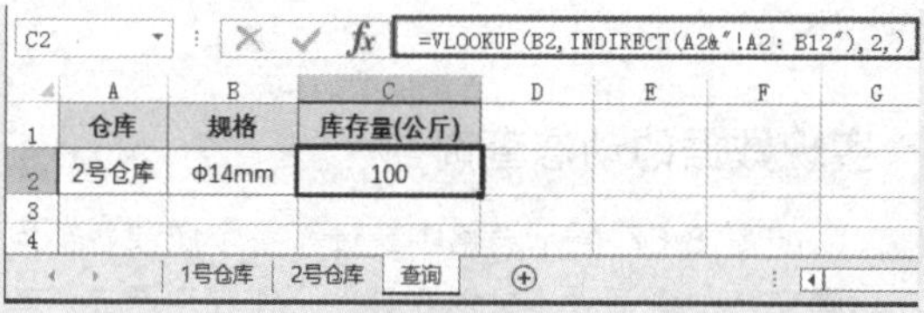

图 8-66

函数 14：OFFSET 函数（根据指定偏移量得到新引用）

函数功能

OFFSET 函数以指定的引用为参照系，通过给定偏移量得到新的引用。返回的引用可以为一个单元格或单元格区域，并可以指定返回的行数或列数。

函数语法

OFFSET(reference,rows,cols,height,width)

参数解释

- reference：表示作为偏移量参照系的引用区域。reference 必须为对单元格或相连单元格区域的引用；否则，函数 OFFSET 返回错误值 "#VALUE!"。

- rows：表示相对于偏移量参照系的左上角单元格，上（下）偏移的行数。如果使用 5 作为参数 rows，则说明目标引用区域的左上角单元格比 reference 低 5 行。行数可为正数（代表在起始引用的下方）或负数（代表在起始引用的上方）。

- cols：表示相对于偏移量参照系的左上角单元格，左（右）偏移的列数。如果使用 5 作为参数 cols，则说明目标引用区域的左上角的单元格比 reference 靠右 5 列。列数可为正数（代表在起始引用的右边）或负数（代表在起始引用的左边）。

- height：表示高度，即所要返回的引用区域的行数。height 必须为正数。

- width：表示宽度，即所要返回的引用区域的列数。width 必须为正数。

用法剖析

> 返回公式所在的单元格的列号。必须为对单元格或相连单元格区域的引用；否则返回错误值 "#VALUE!"。

=OFFSET(❶参照点，❷指定要偏移几行，❸指定要偏移几列，❹扩展选取的行数，❺扩展选取的列数)

实例解析

实例 431　　**实现数据的动态查询**

　　　如图 8-67 所示表格中统计了各个店铺各个月份的销售额，要求建立一个查询表（可以在其他工作表中建立，本例中为了数据查看方便在当前工作表中建立），快速查询各店铺任意月份的销售数据列表，如图 8-67 所示查询了 2 月销售额列表，如图 8-68 所示查询了 4 月销售额列表。

	A	B	C	D	E	F	G	H	I	J	K	L
1	店铺	1月	2月	3月	4月	5月	6月		辅助数字		店铺	2月
2	市府广场店	54.4	82.34	32.43	32.43	38.65	82.34		2		市府广场店	82.34
3	舒城路店	84.6	38.65	69.5	53.21	102.45	50.4				舒城路店	38.65
4	城隍庙店	73.6	50.4	53.21	50.21	77.3	56.21				城隍庙店	50.4
5	南七店	112.8	102.45	108.37	76	23.1	43.65				南七店	102.45
6	太湖路店	45.32	56.21	50.21	84.6	69.5	54.4				太湖路店	56.21
7	青阳南路店	163.5	77.3	98.25	112.8	108.37	73.6				青阳南路店	77.3
8	黄金广场店	98.09	43.65	76	163.5	98.25	45.32				黄金广场店	43.65
9	大润发店	132.76	23.1	65.76	132.76	65.76	98.09				大润发店	23.1

图 8-67

	A	B	C	D	E	F	G	H	I	J	K	L
1	店铺	1月	2月	3月	4月	5月	6月		辅助数字		店铺	4月
2	市府广场店	54.4	82.34	32.43	32.43	38.65	82.34		4		市府广场店	32.43
3	舒城路店	84.6	38.65	69.5	53.21	102.45	50.4				舒城路店	53.21
4	城隍庙店	73.6	50.4	53.21	50.21	77.3	56.21				城隍庙店	50.21
5	南七店	112.8	102.45	108.37	76	23.1	43.65				南七店	76
6	太湖路店	45.32	56.21	50.21	84.6	69.5	54.4				太湖路店	84.6
7	青阳南路店	163.5	77.3	98.25	112.8	108.37	73.6				青阳南路店	112.8
8	黄金广场店	98.09	43.65	76	163.5	98.25	45.32				黄金广场店	163.5
9	大润发店	132.76	23.1	65.76	132.76	65.76	98.09				大润发店	132.76

图 8-68

❶ 在 I2 单元格中输入辅助数字 1，这个辅助数字是用于确定 OFFSET 函数的偏移量的，它将用作 OFFSET 函数的第 2 个参数。

❷ 选中 L1 单元格，在公式编辑栏中输入公式：

```
=OFFSET(A1,0,$I$2)
```

按 Enter 键即可根据 I2 单元格中的值确定偏移量，以 A1 为参照，向下偏移 0 行，向右偏移 1 列，因此返回标识项"1月"，如图 8-69 所示。

❸ 选中 L1 单元格，拖动右下角的填充柄向下复制公式，返回"1月"的各销售额，如图 8-70 所示显示了 L5 单元格的公式（读者可与前面的公式比较）。在向下复制公式时，OFFSET 函数的第 1 个参数，即每个公式中的参照都发生了改变，因此返回了各不相同的值。

L1		▼		×	✓	fx	=OFFSET(A1,0,$I$2)				
	A	B	C	D	E	F	G	H	I	J	K	L
1	店铺	1月	2月	3月	4月	5月	6月		辅助数字		店铺	1月
2	市府广场店	54.4	82.34	32.43	32.43	38.65	82.34		1		市府广场店	
3	舒城路店	84.6	38.65	69.5	53.21	102.45	50.4				舒城路店	
4	城隍庙店	73.6	50.4	53.21	50.21	77.3	56.21				城隍庙店	

图 8-69

| L5 | | ✕ ✓ fx | =OFFSET(A5,0,$I$2) | | | | | | |

▲	A	B	C	D	E	F	G	H		J	K	L
1	店铺	1月	2月	3月	4月	5月	6月		辅助数字		店铺	1月
2	市府广场店	54.4	82.34	32.43	32.43	38.65	82.34		1		市府广场店	54.4
3	舒城路店	84.6	38.65	69.5	53.21	102.45	50.4				舒城路店	84.6
4	城隍庙店	73.6	50.4	53.21	50.21	77.3	56.21				城隍庙店	73.6
5	南七店	112.8	102.45	108.37	76	23.1	43.65				南七店	112.8
6	太湖路店	45.32	56.21	50.21	84.6	69.5	54.4				太湖路店	45.32
7	青阳南路店	163.5	77.3	98.25	112.8	108.37	73.6				青阳南路店	163.5
8	黄金广场店	98.09	43.65	76	163.5	98.25	45.32				黄金广场店	98.09
9	大润发店	132.76	23.1	65.76	132.76	65.76	98.09				大润发店	132.76

图 8-70

❹ 完成公式的设置之后，当 I2 单元格中变量更改时，L1:L9 单元格区域的值也会做相应改变（因为指定的偏移量改变了），从而实现动态查询。

📖公式解析

=OFFSET(A1,0,$I$2)

以 A1 单元格为参照向下偏移 0 行，向右偏移列数由 I2 单元格中值指定。随着公式向下复制，A1 单元格这个参照对象不断变化，因此返回一列的值。

实例 432　OFFSET 辅助创建动态图表（1）

因为 OFFSET 函数以指定的引用为参照系，通过给定偏移量得到新的引用。因此偏移量控制了最终的返回值是什么，当改变偏移量时则改变了最终的返回值。如果我们使用这一区域的数据来创建图表，当数据区域发生变化时，图表也做相应的绘制，达到了动态图表的效果，因此 OFFSET 函数经常用来创建动态图表数据源。我们沿用上面例子来建立动态图表。

❶ 完成实例 432❶-❸步操作后，选中 K1:L9 单元格区域，创建条形图如图 8-71 所示。

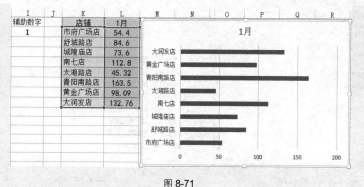

图 8-71

❷ 当更改 I2 单元格的辅助数字时（用于指定偏移量的），图表自动用返回的数据重新绘制，如图 8-72 所示。

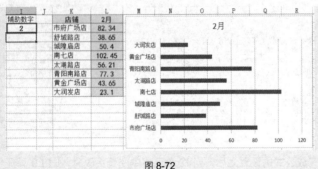

图 8-72

❸ 选择一个"数值调节钮"控件，如图 8-73 所示。在图表中绘制控件，如图 8-74 所示。

图 8-73   图 8-74

❹ 在控件上右击，在快捷菜单中单击"设置控件格式"命令，打开"设置对象格式"对话框，设置"单元格链接"为"I2"，即让这个控件与 I2 单元格相链接，如图 8-75 所示。

❺ 完成设置后即可使用数值调节钮来控制图表的动态显示，如图 8-76 所示。

图 8-75   图 8-76

📢 提示

步骤❸中使用的控件按钮，是按如下方法添加就可以显示到"快速访问工具栏"中了，添加后，需要使用则单击此按钮，在下拉列表中去选择即可。

❶ 单击"自定义快速访问工具栏"下拉按钮，在下拉列表中单击"其他命令"命令，打开"Excel 选项"对话框，创建条形图如图 8-77 所示。

❷ 在"从下列位置选择命令"列表中选择"开发工具选项卡"，在列表中选择"控件"，单击"添加"按钮即可添加到右侧（见图 8-78），即添加到了快速访问工具栏。

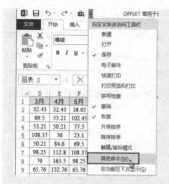

图 8-77

图 8-78

实例 433　OFFSET 辅助创建动态图表（2）

OFFSET 在动态图表的创建中应用的很广泛，只要活用公式可以创建出众多有特色的图表，下面再举出一个实例。在如图 8-79 所示的数据源中，要求图表中只显示最近 7 日的注册量情况，并且随着数据的更新，图表也会自动重新绘制最近 7 日的图像。

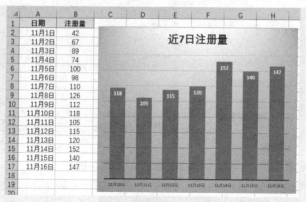

图 8-79

❶ 在"公式"选项卡的"定义的名称"组中单击"定义名称"功能按钮（见图 8-80），打开"新建名称"对话框。

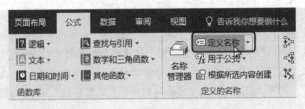

图 8-80

② 在"名称"框中输入"日期"，在"引用位置"组中输入公式"=OFFSET($A$1,COUNT($A:$A),0,-7)"（见图 8-81），单击"确定"按钮即可定义此名称。

③ 在"名称"框中输入"注册量"，在"引用位置"组中输入公式"=OFFSET($B$1,COUNT($A:$A),0,-7)"（见图 8-82），单击"确定"按钮即可定义此名称。

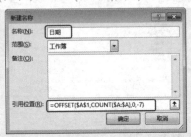

图 8-81

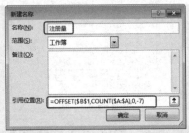

图 8-82

④ 在工作表中建立一张空白的图表，在图表上右击，在打开的菜单中单击"选择数据"命令（见图 8-83），打开"选择数据源"对话框。

⑤ 单击"图例项"下方的"添加"按钮（见图 8-84），打开"编辑数据系列"对话框。

图 8-83

图 8-84

⑥ 设置"系列值"为"=例 3!注册量"，如图 8-85 所示。

⑦ 单击"确定"按钮回到"选择数据源"对话框，再单击"水平轴标签"下方的"编辑"按钮打开"轴标签"对话框，设置"轴标签区域"为"=例 3!日期"，如图 8-86 所示。

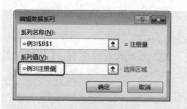

图 8-85 图 8-86

⑧ 依次单击"确定"按钮回到表格中，可以看到图表显示的是最后 7 日的数据，如图 8-87 所示。

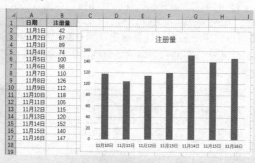

图 8-87

⑨ 当有新数据添加时，图表又随之自动更新，如图 8-88 所示。

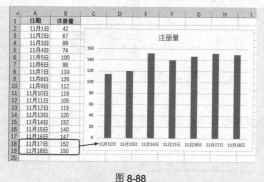

图 8-88

📖 公式解析

公式 1：

=OFFSET(例 3!\$A\$1,COUNT(例 3!\$A:\$A),0,-7)
①
②

① 统计 A 列的条目数。

② 以 A1 单元格为参照，向下偏行数为①步返回值，即偏移到最后一条记录。根据数据条目的变动，此返回值根据实际情况变动。向右偏移 0 列，并最终返回"日期"列的最后的 7 行。

公式 2：

=OFFSET('例 3'!$B$1,COUNT('例 3'!$A:$A),0,-7)

以 B1 单元格为参照，并最终返回"注册量"列的最后的 7 行。（原理与上面公式一样，只是更改了参照对象。）

实例 434 对每日出库量累计求和

表格中按日统计了产品的出库数量，要求对出库数量按日累计求和。

❶ 选中 C2 单元格，在公式编辑栏中输入公式：

=SUM(OFFSET($B$2,0,0,ROW()-1))

按 Enter 键，得出第一项累计计算结果，即 B2 单元格的值。

❷ 选中 C2 单元格，拖动右下角的填充柄向下复制公式，可以求出每日的累计出库量，如图 8-89 所示。

C2			f_x	=SUM(OFFSET($B$2,0,0,ROW()-1))	

⊿	A	B	C	D
1	日期	出库数量	累计出库	
2	2016/1/1	132	132	
3	2016/1/2	167	299	
4	2016/1/3	89	388	
5	2016/1/4	134	522	
6	2016/1/5	100	622	
7	2016/1/6	98	720	
8	2016/1/7	190	910	
9	2016/1/8	156	1066	
10	2016/1/9	88	1154	
11	2016/1/10	132	1286	

图 8-89

嵌套函数

ROW 函数属于查找函数类型，用于返回引用的行号。

公式解析

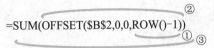

① 用当前行的行号减去 1。表示所要返回的引用区域的行数。

② 以 B2 单元格为参照，向下偏移 0 行，向右偏移 0 列，返回①步结果指定行数的值。

③ 将②步结果求和。

提示

当公式向下复制时，ROW()的值也在不断变化，因此公式①步结果也在变化，所以决定了求和的单元格区域。例如公式复制到 C4 单元格，①步结果为 3，那么这一步的结果就是"**B2:B4**",表示将对 B2:B4 单元格区域求和。

函数 15：TRANSPOSE 函数

函数功能

TRANSPOSE 函数用于返回转置单元格区域，即将一行单元格区域转置成一列单元格区域，反之亦然。在行列数分别与数组行列数相同的区域中，必须将 TRANSPOSE 输入为数组公式。使用 TRANSPOSE 函数可在工作表中转置数组的垂直和水平方向。

函数语法

TRANSPOSE(array)

参数解释

array：表示需要进行转置的数组或工作表中的单元格区域。所谓数组的转置，就是将数组的第一行作为新数组的第一列，数组的第二行作为新数组的第二列，以此类推。

实例解析

实例 435　转换销售数据的区域

在表格中除了使用自带功能进行单元格行列互换，也可以通过函数公式完成行列的区域互换。

选中 **A8:F9** 单元格，在公式编辑栏中输入公式：
```
=TRANSPOSE(A1:B6)
```
按 **Ctrl+Shift+Enter** 组合键，即可将原来的销售区域的行列进行转置，如图 8-90 所示。

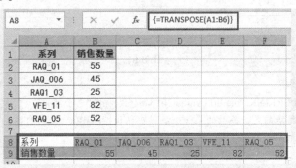

图 8-90

📖公式解析

=TRANSPOSE(A1:B6)

设置转置的区域为 A1:B6 单元格区域，将原来的 A1:B1 单元格区域作为新的区域的列显示，以此类推。

函数 16：HYPERLINK 函数

函数功能

HYPERLINK 函数创建一个快捷方式（跳转），用以打开存储在网络服务器、Intranet 或 Internet 中的文件。当单击函数 HYPERLINK 所在的单元格时，Microsoft Excel 将打开存储在 link_location 中的文件。

函数语法

HYPERLINK(link_location,friendly_name)

参数解释

- link_location：表示文档的路径和文件名，此文档可以作为文本打开。
- friendly_name：表示单元格中显示的跳转文本值或数字值。单元格的内容为蓝色并带有下画线。如果省略 friendly_name，则单元格将 link_location 显示为跳转文本。

实例 436　在表格中指定公司邮件地址

在企业客户信息管理的各类表格中，可以在相关表格内直接创建客户的 E-Mail 电子邮件链接地址，并实现单击即可进行邮件收发的功能。

选中 D2 单元格，在公式编辑栏中输入公式：

=HYPERLINK("mailto:lizhihai2013@163.com","电子邮箱")

按 Enter 键即可创建联系方式的超链接，如图 8-91 所示。

| D2 | ▼ : × ✓ fx | =HYPERLINK("mailto:lizhihai2013@163.com","电子邮箱") |

▲	A	B	C	D	E	F	G	H
1	姓名	销售量		销售主管联系方式：				
2	李飞飞	55		电子邮箱				
3	刘琴	45						
4	邹凯	25						
5	关志英	82						
6	刘茵	52						

图 8-91

📖公式解析

=HYPERLINK("mailto:lizhihai2013@163.com","电子邮箱")

需要注意的是，函数的第一个参数应包含 "mailto" 文本内容，否则指定的邮箱将无效。

函数 17：RTD 函数

函数功能

RTD 函数用于从支持 COM 自动化（COM 加载项：通过添加自定义命令和指定的功能来扩展 Microsoft Office 程序功能的补充程序。COM 加载项可在一个或多个 Office 程序中运行。COM 加载项使用文件扩展名.dll 或.exe）的程序中检索实时数据。

第 8 章 · 查找和引用函数

函数语法

RTD(progID,server,topic1,[topic2],...)

参数解释

- progID：已安装在本地计算机上、经过注册的 COM 自动化加载宏（加载宏：为 Microsoft Office 提供自定义命令或自定义功能的补充程序）的 ProgID 名称，该名称用引号引起来。

- server：运行加载宏的服务器的名称。如果没有服务器，程序是在本地计算机上运行，那么该参数为空白。否则，用引号（""）将服务器的名称引起来。如果在 Visual Basic for Applications（VBA）（Visual Basic for Applications（VBA）：Microsoft Visual Basic 的宏语言版本，用于编写基于 Microsoft Windows 的应用程序，内置于多个 Microsoft 程序中。）中使用 RTD，则必须用双重引号将服务器名称引起来，或对其赋予 VBA NullString 属性，即使该服务器在本地计算机上运行。

- topic1, topic2...：为 1～253 个参数，这些参数放在一起代表一个唯一的实时数据。

实例 437 **使用 COM 加载宏快速显示时间**

选中 **B2** 单元格，在公式编辑栏中输入公式：

=RTD("excelrtd.rtdfunctions",,B1,D1)

按 **Enter** 键，可以看到单元格中返回错误值显示，如图 8-92 所示。这是因为在本地计算机上没有安装并注册 COM 加载宏，有关 **RTD** 服务器的详细内容，请参考 **Microsoft**（微软）官网。

	A	B	C	D	E	F	H
		fx	=RTD("excelrtd.rtdfunctions",,B1,D1)				
1	会议时间	14	点	30	分		
2	现在时间	#N/A					

图 8-92

函数 18：FORMULATEXT 函数

函数功能

FORMULATEXE 函数以文本形式返回给定引用处的公式（以字符串的形式返回公式）。

函数语法

FORMULATEXT(reference)

参数解释

reference：表示对单元格或单元格区域的引用。该参数可以表示另一个工作表或工作簿，当 reference 参数表示另一个未打开的工作簿时，函数 FORMULATEXT 返回错误值 "#N/A"。

实例 438　快速返回计算结果使用的公式

选中 E2 单元格，在公式编辑栏中输入公式：

```
=FORMULATEXT(D2)
```

按 **Enter** 键即可以字符串的形式返回 D1 单元格中的公式，如图 8-93 所示。

E2		× ✓	fx	=FORMULATEXT(D2)	
	A	B	C	D	E
1	姓名	成绩		成绩最高的学生	
2	邹凯	88		施楠楠	=INDEX(A2:A11,MATCH(MAX(B2:B11),B2:B11,))
3	林智慧	65			
4	简慧辉	90			
5	关冰冰	90			
6	刘薇	88			
7	刘欣	59			
8	秦玉飞	85			
9	施楠楠	92			
10	关云	81			
11	刘伶	79			

图 8-93

第9章 数据库函数

9.1 常规统计

函数1：DSUM函数（从数据库中按给定条件求和）

函数功能

DSUM函数用于返回列表或数据库中满足指定条件的记录字段（列）中的数字之和。

函数语法

DSUM(database, field, criteria)

参数解释

- database：表示构成列表或数据库的单元格区域。数据库是包含一组相关数据的列表，其中包含相关信息的行为记录，而包含数据的列为字段。列表的第一行包含每一列的标签。
- field：表示指定函数所使用的列。输入两端带双引号的列标签，如"使用年数"或"产量"；或是代表列在列表中的位置的数字（不带引号）：1表示第一列，2表示第二列，以此类推。
- criteria：表示包含指定条件的单元格区域。可以为参数 criteria 指定任意区域，只要此区域包含至少一个列标签，并且列标签下方包含至少一个指定列条件的单元格。

实例解析

实例 439　统计特定产品的总销售数量

表格中统计了各订单的数据，包括经办人、订单金额等。要求计算出指定经办人的订单总金额。

❶ 在 C13:C14 单元格区域中设置条件，其中包括列标识与要统计的经办人姓名。

❷ 选中 D14 单元格，在公式编辑栏中输入公式：

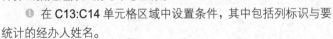

```
=DSUM(A1:D11,4,C13:C14)
```

按 Enter 键即可计算出经办人"杨佳丽"的总订单金额，如图 9-1 所示。

D14		× ✓ fx	=DSUM(A1:D11,4,C13:C14)
	A	B	C	D
1	序号	品名	经办人	订单金额
2	1	老百年	杨佳丽	4950
3	2	三星迎驾	张瑞煊	2688
4	3	五粮春	杨佳丽	5616
5	4	新月亮	唐小军	3348
6	5	新地球	杨佳丽	3781
7	6	四开国缘	张瑞煊	2358
8	7	新品兰十	唐小军	3122
9	8	今世缘兰地球	张瑞煊	3290
10	9	珠江金小麦	杨佳丽	2090
11	10	张裕赤霞珠	唐小军	2130
12				
13			经办人	订单金额
14			杨佳丽	16437

图 9-1

📖 **公式解析**

=DSUM(A1:D11,4,C13:C14)

第 3 个参数表示必须引用 C13:C14 单元格区域，并且在 A1:D11 单元格区域中使用第 4 列中的订单金额作为计算区域。

实例 440　计算上半月中指定名称产品的总销售额（满足双条件）

表格中按日期统计了产品的销售记录，要求计算出指定时间段中指定名称产品的总销售额。

❶ 在 B13:C14 单元格区域中设置条件，其中要包括列标识与要统计的时间段、指定的产品名称。

❷ 选中 D14 单元格，在公式编辑栏中输入公式：

```
=DSUM(A1:D11,4,B13:C14)
```

按 **Enter** 键即可计算出上半个月中名称为"圆钢"的产品的总销售额，如图 9-2 所示。

D14		× ✓ fx	=DSUM(A1:D11,4,B13:C14)
	A	B	C	D
1	日期	名称	规格型号	金额
2	16/1/1	圆钢	8mm	3388
3	16/1/3	圆钢	10mm	2180
4	16/1/7	角钢	40×40	1180
5	16/1/8	角钢	40×41	4176
6	16/1/9	圆钢	20mm	1849
7	16/1/14	角钢	40×43	4280
8	16/1/15	角钢	40×40	1560
9	206/1/17	圆钢	10mm	1699
10	16/1/24	圆钢	12mm	2234
11	16/1/25	角钢	40×40	1100
12				
13		名称	日期	金额
14		圆钢	<=2016-1-15	7417

图 9-2

📖**公式解析**

=DSUM(A1:D11,4,B13:C14)

第 3 个参数表示必须引用 B13:C14 单元格区域，即既要满足指定名称也要满足指定销售总金额，并且在 A1:D11 单元格区域中使用第 4 列中的金额作为统计数据。

实例 441　计算总工资时去除某一个（或多个）部门

表格中统计了员工的工资金额，包括员工的性别、所属部门等信息。在统计总工资时要求去除某一个（或多个）部门。

❶ 在 **C15:C16** 单元格区域中设置条件，其中要包括列标识需要剔除的部门名称，注意排除条件使用 "<>" 符号。

❷ 选中 **D16** 单元格，在公式编辑栏中输入公式：

```
=DSUM(A1:D13,4,C15:C16)
```

按 **Enter** 键即可计算出剔除 "销售部" 之外的所有的工资总额，如图 **9-3** 所示。

D16		✕ ✓ fx	=DSUM(A1:D13,4,C15:C16)
	A	B	C	D
1	姓名	性别	所属部门	工资
2	章丽	女	企划部	5565
3	刘羚燕	女	财务部	2800
4	韩要荣	男	销售部	14900
5	侯淑媛	女	销售部	6680
6	孙丽萍	女	办公室	2200
7	李平	女	销售部	15000
8	苏敏	女	财务部	4800
9	张文涛	男	销售部	5200
10	陈文娟	女	销售部	5800
11	周保国	男	办公室	2280
12	崔志飞	男	企划部	8000
13	李梅	女	销售部	5500
14				
15			所属部门	总工资
16			<>销售部	25645

图 9-3

📖**公式解析**

=DSUM(A1:D13,4,C15:C16)

第 3 个参数表示必须引用 C15:C16 单元格区域中设置的条件，并且在 A1:D13 单元格区域中使用第 4 列中的工资额作为统计数据。

实例 442　在条件设置时使用通配符

在 DSUM 函数中可以使用通配符来设置函数参数，其关键在于相关限制条件的设置，本例将使用星号（*）通配符。表格统计了本月店铺各电器商品的销量数据，现在只想统计出电视类产品的总销量。要找出电视类商品，其规则是只要商品名称中包含有 "电视" 文字就为符合条件的数据，但由于 "电视" 文字的位置不固定，因此需要在前后都使用通配符。如图 9-4 所示，在 D2:D3 单元格区域中设置条件。

	A	B	C	D	E
1	商品名称	销量		商品名称	电视的总销量
2	长虹电视机	35		*电视*	
3	Haier电冰箱	29			
4	TCL平板电视机	28			
5	三星手机	31			
6	三星智能电视	29			
7	美的电饭锅	270			
8	创维电视机3D	30			
9	手机索尼SONY	104			
10	电冰箱长虹品牌	21			
11	海尔电视机57寸	17			

图 9-4

❶ 选中 E2 单元格，在编辑栏中输入公式：

=DSUM(A1:B11,2,D1:D2)

按 Enter 键即可计算出电视类商品的总销量，如图 9-5 所示。

E2			fx	=DSUM(A1:B11,2,D1:D2)	
	A	B	C	D	E
1	商品名称	销量		商品名称	电视的总销量
2	长虹电视机	35		*电视*	139
3	Haier电冰箱	29			
4	TCL平板电视机	28			
5	三星手机	31			
6	三星智能电视	29			
7	美的电饭锅	270			
8	创维电视机3D	30			
9	手机索尼SONY	104			
10	电冰箱长虹品牌	21			
11	海尔电视机57寸	17			

图 9-5

📖公式解析

=DSUM(A1:B11,2,D1:D2)

第 3 个参数表示必须引用 D1:D2 单元格区域中设置的条件，即满足商品名称中包含"电视"文字，并且在 A1:B11 单元格区域中使用第 2 列中的销量作为统计数据。

实例 443 解决模糊匹配造成的问题

DSUM 函数的模糊匹配（默认情况）在判断条件并进行计算时，如果查找区域中以条件单元格中的字符开头的，都将被列入计算范围。例如本例中设置条件为"产品编号→B"，那么统计总金额时，可以看到 B 列中所有产品编号以"B"开头的都被作为计算对象（见图 9-6），如果指向统计产品编号为"B"的销售数量。此时可以按以下方式设置条件，然后进行统计计算。

F5 =DSUM(A1:C10,3,E4:E5)

	A	B	C	D	E	F
1	销售日期	产品编号	销售数量			
2	2019/3/1	B	16			
3	2019/3/1	BWO	20		返回结果错误	
4	2019/3/2	ABW	15		产品编号	销售数量
5	2019/3/3	BUUD	24		B	94
6	2019/3/4	AXCC	33			
7	2019/3/4	BOUC	26			
8	2019/3/5	PTA	18			
9	2019/3/5	B	8			
10	2019/3/6	PTA	10			

图 9-6

❶ 出现这种统计错误是因为数据库函数是按模糊匹配的，设置的条件 B 表示以 B 开头的字段，因此编号 B 和以 B 开头的字段都会被加入运算。此时需要完整匹配字符串，例如选中 E9 单元格并设置公式为“=B”，或者直接在 E9 单元格中输入“'=B”，建立正确的列标识。

❷ 选中 F9 单元格，在公式编辑栏中输入公式：

```
=DSUM(A1:C10,3,E8:E9)
```

按 **Enter** 键得到正确的计算结果，如图 9-7 所示。

F9 =DSUM(A1:C10,3,E8:E9)

	A	B	C	D	E	F
1	销售日期	产品编号	销售数量			
2	2019/3/1	B	16			
3	2019/3/1	BWO	20		返回结果错误	
4	2019/3/2	ABW	15		产品编号	销售数量
5	2019/3/3	BUUD	24		B	94
6	2019/3/4	AXCC	33			
7	2019/3/4	BOUC	26		正确的结果	
8	2019/3/5	PTA	18		产品编号	销售数量
9	2019/3/5	B	8		=B	24
10	2019/3/6	PTA	10			

图 9-7

公式解析

=DSUM(A1:C10,3,E8:E9)

第 3 个参数表示必须引用 E8:E9 单元格区域中设置的条件，即满足产品编号为“B”，并且在 A1:C10 单元格区域中使用第 3 列中的销售数量作为统计数据。

函数 2：DAVERAGE 函数（从数据库中按给定条件求平均值）

函数功能

DAVERAGE 函数是对列表或数据库中满足指定条件的记录字段（列）中的数值求平均值。

函数语法

DAVERAGE(database, field, criteria)

参数解释

- database：表示构成列表或数据库的单元格区域。数据库是包含一组相关数据的列表，其中包含相关信息的行为记录，而包含数据的列为字段。列表的第一行包含每一列的标志。
- field：表示指定函数所使用的列。输入两端带双引号的列标签，如 "使用年数" 或 "产量"；或是代表列表中列位置的数字（没有引号）：1 表示第一列，2 表示第二列，以此类推。
- criteria：表示包含所指定条件的单元格区域。可以为参数 criteria 指定任意区域，只要此区域包含至少一个列标签，并且列标签下方包含至少一个指定列条件的单元格。

实例解析

实例 444　统计指定班级平均分

本例介绍如何使用 DAVERAGE 函数统计指定班级的平均分。
选中 B12 单元格，在公式编辑栏中输入公式：

```
=DAVERAGE(A1:E9,5,A11:A12)
```

按 Enter 键即可统计出 "1001" 班级的英语平均分，如图 9-8 所示。

B12	▼	:	×	✓	fx	=DAVERAGE(A1:E9,5,A11:A12)	
▲	A	B	C	D	E	F	
1	班级	姓名	语文	数学	英语		
2	1001	郑玉秋	608	590	620		
3	1002	黄雅莉	568	573	605		
4	1001	江静蕾	625	594	468		
5	1002	叶莉	632	608	604		
6	1002	宋彩玲	591	598	617		
7	1001	张嘉文	627	609	597		
8	1002	李谷	594	628	468		
9	1001	陈琳	480	597	558		
10							
11	班级	平均分（英语）					
12	1001	560.75					

图 9-8

公式解析

=DAVERAGE(A1:E9,5,A11:A12)

第 3 个参数表示必须引用 A11:A12 单元格区域，并且在 A1:E9 单元格区域中使用第 5 列中的英语成绩作为统计数据。

实例 445　实现对各班平均成绩查询的功能

本例表格统计了各班学生各科目的考试成绩。下面需要统计某一特定班级各个科目的平均分，从而实现查询指定班级各科目的平均分的功能。

① 选中 B11 单元格，在公式编辑栏中输入公式：

`=DAVERAGE($A$1:$F$8,COLUMN(C1),$A$10:$A$11)`

按 **Enter** 键即可统计出班级为 **"2"** 的语文科目平均分。

② 选中 B11 单元格，向右复制公式，可以得到班级为 **"2"** 的其他各个科目的平均分，如图 9-9 所示。

	A	B	C	D	E	F
	班级	姓名	语文	数学	英语	总分
2	1	宋艳林	615	585	615	1815
3	2	郑云	494	629	574	1697
4	1	黄雅莉	536	607	602	1745
5	2	曲飞亚	564	602	594	1760
6	1	江小丽	509	611	606	1726
7	1	麦子聪	550	594	627	1771
8	2	叶文静	523	576	554	1653
9						
10	班级	平均分（语文）	平均分（数学）	平均分（英语）	平均分（总分）	
11	2	527	602	574	1703	

B11 栏公式：`=DAVERAGE($A$1:$F$8,COLUMN(C1),$A$10:$A$11)`

图 9-9

③ 如果需要查询其他班级各科目平均分，可以直接在 A11 单元格中修改查询条件即可，如图 9-10 所示。

	A	B	C	D	E	F
	班级	姓名	语文	数学	英语	总分
2	1	宋艳林	615	585	615	1815
3	2	郑云	494	629	574	1697
4	1	黄雅莉	536	607	602	1745
5	2	曲飞亚	564	602	594	1760
6	1	江小丽	509	611	606	1726
7	1	麦子聪	550	594	627	1771
8	2	叶文静	523	576	554	1653
10	班级	平均分（语文）	平均分（数学）	平均分（英语）	平均分（总分）	
11	1	553	599	613	1764	

图 9-10

📖 公式解析

=DAVERAGE($A$1:$F$8,COLUMN(C1),$A$10:$A$11)
　　　　　　　　　　　①　　　　②

① 使用 COLUMN 函数返回 C1 单元格的列号，结果为 3。这样设计是为了方便向右侧复制公式。当向右复制公式时，依次会返回 4、5、6……从而指定 DAVERAGE 函数返回哪一列的值。

② 在 A1:F8 单元格区域中对满足 A10:A11 单元格区域中指定条件的数值计算平均值，用于统计的数据为步骤①返回的值指定的那一列。

实例 446 **计算一车间女性员工的平均工资**

表格统计了不同车间员工的工资，其中还包括性别信息，要求计算出指定车间指定性别员工的平均工资。

① 在 B14:C15 单元格区域中设置条件，其中要包括列标识与指定的车间、指定的性别。

❷ 选中 D15 单元格，在公式编辑栏中输入公式：

=DAVERAGE(A1:D12,4,B14:C15)

按 **Enter** 键即可计算出"一车间"中女性员工的平均工资，如图 9-11 所示。

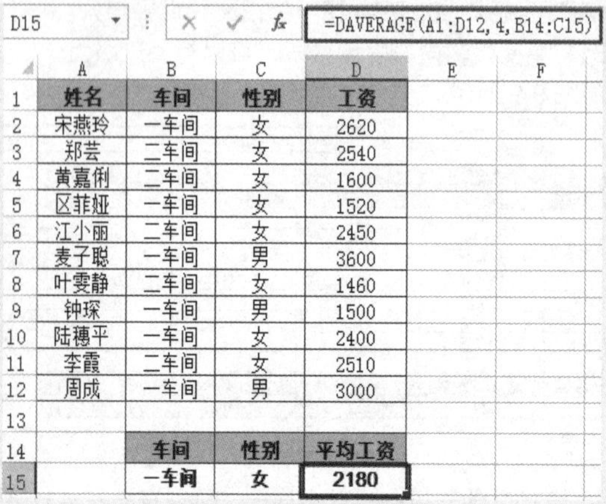

| D15 | ▼ | : | × | ✓ | *fx* | =DAVERAGE(A1:D12,4,B14:C15) |

▲	A	B	C	D	E	F
1	姓名	车间	性别	工资		
2	宋燕玲	一车间	女	2620		
3	郑芸	二车间	女	2540		
4	黄嘉俐	二车间	女	1600		
5	区菲妲	一车间	女	1520		
6	江小丽	二车间	女	2450		
7	麦子聪	一车间	男	3600		
8	叶雯静	二车间	女	1460		
9	钟琛	一车间	男	1500		
10	陆琿平	一车间	女	2400		
11	李霞	二车间	女	2510		
12	周成	一车间	男	3000		
13						
14		车间	性别	平均工资		
15		一车间	女	2180		

图 9-11

📖**公式解析**

=DAVERAGE(A1:D12,4,B14:C15)

第 3 个参数表示必须引用 B14:C15 单元格区域中设置的条件，即同时满足一车间和女性员工这两个条件，并且在 A1:D12 单元格区域中使用第 4 列中的工资数据作为统计数据。

函数 3：DCOUNT 函数（从数据库中按给定条件统计记录条数）

函数功能

DCOUNT 函数用于返回列表或数据库中满足指定条件的记录字段（列）中包含数字的单元格的个数。

函数语法

DCOUNT(database, field, criteria)

参数解释

● database：表示构成列表或数据库的单元格区域。数据库是包含一组相关数据的列表，其中包含相关信息的行为记录，而包含数据的列为字段。列表的第一行包含每一列的标签。

● field：表示指定函数所使用的列。输入两端带双引号的列标签，如"使用年数"或"产量"；或是代表列在列表中的位置的数字（不带引号）：1 表示第一列，2 表示第二列，以此类推。

- criteria：表示包含所指定条件的单元格区域。可以为参数 criteria 指定任意区域，只要此区域包含至少一个列标签，并且列标签下方包含至少一个指定列条件的单元格。

实例解析

实例447 统计满足指定条件的销售记录条数

表格中统计了学生的成绩，要求统计出成绩大于或等于 90 分的人数。

❶ 在 F1:F2 单元格区域中设置条件，成绩条件为 **">=90"**。

❷ 选中 G2 单元格，在公式编辑栏中输入公式：

```
=DCOUNT(A1:D16,4,F1:F2)
```

按 **Enter** 键即可统计出成绩大于或等于 90 分的人数，如图 9-12 所示。

图 9-12

公式解析

=DCOUNT(A1:D16,4,F1:F2)

第 3 个参数表示必须引用 F1:F2 单元格区域中指定的条件，即满足成绩大于或等于 90 分这个条件，并且在 A1:D16 单元格区域中使用第 4 列中的成绩作为统计数据。

实例448 统计出女性员工工资大于 3000 元的人数

表格中统计了不同车间员工的工资，其中还包括性别信息，要求统计出指定性别工资大于指定数值的人数。

选中 D15 单元格，在公式编辑栏中输入公式：

```
=DCOUNT(A1:D12,4,B14:C15)
```

按 **Enter** 键即可统计出女性员工中工资大于 3000 元的人数，如图 9-13 所示。

| D15 | | ▼ | : | × | ✓ | fx | =DCOUNT(A1:D12,4,B14:C15) |

▲	A	B	C	D	E	F
1	姓名	车间	性别	工资		
2	宋燕玲	一车间	女	3120		
3	郑芸	二车间	女	2540		
4	黄嘉俐	二车间	女	2600		
5	区菲娅	一车间	女	3520		
6	江小丽	二车间	女	2450		
7	麦子聪	一车间	男	3600		
8	叶雯静	二车间	女	3460		
9	钟琛	一车间	男	4500		
10	陆穗平	一车间	女	2400		
11	李霞	二车间	女	2510		
12	周成	一车间	男	3000		
13						
14		性别	工资	人数		
15		女	>3000	3		

图 9-13

📖公式解析

=DCOUNT(A1:D12,4,B14:C15)

第 3 个参数表示必须引用 B14:C15 单元格区域中指定的条件，即同时满足性别为女且工资大于 3000 这两个条件，然后在 A1:D12 单元格区域中使用第 4 列中的工资数据作为统计数据。

📢提示

由于 DOUNT 函数是统计记录条数，只要设置参数满足 B14:C15 单元格区域的条件即可求出记录条数，因此也可以不必指定对哪一列数据进行运算，第 2 个参数可以省略，即使用公式"=DCOUNT(A1:D12, ,B14:C15)"可以得出相同的结果。

实例 449　统计忽略 0 值的不及格人数

在学生成绩统计表中会出现 0 值显示，如果要忽略 0 值并统计记录条数，可以设置公式使引用数值中不包括 0 值。

❶ 在 D5:E6 单元格区域中设置条件，并将列标识"成绩"设置为"<60""<>0"。

❷ 选中 D9 单元格，在公式编辑栏中输入公式：

    =DCOUNT(A1:B12,2,D5:E6)

按 Enter 键即可从成绩表中统计出成绩小于 60 且不为 0 值的人数，如图 9-14 所示。

| D9 | | ▼ | : | × | ✓ | fx | =DCOUNT(A1:B12, 2, D5:E6) |

▲	A	B	C	D	E	F
1	姓名	成绩				
2	郑玉秋	85				
3	黄雅莉	69				
4	江瑾蕾	51				
5	叶莉	67		成绩	成绩	
6	宋彩玲	81		<60	<>0	
7	张嘉文	94				
8	李谷	55		人数		
9	陈琳	67		2		
10	陆平	0				
11	罗海	94				
12	钟华	0				

图 9-14

公式解析

=DCOUNT(A1:B12,2,D5:E6)

第 3 个参数表示必须引用 D5:E6 单元格区域中指定的条件，即同时满足成绩小于 60 和不等于 0 这两个条件，然后在 A1:B12 单元格区域中使用第 2 列的成绩作为统计数据。

提示

由于 DOUNT 函数是统计记录条数，只要设置参数满足 D5:E6 单元格区域的条件即可求出记录条数，因此也可以不必指定对哪一列数据进行运算，第 2 个参数可以省略，即使用公式"=DCOUNT(A1:B12,,D5:E6)"可以得出相同的结果。

函数 4：DCOUNTA 函数（从数据库中按给定条件统计非空单元格数目）

函数功能

DCOUNTA 函数用于返回列表或数据库中满足指定条件的记录字段（列）中的非空单元格的个数。

函数语法

DCOUNTA(database, field, criteria)

参数解释

- database：表示构成列表或数据库的单元格区域。数据库是包含一组相关数据的列表，其中包含相关信息的行为记录，而包含数据的列为字段。列表的第一行包含每一列的标签。
- field：表示指定函数所使用的列。输入两端带双引号的列标签，如"使用年数"或"产量"；或是代表列在列表中的位置的数字（不带引号）：1 表示第一列，2 表示第二列，以此类推。
- criteria：表示包含所指定条件的单元格区域。可以为参数 criteria 指定任意区域，只要此区域包含至少一个列标签，并且列标签下方包含至少一个指定列条件的单元格。

实例解析

实例 450　统计业务水平为"好"的人数

表格中对员工的业务水平进行了评定，要求统计出某一指定业务水平的员工的人数。

❶ 在 D12:D13 单元格区域中设置条件，其中要包括列标识与指定的业务水平。

❷ 选中 E13 单元格，在公式编辑栏中输入公式：

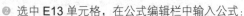
=DCOUNTA(A1:D10,4,D12:D13)

按 Enter 键，即可统计出业务水平为"好"的人数，如图 9-15 所示。

	A	B	C	D	E
1	姓名	电话处理量	邮件处理量	业务水平	
2	郑立媛	12	22	一般	
3	艾羽	22	21	好	
4	章晔	7	31	好	
5	钟文	22	45	好	
6	朱安婷	15	16	一般	
7	钟武	12	35	好	
8	梅香菱	16	22	一般	
9	李霞	22	17	一般	
10	苏海涛	15	32	好	
11					
12				业务水平	人数
13				好	5

E13 = DCOUNTA(A1:D10,4,D12:D13)

图 9-15

📖公式解析

= DCOUNTA(A1:D10,4,D12:D13)

第 3 个参数表示必须引用 D12:D13 单元格区域中设置的条件，即满足业务水平为"好"这个条件，并且在 A1:D10 单元格区域中使用第 4 列中的数据作为统计数据。

实例 451　统计出指定性别测试合格的人数

表格中统计了学生的跑步测试成绩，其中还包括性别信息。要求计算出指定性别测试成绩合格的人数。

❶ 在 C13:D14 单元格区域中设置条件，其中要包括列标识与指定的性别与"是否合格"的条件。

❷ 选中 E14 单元格，在公式编辑栏中输入公式：

=DCOUNTA(A1:D11,4,C13:D14)

按 Enter 键即可统计出性别为"女"的学生成绩合格的人数，如图 9-16 所示。

	A	B	C	D	E
1	姓名	性别	200米用时(秒)	是否合格	
2	郑立媛	女	30	合格	
3	钟杨	男	27	合格	
4	艾羽	女	33	不合格	
5	章晔	男	28	合格	
6	钟文	男	30	不合格	
7	朱安婷	女	31	合格	
8	钟武	男	26	合格	
9	梅香菱	女	30	合格	
10	李霞	女	29	合格	
11	苏海涛	男	31	不合格	
12					
13			性别	是否合格	人数
14			女	合格	4

E14 = DCOUNTA(A1:D11,4,C13:D14)

图 9-16

📖公式解析

= DCOUNTA(A1:D11,4,C13:D14)

第 3 个参数表示必须引用 C13:D14 单元格区域中设置的条件，即同时满足性别为"女"、合格条件为"好"这两个条件，并且在 A1:D11 单元格区域中使用第 4 列中的数据作为统计数据。

实例 452　按条件统计来访总人数（使用通配符）

表格中记录了来访者姓名与来访单位，其中有的属于同一单位的不同部门。要求统计出指定单位的来访总人数。

❶ 在 B14:B15 单元格区域中设置条件，其中要包括列标识与条件（本例为"诺立*"即以"诺立"开头的都被作为统计对象）。

❷ 选中 C15 单元格，在公式编辑栏中输入公式：

=DCOUNTA(A1:B12,2,B14:B15)

按 Enter 键即可统计出"诺立*"公司（各个部门都包括）的来访人数，如图 9-17 所示。

图 9-17

📖公式解析

= DCOUNTA(A1:B12,2,B14:B15)

第 3 个参数表示必须引用 B14:B15 单元格区域中设置的条件，即满足来访公司与部门以"诺立"文字开头这个条件，并且在 A1:B12 单元格区域中使用第 2 列中的数据作为统计数据。

函数 5：DMIN 函数（从数据库中按给定条件求最小值）

函数功能

DMIN 函数用于返回列表或数据库中满足指定条件的记录字段（列）中的最小数字。

函数语法

DMIN(database, field, criteria)

参数解释

- database：表示构成列表或数据库的单元格区域。数据库是包含一组相关数据的列表，其中包含相关信息的行为记录，而包含数据的列为字段。列表的第一行包含每一列的标签。
- field：表示指定函数所使用的列。输入两端带双引号的列标签，如"使用年数"或"产量"；或是代表列在列表中的位置的数字（不带引号）：1 表示第一列，2 表示第二列，以此类推。
- criteria：表示包含所指定条件的单元格区域。可以为参数 criteria 指定任意区域，只要此区域包含至少一个列标签，并且列标签下方包含至少一个指定列条件的单元格。

实例解析

实例 453　返回指定班级的最低分

　　　　表格中统计了各个班级学生的成绩。要求返回指定班级学生成绩的最低分。

　　❶ 在 B15:B16 单元格区域中设置条件，其中要包括列标识与指定的班级。

❷ 选中 **C16** 单元格，在公式编辑栏中输入公式：

```
=DMIN(A1:C13,3,B15:B16)
```

按 **Enter** 键即可返回"3 班"中学生成绩的最低分，如图 **9-18** 所示。

| C16 | ▼ | : | × | ✓ | fx | =DMIN(A1:C13,3,B15:B16) |

	A	B	C	D
1	姓名	班级	分数	
2	刘卿	1班	93	
3	钟扬	2班	72	
4	陈振涛	1班	87	
5	陈自强	2班	90	
6	吴丹晨	3班	60	
7	谭谢生	1班	88	
8	邹瑞宣	3班	99	
9	刘璐璐	1班	82	
10	黄永明	2班	65	
11	简佳丽	1班	89	
12	肖菲菲	2班	89	
13	简佳丽	3班	77	
14				
15		班级	最低分	
16		3班	60	

图 9-18

📖**公式解析**

=DMIN(A1:C13,3,B15:B16)

第 3 个参数表示必须引用 B15:B16 单元格区域中指定的条件，然后在 A1:C13 单元格区域中使用第 3 列的分数数据作为统计数据。

实例 454　统计各班成绩的最低分

在成绩统计数据库中，分别显示了不同班级不同科目的得分情况，使用函数可以统计各班级各科目的最低分。

❶ 选中 **B11** 单元格，在公式编辑栏中输入公式：

```
=DMIN($A$1:$F$8,COLUMN(C1),$A$10:$A$11)
```

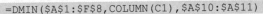

按 **Enter** 键即可统计出班级为"**1**"的语文科目最低分，向右
复制 B11 单元格的公式，可以得到班级为"**1**"的其他各个科目的最低分，如图
9-19 所示。

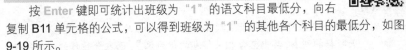

	A	B	C	D	E	F
1	班级	姓名	语文	数学	英语	总分
2	2	刘子云	125	140	148	413
3	1	蒋芳	120	148	101	369
4	1	刘凯	110	150	128	388
5	2	张勋	98	98	130	326
6	2	刘瑶	128	105	99	332
7	1	王玲	130	115	105	350
8	1	秦克云	128	128	118	374
9						
10	班级	最低分（语文）	最低分（数学）	最低分（英语）	最低分（总分）	
11	1	110	115	101	350	

图 9-19

❷ 如果需要查询其他班级各科目最低分，只要直接在 A11 单元格中更改查
询条件即可，如图 9-20 所示。

	A	B	C	D	E	F
1	班级	姓名	语文	数学	英语	总分
2	2	刘子云	125	140	148	413
3	1	蒋芳	120	148	101	369
4	1	刘凯	110	150	128	388
5	2	张勋	98	98	130	326
6	2	刘瑶	128	105	99	332
7	1	王玲	130	115	105	350
8	1	秦克云	128	128	118	374
9						
10	班级	最低分（语文）	最低分（数学）	最低分（英语）	最低分（总分）	
11	2	98	98	99	326	

图 9-20

📖**公式解析**

=DMIN($A$1:$F$8,COLUMN(C1),$A$10:$A$11)
　　　　　　　　　　　①　　　　　　②

① 使用 COLUMN 函数返回 C1 单元格的列号，结果为 3，这样设计是为了
方便向右侧复制公式。当向右复制公式时，依次返回 4、5、6、…从而指定 DMIN
函数返回哪一列的值。

② 在 A1:F8 单元格区域中对满足 A10:A11 单元格区域中指定条件的数值返
回最小值，统计区域为步骤①返回值指定的那一列。

函数 6：DMAX 函数（从数据库中按给定条件求最大值）

函数功能

DMAX 函数用于返回列表或数据库中满足指定条件的记录字段（列）中的
最大数字。

函数语法

DMAX(database, field, criteria)

参数解释

- database：表示构成列表或数据库的单元格区域。数据库是包含一组相关数据的列表，其中包含相关信息的行为记录，而包含数据的列为字段。列表的第一行包含每一列的标签。
- field：表示指定函数所使用的列。输入两端带双引号的列标签，如"使用年数"或"产量"；或是代表列在列表中的位置的数字（不带引号）：1 表示第一列，2 表示第二列，以此类推。
- criteria：表示包含所指定条件的单元格区域。可以为参数 criteria 指定任意区域，只要此区域包含至少一个列标签，并且列标签下方包含至少一个指定列条件的单元格。

实例解析

实例 455 返回指定车间的最高工资

表格中统计了不同车间员工的工资，要求返回指定车间的最高工资。

❶ 在 C14:D15 单元格区域中设置条件，其中要包括列标识与指定的车间。

❷ 选中 D15 单元格，在公式编辑栏中输入公式：

=DMAX(A1:D12,4,C14:C15)

按 **Enter** 键即可计算出"二车间"中的最高工资，如图 **9-21** 所示。

D15			× ✓ fx	=DMAX(A1:D12,4,C14:C15)	
▲	A	B	C	D	E
1	姓名	车间	性别	工资	
2	宋燕玲	一车间	女	3620	
3	郑芸	二车间	女	3540	
4	黄嘉俐	二车间	女	2600	
5	区菲娅	一车间	女	2520	
6	江小丽	二车间	女	3450	
7	麦子聪	一车间	男	4600	
8	叶雯静	二车间	女	2460	
9	钟琛	一车间	男	2500	
10	陆穗平	一车间	男	3400	
11	李霞	二车间	女	3510	
12	周成	一车间	男	4000	
13					
14			车间	最高工资	
15			二车间	3540	

图 9-21

公式解析

=DMAX(A1:D12,4,C14:C15)

第 3 个参数表示必须引用 C14:C15 单元格区域中指定的条件，然后在 A1:D12 单元格区域中使用第 4 列的工资数据作为统计数据。

实例 456　实现查询各科目成绩中的最高分

表格中统计了各班学生各科目考试成绩（为方便显示，只列举部分记录），现在要求返回指定班级各个科目的最高分，从而实现查询指定班级各科目的最高分。

❶ 在 B11:B12 单元格区域中设置条件并建立求解标识。

❷ 选中 C12 单元格，在公式编辑栏中输入公式：

　　=DMAX($A$1:$F$9,COLUMN(C1),$B$11:$B$12)

按 **Enter** 键即可返回班级为 "1" 的语文科目最高分，如图 9-22 所示。

C12			× ✓ f_x	=DMAX($A$1:$F$9,COLUMN(C1),$B$11:$B$12)	
	A	B	C	D	E	F
1	班级	姓名	语文	数学	英语	总分
2	1	刘玲燕	78	64	96	238
3	2	韩要荣	60	84	85	229
4	1	侯淇媛	91	86	80	257
5	2	孙丽萍	87	84	75	246
6	1	李平	78	58	80	216
7	1	苏敏	46	89	89	224
8	2	张文涛	78	78	60	216
9	2	陈文娟	87	84	75	246
10						
11	班级	最高分(语文)	最高分(数学)	最高分(英语)	最高分(总分)	
12	1	91				

图 9-22

❸ 选中 C12 单元格，拖动右下角的填充柄向右复制公式，可以得到班级为 "1" 的各个科目的最高分。

❹ 要想查询其他班级各科目最高分，在 B12 单元格中更改查询条件即可，如图 9-23 所示。

	A	B	C	D	E	F
1	班级	姓名	语文	数学	英语	总分
2	1	刘玲燕	78	64	96	238
3	2	韩要荣	60	84	85	229
4	1	侯淇媛	91	86	80	257
5	2	孙丽萍	87	84	75	246
6	1	李平	78	58	80	216
7	1	苏敏	46	89	89	224
8	2	张文涛	78	78	60	216
9	2	陈文娟	87	84	75	246
10						
11	班级	最高分(语文)	最高分(数学)	最高分(英语)	最高分(总分)	
12	2	87	84	85	246	

图 9-23

📖公式解析

= DMAX($A$1:$F$9,COLUMN(C1),$B$11:$B$12)
　　　　　　　　　　　①　　　　　②

① 使用 COLUMN 函数返回 C1 单元格的列号，结果为 3，这样设计是为了方便向右侧复制公式。当向右复制公式时，依次返回 4、5、6、…从而指定 DMAX 函数返回哪一列的值。

② 在 A1:F9 单元格区域中对满足 B11:B12 单元格区域中指定条件的数值返回最大值，统计区域为步骤①返回值指定的那一列。

📣提示

要想返回某一班级各个科目的最高分，其查询条件不改变，需要改变的就是

field 参数，即指定对哪一列进行求最，本例中为了方便对公式的复制，所以使用 COLUMN(C1)公式来返回这一列数。随着公式的复制，COLUMN(C1)值会不断变化。

函数 7：DGET 函数（从数据库中提取符合条件的单个值）

函数功能

DGET 函数用于从列表或数据库的列中提取符合指定条件的单个值。

函数语法

DGET(database, field, criteria)

参数解释

- database：表示构成列表或数据库的单元格区域。数据库是包含一组相关数据的列表，其中包含相关信息的行为记录，而包含数据的列为字段。列表的第一行包含每一列的标签。
- field：表示指定函数所使用的列。输入两端带双引号的列标签，如"使用年数"或"产量"；或是代表列在列表中的位置的数字（不带引号）：1 表示第一列，2 表示第二列，以此类推。
- criteria：表示包含所指定条件的单元格区域。可以为参数 criteria 指定任意区域，只要此区域包含至少一个列标签，并且列标签下方包含至少一个指定列条件的单元格。

实例解析

实例 457　**实现单条件查询**

表格中统计了学生的考试成绩，要求查询任意学生的成绩。

❶ 在 **D1:D2** 单元格区域中设置条件，其中要包括列标识与指定的姓名。

❷ 选中 **E2** 单元格，在公式编辑栏中输入公式：

```
=DGET(A1:B13,2,D1:D2)
```

按 **Enter** 键即可查询到"夏心怡"的成绩，如图 **9-24** 所示。

E2	▼	× ✓ fx	=DGET(A1:B13,D1:D2)	
	A	B	C	D	E
1	姓名	分数		姓名	分数
2	周诚	93		夏心怡	87
3	陈秀月	72			
4	杨世奇	87			
5	袁晓宇	90			
6	夏心怡	87			
7	吴晶晶	88			
8	蔡天放	99			
9	孙阅	82			
10	袁庆元	65			
11	张芯瑜	89			
12	肖菲菲	89			
13	简佳丽	77			

图 9-24

③ 如果要查询学生的成绩，只需要在 **D2** 单元格中更改查询姓名即可，如图 9-25 所示。

	A	B	C	D	E
1	姓名	分数		姓名	分数
2	周诚	93		孙阅	82
3	陈秀月	72			
4	杨世奇	87			
5	袁晓宇	90			
6	夏心怡	87			
7	吴晶晶	88			
8	蔡天放	99			
9	孙阅	82			
10	袁庆元	65			
11	张芯瑜	89			
12	肖菲菲	89			
13	简佳丽	77			

图 9-25

实例 458　实现多条件查询

表格中统计了学生的考试成绩，要求查询任意学生的成绩。

① 在 **G1:I2** 单元格区域中设置条件，其中要包括列标识与指定的多个条件，如图 9-26 所示。

	A	B	C	D	E	F	G	H	I
1	产品	瓦数	产地	单价	采购盒数		产品	瓦数	产地
2	白炽灯	200	南京	¥ 4.50	5		白炽灯	100	广州
3	led灯带	2米	广州	¥ 12.80	2				
4	日光灯	100	广州	¥ 8.80	6				
5	白炽灯	80	南京	¥ 2.00	12				
6	白炽灯	100	南京	¥ 3.20	8				
7	2d灯管	5	广州	¥ 12.50	10				
8	2d灯管	10	南京	¥ 18.20	6				
9	led灯带	5米	南京	¥ 22.00	5				
10	led灯带	10米	广州	¥ 36.50	2				
11	白炽灯	100	广州	¥ 3.80	10				
12	白炽灯	40	广州	¥ 1.80	10				

图 9-26

② 选中 **J2** 单元格，在公式编辑栏中输入公式：

```
=DGET(A1:E12,5,G1:I2)
```

按 **Enter** 键即可查询到同时满足 3 个条件（指定产品、瓦数、产地 3 个条件）的采购盒数，如图 9-27 所示。

J2		× ✓ fx	=DGET(A1:E12,5,G1:I2)						
	A	B	C	D	E	F	G	H	I
1	产品	瓦数	产地	单价	采购盒数		产品	瓦数	产地	采购盒数
2	白炽灯	200	南京	¥ 4.50	5		白炽灯	100	广州	10
3	led灯带	2米	广州	¥ 12.80	2				
4	日光灯	100	广州	¥ 8.80	6				
5	白炽灯	80	南京	¥ 2.00	12				
6	白炽灯	100	南京	¥ 3.20	8				
7	2d灯管	5	广州	¥ 12.50	10				
8	2d灯管	10	南京	¥ 18.20	6				
9	led灯带	5米	南京	¥ 22.00	5				
10	led灯带	10米	广州	¥ 36.50	2				
11	白炽灯	100	广州	¥ 3.80	10				
12	白炽灯	40	广州	¥ 1.80	10				

图 9-27

函数 8：DPRODUCT 函数（从数据库中返回满足指定条件的数值的乘积）

函数功能

DPRODUCT 函数用于返回列表或数据库中满足指定条件的记录字段（列）中的数值的乘积。

函数语法

DPRODUCT(database, field, criteria)

参数解释

- database：表示构成列表或数据库的单元格区域。数据库是包含一组相关数据的列表，其中包含相关信息的行为记录，而包含数据的列为字段。列表的第一行包含每一列的标签。
- field：表示指定函数所使用的列。输入两端带有双引号的列标签，如 "使用年数" 或 "产量"；或是代表列在列表中的位置的数字（不带引号）：1 表示第一列，2 表示第二列，以此类推。
- criteria：表示包含所指定条件的单元格区域。可以为参数 criteria 指定任意区域，只要此区域包含至少一个列标签，并且列标签下方包含至少一个指定列条件的单元格。

实例解析

实例 459　对满足指定条件的数值进行乘积运算

例如下面表格中，操作如下。

❶ 在 **D1:D2** 单元格区域中设置条件。

❷ 选中 **E2** 单元格，在公式编辑栏中输入公式：

```
=DPRODUCT(A1:B11,2,D1:D2)
```

按 **Enter** 键，得出的结果是所有 "美的" 产品的数量的乘积，即 **"2*2*1"**，如图 **9-28** 所示。

E2	▼	:	× ✓ fx	=DPRODUCT(A1:B11,2,D1:D2)
▲	A	B	C	D	E
1	商品品牌	数量		商品品牌	DPRODUCT结果
2	美的EX-0908	2		美的*	4
3	海尔KT-1067	2			
4	格力KT-1188	2			
5	美菱BX-676C	4			
6	美的EX-0908	2			
7	荣事达XYG-710Y	3			
8	海尔XYG-8796F	2			
9	格力KT-1109	1			
10	格力KT-1188	1			
11	美的EX-0908	1			

图 9-28

9.2 散布度统计

函数 9：DSTDEV 函数（按指定条件以样本估算标准偏差）

函数功能

DSTDEV 函数用于返回利用列表或数据库中满足指定条件的记录字段（列）中的数字作为一个样本估算出的总体标准偏差。

函数语法

DSTDEV(database, field, criteria)

参数解释

- database：表示构成列表或数据库的单元格区域。数据库是包含一组相关数据的列表，其中包含相关信息的行为记录，而包含数据的列为字段。列表的第一行包含每一列的标签。
- field：表示指定函数所使用的列。输入两端带双引号的列标签，如"使用年数"或"产量"；或是代表列在列表中的位置的数字（不带引号）：1 表示第一列，2 表示第二列，以此类推。
- criteria：表示包含所指定条件的单元格区域。可以为参数 criteria 指定任意区域，只要此区域包含至少一个列标签，并且列标签下方包含至少一个指定列条件的单元格。

提示

如果数据库中的数据只是整个数据的一个样本，则使用 DSTDEV 函数计算出的是以此样本估算出的标准偏差。标准偏差用来测度统计数据的差异程度，标准偏差越接近 0 值表示差异度越小。

实例解析

实例 460 计算女性参赛者年龄的标准偏差（以此数据作为样本）

数据列表中显示的是参赛者编号、性别、年龄的数据，要求以此数据作为样本估算女性参赛者年龄的标准偏差。

❶ 在 E1:E2 单元格区域中设置条件，指定性别为"女"。

❷ 选中 F2 单元格，在公式编辑栏中输入公式：

```
=DSTDEV(A1:C16,3,E1:E2)
```

按 **Enter** 键即可计算出以此数据为样本的女性参赛者年龄的标准偏差，如图 9-29 所示。

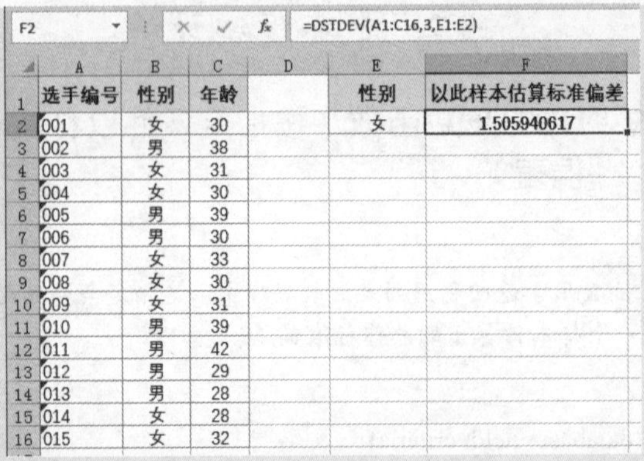

| F2 | ▼ | : | × | ✓ | fx | =DSTDEV(A1:C16,3,E1:E2) |

	A	B	C	D	E	F
1	选手编号	性别	年龄		性别	以此样本估算标准偏差
2	001	女	30		女	1.505940617
3	002	男	38			
4	003	女	31			
5	004	女	30			
6	005	男	39			
7	006	男	30			
8	007	女	33			
9	008	女	30			
10	009	女	31			
11	010	男	39			
12	011	男	42			
13	012	男	29			
14	013	男	28			
15	014	女	28			
16	015	女	32			

图 9-29

📖 **公式解析**

=DSTDEV (A1:C16,3,E1:E2)

第 3 个参数表示必须引用 E1:E2 单元格区域，即要满足指定的性别，并且在 A1:C16 单元格区域中使用第 3 列中的年龄作为统计数据。

函数 10：DSTDEVP 函数（按指定条件计算总体标准偏差）

函数功能

DSTDEVP 函数用于返回利用列表或数据库中满足指定条件的记录字段（列）中的数字作为样本总体计算出的总体标准偏差。

函数语法

DSTDEVP(database, field, criteria)

参数解释

- database：表示构成列表或数据库的单元格区域。数据库是包含一组相关数据的列表，其中包含相关信息的行为记录，而包含数据的列为字段。列表的第一行包含每一列的标签。
- field：表示指定函数所使用的列。输入两端带双引号的列标签，如 "使用年数" 或 "产量"；或是代表列在列表中的位置的数字（不带引号）：1 表示第一列，2 表示第二列，以此类推。
- criteria：表示包含所指定条件的单元格区域。可以为参数 criteria 指定任意区域，只要此区域包含至少一个列标签，并且列标签下方包含至少一个指定列条件的单元格。

📢 提示

如果数据库中的数据是整个数据总体，则使用 DSTDEVP 函数计算出的是整个数据整体的真实标准偏差。

实例解析

实例 461　计算女性参赛者年龄的标准偏差（以此数据作为样本总体）

数据列表中显示的是参赛者编号、性别、年龄的数据，此数据为全部总体数据，要求计算总体标准偏差。

❶ 在 **E1:E2** 单元格区域中设置条件，指定性别为"女"。

❷ 选中 **F2** 单元格，在公式编辑栏中输入公式：

```
=DSTDEVP(A1:C16,3,E1:E2)
```

按 **Enter** 键即可计算出该样本总体的标准偏差即真实的标准偏差，如图 9-30 所示。

| F2 | ▼ | ⋮ | × | ✓ | fx | =DSTDEVP(A1:C16,3,E1:E2) |

▲	A	B	C	D	E	F
1	选手编号	性别	年龄		性别	样本总体标准偏差(真实标准偏差)
2	001	女	30		女	1.408678459
3	002	男	38			
4	003	女	31			
5	004	女	30			
6	005	男	39			
7	006	男	30			
8	007	女	33			
9	008	女	30			
10	009	女	31			
11	010	男	39			
12	011	男	42			
13	012	男	29			
14	013	男	28			
15	014	女	28			
16	015	女	32			

图 9-30

📖公式解析

=DSTDEVP (A1:C16,3,E1:E2)

第 3 个参数表示必须引用 E1:E2 单元格区域，即要满足指定的性别，并且在 A1:C16 单元格区域中使用第 3 列中的年龄作为统计数据。

函数 11: DVAR 函数（按指定条件以样本估算总体方差）

函数功能

DVAR 函数用于返回利用列表或数据库中满足指定条件的记录字段（列）中的数字作为一个样本估算出的总体方差。

函数语法

DVAR(database, field, criteria)

参数解释

- database：表示构成列表或数据库的单元格区域。数据库是包含一组相关数据的列表，其中包含相关信息的行为记录，而包含数据的列为字段。列表的第一行包含每一列的标签。
- field：表示指定函数所使用的列。输入两端带双引号的列标签，如"使用年数"或"产量"；或是代表列表中列位置的数字（不带引号）：1 表示第一列，2 表示第二列，以此类推。
- criteria：表示包含所指定条件的单元格区域。可以为参数 criteria 指定任意区域，只要此区域包含至少一个列标签，并且列标签下至少有一个在其中为列指定条件的单元格。

提示

如果数据库中的数据只是整个数据的一个样本，则使用 DVAR 函数计算出的是以此样本估算出的方差。方差和标准差是测度数据变异程度的最重要、最常用的指标，用来描述一组数据的波动性（集中还是分散）。

实例解析

实例 462　计算女性参赛者年龄总体方差（以此数据作为样本）

数据列表中显示的是参赛者编号、性别、年龄的数据，要求以此数据作为样本估算女性参赛者年龄的总体方差。

❶ 在 E1:E2 单元格区域中设置条件，指定性别为"女"。

❷ 选中 F2 单元格，在公式编辑栏中输入公式：

`=DVAR(A1:C16,3,E1:E2)`

按 **Enter** 键即可计算出以此数据为样本的女性参赛者年龄的总体方差，如图 9-31 所示。

	A	B	C	D	E	F
	fx		=DVAR(A1:C16,3,E1:E2)			
1	选手编号	性别	年龄		性别	以此样本估算方差
2	001	女	30		女	2.267857143
3	002	男	38			
4	003	女	31			
5	004	女	30			
6	005	男	39			
7	006	男	30			
8	007	女	33			
9	008	女	30			
10	009	女	31			
11	010	男	39			
12	011	男	42			
13	012	男	29			
14	013	男	28			
15	014	女	28			
16	015	女	32			

图 9-31

📖公式解析

=DVAR(A1:C16,3,E1:E2)

第 3 个参数表示必须引用 E1:E2 单元格区域，即要满足指定的性别，并且在 A1:C16 单元格区域中使用第 3 列中的年龄作为统计数据。

函数 12：DVARP 函数（按指定条件计算总体方差）

函数功能

DVARP 函数用于通过使用列表或数据库中满足指定条件的记录字段（列）中的数字计算样本总体的总体方差。

函数语法

DVARP(database, field, criteria)

参数解释

- database：表示构成列表或数据库的单元格区域。数据库是包含一组相关数据的列表，其中包含相关信息的行为记录，而包含数据的列为字段。列表的第一行包含每一列的标签。
- field：表示指定函数所使用的列。输入两端带双引号的列标签，如"使用年数"或"产量"；或是代表列表中列位置的数字（不带引号）：1 表示第一列，2 表示第二列，以此类推。
- criteria：表示包含所指定条件的单元格区域。可以为参数 criteria 指定任意区域，只要此区域包含至少一个列标签，并且列标签下至少有一个在其中为列指定条件的单元格。

📢 提示

如果数据库中的数据是整个数据总体，则使用 DVARP 函数计算出的是整个数据整体的真实方差。

实例解析

实例 463　计算女性参赛者工龄的总体方差

数据列表中显示的是参赛者编号、性别、年龄的数据，此数据为全部总体数据，要求计算总体方差。

❶ 在 E1:E2 单元格区域中设置条件，指定性别为"女"。

❷ 选中 F2 单元格，在公式编辑栏中输入公式：

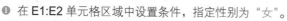
```
=DVARP(A1:C16,3,E1:E2)
```

按 Enter 键即可计算出该样本总体的方差即真实的方差，如图 9-32 所示。

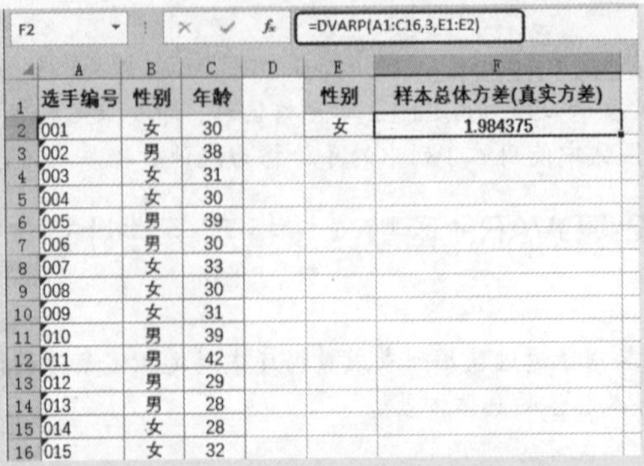

F2 =DVARP(A1:C16,3,E1:E2)

	A	B	C	D	E	F
1	选手编号	性别	年龄		性别	样本总体方差(真实方差)
2	001	女	30		女	1.984375
3	002	男	38			
4	003	女	31			
5	004	女	30			
6	005	男	39			
7	006	男	30			
8	007	女	33			
9	008	女	30			
10	009	女	31			
11	010	男	39			
12	011	男	42			
13	012	男	29			
14	013	男	28			
15	014	女	28			
16	015	女	32			

图 9-32

公式解析

=DVARP(A1:C16,3,E1:E2)

第 3 个参数表示必须引用 E1:E2 单元格区域，即要满足指定的性别，并且在 A1:C16 单元格区域中使用第 3 列中的年龄作为统计数据。

第10章 工程函数

10.1 进制编码转换函数

函数1：BIN2OCT 函数

函数功能

BIN2OCT 函数用于将二进制编码转换为八进制编码。

函数语法

BIN2OCT(number,places)

参数解释

- number：表示待转换的二进制编码。位数不能多于 10 位，负数用二进制编码的补码表示。
- places：表示所要使用的字符数。如果省略，将用最少的字符来表示。

实例 464　二进制编码转换为八进制编码

选中 **C2** 单元格，在公式编辑栏中输入公式：

```
=BIN2OCT(A2)
```

按 **Enter** 键即可将二进制编码转换为八进制编码。向下复制公式即可将 A 列中的其他二进制编码转换为八进制编码，如图 **10-1** 所示。

C2		▼	:	×	✓	f_x	=BIN2OCT(A2)	
▲	A		B		C		D	
1	二进制编码		转换条件		转换结果			
2	11010011		八进制		323			
3	11011101		八进制		335			
4	11001011		八进制		313			

图 10-1

函数2：BIN2DEC 函数

函数功能

BIN2DEC 函数用于将二进制编码转换为十进制编码。

函数语法

BIN2DEC(number)

参数解释

number：表示待转换的二进制编码。位数不能多于 10 位，负数用二进制编码的补码表示。

实例 465 二进制编码转换为十进制编码

选中 **C2** 单元格，在公式编辑栏中输入公式：

=BIN2DEC(A2)

按 **Enter** 键即可将二进制编码转换为十进制编码。向下复制公式即可将 **A** 列中其他二进制编码转换为十进制编码，如图 **10-2** 所示。

C2	▼	:	×	✓	fx	=BIN2DEC(A2)	
	A	B	C	D			
1	二进制编码	转换条件	转换结果				
2	11010011	十进制	211				
3	11011001	十进制	217				
4	11001011	十进制	203				
5	11001100	十进制	204				

图 10-2

函数 3：BIN2HEX 函数

函数功能

BIN2HEX 函数用于将二进制编码转换为十六进制编码。

函数语法

BIN2HEX(number,places)

参数解释

- number：表示待转换的二进制编码。位数不能多于 10 位，负数用二进制编码的补码表示。
- places：表示所要使用的字符数。如果省略，将用最少字符来表示。

实例 466 二进制编码转换为十六进制编码

选中 **C2** 单元格，在公式编辑栏中输入公式：

=BIN2HEX(A2)

按 **Enter** 键即可将二进制编码转换为十六进制编码。向下复制公式即可将 **A** 列中其他二进制编码转换为十六进制编码，如图 **10-3** 所示。

C2	▼	:	×	✓	fx	=BIN2HEX(A2)	
	A	B	C	D			
1	二进制编码	转换条件	转换结果				
2	11010011	十六进制	D3				
3	11011001	十六进制	D9				
4	11001011	十六进制	CB				
5	11001100	十六进制	CC				

图 10-3

函数4: DEC2BIN 函数

函数功能

DEC2BIN 函数用于将十进制编码转换为二进制编码。

函数语法

DEC2BIN(number,places)

参数解释

- number: 表示待转换的十进制编码, 负数用二进制编码的补码表示。
- places: 表示所要使用的字符数。如果省略, 将用最少字符来表示。

实例 467 十进制编码转换为二进制编码

选中 C2 单元格, 在公式编辑栏中输入公式:
```
=DEC2BIN(A2)
```

按 **Enter** 键即可将十进制编码转换为二进制编码。向下复制公式即可将 A 列中其他十进制编码转换为二进制编码,如图 10-4 所示。

C2	▼	:	×	✓	fx	=DEC2BIN(A2)

	A	B	C	D
1	十进制编码	转换条件	转换结果	
2	9	二进制	1001	
3	28	二进制	11100	
4	165	二进制	10100101	
5	430	二进制	110101110	

图 10-4

函数5: DEC2OCT 函数

函数功能

DEC2OCT 函数用于将十进制编码转换为八进制编码。

函数语法

DEC2OCT(number,places)

参数解释

- number: 表示待转换的十进制编码, 负数用二进制编码的补码表示。
- places: 表示所要使用的字符数。如果省略, 将用最少字符来表示。

实例 468 十进制编码转换为八进制编码

选中 C2 单元格, 在公式编辑栏中输入公式:
```
=DEC2OCT(A2)
```

按 **Enter** 键即可将十进制编码转换为八进制编码。向下复制公式即可将 A 列中其他十进制编码转换为八进制编码,如图 10-5 所示。

| C2 | ▼ : × ✓ fx | =DEC2OCT(A2) |

	A	B	C	D
1	十进制编码	转换条件	转换结果	
2	9	八进制	11	
3	28	八进制	34	
4	165	八进制	245	
5	430	八进制	656	

图 10-5

函数 6：DEC2HEX 函数

函数功能

DEC2HEX 函数用于将十进制编码转换为十六进制编码。

函数语法

DEC2HEX(number,places)

参数解释

- number：表示待转换的十进制编码，负数用二进制编码的补码表示。
- places：表示所要使用的字符数。如果省略，将用最少字符来表示。

实例 469　十进制编码转换为十六进制编码

选中 C2 单元格，在公式编辑栏中输入公式：

=DEC2HEX(A2)

按 Enter 键即可将十进制编码转换为十六进制编码。向下复制公式即可将 A 列中其他十进制编码转换为十六进制编码，如图 10-6 所示。

| C2 | ▼ : × ✓ fx | =DEC2HEX(A2) |

	A	B	C	D
1	十进制编码	转换条件	转换结果	
2	9	十六进制	9	
3	28	十六进制	1C	
4	165	十六进制	A5	
5	430	十六进制	1AE	

图 10-6

函数 7：HEX2BIN 函数

函数功能

HEX2BIN 函数用于将十六进制编码转换为二进制编码。

函数语法

HEX2BIN(number,places)

参数解释

- number：表示待转换的十六进制编码。位数不能多于 10 位，负数用二进制编码的补码表示。

- places：表示所要使用的字符数。如果省略，将用最少字符来表示。

实例 470　十六进制编码转换为二进制编码

选中 C2 单元格，在公式编辑栏中输入公式：

```
=HEX2BIN(A2)
```

按 **Enter** 键即可将十六进制编码转换为二进制编码。向下复制公式即可将 A 列中其他十六进制编码转换为二进制编码，如图 10-7 所示。

	A	B	C	D
1	十六进制编码	转换条件	转换结果	
2	9	二进制	1001	
3	1C	二进制	11100	
4	A5	二进制	10100101	
5	1AE	二进制	110101110	

C2 ▼ : × ✓ fx =HEX2BIN(A2)

图 10-7

函数 8：HEX2OCT 函数

函数功能

HEX2OCT 函数用于将十六进制编码转换为八进制编码。

函数语法

HEX2OCT(number,places)

参数解释

- number：表示待转换的十六进制编码。位数不能多于 10 位，负数用二进制编码的补码表示。
- places：表示所要使用的字符数。如果省略，将用最少字符来表示。

实例 471　十六进制编码转换为八进制编码

选中 C2 单元格，在公式编辑栏中输入公式：

```
=HEX2OCT(A2)
```

按 **Enter** 键即可将十六进制编码转换为八进制编码。向下复制公式即可将 A 列中其他十六进制编码转换为八进制编码，如图 10-8 所示。

	A	B	C	D
1	十六进制编码	转换条件	转换结果	
2	9	八进制	11	
3	1C	八进制	34	
4	A5	八进制	245	
5	1AE	八进制	656	

C2 ▼ : × ✓ fx =HEX2OCT(A2)

图 10-8

函数 9: HEX2DEC 函数

函数功能

HEX2DEC 函数用于将十六进制编码转换为十进制编码。

函数语法

HEX2DEC(number)

参数解释

number：表示待转换的十六进制编码。位数不能多于 10 位，负数用二进制编码的补码表示。

实例 472 十六进制编码转换为十进制编码

选中 **C2** 单元格，在公式编辑栏中输入公式：

=HEX2DEC(A2)

按 **Enter** 键即可将十六进制编码转换为十进制编码。向下复制公式即可将 A 列中其他十六进制编码转换为十进制编码，如图 10-9 所示。

C2		:	×	✓	fx	=HEX2DEC(A2)	

	A	B	C	D
1	十六进制编码	转换条件	转换结果	
2	9	十进制	9	
3	1C	十进制	28	
4	A5	十进制	165	
5	1AE	十进制	430	

图 10-9

函数 10: OCT2BIN 函数

函数功能

OCT2BIN 函数用于将八进制编码转换为二进制编码。

函数语法

OCT2BIN(number,places)

参数解释

- number：表示待转换的八进制编码。位数不能多于 10 位，负数用二进制编码的补码表示。
- places：表示所要使用的字符数。如果省略，将用最少字符来表示。

实例 473 八进制编码转换为二进制编码

选中 **C2** 单元格，在公式编辑栏中输入公式：

```
=OCT2BIN(A2)
```

按 **Enter** 键即可将八进制编码转换为二进制编码。向下复制公式即可将 A 列中其他八进制编码转换为二进制编码，如图 10-10 所示。

C2	▼	:	×	✓	fx	=OCT2BIN(A2)

	A	B	C	D
1	八进制编码	转换条件	转换结果	
2	7	二进制	111	
3	65	二进制	110101	
4	127	二进制	1010111	
5	343	二进制	11100011	

图 10-10

函数 11：OCT2DEC 函数

函数功能

OCT2DEC 函数用于将八进制编码转换为十进制编码。

函数语法

OCT2DEC(number)

参数解释

number：表示待转换的八进制编码。位数不能多于 10 位，负数用二进制编码的补码表示。

实例 474 八进制编码转换为十进制编码

选中 **C2** 单元格，在公式编辑栏中输入公式：

```
= OCT2DEC(A2)
```

按 **Enter** 键即可将八进制编码转换为十进制编码。向下复制公式即可将 A 列中其他八进制编码转换为十进制编码，如图 10-11 所示。

C2	▼	:	×	✓	fx	=OCT2DEC(A2)

	A	B	C	D
1	八进制编码	转换条件	转换结果	
2	7	十进制	7	
3	65	十进制	53	
4	127	十进制	87	
5	343	十进制	227	

图 10-11

函数 12：OCT2HEX 函数

函数功能

OCT2HEX 函数用于将八进制编码转换为十六进制编码。

函数语法

OCT2HEX(number,places)

参数解释

- number：表示待转换的八进制编码。位数不能多于 10 位，负数用二进制编码的补码表示。
- places：表示所要使用的字符数。如果省略，将用最少字符来表示。

实例 475 八进制编码转换为十六进制编码

选中 C2 单元格，在公式编辑栏中输入公式：

```
=OCT2HEX(A2)
```

按 Enter 键即可将八进制编码转换为十六进制编码。向下复制公式即可将 A 列中其他八进制编码转换为十六进制编码，如图 10-12 所示。

	A	B	C	D
C2	▼	： × ✓ fx	=OCT2HEX(A2)	
1	八进制编码	转换条件	转换结果	
2	7	十六进制	7	
3	65	十六进制	35	
4	127	十六进制	57	
5	343	十六进制	E3	

图 10-12

10.2 复数计算函数

函数 13：COMPLEX 函数

函数功能

COMPLEX 函数用于将实部及虚部转换为 x+yi 或 x+yj 形式的复数。

函数语法

COMPLEX(real_num,i_num,suffix)

参数解释

- real_num：表示复数的实部。
- i_num：表示复数的虚部。
- suffix：表示复数的虚数单位，如果省略，则认为该参数为 i。

实例 476 将实部及虚部转换为 x+yi 或 x+yj 形式的复数

❶ 选中 C2 单元格，在公式编辑栏中输入公式：

```
=COMPLEX(A2,B2)
```

按 Enter 键即可返回实部为 0，虚部为 0 的复数形式为 "0"，如图 10-13 所示。

| C2 | | : | × | ✓ | f_x | =COMPLEX(A2,B2) |

▲	A	B	C	D
1	实部	虚部	转换为复数形式	
2	0	0	0	
3	2	3		
4	10	7		

图 10-13

❷ 分别选中 C3 和 C4 单元格，并在公式编辑栏中输入公式：

    =COMPLEX(A3,B3,"i")和=COMPLEX(A4,B4,"j")

按 Enter 键即可将其他给定的实部与虚部转换为复数形式，如图 10-14 所示。

| C4 | | : | × | ✓ | f_x | =COMPLEX(A4,B4,"j") |

▲	A	B	C	D
1	实部	虚部	转换为复数形式	
2	0	0	0	
3	2	3	2+3i	
4	10	7	10+7j	

图 10-14

函数 14：IMABS 函数

函数功能

IMABS 函数用于返回以 x+yi 或 x+yj 文本格式表示复数的绝对值，即模。

函数语法

IMABS(inumber)

参数解释

inumber：表示需要计算其绝对值的复数。

实例 477　计算复数的模

选中 D2 单元格，在公式编辑栏中输入公式：

    =IMABS(C2)

按 Enter 键即可返回第一个复数 0 的模，向下复制公式即可得到其他复数的模，如图 10-15 所示。

| D2 | | : | × | ✓ | f_x | =IMABS(C2) |

▲	A	B	C	D	E
1	实部	虚部	复数形式	复数的模	
2	0	0	0	0	
3	0	3	3i	3	
4	10	7	10+7j	12.20655562	

图 10-15

函数 15：IMREAL 函数

函数功能

IMREAL 函数用于返回以 x+yi 或 x+yj 文本格式表示复数的实部。

函数语法

IMREAL(inumber)

参数解释

inumber：表示需要计算其实部的复数。

实例 478 返回复数的实部

选中 **B2** 单元格，在公式编辑栏中输入公式：

```
=IMREAL(A2)
```

按 **Enter** 键即可返回复数 **5-6i** 的实部为 **5**，向下复制公式即可得到其他复数的实部，如图 10-16 所示。

B2	▼	:	×	✓	f_x	=IMREAL(A2)

⊿	A	B	C	D
1	复数	实部		
2	5-6i	5		
3	3i	0		
4	10+7j	10		

图 10-16

函数 16：IMAGINARY 函数

函数功能

IMAGINARY 函数用于返回以 x+yi 或 x+yj 文本格式表示复数的虚部。

函数语法

IMAGINARY(inumber)

参数解释

inumber：表示需要计算其虚部的复数。

实例 479 返回复数的虚部

选中 **D2** 单元格，在公式编辑栏中输入公式：

```
=IMAGINARY(C2)
```

按 **Enter** 键即可得到复数 **0** 的虚部为 **0**，向下复制公式得到其他复数的虚部，如图 10-17 所示。

	A	B	C	D	E
			fx	=IMAGINARY(C2)	
1	实部	虚部	复数形式	复数的虚部	
2	0	0		0	
3	0	3	3i	3	
4	10	7	10+7j	7	
5	2	-5	2-5j	-5	

图 10-17

函数 17：IMCONJUGATE 函数

函数功能

IMCONJUGATE 函数用于返回以 x+yi 或 x+yj 文本格式表示复数的共轭复数。

函数语法

IMCONJUGATE(inumber)

参数解释

inumber：表示需要计算其共轭复数的复数。

实例 480　返回复数的共轭复数

选中 D2 单元格，在公式编辑栏中输入公式：

```
=IMCONJUGATE(C2)
```

按 **Enter** 键即可返回第一个复数的共轭复数，向下复制公式得到其他复数的共轭复数形式，如图 **10-18** 所示。

	A	B	C	D	E
D2			fx	=IMCONJUGATE(C2)	
1	实部	虚部	复数形式	共轭复数	
2	0	0		0	
3	0	3	3i	-3i	
4	10	7	10+7j	10-7j	
5	2	-5	2-5j	2+5i	

图 10-18

函数 18：IMSUM 函数

函数功能

IMSUM 函数用于返回以 x+yi 或 x+yj 文本格式表示的两个或多个复数的和。

函数语法

IMSUM(inumber1,inumber2,...)

参数解释

inumber1,inumber2,...：表示 1～29 个需要相加的复数。

实例 481　计算任意多个复数的和

选中 D2 单元格，在公式编辑栏中输入公式：

=IMSUM(A2,B2,C2)

按 **Enter** 键即可计算出表格中第二行 3 个复数之和为 "**5-5j**"，向下复制公式得到其他各组复数的和，如图 10-19 所示。

	A	B	C	D	E
	=IMSUM(A2,B2,C2)				
1	复数1	复数2	复数3	复数的和	
2	3-4j	2j	2-3j	5-5j	
3	9j	3	-5	-2+9j	
4	0	9-11j	7j	9-4j	
5	10i	1-5i	2-5i	3	

图 10-19

函数 19：IMSUB 函数

函数功能

IMSUB 函数用于返回以 x+yi 或 x+yj 文本格式表示的两个复数的差。

函数语法

IMSUB(inumber1,inumber2)

参数解释

- inumber1：表示被减（复）数。
- inumber2：表示减（复）数。

实例 482　计算两个复数的差

选中 C2 单元格，在公式编辑栏中输入公式：

=IMSUB(A2,B2)

按 **Enter** 键即可计算出前两个复数之差为 "**3-6j**"，向下复制公式得出其他各组复数之差，如图 10-20 所示。

	A	B	C	D	E
	=IMSUB(A2,B2)				
1	复数1	复数2	复数的差		
2	3-4j	2j	3-6j		
3	9j	3	-3+9j		
4	0	9-11j	-9+11j		
5	10i	1-5i	-1+15i		

图 10-20

函数 20：IMDIV 函数

函数功能

IMDIV 函数用于返回以 x+yi 或 x+yj 文本格式表示的两个复数的商。

函数语法

IMDIV(inumber1,inumber2)

参数解释

- inumber1：表示复数分子（被除数）。
- inumber2：表示复数分母（除数）。

实例 483 计算两个复数的商

选中 C2 单元格，在公式编辑栏中输入公式：

    =IMDIV(A2,B2)

按 **Enter** 键即可计算出前两个复数的商，向下复制公式得出其他任意各组复数的商，如图 **10-21** 所示。

C2		▼	:	×	✓	fx	=IMDIV(A2,B2)	
▲	A		B		C		D	E
1	复数1		复数2		复数的商			
2	3-4j		2j		-2-1.5j			
3	9j		3		3j			
4	0		9-11j		0			
5	10i		3+4i		1.6+1.2i			

图 10-21

函数 21：IMPRODUCT 函数

函数功能

IMPRODUCT 函数用于返回以 x+yi 或 x+yj 文本格式表示的 2 ~ 29 个复数的乘积。

函数语法

IMPRODUCT(inumber1,inumber2,...)

参数解释

inumber1, inumber2,...：表示 1 ~ 29 个用来相乘的复数。

实例 484 计算两个复数的积

选中 C2 单元格，在公式编辑栏中输入公式：

    =IMPRODUCT(A2,B2)

按 **Enter** 键即可得到前两个复数的积，向下复制公式得出其他任意两个复数的积，如图 **10-22** 所示。

C2		▼	:	×	✓	fx	=IMPRODUCT(A2,B2)	
▲	A		B		C		D	E
1	复数1		复数2		复数的积			
2	3-4j		2j		8+6j			
3	9j		3		27j			
4	0		9-11j		0			
5	10i		3+4i		-40+30i			

图 10-22

函数 22：IMEXP 函数

函数功能

IMEXP 函数用于返回以 x+yi 或 x+yj 文本格式表示的复数的指数。

函数语法

IMEXP(inumber)

参数解释

inumber：表示需要计算其指数的复数。

实例 485 计算任意复数的指数

选中 B2 单元格，在公式编辑栏中输入公式：
`=IMEXP(A2)`
按 **Enter** 键即可返回复数的指数，向下复制公式得到其他复数的指数，如图 10-23 所示。

B2	▼ :	× ✓ fx	=IMEXP(A2)

	A	B
1	复数	复数的指数
2	3-4j	-13.1287830814622+15.200784463068j
3	9j	-0.911130261884677+0.412118485241757j
4	0	1
5	10i	-0.839071529076452-0.544021111088937i
6	3	20.0855369231877
7	9-11j	35.861802235277+8103.00457043379j

图 10-23

函数 23：IMSQRT 函数

函数功能

IMSQRT 函数用于返回以 x+yi 或 x+yj 文本格式表示的复数的平方根。

函数语法

IMSQRT(inumber)

参数解释

inumber：表示需要计算其平方根的复数。

实例 486 计算任意复数的平方根

选中 B2 单元格，在公式编辑栏中输入公式：
`=IMSQRT(A2)`
按 **Enter** 键即可得到其平方根，向下复制公式得出其他复数的平方根，如图 10-24 所示。

B2		▼	:	×	✓	fx	=IMSQRT(A2)

	A	E
1	复数	复数的平方根
2	3-4j	2-j
3	9j	2.12132034355964+2.12132034355964j
4	0	0
5	10i	2.23606797749979+2.23606797749979i
6	4	2
7	1+2j	1.27201964951407+0.786151377757423j

图 10-24

函数 24：IMARGUMENT 函数

函数功能

IMARGUMENT 函数用于返回复数以弧度表示的辐角的角度值。

函数语法

IMARGUMENT(inumber)

参数解释

inumber：用来计算角度值的复数。

实例 487　返回以弧度表示的角

选中 B2 单元格，在公式编辑栏中输入公式：

=IMARGUMENT(A2)

按 Enter 键即可得到以弧度表示的角，向下复制公式得出其他复数以弧度表示的角，如图 10-25 所示。

B2		▼	:	×	✓	fx	=IMARGUMENT(A2)

	A	B	C	D
1	复数	以弧度表示的角		
2	3-4j	-0.927295218		
3	9j	1.570796327		
4	10i	1.570796327		
5	4	0		
6	1+2j	1.107148718		

图 10-25

函数 25：IMSIN 函数

函数功能

IMSIN 函数用于返回以 x+yi 或 x+yj 文本格式表示的复数的正弦值。

函数语法

IMSIN(inumber)

参数解释

inumber：表示需要计算其正弦的复数。

实例 488　计算复数的正弦值

选中 B2 单元格，在公式编辑栏中输入公式：

```
=IMSIN(A2)
```

按 **Enter** 键即可得到其正弦值，向下复制公式得出其他复数的正弦值，如图 **10-26** 所示。

B2	▼ : × ✓ fx	=IMSIN(A2)

▲	A	B
1	复数	复数的正弦值
2	3-4j	3.85373803791938+27.0168132580039j
3	5i	74.2032105777888i
4	10i	11013.2328747034i
5	4	-0.756802495307928
6	1+2j	3.16577851321617+1.95960104142161j

图 10-26

函数 26：IMSINH 函数

函数功能

IMSINH 函数用于返回以 x+yi 或 x+yj 文本格式表示的复数的双曲正弦值。

函数语法

IMSINH(inumber)

参数解释

inumber：表示需要计算其双曲正弦值的复数。如果 inumber 为非 x+yi 或 x+yj 文本格式的值，则函数 IMSINH 返回错误值 "#NUM!"；如果 inumber 为逻辑值，则函数 IMSINH 返回错误值 "#VALUE!"。

实例 489　计算复数的双曲正弦值

选中 B2 单元格，在公式编辑栏中输入公式：

```
=IMSINH(A2)
```

按 **Enter** 键即可得到其双曲正弦值，向下复制公式得出其他复数的双曲正弦值，如图 **10-27** 所示。

B2	▼ : × ✓ fx	=IMSINH(A2)

▲	A	B
1	复数	复数的双曲正弦值
2	3-4j	-6.548120040911+7.61923172032141j
3	4	27.2899171971278
4	1+2j	-0.489056259041294+1.40311925062204j

图 10-27

函数 27：IMCOS 函数

第 10 章 工程函数

函数功能

IMCOS 函数用于返回以 x+yi 或 x+yj 文本格式表示的复数的余弦值。

函数语法

IMCOS(inumber)

参数解释

inumber：表示需要计算其余弦值的复数。

实例 490　计算复数的余弦值

选中 **B2** 单元格，在公式编辑栏中输入公式：
```
=IMCOS(A2)
```
按 **Enter** 键即可得到其余弦值，向下复制公式得出其他复数的余弦值，如图 10-28 所示。

B2	▼ : × ✓ fx	=IMCOS(A2)

	A	B
1	复数	复数的余弦值
2	3-4j	-27.0349456030742+3.85115333481178j
3	4i	27.3082328360165
4	1+2j	2.03272300701967-3.0518977991518j

图 10-28

函数 28：IMCOSH 函数

函数功能

IMCOSH 函数用于返回以 x+yi 或 x+yj 文本格式表示的复数的双曲余弦值。

函数语法

IMCOSH(inumber)

参数解释

inumber：表示需要计算其双曲余弦值的复数。如果 inumber 为非 x+yi 或 x+yj 文本格式的值，则函数 IMCOSH 返回错误值 "#NUM!"；如果 inumber 为逻辑值，则函数 IMCOSH 返回错误值 "#VALUE!"。

实例 491　计算复数的双曲余弦值

选中 **B2** 单元格，在公式编辑栏中输入公式：
```
=IMCOSH(A2)
```
按 **Enter** 键即可得到其双曲余弦值，向下复制公式得出其他复数的双曲余弦值，如图 10-29 所示。

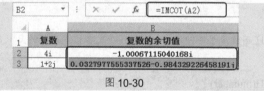

| B2 | ▼ | ⋮ × ✓ fx | =IMCOSH(A2) |

▲	A	B
1	复数	复数的双曲余弦值
2	3-4j	-6.58066304055116+7.58155274274654j
3	4i	-0.653643620863612
4	1+2j	-0.64214812471552+1.06860742138278j

图 10-29

函数 29：IMCOT 函数

函数功能

IMCOT 函数用于返回以 x+yi 或 x+yj 文本格式表示的复数的余切值。

函数语法

IMCOT(inumber)

参数解释

inumber：表示需要计算其余切值的复数。如果 inumber 为非 x+yi 或 x+yj 文本格式的值，则函数 IMCOT 返回错误值"#NUM!"；如果 inumber 为逻辑值，则函数 IMCOT 返回错误值"#VALUE!"。

实例 492 计算复数的余切值

选中 **B2** 单元格，在公式编辑栏中输入公式：

=IMCOT(A2)

按 **Enter** 键即可得到其余切值，向下复制公式得出其他复数的余切值，如图 **10-30** 所示。

| B2 | ▼ | ⋮ × ✓ fx | =IMCOT(A2) |

▲	A	B
1	复数	复数的余切值
2	4i	-1.00067115040168i
3	1+2j	0.0327977555337526-0.984329226458191j

图 10-30

函数 30：IMCSC 函数

函数功能

IMCSC 函数用于返回以 x+yi 或 x+yj 文本格式表示的复数的余割值。

函数语法

IMCSC(inumber)

参数解释

inumber：表示需要计算其余割值的复数。如果 inumber 为非 x+yi 或 x+yj 文本格式的值，则函数 IMCSC 返回错误值"#NUM!"；如果 inumber 为逻辑值，则函数 IMCSC 返回错误值"#VALUE!"。

实例 493　计算复数的余割值

选中 B2 单元格，在公式编辑栏中输入公式：

```
=IMCSC(A2)
```

按 **Enter** 键即可得到其余割值，向下复制公式得出其他复数的余割值，如图 10-31 所示。

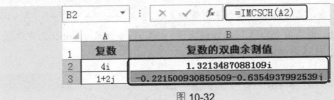

| B2 | | ▼ | : | × | ✓ | *fx* | =IMCSC(A2) |

	A	B
1	复数	复数的余割值
2	4i	−0.0366435703258656i
3	1+2j	0.228375065599687−0.141363021612408j

图 10-31

函数 31：IMCSCH 函数

函数功能

IMCSCH 函数用于返回以 x+yi 或 x+yj 文本格式表示的复数的双曲余割值。

函数语法

IMCSCH(inumber)

参数解释

inumber：表示需要计算其双曲余割值的复数。如果 inumber 为非 x+yi 或 x+yj 文本格式的值，则函数 IMCSCH 返回错误值 "#NUM!"；如果 inumber 为逻辑值，则函数 IMCSCH 返回错误值 "#VALUE!"。

实例 494　计算复数的双曲余割值

选中 B2 单元格，在公式编辑栏中输入公式：

```
=IMCSCH(A2)
```

按 **Enter** 键即可得到其双曲余割值，向下复制公式得出其他复数的双曲余割值，如图 10-32 所示。

| B2 | | ▼ | : | × | ✓ | *fx* | =IMCSCH(A2) |

	A	B
1	复数	复数的双曲余割值
2	4i	1.3213487088109i
3	1+2j	−0.221500930850509−0.6354937992539i

图 10-32

函数 32：IMSEC 函数

函数功能

IMSEC 函数用于返回以 x+yi 或 x+yj 文本格式表示的复数的正割值。

函数语法

IMSEC(inumber)

参数解释

inumber：表示需要计算其正割值的复数。如果 inumber 为非 x+yi 或 x+yj 文本格式的值，则函数 IMSEC 返回错误值 "#NUM!"；如果 inumber 为逻辑值，则函数 IMSEC 返回错误值 "#VALUE!"。

实例 495　计算复数的正割值

选中 **B2** 单元格，在公式编辑栏中输入公式：

=IMSEC(A2)

按 **Enter** 键即可得到其正割值，向下复制公式得出其他复数的正割值，如图 10-33 所示。

B2	▼	：	×	✓	fx	=IMSEC(A2)

⊿	A	B
1	复数	复数的正割值
2	4i	0.0366189934736865
3	1+2j	0.151176298265577+0.2269736753937222j

图 10-33

函数 33：IMSECH 函数

函数功能

IMSECH 函数用于返回以 x+yi 或 x+yj 文本格式表示的复数的双曲正割值。

函数语法

IMSECH(inumber)

参数解释

inumber：表示需要计算其双曲正割值的复数。如果 inumber 为非 x+yi 或 x+yj 文本格式的值，则函数 IMSECH 返回错误值 "#NUM!"；如果 inumber 为逻辑值，则函数 IMSECH 返回错误值 "#VALUE!"。

实例 496　计算复数的双曲正割值

选中 **B2** 单元格，在公式编辑栏中输入公式：

=IMSECH(A2)

按 **Enter** 键即可得到其双曲正割值，向下复制公式得出其他复数的双曲正割值，如图 10-34 所示。

B2		×	✓	f_x	=IMSECH(A2)

▲	A	B
1	复数	复数的双曲正割值
2	4i	-1.5298856564664
3	1+2j	-0.41314934426694-0.687527438655479j

图 10-34

函数 34: IMTAN 函数

函数功能

IMTAN 函数用于返回以 x+yi 或 x+yj 文本格式表示的复数的正切值。

函数语法

IMTAN(inumber)

参数解释

inumber: 表示需要计算其正切值的复数。如果 inumber 为非 x+yi 或 x+yj 文本格式的值，则函数 IMTAN 返回错误值 "#NUM!"；如果 inumber 为逻辑值，则函数 IMTAN 返回错误值 "#VALUE!"。

实例 497　计算复数的正切值

选中 B2 单元格，在公式编辑栏中输入公式：

```
=IMTAN(A2)
```

按 **Enter** 键即可得到其正切值，向下复制公式得出其他复数的正切值，如图 10-35 所示。

B2		×	✓	f_x	=IMTAN(A2)

▲	A	B
1	复数	复数的正切值
2	4i	0.999329299739067i
3	1+2j	0.0338128260798967+1.01479361614663i

图 10-35

函数 35: IMLN 函数

函数功能

IMLN 函数用于返回以 x+yi 或 x+yj 文本格式表示的复数的自然对数。

函数语法

IMLN(inumber)

参数解释

inumber: 表示需要计算其自然对数的复数。

实例 498　计算复数的自然对数

选中 **B2** 单元格，在公式编辑栏中输入公式：

```
=IMLN(A2)
```

按 **Enter** 键即可得到其自然对数，向下复制公式得出其他复数的自然对数，如图 10-36 所示。

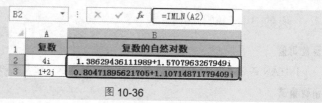

	A	B
1	复数	复数的自然对数
2	4i	1.38629436111989+1.5707963267949i
3	1+2j	0.80471895621705+1.10714871779409j

图 10-36

函数 36：IMLOG10 函数

函数功能

IMLOG10 函数用于返回以 x+yi 或 x+yj 文本格式表示的复数的常用对数（以 10 为底数）。

函数语法

IMLOG10(inumber)

参数解释

inumber：表示需要计算其常用对数的复数。

实例 499　计算以 10 为底的复数的常用对数

选中 **B2** 单元格，在公式编辑栏中输入公式：

```
=IMLOG10(A2)
```

按 **Enter** 键即可得到以 10 为底，复数 **4i** 的常用对数，向下复制公式得出其他复数的以 **10** 为底的常用对数，如图 10-37 所示。

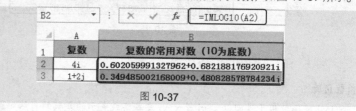

	A	B
1	复数	复数的常用对数（10为底数）
2	4i	0.602059991327962+0.682188176920921i
3	1+2j	0.349485002168009+0.480828578784234j

图 10-37

函数 37：IMLOG2 函数

函数功能

IMLOG2 函数用于返回以 x+yi 或 x+yj 文本格式表示的复数的以 2 为底数的对数。

函数语法

IMLOG2(inumber)

参数解释

inumber：表示需要计算以 2 为底数的对数值的复数。

计算以 2 为底的复数的对数

选中 **B2** 单元格，在公式编辑栏中输入公式：

```
=IMLOG2(A2)
```

按 **Enter** 键即可得到以 2 为底、复数 4i 的常用对数，向下复制公式得出其他以 2 为底的复数的对数，如图 10-38 所示。

B2	▼ : × ✓ *fx*	=IMLOG2(A2)
▲	A	B
1	复数	复数的常用对数（2为底数）
2	4i	2+2.2661800709136i
3	1+2j	1.16096404744368+1.59727796468811i

图 10-38

函数 38：IMPOWER 函数

函数功能

IMPOWER 函数用于返回以 x+yi 或 x+yj 文本格式表示的复数的 n 次幂。

函数语法

IMPOWER(inumber,number)

参数解释

● inumber：表示需要计算其幂的复数。

● number：表示需要计算的幂次。

计算复数的 n 次幂

选中 **C2** 单元格，在公式编辑栏中输入公式：

```
=IMPOWER(A2,B2)
```

按 **Enter** 键即可得到其 n 次幂，向下复制公式得出其他复数的 n 次幂，如图 10-39 所示。

C2	▼ : × ✓ *fx*	=IMPOWER(A2,B2)	
▲	A	B	C
1	复数	n次幂	复数的n次幂
2	4i	1	2.45029690981724E-16+4i
3	1+2j	2	-3+4j
4	5i	5	9.57147230397359E-13+3125i
5	5-3i	7	-183640+137112i

图 10-39

10.3　Bessel 函数

函数 39：BESSELI 函数

函数功能

BESSELI 函数用于返回修正 Bessel 函数值，与用纯虚数参数运算时的 Bessel 函数值相等。

函数语法

BESSELI(x,n)

参数解释

- x：表示参数值。
- n：表示函数的阶数。如果 n 不是整数，则截尾取整。

实例 502　计算修正 Bessel 函数值 In(X)

选中 **C2** 单元格，在公式编辑栏中输入公式：
```
=BESSELI(A2,B2)
```
按 **Enter** 键即可计算出 **3.5** 的 **1** 阶修正 **Bessel** 函数值为 "**6.205834932**"，向下复制公式得到其他数值的修正 **Bessel** 函数值，如图 10-40 所示。

图 10-40

函数 40：BESSELJ 函数

函数功能

BESSELJ 函数用于返回 Bessel 函数值。

函数语法

BESSELJ(x,n)

参数解释

- x：表示参数值。
- n：表示函数的阶数。如果 n 不是整数，则截尾取整。

实例 503　计算 Bessel 函数值

选中 **C2** 单元格，在公式编辑栏中输入公式：
```
=BESSELJ(A2,B2)
```

按 **Enter** 键即可计算出 3.5 的 1 阶 Bessel 函数值为 "**0.137377527**"，向下复制公式得到其他数值的 Bessel 函数值，如图 10-41 所示。

	A	B	C	D
	C2		f_x	=BESSELJ(A2,B2)
1	数值	阶数	Bessel函数值	
2	3.5	1	0.137377527	
3	1.5	2	0.232087679	

图 10-41

函数 41：BESSELK 函数

函数功能

BESSELK 函数用于返回修正Bessel函数值，与用纯虚数参数运算时的Bessel函数值相等。

函数语法

BESSELK(x,n)

参数解释

- x：表示参数值。
- n：表示函数的阶数。如果 n 不是整数，则截尾取整。

实例 504 计算修正 Bessel 函数值 Kn(X)

选中 **C2** 单元格，在公式编辑栏中输入公式：

=BESSELK(A2,B2)

按 **Enter** 键即可计算出 3.5 的 1 阶 Bessel 函数值 Kn (X)为 "**0.022239393**"，向下复制公式得到其他数值的 Bessel 函数值 Kn(X)，如图 10-42 所示。

	A	B	C	D
	C2		f_x	=BESSELK(A2,B2)
1	数值	阶数	Bessel函数值Kn(X)	
2	3.5	1	0.022239393	
3	1.5	2	0.583655974	

图 10-42

函数 42：BESSELY 函数

函数功能

BESSELY 函数用于返回 Bessel 函数值，也称为 Weber 函数或 Neumann 函数。

函数语法

BESSELY(x,n)

参数解释

- x：表示参数值。

- n：表示函数的阶数。如果 n 不是整数，则截尾取整。

实例 505　计算 Bessel 函数值 Yn(X)

选中 C2 单元格，在公式编辑栏中输入公式：

= BESSELY(A2,B2)

按 Enter 键即可计算出 3.5 的 1 阶 Bessel 函数值 Yn(X)为"**0.410188417**"，向下复制公式得到其他数值的 Bessel 函数值 Yn(X)，如图 10-43 所示。

	C2	▼	:	×	✓	*fx*	=BESSELY(A2,B2)	
	A		B		C			D
1	数值		阶数		Bessel函数值Yn(X)			
2	3.5		1		0.410188417			
3	1.5		2		-0.932193761			

图 10-43

10.4　其他工程函数

函数 43：DELTA 函数

函数功能

DELTA 函数用于测试两个数值是否相等。如果相等，则返回 1，否则返回 0。

函数语法

DELTA(number1,number2)

参数解释

- number1：表示第一个参数。

- number2：表示第二个参数。如果省略，则函数 DELTA 假设其值为 0。

实例解析

实例 506　测试两个数值是否相等

本例表格统计了 6 月份产品的预测销量和实际销量，通过设置函数公式可以测试出产品的销量是否与预期相同。

❶ 选中 E2 单元格，在公式编辑栏中输入公式：

=IF(DELTA(C2,D2)=0,"不同","相同")

按 Enter 键即可返回第一件销售产品的预测销售量与实际销售量是否相同。

❷ 选中 E2 单元格，向下进行公式复制，即可得出其他销售产品的预测销售

量与实际销售量是否相同，如图 10-44 所示。

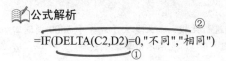

	A	B	C	D	E	F
1	销售日期	产品名称	预测销量	实际销量	销量变化	
2	2013/6/1	显示器	100	85	不同	
3	2013/6/2	加湿器	82	82	相同	
4	2013/6/3	文件柜	100	120	不同	
5	2013/6/4	打印机	135	120	不同	
6	2013/6/5	碎纸机	150	150	相同	
7	2013/6/6	录音笔	80	120	不同	
8	2013/6/7	传真机	20	35	不同	

E2 = IF(DELTA(C2,D2)=0,"不同","相同")

图 10-44

📖公式解析

　　　　　　　　　　　　　　　②
=IF(DELTA(C2,D2)=0,"不同","相同")
　　　　①

① 使用 DELTA 函数判断 C2 与 D2 单元格中的值是否相等。

② 如果步骤①中结果相等,则返回 TRUE 值并显示"相同",否则返回 FALSE 并显示"不同"。

函数 44：GESTEP 函数

函数功能

GESTEP 函数用于比较给定参数的大小，如果 number 大于或等于 step，则返回 1，否则返回 0。

函数语法

GESTEP(number,step)

参数解释

● number：表示待测试的数值。

● step：表示阈值。如果省略 step，则函数 GESTEP 假设其为 0。

实例解析

实例 507　统计是否需要缴纳税金

个人所得税的起征点为 5000 元，现在需要根据公司员工工资表来统计需要缴纳税金的人员并标记出来。

❶ 选中 D2 单元格，在公式编辑栏中输入公式：
=GESTEP(C2,5000)

按 **Enter** 键即可得出第一位员工是否要缴纳税金。

❷ 选中 D2 单元格，向下进行公式复制，即可得出其他员工是否需要缴纳税金，如图 10-45 所示。

| D2 | ▼ | : | × | ✓ | fx | =GESTEP(C2,5000) |

▲	A	B	C	D
1	工号	姓名	工资	是否需要缴纳税金
2	A-001	张智云	8800	1
3	A-002	刘琴	3900	0
4	A-004	周雪	3800	0
5	B-001	梁美媛	4600	0
6	B-003	尹宝琴	3900	0
7	C-001	廖雪辉	5800	1
8	C-005	周云	5000	1

图 10-45

📖 **公式解析**

=GESTEP(C2,5000)

将 C2 单元格中的工资值与 5000 进行比较，如果其大于或等于 5000 则返回"1"（表示需要缴纳税金），否则返回"0"（表示不需要缴纳税金）。

函数 45：ERF 函数

函数功能

ERF 函数用于返回误差函数在上下限之间的积分。

函数语法

ERF(lower_limit,upper_limit)

参数解释

- lower_limit：表示 ERF 函数的积分下限。
- upper_limit：表示 ERF 函数的积分上限。如果省略积分上限，ERF 函数在 0 到下限之间进行积分。

实例解析

实例 508　返回误差函数在上下限之间的积分

表格中给定了误差值的上限和下限范围，使用 ERF 函数可以计算其误差值。

选中 C3 单元格，在公式编辑栏中输入公式：

=ERF(A3,B3)

按 **Enter** 键即可得到下限为 0、上限为 0.6 的第一组误差值为"**0.603856091**"，向下复制公式即可得到其他组数值的误差值，如图 **10-46** 所示。

| C3 | ▼ | : | × | ✓ | fx | =ERF(A3,B3) |

▲	A	B	C
1	计算设计模型的误差值		
2	下限a	上限b	误差值f(x)
3	0	0.6	0.603856091
4	0.8	1.6	0.234247419
5	1.2	2.1	0.086706555

图 10-46

函数 46：ERF.PRECISE 函数

函数功能

ERF.PRECISE 函数用于返回误差函数。

函数语法

ERF.PRECISE(x)

参数解释

x：表示 ERF.PRECISE 函数的积分下限。如果 lower_limit 不是数值型，则函数 ERF.PRECISE 返回错误值 "#VALUE!"。

实例 509　计算积分值

选中 A2 单元格，在公式编辑栏中输入公式：

```
=ERF.PRECISE(0.675)
```

按 **Enter** 键即可计算出误差范围为 "**0~0.675**" 的积分值，如图 10-47 所示。

图 10-47

函数 47：ERFC 函数

函数功能

ERFC 函数用于返回 X~∞（无穷）积分的 ERF 函数的补余误差。

函数语法

ERFC(X)

参数解释

X：表示 REF 函数的积分下限。

实例解析

实例 510　X~∞（无穷）积分的 ERF 函数的补余误差

本例只指定了误差的下限，不指定误差的上限（为无穷大），使用 **ERFC** 函数即可计算其补余误差值。

选中 C3 单元格，在公式编辑栏中输入公式：

```
=ERFC(A3)
```

按 **Enter** 键即可计算出第一组从下限 0 到上限 ∞ 的补余误差值为 1，向下复制公式得到其余两组上下限的补余误差值，如图 10-48 所示。

图 10-48

函数 48：ERFC.PRECISE 函数

函数功能

ERFC.PRECISE 函数用于返回从 x 到无穷大积分的互补 ERF 函数。

函数语法

ERFC.PRECISE(x)

参数解释

x：表示 ERFC.PRECISE 函数的积分下限。如果 x 为非数值型，则 ERFC. PRECISE 函数返回错误值 "#VALUE!"。

实例 511　返回数值 2 的 ERF 函数的补余误差值

选中 B2 单元格，在公式编辑栏中输入公式：

=ERFC.PRECISE(A2)

按 **Enter** 键即可返回数值 2 的 **ERF** 函数的补余误差值为 "**0.004677735**"，如图 10-49 所示。

图 10-49

函数 49：CONVERT 函数

函数功能

CONVERT 函数可以将数字从一个度量系统转换到另一个度量系统中。

函数语法

CONVERT(number,from_unit,to_unit)

参数解释

- number：表示以 from_unit 为单位的需要进行转换的数值。
- from_unit：表示数值 number 的单位。

● to_unit：表示结果的单位。

实例解析

实例 512 计算到期付息的¥100 面值的债券的价格

CONVERT 函数可以将数字从一个度量系统转换到另一个度量系统中。例如，将单位"**pt**"（U.S.品脱）转换为"**l**"（升）、将单位"**gal**"（加仑）转换为"**l**"（升）、将单位"**lbm**"（磅）转换为"**g**"（克）等。

如表 10-1 所示，CONVERT 函数中 From_unit 和 to_unit 的参数接受以下文本值。

表 10-1

重量和质量	From_unit 或 to_unit	能　量	From_unit
克	"g"	焦耳	"J"
斯勒格	"sg"	尔格	"e"
磅（常衡制）	"lbm"	热力学卡	"c"
U（原子质量单位）	"u"	IT	"cal"
盎司（常衡制）	"ozm"	电子伏	"eV"（或 ev）
距　离	From_unit	马力-小时	"HPh"（或"hh"）
米	"m"	瓦特-小时	"Wh"（或"wh"）
法定英里	"mi"	英尺磅	"flb"
海里	"Nmi"	BTU	"BTU"（或"btu"）
英寸	"in"	乘　幂	From_unit
英尺	"ft"	马力	"HP"（或"h"）
码	"yd"	瓦特	"W"（或"w"）
埃	"ang"	磁	From_unit
皮卡（1/72 英寸）	"Pica"	特斯拉	"T"
日　期	From_unit	高斯	"ga"
年	"yr"	温　度	From_unit
日	"day"	摄氏度	"C"（或"cel"）
小时	"hr"	华氏度	"F"（或"fah"）
分钟	"mn"	开氏温标	"K"（或"kel"）
秒	"sec"	液体度量	From_unit
压　强	From_unit	茶匙	"tsp"
帕斯卡	"Pa"（或"p"）	汤匙	"tbs"
大气压	"atm"（或"at"）	液量盎司	"oz"
毫米汞柱	"mmHg"	杯	"cup"

续表

重量和质量	From_unit 或 to_unit	能　　量	From_unit
力	From_unit	U.S.品脱	"pt"（或"us_pt"）
牛顿	"N"	U.K.品脱	"uk_pt"
达因	"dyn"（或"dy"）	夸脱	"qt"
磅力	"lbf"	加仑	"gal"
		升	"l"（或"lt"）

❶ 选中 D2 单元格，在公式编辑栏中输入公式：

```
=ROUND(CONVERT(B2,"pt","l"),2)
```

按 **Enter** 键即可将单位"**pt**"（品脱）转换为"**l**"（升）。

❷ 选中 D2 单元格，向下复制公式，即可将各食品的单位转换为国内单位，如图 10-50 所示。

D2　　=ROUND(CONVERT(B2,"pt","l"),2)

	A	B	C	D	E	F
1	食品	数量	转换前的单位	转换后的值	转换后的单位	
2	威士忌	5.12	品脱（pt）	2.42	升(l)	
3	酸奶	8.95	加仑(gal)	4.23	升(l)	
4	葡萄汁	1.75	汤匙(tbs)	0.83	升(l)	
5	水	5.85	杯(cup)	2.77	升(l)	
6	芝士	3.36	磅(lbm)	1.59	克(g)	

图 10-50

公式解析

②

=ROUND(CONVERT(B2,"pt","l"),2)

①

① 使用 CONVERT 函数将 B2 单元格中的数值单位由"**pt**"（品脱）转换为"**l**"（升）。

② 使用 ROUND 函数将步骤①中结果四舍五入，保留两位小数位数。

函数 50：BITAND 函数

函数功能

BITAND 函数用于返回两个数的按位"与"。

函数语法

BITAND(number1, number2)

参数解释

- number1：必须为十进制格式并大于或等于 0。

- number2：必须为十进制格式并大于或等于 0。

实例 513　比较数值的按位"与"

❶ 选中 A6 单元格，在公式编辑栏中输入公式：

=BITAND(A2,B2)

按 **Enter** 键即可返回数值 1 和 7 的二进制表示形式的比较结果。

❷ 向右复制公式到 C6 单元格，即可返回数值 15 和 27 的二进制表示形式的比较结果，如图 10-51 所示。

A6	▼	:	×	✓	fx	=BITAND(A2,B2)

	A	B	C	D
1	数值1	数值2	数值3	数值4
2	1	7	15	27
3				
4	两个数的按位"与"			
5	数值1和数值2		数值3和数值4	
6	1		11	

图 10-51

函数 51：BITOR 函数

函数功能

BITOR 函数用于返回两个数的按位"或"。

函数语法

BITOR(number1, number2)

参数解释

- number1：必须为十进制格式并大于或等于 0。
- number2：必须为十进制格式并大于或等于 0。

实例 514　比较两个数值的按位"或"

选中 C2 单元格，在公式编辑栏中输入公式：

=BITOR(A2,B2)

按 **Enter** 键即可返回数值 17 和 39 这两个数字以二进制表示的位，如图 10-52 所示。

C2	▼	:	×	✓	fx	=BITOR(A2,B2)

	A	B	C
1	数值1	数值2	两个数的按位"或"
2	17	39	55

图 10-52

函数 52：BITXOR 函数

函数功能

BITXOR 函数用于返回两个数值的按位"异或"的结果。

函数语法

BITXOR(number1, number2)

参数解释

- number1：必须大于或等于 0。
- number2：必须大于或等于 0。

实例 515　返回两个数值按位"异或"比较结果

选中 **C4** 单元格，在公式编辑栏中输入公式：

```
=BITXOR(A2,B2)
```

按 **Enter** 键即可计算出数值 3 和 7 按位"异或"比较的结果，如图 10-53 所示。

	A	B	C	D
1	数值1	数值2		
2	3	7		
3				
4	两个数值按位"异或"比较结果		4	

图 10-53

函数 53：BITLSHIFT 函数

函数功能

BITLSHIFT 函数用于返回向左移动指定位数后的数值。

函数语法

BITLSHIFT(number, shift_amount)

参数解释

- number：必需。number 必须为大于或等于 0 的整数。
- shift_amount：必需。shift_amount 必须为整数。

实例 516　返回左移相应位数的数值并用十进制表示

选中 **B2** 单元格，在公式编辑栏中输入公式：

```
=BITLSHIFT(A2,2)
```

按 **Enter** 键即可将返回的数值以十进制表示，如图 10-54 所示。

| B2 | ▼ | : | × | ✓ | fx | =BITLSHIFT(A2,2) |

	A	B	C	D
1	数值1	返回值		
2	4	16		

图 10-54

📖 **公式解析**

=BITLSHIFT(A2,2)

A2 单元格中的数值 4 以二进制表示为 100，在右侧添加两个数字 0 将得到 10000，即十进制中的 16。

函数 54：BITRSHIFT 函数

函数功能

BITRSHIFT 函数用于返回向右移动指定位数后的数值。

函数语法

BITRSHIFT(number, shift_amount)

参数解释

- number：必需。必须为大于或等于 0 的整数。
- shift_amount：必需。必须为整数。

实例 517 返回右移相应位数的数值并用十进制表示

选中 **B2** 单元格，在公式编辑栏中输入公式：

=BITRSHIFT(A2,2)

按 **Enter** 键即可将返回的数值以十进制表示，如图 10-55 所示。

| B2 | ▼ | : | × | ✓ | fx | =BITRSHIFT(A2,2) |

	A	B	C	D
1	数值	返回值		
2	13	3		

图 10-55

📖 **公式解析**

=BITRSHIFT(A2,2)

将 A2 单元格中的数值 13 以二进制表示为 1101，删除最右边的两位数得到 11，即十进制值的 3。

第 11 章　加载项和自动化函数

函数 1：EUROCONVERT 函数

函数功能

　　EUROCONVERT 函数将数字转换为欧元形式，将数字由欧元形式转换为欧盟成员国货币形式，或利用欧元作为中间货币将数字由某一欧盟成员国货币转化为另一欧盟成员国货币的形式（三角转换关系）。只有采用了欧元的欧盟（EU）成员国货币才能进行这些转换。此函数所使用的是由欧盟（EU）建立的固定转换汇率。

函数语法

　　EUROCONVERT(number,source,target,full_precision,triangulation_precision)

参数解释

● number：表示要转换的货币值，或对包含该值的单元格的引用。

● source：表示由 3 个字母组成的字符串，或对包含字符串的单元格的引用，该字符串对应于源货币的 ISO 代码。EUROCONVERT 函数中可以使用如表 11-1 所示货币代码。

表 11-1

国家/地址	基本货币单位	ISO
比利时	法郎	BEF
卢森堡	法郎	LUF
德国	德国马克	DEM
西班牙	西班牙比塞塔	ESP
法国	法郎	FRF
爱尔兰	爱尔兰磅	IEP
意大利	里拉	ITL
荷兰	荷兰盾	NLG
奥地利	奥地利先令	ATS
葡萄牙	埃斯库多	PTE
芬兰	芬兰马克	FIM
希腊	德拉克马	GRD
斯洛文尼亚	托拉尔	SIT
欧盟成员国	欧元	EUR

● target：表示由 3 个字母组成的字符串，或单元格引用，该字符串对应于要将数字转换成的货币所对应的 ISO 代码。有关 ISO 代码的信息，请参阅前面列出的 Source 表。

- full_precision：表示一个逻辑值(TRUE 或 FALSE)，或计算结果为 TRUE 或 FALSE 的表达式，它用于指定结果的显示方式。

- triangulation_precision：必需。一个等于或大于 3 的整数，在两种欧盟成员国货币之间转换时用于指定中间欧元值要使用的有效位数。如果忽略此参数，Excel 不对中间欧元值进行四舍五入。在将欧元成员国货币转换为欧元时，如果包括此参数，Excel 先计算中间欧元值，然后将其转换为欧盟成员国货币。

实例 518　欧盟货币之间的兑换

实例解析

表格显示了金额列（见图 11-3 ），需要将原来指定的货币类型的金额转换为另外一个欧盟国家的货币金额，可以使用 EUROCONVERT 函数，同时也可以将其全部转换为任意一种货币金额，例如全部转换为欧元，则直接将货币类型设置为"**EUR**"即可。

❶ 在使用 EUROCONVERT 函数前，需要加载"欧元转换工具"加载宏。在 Excel 2013 界面中，选择"文件"→"选项"命令，打开"**Excel 选项**"对话框。

❷ 选中"加载项"选项，在右侧的"管理"位置单击"转到"按钮，如图 11-1 所示。

图 11-1

❸ 在打开的"加载宏"对话框中选中"欧元工具"复选框，单击"确定"按钮，即可加载"欧元工具"加载宏，如图 11-2 所示。

❹ 打开工作表，选中 D2 单元格，在公式编辑栏中输入公式：
```
=EUROCONVERT(A2,B2,C2)
```
按 **Enter** 键即可将指定国家的货币金额转换为其他欧盟国家的货币金额。

❺ 将光标移到 D2 单元格的右下角，光标变成十字形状后，向下复制公式，即可将其他国家的货币金额转换为欧盟国家的货币金额，如图 11-3 所示。

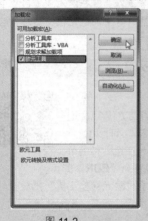

图 11-2

D2	▼ : × ✓ fx	=EUROCONVERT(A2,B2,C2)		
	A	B	C	D	E
1	金额	货币类型	兑换货币类型	兑换后金额	
2	50	FRF	GRD	2597	
3	8.1	NLG	EUR	3.68	
4	100	BEF	DEM	4.85	
5	2.4	DEM	EUR	1.23	
6	3.6	GRD	DEM	0.02	
7	9.4	EUR	EUR	9.4	

图 11-3

📖 公式解析

=EUROCONVERT(A2,B2,C2)

A2 单元格中数值为要转换的货币金额，要求将指定 B2 单元格中的货币类型转换为 C2 单元格中的其他货币类型，得到 D2 单元格中兑换后的金额。

实例 519　将货币金额全部转换为欧元货币金额

❶ 选中 D2 单元格，在公式编辑栏中输入公式：
```
=EUROCONVERT(A2,B2,C2)
```
按 **Enter** 键即可将指定国家的货币金额转换为欧元货币金额。

❷ 将光标移到 D2 单元格的右下角，待光标变成十字形状后，向下复制公式，即可将其他国家的货币金额全部转换为欧元货币金额，如图 11-4 所示。

D2	▼ : × ✓ fx	=EUROCONVERT(A2,B2,C2)		
	A	B	C	D	E
1	金额	货币类型	兑换货币类型	兑换后金额	
2	50	FRF	EUR	7.62	
3	8.1	NLG	EUR	3.68	
4	100	BEF	EUR	2.48	
5	2.4	DEM	EUR	1.23	
6	3.6	GRD	EUR	0.01	
7	9.4	EUR	EUR	9.4	

图 11-4

函数 2：CALL 函数

函数功能

CALL 函数是调用动态链接库或代码源中的过程。此函数有两种语法形式。语法 1 只能用于已经注册的代码源，该代码源使用 REGISTER 函数的参数。语法 2a 或 2b 可以同时注册并调用代码源。

函数语法

语法 1：CALL(register_id,argument1,...)

语法 2a：CALL(module_text,procedure,type_text,argument1,...)

语法 2b：CALL(file_text,resource,type_text,argument1,...)

参数解释

- register_id：表示以前执行 REGISTER 函数或 REGISTER.ID 函数返回的值。

- argument1, ...：表示要传递给过程的参数。

- module_text：带引号的文本，用于指定动态链接库（DLL）的名称，该链接库包含 Microsoft Excel for Windows 中的过程。

- file_text：包含 Microsoft Excel for the Macintosh 中代码源的文件的名称。

- procedure：为文本，用于指定 Microsoft Excel for Windows 中 DLL 内的函数名。还可以使用由模块定义文件（.DEF）中的 EXPORTS 语句为函数提供的顺序值，顺序值不可以为文本形式。

- resource：Microsoft Excel for the Macintosh 中代码源的名称，也可以使用源 ID 号，源 ID 号不可以为文本形式。

- type_text：用于指定返回值的数据类型以及 DLL 或代码源的所有参数的数据类型的文本。type_text 的首字母指定返回值。有关 type_text 所使用的代码的详细信息，请参阅 CALL 和 REGISTER 函数的用法。对于独立的 DLL 或代码源（XLL），可以省略此参数。

实例 520　在 16 位 Microsoft Excel for Windows 中注册 GetTickCount 函数

实例解析

在 16 位 Microsoft Excel for Windows 中，将 GetTickCount 函数注册到系统中，并使得 GetTickCount 函数以毫秒作为单位返回 Microsoft Windows 的运行时间。

❶ 打开工作表，选中需要注册 GetTickCount 函数的单元格，在公式编辑栏中输入公式：

```
=REGISTER("User","GetTickCount","J")
```

按 **Enter** 键即可完成 GetTickCount 函数注册。

❷ 假设函数 REGISTER 在 A1 单元格中，选中 A1 单元格后，在公式编辑

栏中输入公式：

```
=CALL(A1)
```

按 **Enter** 键即可返回已经运行的毫秒数。

实例 521　在 32 位 Microsoft Excel for Windows 中注册 GetTickCount 函数

实例解析

在 32 位 Microsoft Excel for Windows 中，将 GetTickCount 函数注册到系统中，并让 GetTickCount 函数以毫秒作为单位返回 Microsoft Windows 的运行时间。

❶ 打开工作表，选中需要注册 GetTickCount 函数的单元格，在公式编辑栏中输入公式：

```
=REGISTER("Kernel32","GetTickCount","J")
```

按 **Enter** 键即可完成 GetTickCount 函数注册。

❷ 假设函数 REGISTER 在 A1 单元格中，选中 A1 单元格后，在公式编辑栏中输入公式：

```
=CALL(A1)
```

按 **Enter** 键即可返回已经运行的毫秒数。

实例 522　调用注册到 16 位 Microsoft Excel for Windows 中的 GetTickCount 函数

实例解析

使用 CALL 函数可以来调用注册到 16 位 Microsoft Excel for Windows 中的 GetTickCount 函数。

打开工作表，选中需要调用 GetTickCount 函数的单元格，在公式编辑栏中输入公式：

```
=CALL("User","GetTickCount","J!")
```

按 **Enter** 键即可调用 GetTickCount 函数。

实例 523　调用注册到 32 位 Microsoft Excel for Windows 中的 GetTickCount 函数

实例解析

使用 CALL 函数可以来调用注册到 32 位 Microsoft Excel for Windows 中的 GetTickCount 函数。

打开工作表，选中需要调用 GetTickCount 函数的单元格，在公式编辑栏中输入公式：

```
=CALL("Kernel32","GetTickCount","J!")
```

按 **Enter** 键即可调用 GetTickCount 函数。

函数 3：REGISTER.ID 函数

函数功能

REGISTER.ID 函数用于返回已注册过的指定动态链接库（DLL）或代码源的注册号。如果 DLL 或代码源还未进行注册，该函数对 DLL 或代码源进行注册，然后返回注册号。REGISTER.ID 函数可以用于工作表（与 REGISTER 函数不同），但无法用 REGISTER.ID 函数指定函数名和参数名。

函数语法

语法 1：REGISTER.ID(module_text,procedure,type_text)

语法 2：REGISTER.ID(file_text,resource,type_text)

参数解释

- module_text：为文本，用于指定 Microsoft Excel for Windows 中的 DLL 名称，该 DLL 包含函数。
- procedure：为文本，用于指定 Microsoft Excel for Windows 中 DLL 内的函数名。还可以使用由模块定义文件（.DEF）中的 EXPORTS 语句为函数提供的顺序值。序数值或源 ID 号不能为文本形式。
- type_text：为文本，用于指定返回值的数据类型以及 DLL 的所有参数的数据类型。type_text 的首字母指定返回值。如果函数或代码源已经注册过，则可以省略该参数。
- file_text：为文本，用于指定 Microsoft Excel for the Macintosh 中包含代码源的文件名。
- resource：为文本，用于指定 Microsoft Excel for the Macintosh 中代码源内的函数名。也可以使用源 ID 号。序数值或源 ID 号不能为文本形式。

实例 524　将 GetTickCount 函数登录到 16 位版本的 Microsoft Windows 中

实例解析

将 GetTickCount 函数登录到 16 位版本的 Microsoft Windows 中，并返回登录代码。

打开工作表，选中返回登录代码的单元格（A1），在公式编辑栏中输入公式：

```
=REGISTER.ID("User", "GetTickCount", "J!")
```

按 **Enter** 键即可返回登录代码。

实例 525　将 GetTickCount 函数登录到 32 位版本的 Microsoft Windows 中

实例解析

将 GetTickCount 函数登录到 32 位版本的 Microsoft Windows 中，并返回登

录代码。

打开工作表，选中返回登录代码的单元格（**A1**），在公式编辑栏中输入公式：

```
=REGISTER.ID("Kernel32", "GetTickCount", "J!")
```

按 **Enter** 键即可返回登录代码。

函数 4：SQL.REQUEST 函数

函数功能

SQL.REQUEST 函数是与外部数据源连接，从工作表运行查询，然后 SQL.REQUEST 将查询结果以数组的形式返回，而无须进行宏编程。如果没有此函数，则必须安装 Microsoft Excel ODBC 加载项程序（加载项：为 Microsoft Office 提供自定义命令或自定义功能的补充程序）（XLODBC.XLA）。读者可从 Microsoft Office 网站安装加载项。

函数语法

- SQL.REQUEST(connection_string,output_ref,driver_prompt,query_text,column_names_logical)

参数解释

connection_string：提供信息，如数据源名称、用户 ID 和密码等。这些信息对于连接数据源的驱动程序是必需的，同时它们必须满足驱动程序的格式要求。表 11-2 给出了用于 3 个不同驱动程序的 3 个连接字符串的示例。

表 11-2

驱 动 程 序	Connection_string
dBASE	DSN=NWind;PWD=test;PWD=test
SQL	DSN=MyServer;UID=dbayer; PWD=123;Database=Pubs
ORACLE	DNS=My Oracle Data Source;DBQ=MYSER VER;UID=JohnS; PWD=Sesame

- output_ref：对用于存放完整的连接字符串的单元格的引用。如果在工作表中输入 SQL.REQUEST 函数，则可以忽略 output_ref。
- driver_prompt：指定驱动程序对话框何时显示以及何种选项可用。该参数使用表 11-3 中所描述的数字之一。如果省略 driver_prompt，SQL.REQUEST 函数使用 2 作为默认值。

表 11-3

Driver_prompt	说　　明
1	一直显示驱动程序对话框
2	只有在连接字符串和数据源说明所提供的信息不足以完成连接时，才显示驱动程序对话框。所有对话框选项都可用
3	只有在连接字符串和数据源说明所提供的信息不足以完成连接时，才显示驱动程序对话框。如果未指明对话框选项是必需的，这些选项变灰，不能使用
4	不显示对话框。如果连接不成功，则返回错误值

- query_text：需要在数据源中执行的 SQL 语句。
- column_names_logical：指示是否将列名作为结果的第一行返回。如果要将列名作为结果的第一行返回，请将该参数设置为 TRUE。如果不需要将列名返回，则设置为 FALSE。如果省略 column_names_logical，则 SQL.REQUEST 函数不返回列名。

实例 526　从指定服务器查找满足条件的数据

实例解析

从指定服务器（**Buxue**）上的指定库（**ExP**）中的指定表（**OrderTT**）中，查找满足条件的数据返回到工作表中。

在工作表中，选中查找结果返回数据的单元格（**A2**），在公式编辑栏中输入公式：

```
=SQL.REQUEST("DSN=Buxue;UID=tftv;PWD=tf00588;Database=
ExP",2," Select HPrice from Rationlib WHERE TCode=A1",TRUE)
```

按 **Enter** 键即可从 **Buxue** 服务器上 **ExP** 库中的 **OrderTT** 表中查找条件等于 **A1** 的内容，并将其返回到 **A2** 的单元格中。

第 12 章　多维数据集函数

函数 1：CUBEKPIMEMBER 函数

函数功能

CUBEKPIMEMBER 函数用于返回重要性能指示器（KPI）属性，并在单元格中显示 KPI 名称。KPI 是一种用于监控单位绩效的可计量度量值，如每月总利润或季度员工调整。

函数语法

CUBEKPIMEMBER(connection,kpi_name,kpi_property,caption)

参数解释

- connection：表示到多维数据集连接名称的文本字符串。
- kpi_name：表示多维数据集中 KPI 名称的文本字符串。
- kpi_property：表示返回的 KPI 组件。如果给 kpi_property 指定 KPIValue，则只有 kpi_name 显示在单元格中。KPI 组件可以是表 12-1 中所给出类型的值。

表 12-1

整　型	枚 举 常 量	说　明
1	KPIValue	实际值
2	KPIGoal	目标值
3	KPIStatus	KPI 在特定时刻的状态
4	KPITrend	走向值的度量
5	KPIWeight	分配给 KPI 的相对权重
6	KPICurrentTimeMember	KPI 的临时根据内容

- caption：是显示在单元格中的可选文本字符串，而不是 kpi_name 和 kpi_property。

实例 527　从数据库中显示 KPI 名称

选中 **C3** 单元格，在公式编辑栏中输入公式：

```
=CUBEKPIMEMBER(A1,"NewKPI",2)
```

按 **Enter** 键即可从数据库中显示 KPI 名称，如图 12-1 所示。

图 12-1

函数 2：CUBEMEMBER 函数

函数功能

CUBEMEMBER 函数用于返回多维数据集中的成员或元组。用来验证成员或元组存在于多维数据集中。

函数语法

CUBEMEMBER(connection,member_expression,caption)

参数解释

● connection：表示到多维数据集连接名称的文本字符串。

● member_expression：表示多维表达式（MDX）的文本字符串，用来计算出多维数据集中的唯一成员。此外，也可以将 member_expression 指定为单元格区域或数组常量的元组。

● caption：表示显示在多维数据集的单元格（而不是标题）中的文本字符串（如果定义了一个文本字符串的话）。当返回元组时，所用的标题为元组中最后一个成员的文本字符。

实例 528　从数据库中获取订单编号

选中 **A2** 单元格，在公式编辑栏中输入公式：

```
=CUBEMEMBER("JACKCHEN MyAnalysis MyCubeData",
"[Orders].[OrderID].&[10248]")
```

按 **Enter** 键即可从数据库中获取到订单编号，如图 12-2 所示。

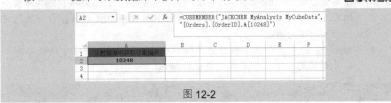

图 12-2

函数 3：CUBEMEMBERPROPERTY 函数

函数功能

CUBEMEMBERPROPERTY 函数用于返回多维数据集中成员属性的值。用来验证某成员名称存在于多维数据集中，并返回此成员的指定属性。

函数语法

CUBEMEMBERPROPERTY(connection,member_expression,property)

参数解释

● connection：表示到多维数据集连接名称的文本字符串。

● member_expression：表示多维数据集中成员的多维表达式（MDX）的文本字符串。

- property：表示返回的属性的名称的文本字符串或对包含属性名称的单元格的引用。

实例 529 从数据库中返回指定成员的属性值

选中单元格，在公式编辑栏中输入公式：
=CUBEMEMBERPROPERTY("Sales","[Time].[Fiscal].[2004]",$A$3)
按 **Enter** 键即可从数据库中返回成员的属性值。

函数 4：CUBERANKEDMEMBER 函数

函数功能

CUBERANKEDMEMBER 函数用于返回集合中的第 n 个成员或排名成员。用来返回集合中的一个或多个元素，如业绩最好的销售人员或前 10 名的学生。

函数语法

CUBERANKEDMEMBER(connection,set_expression,rank,caption)

参数解释

- connection：表示到多维数据集连接名称的文本字符串。
- set_expression：表示是集合表达式的文本字符串，如"{[Item1].children}"。set_expression 也可以是 CUBESET 函数，或者是对包含 CUBESET 函数的单元格的引用。
- rank：是用于指定要返回的最高值的整型值。如果 rank 为 1，它将返回最高值；如果 rank 为 2，它将返回第二高的值，以此类推。要返回最高的前 5 个值，请使用 5 次 CUBERANKEDMEMBER 函数，每一次指定 1～5 的不同 rank。
- caption：表示显示在多维数据集的单元格（而不是标题）中的文本字符串（如果定义了一个文本字符串的话）。

实例 530 从数据库中返回第 n 个成员或排名成员

选中单元格，在公式编辑栏中输入公式：
=CUBERANKEDMEMBER("Sales",$D$4,1,"Top Month")
按 **Enter** 键即可从数据库中返回第 n 个成员或排名成员。

函数 5：CUBESET 函数

函数功能

CUBESET 函数是定义成员或元组的计算集。方法是向服务器上的多维数据集发送一个集合表达式，此表达式创建集合，并随后将该集合返回到 Microsoft Office Excel。

函数语法

CUBESET(connection,set_expression,[caption],[sort_order],[sort_by])

参数解释

- connection：表示到多维数据集连接名称的文本字符串。
- set_expression：表示产生一组成员或元组的集合表达式的文本字符串。set_expression 也可以表示对 Excel 区域的单元格引用，该区域包含一个或多个成员、元组或包含在集合中的集合。
- caption：表示显示在多维数据集单元格（而不是标题）中的文本字符串（如果定义了一个文本字符串的话）。
- sort_order：表示执行的排序类型（如果存在的话），默认值为 0。对一组元组进行字母排序是以每个元组中最后一个元素为排序依据的。有关这些不同的排序顺序的详细信息，请参阅 Microsoft Office SQL Analysis Services 帮助系统。具体如表 12-2 所示。

表 12-2

整　型	枚举常量	说　明	sort_by 参数
0	SortNone	按当前顺序保留集合	忽略
1	SortAscending	使用 sort_by 按升序对集合进行排序	必选
2	SortDescending	使用 sort_by 按降序对集合排序	必选
3	SortAlphaAscending	按字母升序对集合进行排序	忽略
4	Sort_Alpha_Descending	按字母降序对集合进行排序	忽略
5	Sort_Natural_Ascending	按自然升序对集合进行排序	忽略
6	Sort_Natural_Descending	按自然降序对集合进行排序	忽略

默认值为 0。对一组元组进行字母排序是以每个元组中最后一个元素为排序依据的。有关这些不同的排序顺序的详细信息，请参阅 Microsoft Office SQL Analysis Services 帮助系统。

- sort_by：可选。排序所依据的值的文本字符串。例如要获得销售量最高的城市，则 set_expression 为一组城市，sort_by 为销售量。或者要获得人口最多的城市，则 set_expression 为一组城市，sort_by 为人口量。如果 sort_order 需要 sort_by，而 sort_by 被忽略，则 CUBESET 函数返回错误消息 "#VALUE!"。

实例 531　定义成员或元组的计算集

选中单元格，在公式编辑栏中输入公式：

```
=CUBESET("Finance","Order([Product].[Product].[Product
Category].Members,[Measures].[Unit Sales],ASC)","Products")
```

按 **Enter** 键即可定义成员的计算集。

函数 6：CUBESETCOUNT 函数

函数功能

CUBESETCOUNT 函数用于返回集合中的项目数。

函数语法

CUBESETCOUNT(set)

参数解释

set：是 Excel 表达式的文本字符串，该表达式计算出由 CUBESET 函数定义的集合。set 也可以是 CUBESET 函数，或者是对包含 CUBESET 函数的单元格的引用。

实例 532　返回集合中的项目数

选中单元格，在公式编辑栏中输入公式：
```
=CUBESETCOUNT(CUBESET("Sales","[Product].[AllProducts].
Children","Products",1,"[Measures].[Sales Amount]"))
```
按 **Enter** 键即可返回集合中的项目数。

函数 7：CUBEVALUE 函数

函数功能

CUBEVALUE 函数从多维数据集中返回汇总值。

函数语法

CUBEVALUE(connection,member_expression1,member_expression2,…)

参数解释

- connection：表示到多维数据集连接名称的文本字符串。
- member_expression1,member_expression2,…：表示用来计算出多维数据集中的成员或元组的多维表达式（MDX）的文本字符串。另外，member_expression 可以是由 CUBESET 函数定义的集合。使用 member_expression 作为切片器来定义要返回汇总值的多维数据集部分。如果 member_expression 中未指定度量值，则使用该多维数据集的默认度量值。

实例 533　从数据库中获取对应的数值

选中 **C2** 单元格，在公式编辑栏中输入公式：
```
=CUBEVALUE("JACKCHEN MyAnalysis MyCubeData",
A1,A2,A3)
```
按 **Enter** 键即可从数据库中获取对应的数值，如图 12-3 所示。

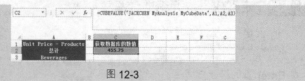

图 12-3

第13章 兼容性函数

函数1：BETADIST 函数

函数功能

BETADIST 函数用于返回 Beta 概率密度函数。Beta 分布通常用于研究样本中一定部分的变化情况，例如，人们一天中看电视的时间比率。

函数语法

BETADIST(x,alpha,beta,A,B)

参数解释

- x：用来计算其函数的值，介于值 A 和 B 之间。
- alpha：表示分布参数。alpha≤0 或 beta≤0，则 BETADIST 返回错误值"#NUM!"。
- beta：表示分布参数。
- A 和 B：可选。A 表示 x 所属区间的下界；B 表示 x 所属区间的上界。若 x＜A、x＞B 或 A＝B，则函数 BETADIST 返回错误值"#NUM!"；如果省略 A 或 B 值，则函数 BETADIST 使用标准的累积 beta 分布，即 A＝0，B＝1。

实例 534　计算累积 Beta 概率密度函数值

选中 **C4** 单元格，在公式编辑栏中输入公式：

```
=BETADIST(A2,B2,C2,D2,E2)
```

按 **Enter** 键即可得到数值 5 在对应参数条件下的 **Beta** 概率密度函数值，如图 13-1 所示。

	A	B	C	D	E
1	计算函数的值	分布参数	分布参数	下界	上界
2	5	6	13	1	9
3					
4	累积Beta概率密度函数值		0.951873779		

图 13-1

函数2：BETAINV 函数

函数功能

BETAINV 函数用于返回指定 Beta 分布的累积 Beta 概率密度函数的反函数。也就是说，如果 probability = BETADIST(x,...)，则 BETAINV(probability,...) = x。

Beta 分布函数可用于项目设计，在已知预期的完成时间和变化参数后，模拟可能的完成时间。

函数语法

BETAINV(probability,alpha,beta,A,B)

参数解释

- probability：表示与 Beta 分布相关的概率。
- alpha：表示分布参数。
- beta：表示分布参数。
- A：可选。表示 x 所属区间的下界。
- B：可选。表示 x 所属区间的上界。

实例 535　计算累积 Beta 概率密度函数的反函数值

选中 **C4** 单元格，在公式编辑栏中输入公式：

`=BETAINV(A2,B2,C2,D2,E2)`

按 **Enter** 键即得到概率值"**0.951873779**"在对应参数条件下的 Beta 概率密度函数的反函数值，如图 **13-2** 所示。

| | C4 | ▼ | : | × | ✓ | fx | =BETAINV(A2,B2,C2,D2,E2) |

	A	B	C	D	E
1	beta分布的概率值	分布参数1	分布参数2	下界	上界
2	0.951873779	2	13	1	9
3					
4	累积Beta概率密度函数的反函数值		3.393153448		

图 13-2

函数 3：BINOMDIST 函数

函数功能

BINOMDIST 函数用于返回一元二项式分布的概率。BINOMDIST 用于处理固定次数的试验或实验问题，前提是任意试验的结果仅为成功或失败两种情况，实验是独立实验，且在整个实验过程中成功的概率固定不变。例如，BINOMDIST 函数可以计算 3 个即将出生的婴儿中两个是男孩的概率。

函数语法

BINOMDIST(number_s,trials,probability_s,cumulative)

参数解释

- number_s：表示试验的成功次数。
- trials：表示独立试验次数。
- probability_s：表示每次试验成功的概率。
- cumulative：表示决定函数形式的逻辑值。如果 cumulative 为 TRUE，

则 BINOMDIST 返回累积分布函数，即最多存在 number_s 次成功的概率；如果为 FALSE，则返回概率密度函数，即存在 number_s 次成功的概率。

实例 536 　实验成功次数的概率值

❶ 选中 **C4** 单元格，在公式编辑栏中输入公式：
=BINOMDIST(A2,B2,C2,TRUE)

按 **Enter** 键即可根据实验成功次数、实验次数，以及实验成功率得出最多 6 次实验成功的概率值，如图 13-3 所示。

C4		fx	=BINOMDIST(A2,B2,C2,TRUE)	
	A	B	C	D	E
1	实验成功次数	实验次数	成功率		
2	6	15	0.5		
3					
4	至多6次成功的概率		0.303619		

图 13-3

❷ 选中 **C5** 单元格，在公式编辑栏中输入公式：
=BINOMDIST(A2,B2,C2,FALSE)

按 **Enter** 键即可得出刚好 6 次实验成功的概率值，如图 13-4 所示。

C5		fx	=BINOMDIST(A2,B2,C2,FALSE)	
	A	B	C	D	E
1	实验成功次数	实验次数	成功率		
2	6	15	0.5		
3					
4	至多6次成功的概率		0.303619		
5	6次成功的概率		0.15274		

图 13-4

公式解析

公式 1：

=BINOMDIST(A2,B2,C2,TRUE)

第 4 项参数值为 TRUE，表示返回累积分布函数值，即最多存在 6 次实验成功的概率值。

公式 2：

=BINOMDIST(A2,B2,C2,FALSE)

第 4 项参数值为 FALSE，表示返回概率密度函数值，即存在 6 次实验成功的概率值。

函数 4：CHIDIST 函数

函数功能

CHIDIST 函数用来返回 χ^2 分布的右尾概率。χ^2 分布与 χ^2 测试相关联。使用 χ^2 测试可比较观察值和预期值。例如，某项遗传学实验可能假设下一代植物将呈现出某一组颜色。通过使用该函数比较观察结果和理论值，可以确定初始假设是否有效。

函数语法

CHIDIST(x,deg_freedom)

参数解释

- x：表示用来计算分布的数值。
- deg_freedom：表示自由度。

实例 537   返回指定参数条件下 χ^2 分布的单尾概率

选中 **C2** 单元格，在公式编辑栏中输入公式：

```
=CHIDIST(A2,B2)
```

按 **Enter** 键即可返回分布值为 **19.83**，自由度为 **6** 的 χ^2 分布的单尾概率为 "**0.002969052**"，如图 13-5 所示。

	A	B	C
C2		f_x	=CHIDIST(A2,B2)
1	用来计算分布的值	自由度	χ^2分布的单尾概率
2	19.83	6	0.002969052

图 13-5

函数 5：CHIINV 函数

函数功能

CHIINV 函数是返回 χ^2 分布的右尾概率的反函数。如果 probability=CHIDIST (x,...)，则 CHIINV(probability,...)=x。使用此函数可比较观察结果与理论值，以确定初始假设是否有效。

函数语法

CHIINV(probability,deg_freedom)

参数解释

- probability：表示与 χ^2 分布相关联的概率。
- deg_freedom：表示自由度。

实例 538   返回 χ^2 分布的单尾概率的反函数值

选中 **C2** 单元格，在公式编辑栏中输入公式：

```
=CHIINV(A2,B2)
```

按 **Enter** 键即可返回 χ^2 分布的单尾概率的反函数值 "**20.19460868**"，如图 13-6 所示。

| C2 | | ▼ | : | × | ✓ | fx | =CHIINV(A2,B2) |

	A	B	C
1	与 χ^2 分布相关的概率	自由度	χ^2 分布的单尾概率的反函数值
2	0.0025569	6	20.19460868

图 13-6

函数 6：CHITEST 函数

函数功能

CHITEST 函数用于返回独立性检验值。函数 CHITEST 返回卡方（χ^2）分布的统计值和相应的自由度。可以使用 χ^2 检验值确定假设结果是否经过实验　验证。

函数语法

CHITEST(actual_range,expected_range)

参数解释

- actual_range：表示包含观察值的数据区域，用于检验预期值。
- expected_range：表示包含行列汇总的乘积与总计值之比率的数据区域。

实例 539 返回 χ^2 的检验值

选中 **B6** 单元格，在公式编辑栏中输入公式：
=CHITEST(A2:B4,C2:D4)

按 **Enter** 键即可返回 χ^2 的检验值为"**0.000308192**"，如图 13-7
所示。

| B6 | | ▼ | : | × | ✓ | fx | =CHITEST(A2:B4,C2:D4) |

	A	B	C	D	E
1	男士（实际数）	女士（实际数）	男士（期望数）	女士（期望数）	
2	58	35	45.35	47.65	同意
3	11	25	17.56	18.44	中立
4	10	23	16.09	16.91	不同意
5					
6	χ^2 检验值	0.000308192			

图 13-7

函数 7：CONFIDENCE 函数

函数功能

CONFIDENCE 函数使用正态分布返回总体平均值的置信区间。

函数语法

CONFIDENCE(alpha,standard_dev,size)

参数解释

- alpha：用来计算置信水平的显著性水平。置信水平等于 100*(1-alpha)%，即如果 alpha 为 0.05，则置信水平为 95%。

- standard_dev：表示数据区域的总体标准偏差，假定为已知。
- size：表示样本大小。

实例 540　返回总体平均值的置信区间

选中 D2 单元格，在公式编辑栏中输入公式：

```
=CONFIDENCE(A2,B2,C2)
```

按 **Enter** 键即可返回总体平均值的置信区间"**0.345702189**"，如图 13-8 所示。

	A	B	C	D
	D2 ▼ : × ✓ fx =CONFIDENCE(A2,B2,C2)			
1	显著水平参数	总体标准偏差	样本容量	总体平均值的置信区间
2	0.28	3.2	100	0.345702189

图 13-8

函数 8：COVAR 函数

函数功能

COVAR 函数用于返回协方差，即两个数据集中每对数据点的偏差乘积的平均数（成对偏差乘积的平均值）。

函数语法

COVAR(array1,array2)

参数解释

- array1：表示整数的第一个单元格区域。
- array2：表示整数的第二个单元格区域。

实例 541　返回每对数据点的偏差乘积的平均数

选中 B8 单元格，在公式编辑栏中输入公式：

```
=COVAR(A2:A6, B2:B6)
```

按 **Enter** 键即可得到每对数据点的偏差乘积的平均数（即协方差），如图 13-9 所示。

	A	B	C
	B8 ▼ : × ✓ fx =COVAR(A2:A6, B2:B6)		
1	数据 A	数据 B	
2	4	10	
3	3	8	
4	6	14	
5	5	15	
6	7	18	
7			
8	协方差	4.8	

图 13-9

函数 9：CRITBINOM 函数

函数功能

CRITBINOM 函数用于返回一个数值，该数值是使得累积二项式分布的函数值大于或等于临界值的最小整数。此函数可用于质量检验。例如，使用 CRITBINOM 来决定装配线上整批产品达到检验合格所允许的最多残次品个数。

函数语法

CRITBINOM(trials,probability_s,alpha)

参数解释

- trials：表示伯努利试验次数。
- probability_s：表示一次试验中成功的概率。
- alpha：表示临界值。

实例 542 返回使得累积二项式分布大于或等于临界值的最小值

选中 **C5** 单元格，在公式编辑栏中输入公式：

```
=CRITBINOM(A2,B2,C2)
```

按 **Enter** 键即可返回使得累积二项式分布大于或等于临界值的最小值为"**4**"，如图 13-10 所示。

| C5 | ▼ | : | × | ✓ | fx | =CRITBINOM(A2,B2,C2) |

▲	A	B	C
1	伯努利试验次数	每次试验成功的概率	临界值
2	6	0.5	0.75
3			
4			
5	使得累积二项式分布大于或等于临界值的最小值		4

图 13-10

函数 10：EXPONDIST 函数

函数功能

EXPONDIST 函数表示返回指数分布。使用函数 EXPONDIST 可以建立事件之间的时间间隔模型。

函数语法

EXPONDIST(x,lambda,cumulative)

参数解释

- x：表示函数的值。
- lambda：表示参数值。
- cumulative：表示一个逻辑值，指定要提供的指数函数的形式。如果

cumulative 为 TRUE，函数 EXPONDIST 返回累积分布函数；如果 cumulative 为 FALSE，返回概率密度函数。

实例 543　返回指数分布函数

❶ 选中 B4 单元格，在公式编辑栏中输入公式：

    =EXPONDIST(A2,B2,TRUE)

按 **Enter** 键即可返回指定数值的累积指数分布函数值，如图 13-11 所示。

B4	: × ✓ fx	=EXPONDIST(A2,B2,TRUE)		
	A	B	C	D	E
1	数值	参数值			
2	0.6	10			
3					
4	累积指数分布函数值	0.99752125			

图 13-11

❷ 选中 B5 单元格，在公式编辑栏中输入公式：

    =EXPONDIST(A2,B2,FALSE)

按 **Enter** 键即可返回指定数值的概率指数分布函数值，如图 13-12 所示。

B5	: × ✓ fx	=EXPONDIST(A2,B2,FALSE)		
	A	B	C	D	E
1	数值	参数值			
2	0.6	10			
3					
4	累积指数分布函数值	0.99752125			
5	概率指数分布函数值	0.02478752			

图 13-12

公式解析

公式 1：

=EXPONDIST(A2,B2,TRUE)

第 3 项参数值为 TRUE，表示返回累积分布函数值。

公式 2：

=EXPONDIST(A2,B2,FALSE)

第 4 项参数值为 FALSE，表示返回概率密度函数值。

函数 11：FDIST 函数

函数功能

FDIST 函数用于返回两个数据集的（右尾）F 概率分布（变化程度）。使用此函数可以确定两组数据是否存在变化程度上的不同。

函数语法

FDIST(x,deg_freedom1,deg_freedom2)

参数解释

● x：表示用来计算函数的值。

- deg_freedom1：表示分子自由度。
- deg_freedom2：表示分母自由度。

实例 544　返回 F 概率分布函数的函数值

选中 **B3** 单元格，在公式编辑栏中输入公式：

```
=FDIST(A2,B2,C2)
```

按 **Enter** 键即可返回计算值为 "**15.20686486**" 的 F 概率分布函数的函数值，如图 **13-13** 所示。

	B3	▼ : × ✓	*fx*	=FDIST(A2,B2,C2)	
	A		B		C
1	计算值		分子自由度		分母自由度
2	15.20686486		5		3
3	F概率分布函数的函数值		0.02425749		

图 13-13

函数 12：FINV 函数

函数功能

FINV 函数用于返回 F 概率分布函数的反函数。如果 p=FDIST(x,...)，则 FINV(p,...)= x。在 F 检验中，可以使用 F 分布比较两组数据中的变化程度。例如，可以分析美国和加拿大的收入分布，判断两个国家/地区是否有相似的收入变化程度。

函数语法

FINV(probability,deg_freedom1,deg_freedom2)

参数解释

- probability：表示 F 分布的概率值。
- deg_freedom1：表示分子自由度。
- deg_freedom2：表示分母自由度。

实例 545　返回 F 概率分布函数的反函数值

选中 **B4** 单元格，在公式编辑栏中输入公式：

```
=FINV(A2,B2,C2)
```

按 **Enter** 键即可返回 F 概率分布函数的反函数值，如图 **13-14** 所示。

	B4	▼ : × ✓	*fx*	=FINV(A2,B2,C2)	
	A		B		C
1	与F分布相关的概率值		分子自由度		分母自由度
2	0.03		6		4
3					
4	F概率分布函数的反函数值		8.295392666		

图 13-14

函数 13：FTEST 函数

函数功能

FTEST 函数表示返回 F 检验的结果，即当数组 1 和数组 2 的方差无明显差异时的双尾概率。

函数语法

FTEST(array1,array2)

参数解释

- array1：表示第一个数组或数据区域。
- array2：表示第二个数组或数据区域。

实例 546　检验两所中学前十名的差别程度

实例解析

本例中给定了两所中学的摸底考试前十名成绩汇总，可以使用 FTEST 函数检验两所中学测验分数的差别程度。

选中 **C10** 单元格，在公式编辑栏中输入公式：

=FTEST(A2:A9,B2:B9)

按 **Enter** 键即可返回两所中学前十名的差别程度值，如图 **13-15** 所示。

	A	B	C	D
	C10 ▼ : × ✓ *fx* =FTEST(A2:A9,B2:B9)			
1	二中	一中		
2	701	723		
3	698	716		
4	660	700		
5	659	687		
6	630	650		
7	628	604		
8	621	587		
9	598	579		
10	检验两所中学前十名差别程度		0.236806746	

图 13-15

函数 14：GAMMADIST 函数

函数功能

GAMMADIST 函数用于返回伽马分布函数的函数值。可以使用此函数来研究呈斜分布的变量。伽马分布通常用于排队分析。

函数语法

GAMMADIST(x,alpha,beta,cumulative)

参数解释

- x：表示用来计算分布的数值。

- alpha：表示分布参数。
- beta：表示分布参数。如果 beta = 1，则 GAMMADIST 函数返回标准伽马分布。
- cumulative：表示决定函数形式的逻辑值。如果 cumulative 为 TRUE，则 GAMMADIST 返回分布函数；如果为 FALSE，则返回概率密度函数。

实例 547　返回伽马分布函数

❶ 选中 C4 单元格，在公式编辑栏中输入公式：

```
=GAMMADIST(A2,B2,C2,TRUE)
```

按 **Enter** 键即可返回数值的伽马分布值（公式的第 4 项参数为 TRUE 值），如图 **13-16** 所示。

	A	B	C	D
1	计算分布的值	alpha分布参数	beta分布参数	
2	13	6	3	
3				
4	累计伽马分布值		0.268893094	

图 13-16

❷ 选中 C5 单元格，在公式编辑栏中输入公式：

```
=GAMMADIST(A2,B2,C2,FALSE)
```

按 **Enter** 键即可返回数值的概率伽马分布值（公式的第 4 项参数为 FALSE 值），如图 **13-17** 所示。

	A	B	C	D	E
1	计算分布的值	alpha分布参数	beta分布参数		
2	13	6	3		
3					
4	伽马分布值		0.268893094		
5	概率伽马分布值		0.055701287		

图 13-17

函数 15：GAMMAINV 函数

函数功能

GAMMAINV 函数表示返回伽马分布的反函数。

函数语法

GAMMAINV(probability,alpha,beta)

参数解释

- probability：表示与伽马分布相关的概率。
- alpha：表示分布参数。
- beta：表示分布参数。

第 13 章　兼容性函数

511

实例 548   返回伽马分布函数的反函数值

选中 **D2** 单元格，在公式编辑栏中输入公式：

=GAMMAINV(A2,B2,C2)

按 **Enter** 键即可返回伽马分布函数的反函数值，如图 **13-18** 所示。

D2	▼	:	×	✓	fx	=GAMMAINV(A2,B2,C2)

▲	A	B	C	D
1	伽马分布概率值	alpha分布参数	beta分布参数	伽马分布函数的反函数值
2	0.282351107	3	5.2	9.611286074

图 13-18

函数 16：HYPGEOMDIST 函数

函数功能

HYPGEOMDIST 函数用于返回超几何分布。如果已知样本量、总体成功次数和总体大小，则 HYPGEOMDIST 返回样本取得已知成功次数的概率。HYPGEOMDIST 用于处理以下的有限总体问题，在该有限总体中，每次观察结果或为成功或为失败，并且已知样本量的每个子集的选取是等可能的。

函数语法

HYPGEOMDIST(sample_s,number_sample,population_s,number_pop)

参数解释

- sample_s：表示样本中成功的次数。
- number_sample：表示样本量。
- population_s：表示样本总体中成功的次数。
- number_pop：表示样本总体大小。

实例 549   返回样本和总体的超几何分布

选中 **B4** 单元格，在公式编辑栏中输入公式：

=HYPGEOMDIST(A2,B2,C2,D2)

按 **Enter** 键即可返回样本和总体的超几何分布值，如图 **13-19** 所示。

B4	▼	:	×	✓	fx	=HYPGEOMDIST(A2,B2,C2,D2)

	A	B	C	D	E
1	样本中成功的次数	样本容量	样本总体中成功的次数	样本总体的容量	
2	5	11	16	30	
3					
4	样本和总体的超几何分布	0.24011994			

图 13-19

函数 17：LOGINV 函数

函数功能

LOGINV 函数用于返回 x 的对数分布函数的反函数值。如果 p = LOGNORMDIST(x,...)，则 LOGINV(p,...) = x。

函数语法

LOGINV(probability, mean, standard_dev)

参数解释

- probability：表示与对数分布相关的概率。
- mean：表示 ln(x) 的平均值，此处的 ln(x) 是服从参数 mean 和 standard_dev 的正态分布。
- standard_dev：表示 ln(x) 的标准偏差。

实例 550　返回对数累积分布函数的反函数值

选中 **B4** 单元格，在公式编辑栏中输入公式：

`=LOGINV(A2,B2,C2)`

按 **Enter** 键即可返回对数分布的反函数值，如图 **13-20** 所示。

B4	▼	:	×	✓	*fx*	=LOGINV(A2,B2,C2)

▲	A	B	C
1	与对数分布相关的概率	ln (x) 的平均值	ln (x) 的标准偏差
2	0.039084	3.5	1.2
3			
4	对数分布函数的反函数值	4.000025219	

图 13-20

函数 18：LOGNORMDIST 函数

函数功能

LOGNORMDIST 函数是返回 x 的对数累积分布函数的函数。使用此函数可以分析经过对数变换的数据。

函数语法

LOGNORMDIST(x,mean,standard_dev)

参数解释

- x：用来计算函数的值。
- mean：ln(x) 的平均值，此处的 ln(x) 是服从参数 mean 和 standard_dev 的正态分布。
- standard_dev：ln(x) 的标准偏差。

实例 551　返回对数累积分布函数值

选中 B4 单元格，在公式编辑栏中输入公式：
```
=LOGNORMDIST(A2,B2,C2)
```
按 Enter 键即可返回数值 9 的对数累积分布函数值，如图 13-21 所示。

B4	▼	:	×	✓	fx	=LOGNORMDIST(A2,B2,C2)

	A	B	C
1	用于计算的数值	ln (x) 的平均值	ln (x) 的标准偏差
2	9	6	3.2
3			
4	对数累积分布函数值	0.117344363	

图 13-21

函数 19：MODE 函数

函数功能

MODE 函数表示返回在某一数组或数据区域中出现频率最多的数值。

函数语法

MODE(number1,[number2],...)

参数解释

- number1：要计算其众数的第一个数字参数。
- number2,...：可选。要计算其众数的 2～255 个数字参数，也可以用单一数组或对某个数组的引用来替用逗号分隔的参数。

实例 552　统计生产次数最多的产品代号

实例解析

表格中给出了在特定的日期所生产的产品代号，要求统计出生产次数最多的产品代号，即查找出现次数最多的产品代号。

选中 E1 单元格，在公式编辑栏中输入公式：
```
=MODE(B2:B9)
```
按 Enter 键即可返回生产次数最多的产品代号为"11"，如图 13-22 所示。

E1	▼	:	×	✓	fx	=MODE(B2:B9)

	A	B	C	D	E
1	生产日期	产品代号		生产次数最多的产品代号	11
2	2013/5/2	16			
3	2013/5/4	14			
4	2013/5/6	15			
5	2013/5/9	11			
6	2013/5/16	11			
7	2013/5/19	14			
8	2013/5/22	26			
9	2013/5/28	11			

图 13-22

函数 20：NEGBINOMDIST 函数

函数功能

NEGBINOMDIST 函数表示返回负二项式分布。当成功概率为常量 probability_s 时，NEGBINOMDIST 返回在达到 number_s 次成功之前，出现 number_f 次失败的概率。

函数语法

NEGBINOMDIST(number_f,number_s,probability_s)

参数解释

- number_f：表示失败的次数。
- number_s：表示成功次数的阈值。
- probability_s：表示成功的概率。

实例 553　返回负二项式分布值

选中 **B4** 单元格，在公式编辑栏中输入公式：
```
=NEGBINOMDIST(A2,B2,C2)
```
按 **Enter** 键即可返回负二项式分布值，如图 **13-23** 所示。

B4	▼	:	×	✓	fx	=NEGBINOMDIST(A2,B2,C2)

▲	A	B	C	D
1	失败次数	成功的极限次数	成功的概率	
2	15	7	0.5	
3				
4	负二项式分布值	0.012937546		

图 13-23

函数 21：NORMDIST 函数

函数功能

NORMDIST 函数表示返回指定平均值和标准偏差的正态分布函数。

函数语法

NORMDIST(x,mean,standard_dev,cumulative)

参数解释

- x：表示需要计算其分布的数值。
- mean：表示分布的算术平均值。
- standard_dev：表示分布的标准偏差。
- cumulative：表示决定函数形式的逻辑值。如果 cumulative 为 TRUE，NORMDIST 返回累积分布函数；如果为 FALSE，则返回概率密度函数。

实例 554　返回指定平均值和标准偏差的正态分布的累积函数

❶ 选中 C4 单元格，在公式编辑栏中输入公式：

　　=NORMDIST(A2,B2,C2,TRUE)

按 Enter 键即可返回正态分布的累积分布函数值，如图 13-24 所示。

C4	▼	:	×	✓	fx	=NORMDIST(A2,B2,C2,TRUE)	
▲	A		B			C	D
1	数值		分布的算术平均值			分布的标准偏差	
2	50		50			0.3	
3							
4		正态分布的累积分布函数				0.5	

图 13-24

❷ 选中 C5 单元格，在公式编辑栏中输入公式：

　　=NORMDIST(A2,B2,C2,FALSE)

按 Enter 键即可返回正态分布的概率密度函数值，如图 13-25 所示。

C5	▼	:	×	✓	fx	=NORMDIST(A2,B2,C2,FALSE)	
▲	A		B			C	D
1	数值		分布的算术平均值			分布的标准偏差	
2	50		50			0.3	
3							
4		正态分布的累积分布函数值				0.5	
5		正态分布的概率密度函数值				1.329807601	

图 13-25

函数 22：NORMINV 函数

函数功能

NORMINV 函数表示返回指定平均值和标准偏差的正态累积分布函数的反函数。

函数语法

NORMINV(probability,mean,standard_dev)

参数解释

● probability：表示对应于正态分布的概率。

● mean：表示分布的算术平均值。

● standard_dev：表示分布的标准偏差。

实例 555　返回正态累积分布函数的反函数

选中 D2 单元格，在公式编辑栏中输入公式：

　　=NORMINV(A2,B2,C2)

按 Enter 键即可返回正态累积分布函数的反函数，如图 13-26 所示。

图 13-26

函数 23：NORMSDIST 函数

函数功能

NORMSDIST 函数表示返回标准正态分布函数的函数。该分布的平均值为 0，标准偏差为 1。可以使用此函数代替标准正态曲线面积表。

函数语法

NORMSDIST(z)

参数解释

z：表示需要计算其分布的数值。

实例 556　返回正态分布函数值

选中 B2 单元格，在公式编辑栏中输入公式：

```
=NORMSDIST(A2)
```

按 **Enter** 键即可返回正态分布函数值，如图 13-27 所示。

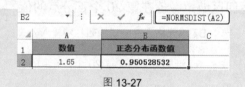

图 13-27

函数 24：NORMSINV 函数

函数功能

NORMSINV 函数表示返回标准正态分布函数的反函数。该分布的平均值为 0，标准偏差为 1。

函数语法

NORMSINV(probability)

参数解释

probability：表示对应于正态分布的概率。

实例 557　返回标准正态分布函数的反函数

选中 **B2** 单元格，在公式编辑栏中输入公式：

=NORMSINV(A2)

按 **Enter** 键即可返回标准正态分布函数的反函数值，如图 **13-28** 所示。

图 13-28

函数 25：PERCENTILE 函数

函数功能

PERCENTILE 函数用于返回区域中数值的第 k 个百分点的值。可以使用此函数来确定接受的阈值。例如，可以决定检查得分高于第 90 个百分点的候选人。

函数语法

PERCENTILE(array,k)

参数解释

● array：表示定义相对位置的数组或数据区域。

● k：表示 0～1 的百分点值，包含 0 和 1。

实例 558　返回区域中数值在第 20 个百分点的值

选中 B7 单元格，在公式编辑栏中输入公式：

=PERCENTILE(A2:A5,0.2)

按 **Enter** 键即可返回在第 **20** 个百分点的值"**1.6**"，如图 **13-29** 所示。

图 13-29

函数 26：PERCENTRANK 函数

函数功能

PERCENTRANK 函数将某个数值在数据集中的排位作为数据集的百分比值返回，此处的百分比值的范围为 0～1。此函数可用于计算值在数据集内的相对位置。例如，可以使用 PERCENTRANK 函数计算能力测试得分在所有测试得分中的位置。

函数语法

PERCENTRANK(array,x,[significance])

参数解释

- array：表示定义相对位置的数值数组或数值数据区域。
- x：表示需要得到其排位的值。
- significance：表示用于标识返回的百分比值的有效位数的值。如果省略，则 PERCENTRANK 使用 3 位小数（0.xxx）。

实例 559　返回数值在区域中的百分比排位

❶ 选中 B2 单元格，在公式编辑栏中输入公式：

```
=PERCENTRANK(A2:A11,2)
```

按 Enter 键即可返回数值 2 在 A2:A11 单元格区域中的百分比排位，如图 13-30 所示。

▲	A	B	C	D
1	数值	2在A2:A11区域中的百分比排位	4在A2:A11区域中的百分比排位	8在A2:A11区域中的百分比排位
2	13	0.333		
3	12			
4	11			
5	8			
6	4			
7	3			
8	2			
9	1			
10	1			
11	1			

B2　＝PERCENTRANK(A2:A11, 2)

图 13-30

❷ 选中 C2、D2、E2 单元格，分别在公式编辑栏中输入公式：

```
=PERCENTRANK(A2:A11,4)
=PERCENTRANK(A2:A11,8)
=PERCENTRANK(A2:A11,5)
```

按 Enter 键即可分别返回数值 4、8、5 在 A2:A11 单元格区域中的百分比排位，如图 13-31 所示。

C2　＝PERCENTRANK(A2:A11, 4)

▲	A	B	C	D	E
1	数值	2在A2:A11区域中的百分比排位	4在A2:A11区域中的百分比排位	8在A2:A11区域中的百分比排位	5在A2:A11区域中的百分比排位
2	13	0.333	0.555	0.666	0.583
3	12				
4	11				
5	8				
6	4				
7	3				
8	2				
9	1				
10	1				
11	1				

图 13-31

公式解析

公式 1：

=PERCENTRANK(A2:A11,2)

该数据集中小于 2 的值有 3 个，而大于 2 的值有 6 个。由于在区域（单元格 A8）中找到了 2，小于 2 的值的数量除以大于 2 的值的数量与大于 2 的值的数量的总和，因此为 3/(3+6)≈0.333。

公式 2：

= PERCENTRANK(A2:A11,4)

4 在 A2:A11 单元格区域中的百分比排位。小于 4 的值有 5 个，而大于 4 的值有 4 个。按照上述示例，5/(4+5)≈0.555。

公式 3：

= PERCENTRANK(A2:A11,8)

8 在 A2:A11 单元格区域中的百分比排位。小于 8 的值有 6 个，而大于 8 的值有 3 个。按照上述示例，6/(6+3)≈0.666。

公式 4：

= PERCENTRANK(A2:A11,5)

5 的百分比排位是通过在 4 的百分比排位和 8 的百分比排位之间查找 1/4 百分比排位来计算的，也就是 0.555+(0.25×(0.666−0.555))≈0.583。

函数 27：POISSON 函数

函数功能

POISSON 函数用于返回泊松分布。泊松分布的一个常见应用是预测特定时间内的事件数，例如，1 分钟内到达收费停车场的汽车数。

函数语法

POISSON(x,mean,cumulative)

参数解释

- x：表示事件数。

- mean：表示期望值。

- cumulative：表示一个逻辑值，确定所返回的概率分布的形式。如果 cumulative 为 TRUE，则 POISSON 返回发生的随机事件数在 0（含 0）和 x（含 x）之间的累积泊松概率；如果为 FALSE，则 POISSON 返回发生的事件数正好是 x 的泊松概率密度函数值。

实例 560 返回泊松累积分布和概率密度函数值

➊ 选中 C4 单元格，在公式编辑栏中输入公式：

```
=POISSON(A2,B2,TRUE)
```

按 Enter 键即可返回泊松累积分布函数值（第 3 项参数为 TRUE），如图 13-32 所示。

图 13-32

❷ 选中 C5 单元格，在公式编辑栏中输入公式：

```
=POISSON(A2,B2,FALSE)
```

按 Enter 键即可返回泊松概率密度函数值（第 3 项参数为 FALSE），如图 13-33 所示。

图 13-33

函数 28：QUARTILE 函数

函数功能

QUARTILE 函数用于返回一组数据的四分位点。四分位点通常用于销售和调查数据，以对总体进行分组。例如，可以使用 QUARTILE 函数查找总体中前 25% 的收入值。

函数语法

QUARTILE(array,quart)

参数解释

- array：要求的四分位数值的数组或数字型单元格区域。
- quart：指定返回哪一个值。

实例 561　返回数值的第一个四分位数

选中 C3 单元格，在公式编辑栏中输入公式：

```
=QUARTILE(A2:A9,1)
```

按 Enter 键即可返回第一个四分位数为 "3.5"，如图 13-34 所示。

	C3	▼	:	×	✓	f_x	=QUARTILE(A2:A9,1)

▲	A	B	C	D
1	数值		第一个四分位数（第25 个百分点值）	
2	1			
3	2		3.5	
4	4			
5	7			
6	8			
7	9			
8	10			
9	12			

图 13-34

函数 29：RANK 函数

函数功能

RANK 函数用于返回一列数字的数字排位。数字的排位是其相对于列表中其他值的大小（如果要对列表进行排序，则数字排位可作为其位置）。

函数语法

RANK(number,ref,[order])

参数解释

- number：表示要找到其排位的数字。
- ref：表示数字列表的数组，对数字列表的引用。ref 中的非数字值会被忽略。
- order：可选。表示一个指定数字排位方式的数字。如果 order 为 0 或省略，Excel 对数字的排位是基于 ref 为按照降序排列的列表；如果 order 不为 0，Excel 对数字的排位是基于 ref 按照升序排列的列表。

实例 562　返回数值的排位

❶ 选中 B8 单元格，在公式编辑栏中输入公式：

=RANK(A3,A2:A6,1)

按 Enter 键即可返回数值 8.5 在表中数值的排位，如图 13-35 所示。

	B8	▼	:	×	✓	f_x	= RANK(A3,A2:A6,1)

▲	A	B	C
1	数值		
2	6		
3	8.5		
4	2		
5	1		
6	4		
7			
8	8.5在表中的排位	5	

图 13-35

❷ 选中 B9 单元格，在公式编辑栏中输入公式：

=RANK(A6,A2:A6,1)

按 **Enter** 键即可返回数值 4 在表中数值的排位，如图 13-36 所示。

	A	B	C
1	数值		
2	6		
3	8.5		
4	2		
5	1		
6	4		
7			
8	8.5在表中的排位	5	
9	4在表中的排位	3	

B9 ▼ : × ✓ fx =RANK(A6,A2:A6,1)

图 13-36

📖公式解析

=RANK(A3,A2:A6,1)

将 A3 单元格中的数值 8.5 参照 A2:A6 单元格区域中的数值进行升序排列。

函数 30：STDEV 函数

函数功能

STDEV 函数用于根据样本估计标准偏差。标准偏差可以测量值在平均值(中值) 附近分布的范围大小。

函数语法

STDEV(number1,[number2],...)

参数解释

- number1：表示对应于总体样本的第一个数值参数。
- number2,...：可选。对应于总体样本的 2 ～ 255 个数值参数，也可以用单一数组或对某个数组的引用来代替用逗号分隔的参数。

实例 563　估计变形挠度的标准偏差

选中 **C2** 单元格，在公式编辑栏中输入公式：

=STDEV(A2:A8)

按 **Enter** 键即可根据给定的 **A2:A8** 单元格区域中的数值返回变形挠度的标准偏差值，如图 13-37 所示。

	A	B	C
1	挠度 (mm)		变形挠度的标准偏差
2	500		88.9622713
3	560		
4	480		
5	390		
6	660		
7	590		
8	470		

C2 ▼ : × ✓ fx =STDEV(A2:A8)

图 13-37

函数 31：STDEVP 函数

函数功能

STDEVP 函数用于根据作为参数给定的整个总体计算标准偏差。标准偏差可以测量值在平均值（中值）附近分布的范围大小。

函数语法

STDEVP(number1,[number2],...)

参数解释

- number1：表示对应于总体的第一个数值参数。
- number2, ...：可选。对应于总体的 2~255 个数值参数，也可以用单一数组或对某个数组的引用来代替用逗号分隔的参数。

实例 564　基于整个样本总体计算标准偏差

选中 **C2** 单元格，在公式编辑栏中输入公式：
```
=STDEVP(A2:A8)
```
按 **Enter** 键即可得到其挠度的样本总体标准偏差，如图 13-38 所示。

	A	B	C
	C2	▼ ：× ✓ ƒx	=STDEVP(A2:A8)
1	挠度（mm）		样本总体的标准偏差
2	500		82.36305889
3	560		
4	480		
5	390		
6	660		
7	590		
8	470		

图 13-38

函数 32：TDIST 函数

函数功能

TDIST 函数用于返回 t 分布的百分点（概率），其中数字值 x 是用来计算百分点的 t 的计算值。t 分布用于小型样本数据集的假设检验。可以使用该函数代替 t 分布的临界值表。

函数语法

TDIST(x,deg_freedom,tails)

参数解释

- x：表示需要计算分布的数值。
- deg_freedom：一个表示自由度的整数。

- tails：表示指定返回的分布函数是单尾分布还是双尾分布。如果 tails = 1，则 TDIST 返回单尾分布；如果 tails = 2，则 TDIST 返回双尾分布。

实例 565 **返回双尾分布、单尾分布**

❶ 选中 **B4** 单元格，在公式编辑栏中输入公式：

```
=TDIST(A2,B2,2)
```

按 **Enter** 键即可返回指定数值的双尾分布值为"**5.46%**"，如图 13-39 所示。

B4	▼	:	×	✓	f_x	=TDIST(A2,B2,2)
▲	A	B	C	D
1	数值	自由度		
2	1.959999998	60		
3				
4	双尾分布	5.46%		

图 13-39

❷ 选中 **B5** 单元格，在公式编辑栏中输入公式：

```
=TDIST(A2,B2,1)
```

按 **Enter** 键即可返回数值的单尾分布值为"**2.73%**"，如图 13-40 所示。

B5	▼	:	×	✓	f_x	=TDIST(A2,B2,1)
▲	A	B	C	D
1	数值	自由度		
2	1.959999998	60		
3				
4	双尾分布	5.46%		
5	单尾分布	2.73%		

图 13-40

函数 33：TINV 函数

函数功能

TINV 函数用于返回 t 分布的双尾反函数。

函数语法

TINV(probability,deg_freedom)

参数解释

- probability：与双尾 t 分布相关的概率。
- deg_freedom：代表分布的自由度。

实例 566 **根据参数算出 t 分布的 t 值**

选中 **B4** 单元格，在公式编辑栏中输入公式：

```
=TINV(A2,B2)
```

按 **Enter** 键即可返回 t 分布的 t 值，如图 13-41 所示。

| B4 | ▼ | : | × | ✓ | f_x | =TINV(A2,B2) |

▲	A	B	C
1	双尾 t 分布的概率	自由度	
2	0.05464	40	
3			
4	t 值	1.979761419	

图 13-41

函数 34：TTEST 函数

函数功能

TTEST 函数表示返回与 t 检验相关的概率。可以使用函数 TTEST 判断两个样本是否可能来自两个具有相同平均值的基础总体。

函数语法

TTEST(array1,array2,tails,type)

参数解释

- array1：表示第一个数据集。
- array2：表示第二个数据集。
- tails：表示指定分布曲线的尾数。如果 tails = 1，函数 TTEST 使用单尾分布；如果 tails = 2，函数 TTEST 使用双尾分布。
- type：表示要执行的 t 检验的类型，如表 13-1 所示。

表 13-1

如果 type 等于	检 验 方 法
1	成对
2	双样本等方差假设
3	双样本异方差假设

实例 567 返回与 t 检验相关的概率

❶ 选中 **C10** 单元格，在公式编辑栏中输入公式：

```
=TTEST(A2:A9,B2:B9,2,1)
```

按 **Enter** 键即可返回成对 t 检验的概率值，如图 **13-42** 所示。

| C10 | ▼ | : | × | ✓ | f_x | =TTEST(A2:A9,B2:B9,2,1) |

▲	A	B	C	D	E
1	数据集A	数据集B			
2	68	72			
3	79	68			
4	66	94			
5	45	55			
6	87	84			
7	99	79			
8	58	68			
9	47	62			
10	成对检验概率值		0.468042		

图 13-42

❷ 选中 C11 单元格，在公式编辑栏中输入公式：

```
=TTEST(A2:A9,B2:B9,1,2)
```

按 **Enter** 键即可返回等方差双样本 t 检验的概率值，如图 13-43 所示。

图 13-43

📖**公式解析**

公式 1：

=TTEST(A2:A9,B2:B9,2,1)

在 A2:A9 和 B2:B9 两个数据集中返回相关概率，第 3 个参数 "2" 表示使用双尾分布，第 4 个参数 "1" 表示使用成对校验方式。

公式 2：

=TTEST(A2:A9,B2:B9,1,2)

在 A2:A9 和 B2:B9 两个数据集中返回相关概率，第 3 个参数 "1" 表示使用单尾分布，第 4 个参数 "2" 表示使用双样本等方差假设校验方式。

函数 35：VAR 函数

函数功能

VAR 函数用于计算基于给定样本的方差。

函数语法

VAR(number1,[number2],...)

参数解释

● number1：对应于总体样本的第一个数值参数。

● number2, ...：可选。对应于总体样本的 2 ~ 255 个数值参数。

实例 568　计算被测试工具的抗变形挠度的方差

选中 C2 单元格，在公式编辑栏中输入公式：

```
=VAR(A2:A8)
```

按 **Enter** 键即可返回抗变形挠度的方差值，如图 13-44 所示。

C2		:	×	✓	fx		= VAR(A2:A8)

▲	A	B	C
1	挠度（mm）		抗变形挠度的方差
2	500		7914.285714
3	560		
4	480		
5	390		
6	660		
7	590		
8	470		

图 13-44

函数 36：VARP 函数

函数功能

VARP 函数根据整个总体计算方差。

函数语法

VARP(number1,[number2],...)

参数解释

● number1：对应于总体的第一个数值参数。

● number2,...：对应于总体的 2~255 个数值参数。

实例 569　计算所有工具变形挠度的方差（样本总体）

选中 C2 单元格，在公式编辑栏中输入公式：

=VARP(A2:A8)

按 **Enter** 键即可返回所有工具变形挠度的方差值（样本总体），如图 13-45 所示。

C2		▼	:	×	✓	fx	=VARP(A2:A8)

▲	A	B	C
1	挠度（mm）		变形挠度的方差
2	500		6783.673469
3	560		
4	480		
5	390		
6	660		
7	590		
8	470		

图 13-45

函数 37：WEIBULL 函数

函数功能

WEIBULL 函数用于返回 Weibull 分布。可以将该分布用于可靠性分析，例如，计算设备出现故障的平均时间。

函数语法

WEIBULL(x,alpha,beta,cumulative)

参数解释

- x：表示用来计算函数的值。
- alpha：表示分布参数。
- beta：表示分布参数。
- cumulative：表示确定函数的形式。

实例 570　返回累积分布函数和概率密度函数

❶ 选中 **C4** 单元格，在公式编辑栏中输入公式：

```
=WEIBULL(A2,B2,C2,TRUE)
```

按 **Enter** 键即可返回数值 89 的累积分布函数值（第 4 个参数为 TRUE），如图 13-46 所示。

	A	B	C	D
	fx	=WEIBULL(A2,B2,C2,TRUE)		
1	数值	Alpha分布参数	Beta分布参数	
2	89	19	80	
3				
4	累积分布函数		0.999489716	

图 13-46

❷ 选中 **C5** 单元格，在公式编辑栏中输入公式：

```
=WEIBULL(A2,B2,C2,FALSE)
```

按 **Enter** 键即可返回数值 89 的概率密度函数值（第 4 个参数为 FALSE），如图 13-47 所示。

	A	B	C	D
	fx	=WEIBULL(A2,B2,C2,FALSE)		
1	数值	Alpha分布参数	Beta分布参数	
2	89	19	80	
3				
4	累积分布函数		0.999489716	
5	概率密度函数		0.000825801	

图 13-47

函数 38：ZTEST 函数

函数功能

ZTEST 函数用于返回 z 检验的单尾概率值。对于给定的假设总体平均值，ZTEST 函数返回样本平均值大于数据集（数组）中观察平均值的概率，即观察样本平均值。

函数语法

ZTEST(array,x,[sigma])

参数解释

- array：表示用来检验 x 的数组或数据区域。
- x：表示要测试的值。
- sigma：可选。总体（已知）标准偏差。如果省略，则使用样本标准偏差。

实例 571　返回 z 检验的单尾概率值

选中 **B10** 单元格，在公式编辑栏中输入公式：
```
=ZTEST($A$2:$A$9,B2)
```
按 **Enter** 键即可返回销售总额的单尾概率值，如图 **13-48** 所示。

B10	▼	:	× ✓ ƒₓ	=ZTEST($A$2:$A$9,B2)
▲	A	B	C	
1	销售金额	检验值		
2	5800			
3	4900	5800		
4	8900			
5	7800			
6	5982			
7	4598			
8	4978			
9	6879			
10	销售总额	0.21264637		
11	单尾概率值			

图 13-48

第 14 章　Web 函数

函数 1：WEBSERVICE 函数

函数功能

　　WEBSERVICE 函数用于返回 Intranet 或 Internet 上的 Web 服务数据。

函数语法

　　WEBSERVICE(url)

参数解释

　　url：表示 Web 服务的 URL。

实例 572　返回 Web 服务数据的变量

　　选中 **B2** 单元格，在公式编辑栏中输入公式：

```
=WEBSERVICE(A2)
```

按 **Enter** 键即可基于查询返回变量，如图 **14-1** 所示。

图 14-1

函数 2：FILTERXML 函数

函数功能

　　FILTERXML 函数通过使用指定的 XPath，返回 XML 内容中的特定数据。

函数语法

FILTERXML(xml, xpath)

参数解释

- xml：表示有效 XML 格式中的字符串。如果 XML 无效或 XML 包含带有无效前缀的命名空间，则函数 FILTERXML 返回错误值"#VALUE!"。
- xpath：表示标准 XPath 格式中的字符串。

实例 573 处理单元格中返回的 XML 数据

选中 **B4** 单元格，在公式编辑栏中输入公式：

```
=FILTERXML(B3,"//rc/@title")
```

按 **Enter** 键即可处理单元格 **B3** 中返回的 XML 数据，如图 14-2 所示。

图 14-2

函数 3：ENCODEURL 函数

函数功能

ENCODEURL 函数用于返回 URL 编码的字符串。

函数语法

ENCODEURL(text)

参数解释

text：表示要进行 URL 编码的字符串。

实例 574 返回单元格中 URL 编码的字符串

选中 B2 单元格，在公式编辑栏中输入公式：

```
=ENCODEURL(B1)
```

按 Enter 键，即可返回单元格 B1 中的 URL 编码的字符串，如图 14-3 所示。

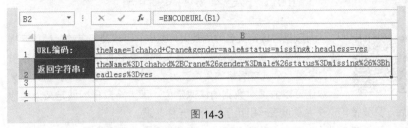

| B2 | ▼ | : | × | ✓ | fx | =ENCODEURL(B1) |

◢	A	B
1	URL编码：	theName=Ichahod+Crane&gender=male&status=missing&;headless=yes
2	返回字符串：	theName%3DIchahod%2BCrane%26gender%3Dmale%26status%3Dmissing%26%3Bheadless%3Dyes
3		
4		

图 14-3

第 15 章　名称的定义与使用

15.1　定义名称的作用

为数据区域定义名称的最大好处是，可以使用名称代替单元格区域以简化公式，同时定义有意义的名称还能便于了解单元格引用、常量、公式或表格的用途。另外，在大型数据库中，通过定义名称还可以方便对数据的快速定位。因为将数据区域定义为名称后，只要使用这个名称就表示引用了这个单元格区域。

下面来具体介绍使用名称定义可以为数据处理带来哪些方便。

1. 在公式中可以直接使用名称代替这个单元格区域，名称在公式中不需要加双引号。如公式 "=SUM(_1 月销量)" 中的 "_1 月销量" 就是一个定义好的名称，如图 15-1 所示。

图 15-1

2. 尤其是跨表引用单元格计算时，先定义名称则不必使用 "工作表名! 单元格区域" 这种引用方式，而且通过名称还可以了解这一部分单元格区域大概是什么数据。如图 15-2 所示，沿用上面的例子，如果求和计算在 Sheet2 工作表建立，定义了名称仍旧可以直接使用公式 "=SUM(_1 月销量)"，如图 15-3 所示；但如果未定义名称，则需要使用公式 "=SUM(Sheet1!B2:B9)"。

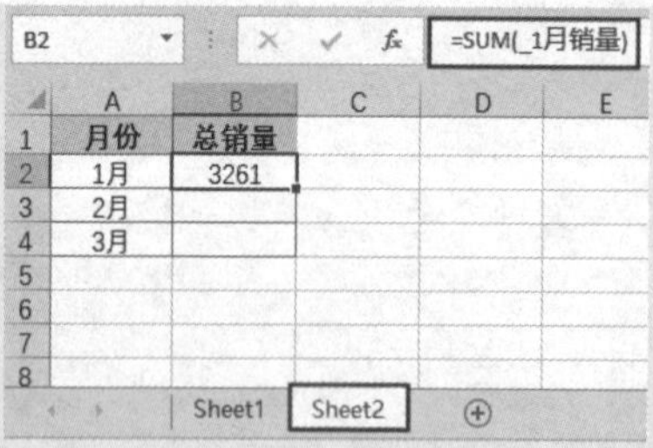

图 15-2 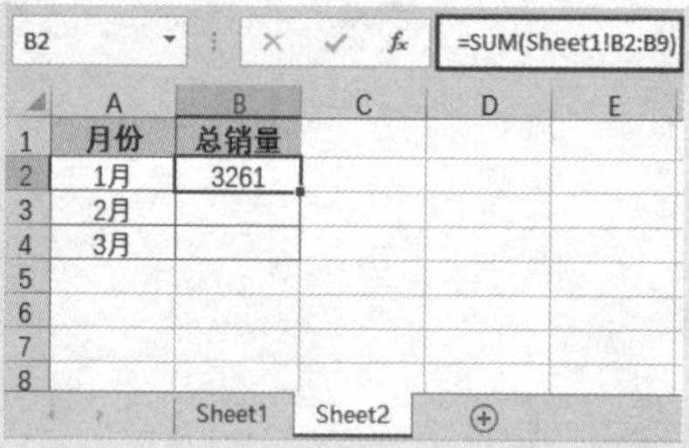　　　　　图 15-3

3. 定义名称后可以在编辑中实现快速输入序列。例如将如图 15-4 所示的"姓名"列定义为名称，当在编辑样中输入名称名，可以快速返回这个序列，如图 15-5 所示。

图 15-4    图 15-5

15.2   快速定义名称

首先需要了解定义名称的规则：

✓   名称第一个字符必须是字母、汉字、下画线或反斜杠(\ )，其他字符可以是字母、汉字、半角句号或下画线；

✓   名称不能与单元格名称（如 A1，B2 等）相同；

✓   定义名称时，不能用空格符来分隔名称，可以使用"."或下画线，如 A.B 或 A_B；

✓   名称不能超过 255 个字符，字母不区分大小写；

✓   同一个工作簿中定义的名称不能相同；

✓   不能把单独的字母"r"或"c"作为名称，因为这会被认为是行（row）或列(column)的简写。

15.2.1   使用"定义名称"功能定义名称

定义名称可以打开"新建名称"对话框，设置名称和引用位置等即可创建名称。在下面的工作表中要对"单价一览表"定义名称。

❶ 选中要定义名称的单元格区域，即 A2:B15。在"公式"选项卡的"定义的名称"组中单击"定义名称"按钮（见图 15-6），打开"新建名称"对话框。

❷ 在"名称"框中输入定义的名称，如"单价表"，如图 15-7 所示。单击"确定"按钮，即可完成名称的定义。

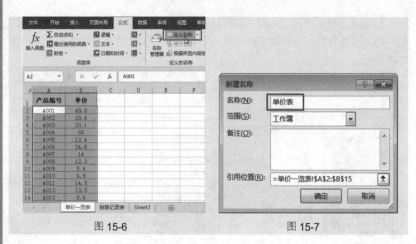

图 15-6　　　　　　　　　　　　　　　图 15-7

15.2.2　在名称框中直接创建名称

在上面的实例中要将"单价一览表"定义为名称，除了可以使用"定义名称"功能来定义，还可以选中要命名的单元格区域后，直接在名称框中输入名称来创建。

选中要定义名称的单元格区域，在名称框中输入需要定义的名称，按 **Enter** 键即可定义名称，如图 **15-8** 所示。

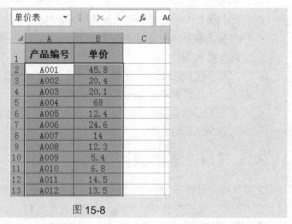

图 15-8

15.2.3　一次性创建多个名称

如果一块连续的单元格区域都需定义为名称，可以一次性创建。

❶ 选中要定义名称的单元格区域，注意选取时要包含行标识或列标识。在"公式"选项卡的"定义的名称"选项组中单击"根据所选内容创建"命令按钮，如图 **15-9** 所示。

❷ 打开"根据所选内容创建名称"对话框，选中"首行"（见图 15-10），单击"确定"铵钮。

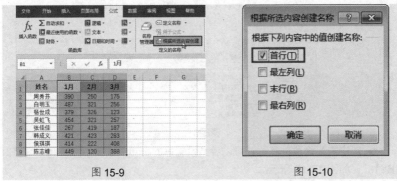

图 15-9 　　　　　　　　　　图 15-10

❸ 完成上述操作后，可以在名称框的下拉列表中查看到一次性定义的名称，即以首行标识作为名称名定义的所有名称，如图 15-11 所示。

图 15-11

15.3　修改名称或删除名称

在创建了名称之后，如果想重新修改其名称名或引用位置可以打开"名称管理器"进行编辑。另外，如果有不再需要使用的名称，也可以将其删除。

15.3.1　重新修改名称的引用位置

本例中需要将指定单元格区域定义为"在售产品"，将其引用位置由 B2:B18 更改为 B2:B20 单元格区域。

❶ 在"公式"选项卡的"定义的名称"组中单击"名称管理器"按钮（见图 15-12），打开"名称管理器"对话框。

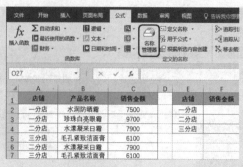

图 15-12

❷ 选中需要修改的名称，可以看到设置好的引用位置是 "=Sheet1!$B$2:$B$18"，如图 15-13 所示。

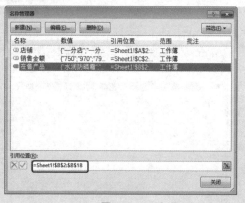

图 15-13

❸ 继续在 "引用位置" 文本框中将其修改为 "=Sheet1!$B$2:$B$20" 即可，如图 15-14 所示。

图 15-14

15.3.2 删除不再使用的名称

在本例中需要删除名称"店铺",具体操作如下。

❶ 首先打开"名称管理器"对话框。选中要编辑的名称"店铺",单击"删除"按钮(见图 15-15),弹出"**Microsoft Excel**"对话框。

图 15-15

❷ 单击"确定"按钮(见图 15-16),即可将其删除。

图 15-16

提示

要想查看这个工作簿中有没有定义名称或定义了哪些名称,可打开"名称管理器"对话框进行查看。

15.4 在公式中使用名称

在公式中使用定义的名称,即代表定义为该名称的单元格区域将参与计算,这样输入公式既方便又简洁,还能有效避免选取数据源时出错。下面介绍将名称应用于公式计算的操作步骤。

本例中要实现的是一个按部门统计平均工资操作。在计算时需要使用"所属部门"与"基本工资"列中的数据,因此可以先进行名称的定义再设置公式。

❶ 选中"所属部门"列数据,在名称框中输入需要定义的名称,按 **Enter**键定义名称,如图 **15-17** 所示。

Excel 函数与公式速查手册（第 2 版）

❷ 选中"基本工资"列数据，在名称框中输入需要定义的名称，按 **Enter** 键定义名称，如图 15-18 所示。

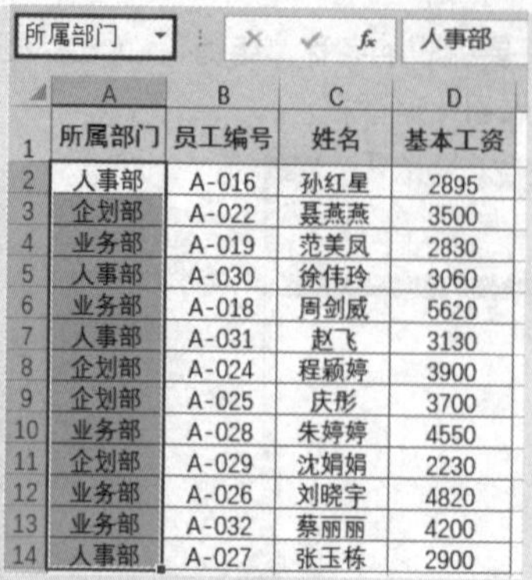

图 15-17

图 15-18

❸ 选中 **G2** 单元格，在编辑栏中输入"**=AVERAGE(**"，在"公式"选项卡的"定义的名称"组中单击"用于公式"下拉按钮，在下拉菜单中单击要使用的名称，即"所属部门"，如图 15-19 所示。

❹ 单击即可应用到公式中，如图 15-20 所示。

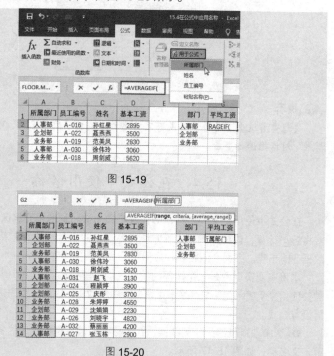

图 15-19

图 15-20

⑤ 接着输入公式的后面部分（即右括号），当需要使用名称时按相同的方法插入，如图 **15-21** 所示又插入了"基本工资"名称。

	A	B	C	D	E	F	G
G2			✕ ✓ *fx*	=AVERAGEIF(所属部门,F2,基本工资]			
				AVERAGEIF(range, criteria, [average_range])			
1	所属部门	员工编号	姓名	基本工资		部门	平均工资
2	人事部	A-016	孙红星	2895		人事部	本工资)
3	企划部	A-022	聂燕燕	3500		企划部	
4	业务部	A-019	范美凤	2830		业务部	
5	人事部	A-030	徐伟玲	3060			
6	业务部	A-018	周剑威	5620			
7	人事部	A-031	赵飞	3130			
8	企划部	A-024	程颖婷	3900			
9	企划部	A-025	庆彤	3700			
10	业务部	A-028	朱婷婷	4550			
11	企划部	A-029	沈娟娟	2230			
12	业务部	A-026	刘晓宇	4820			
13	业务部	A-032	蔡丽丽	4200			
14	人事部	A-027	张玉栋	2900			

图 15-21

⑥ 按 Enter 键，统计结果如图 **15-22** 所示。

	A	B	C	D	E	F	G
G2			✕ ✓ *fx*	=AVERAGEIF(所属部门,F2,基本工资)			
1	所属部门	员工编号	姓名	基本工资		部门	平均工资
2	人事部	A-016	孙红星	2895		人事部	2996.25
3	企划部	A-022	聂燕燕	3500		企划部	
4	业务部	A-019	范美凤	2830		业务部	
5	人事部	A-030	徐伟玲	3060			
6	业务部	A-018	周剑威	5620			
7	人事部	A-031	赵飞	3130			
8	企划部	A-024	程颖婷	3900			
9	企划部	A-025	庆彤	3700			
10	业务部	A-028	朱婷婷	4550			
11	企划部	A-029	沈娟娟	2230			
12	业务部	A-026	刘晓宇	4820			
13	业务部	A-032	蔡丽丽	4200			
14	人事部	A-027	张玉栋	2900			

图 15-22

提示

❶ 名称名也可以直接手工输入。

❷ 使用名称时要注意，常规方法定义的名称是一个不变的单元格区域，即类似于绝对引用的一个单元格区域，因此公式中要使用名称时，首先要确保公式中这部分单元格区域是不改变的。

15.5 将公式定义为名称

公式是可以定义为名称的，公式定义为名称可以简化原来更为复杂的公式。例如嵌套公式中的一部分可以先定义为名称。

本例需要根据不同的销售额计算提成金额。公司规定不同的

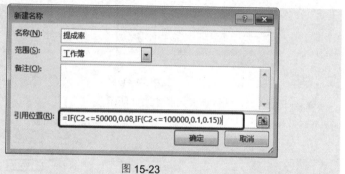

销售额对应的提成比例各不相同。要求当总销售金额小于或等于 50000 元时，给 8%；当总销售金额为 50000 元~100000 元时，给 10%；当总销售金额大于 100000 元时，给 15%。

❶ 在"公式"选项卡的"定义的名称"组中单击"定义名称"按钮，打开"新建名称"对话框。

❷ 输入名称为"提成率"，并设置"引用位置"的公式为：=IF(Sheet1!C2<=50000,0.08,IF(Sheet1!C2<=100000,0.1,0.15))，如图 15-23 所示。单击"确定"按钮即可完成"提成率"名称的定义。

图 15-23

🔊 提示

这里的公式用来判断每位员工的总销售额是否小于或等于 50000 元，如果是，则给予奖金提成率为 0.08；在 50000 元~100000 元，则给予提成率为 0.1，在 100000 元以上的提成率为 0.15。这里使用了 IF 函数进行判断，并将这一部分的判断定义为名称。

❸ 选中 D2 单元格并在编辑栏中输入 "="，接着在"公式"选项卡的"定义的名称"组中单击"用于公式"下拉按钮，在打开的下拉菜单中单击"提成率"命令，如图 15-24 所示。

❹ 此时可以看到公式为 "=提成率"，如图 15-25 所示。

图 15-24

| D2 | ▼ | : | × | ✓ | f_x | =提成率 |

	A	B	C	D
1	姓名	销售量	总销售额	提成金额
2	周奇奇	2400	46000	=提成率
3	韩佳怡	3800	26009	
4	王正邦	2900	105900	
5	刘媛媛	5900	56000	
6	李晓雨	6700	59890	
7	张明明	4600	12000	
8	刘羽琦	3900	15800	

图 15-25

⑤ 继续输入公式剩余部分：

=提成率*C2，按 Enter 键，即可根据 C2 单元格的总销售额计算出第一位员工的提成金额，如图 15-26 所示。

| C2 | ▼ | : | × | ✓ | f_x | =提成率*C2 |

	A	B	C	D	E
1	姓名	销售量	总销售额	提成金额	
2	周奇奇	2400	46000	=提成率*C2	
3	韩佳怡	3800	26009		
4	王正邦	2900	105900		
5	刘媛媛	5900	56000		

图 15-26

⑥ 向下填充 D2 单元格的公式即可实现根据 C 列的总销售额批量计算出各自对应的提成金额，如图 15-27 所示。

| D2 | ▼ | : | × | ✓ | f_x | =提成率*C2 |

	A	B	C	D	
1	姓名	销售量	总销售额	提成金额	
2	周奇奇	2400	46000	3680	
3	韩佳怡	3800	26009	2080.72	
4	王正邦	2900	105900	15885	
5	刘媛媛	5900	56000	5600	
6	李晓雨	6700	59890	5989	
7	张明明	4600	12000	960	
8	刘羽琦	3900	15800	1264	

图 15-27

15.6 创建动态名称

使用 Excel 的列表功能可以实现当数据区域中的数据增加或减少时，列表区域会自动的扩展或缩小，因此结合这项功能可以创建动态名称，从而实现使用这个名称时，只要有数据源的增减，名称的引用区域也自动发生变化。

本例工作表中统计部分学生的成绩，需要创建动态名称，以方便当数据增加或减少时，列表区域也做相应的扩展或减少，这样当引用名称进行数据计算时就能实现自动更新。

❶ 选中 "得分" 列数据，在名称框中输入需要定义的名称，按 **Enter** 键定义名称，如图 **15-28** 所示。

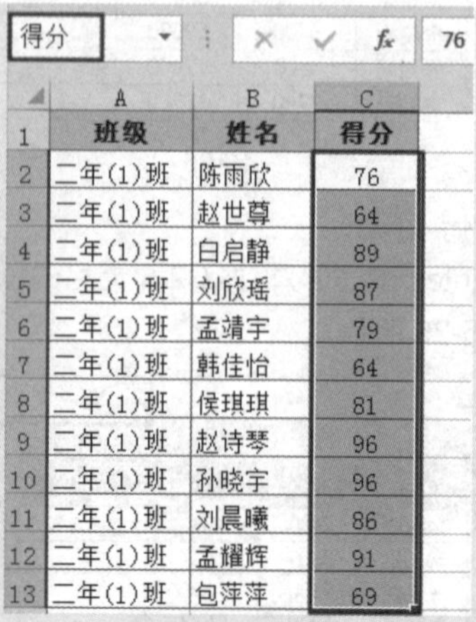

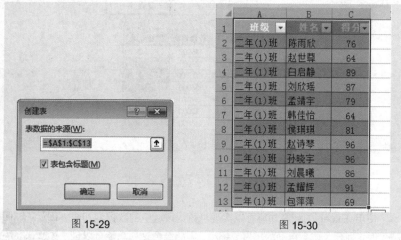

图 15-28

❷ 光标定位到任意单元格，在 "插入" 选项卡的 "表格" 选项组中单击 "表格" 命令按钮，打开 "创建表" 对话框，如图 **15-29** 所示。单击 "确定" 按钮即可实现将整表创建为一个动态表格，如图 **15-30** 所示。

图 15-29

图 15-30

❸ 选中 E2 单元格，在公式编辑栏中输入公式：=AVERAGE(得分)，按 **Enter** 键即可计算出平均分，如图 **15-31** 所示。

E2	▼	:	×	✓	fx	=AVERAGE(得分)

▲	A	B	C	D	E
1	班级 ▼	姓名 ▼	得分▼		平均分
2	二年(1)班	陈雨欣	76		81.5
3	二年(1)班	赵世尊	64		
4	二年(1)班	白启静	89		
5	二年(1)班	刘欣瑶	87		
6	二年(1)班	孟靖宇	79		
7	二年(1)班	韩佳怡	64		
8	二年(1)班	侯琪琪	81		
9	二年(1)班	赵诗琴	96		
10	二年(1)班	孙晓宇	96		
11	二年(1)班	刘晨曦	86		
12	二年(1)班	孟耀辉	91		
13	二年(1)班	包萍萍	69		

图 15-31

❹ 当工作表中有新记录添加时（如第 14、15 行的数据），平均分得到的是自动重算的结果，如图 15-32 所示。这是因为添加的数据自动自动扩展为表区域，达到动态计算的目的。

▲	A	B	C	D	E
1	班级 ▼	姓名 ▼	得分▼		平均分
2	二年(1)班	陈雨欣	76		83.92857
3	二年(1)班	赵世尊	64		
4	二年(1)班	白启静	89		
5	二年(1)班	刘欣瑶	87		
6	二年(1)班	孟靖宇	79		
7	二年(1)班	韩佳怡	64		
8	二年(1)班	侯琪琪	81		
9	二年(1)班	赵诗琴	96		
10	二年(1)班	孙晓宇	96		
11	二年(1)班	刘晨曦	86		
12	二年(1)班	孟耀辉	91		
13	二年(1)班	包萍萍	69		
14		李杰	100		
15		苏倩倩	97		

图 15-32